Wissenschaftliche Veröffentlichungen aus dem Siemens-Konzern

Dritter Band
1923—1924

Springer-Verlag Berlin Heidelberg GmbH

Inhaltsübersicht.

1. Heft.

2. Heft.

Wissenschaftliche Veröffentlichungen aus dem Siemens-Konzern

III. Band

Erstes Heft (abgeschlossen am 15. Mai 1923)

Mit 204 Abbildungen im Text und auf einer Tafel

Unter Mitwirkung von

Dr. Hans Becker, Hans Beiersdorf, Heinrich von Buol, Dr. Robert Fellinger, Dr. Dr.-Ing. e. h. Adolf Franke, Professor Rob. M. Friese, Professor Dr. Hans Gerdien, Erwin Gerlach, Dr.-Ing. e. h. Georg Grabe, Dr. Ragnar Holm, Heinrich Kaden, Dr. Heinrich Kafka, Theodor Kopczynski, Dr.-Ing. e. h. Carl Köttgen, Karl Küpfmüller, Martin Lebegott, Fritz Ludwig, Fritz Lüschen, Dr. Georg Masing, Professor Karl Metzler, Dr. Carl Michalke, Dr. Werner Nagel, Dr.-Ing. Friedrich Natalis, Dr.-Ing. e. h. Ernst Oelschläger, Dr. Hermann Pflieger-Haertel, Geh. Reg.-Rat Professor Dr. Dr.-Ing. e. h. Walter Reichel, Dr. Hans Riegger, August Rotth, Professor Dr. Dr.-Ing. e. h. Reinhold Rüdenberg, Dr.-Ing. e. h. Moritz Schenkel, Dr. Ferdinand Trendelenburg, Fritz Wolf

herausgegeben von

Professor Dr. phil. und Dr.-Ing. e. h. Carl Dietrich Harries

Geheimer Regierungsrat

Springer-Verlag Berlin Heidelberg GmbH

1923

Inhaltsübersicht.

Anfragen, die den Inhalt dieses Heftes betreffen, sind zu richten an die Zentralstelle für wissenschaftlich-technische Forschungsarbeiten des Siemens-Konzerns, Siemensstadt bei Berlin, Verwaltungsgebäude.

Vektor-analytische Berechnung von Transformatoren und Asynchronmotoren.

Von **Friedrich Natalis**.

Mit 16 Textabbildungen.

Mitteilung aus dem Charlottenburger Werk der Siemens-Schuckertwerke G. m. b. H.

Eingegangen am 20. Dezember 1922.

Die vom Verfasser in mehreren Aufsätzen[1]) entwickelte vektor-analytische Berechnungsweise soll im nachstehenden auf die Berechnung von Transformatoren und Asynchronmotoren ausgedehnt werden, wodurch nicht nur die Möglichkeit ihrer Anwendung auf alle periodischen Vorgänge, sondern auch ihre Überlegenheit gegenüber der symbolischen Methode wegen ihrer Anschaulichkeit während des ganzen Rechnungsvorganges sich erweisen dürfte. Die durch die Rechnung aufzudeckenden Gesetzmäßigkeiten sind zwar teilweise auch mittels der symbolischen (komplexen) Methode gefunden worden, die sich gegenüber der neuen Berechnungsweise des Verfassers nicht nach ihrem Wesen, sondern nur durch ihre Hilfsmittel unterscheidet; der Vorzug der neuen Rechnungsweise liegt aber, wie kürzlich H. B e h r e n d[2]) (in der Siemens-Zeitschrift 2. Jahrg., H. 8, S. 369) betonte, darin, daß sie durch die einfache Aufstellung der Formeln in ständiger Verbindung mit zeichnerischer Darstellung zur Auffindung weiterer Gesetze geradezu drängt, ohne an das Denkvermögen höhere Ansprüche zu stellen. So war es dem Verfasser, der sich zuvor niemals mit der Berechnung von Transformatoren und Asynchronmotoren ernstlich befaßt hatte, mit ihrer Hilfe ohne Schwierigkeiten möglich, außer den bekannten Eigenschaften dieser Geräte eine große Anzahl voraussichtlich noch nicht bekannter Eigenschaften aufzufinden.

Vor der Behandlung des Hauptthemas sei es gestattet, noch einige Lücken der neuen Berechnungsweise auszufüllen, welche zum besseren Verständnis des ersteren beitragen.

Diese betreffen:

1. Die Verwandlung von Vektorgleichungen in Vektorproduktgleichungen.
2. Die Lösung quadratischer Vektorgleichungen.
3. Die Aufstellung eines übersichtlichen Kreisdiagrammes, welches die Darstellung sämtlicher, bei einer Aufgabe auftretenden, Vektorgrößen durch einen Leitstrahl ermöglicht.

---

[1]) Wissenschaftliche Veröffentlichungen aus dem Siemens-Konzern Bd. I, H. 2, S. 65, Bd. II, S. 275, Berechnung von Gleich- und Wechselstromsystemen. Berlin: Julius Springer 1920.

[2]) H. B e h r e n d , der ein glühender Verfechter und Förderer der neuen Berechnungsweise war und sie direkt als eine Erlösung von dem komplexen Ballast bezeichnete, ist leider während der Drucklegung dieses Aufsatzes verschieden.

I. Umwandlung von Vektorgleichungen in Vektorproduktgleichungen.

In Band I, H. 2, S. 65 u. f. sind die wichtigsten Eigenschaften der Vektorverhältnisse und Vektorprodukte entwickelt.

Es ist zu beachten, daß eine Gleichung zwischen 2 Vektorverhältnissen, z. B.

$$\frac{i}{e} = \frac{\Im}{\mathfrak{E}}, \tag{1}$$

auch als Vektorgleichung:

$$i = \Im\frac{e}{\mathfrak{E}} \quad \text{oder} \quad e = \mathfrak{E}\frac{i}{\Im} \tag{2}$$

geschrieben werden kann.

Derartige Gleichungen können, ohne Beachtung der Reihenfolge der Vektoren, denselben Rechenoperationen unterzogen werden wie gewöhnliche algebraische

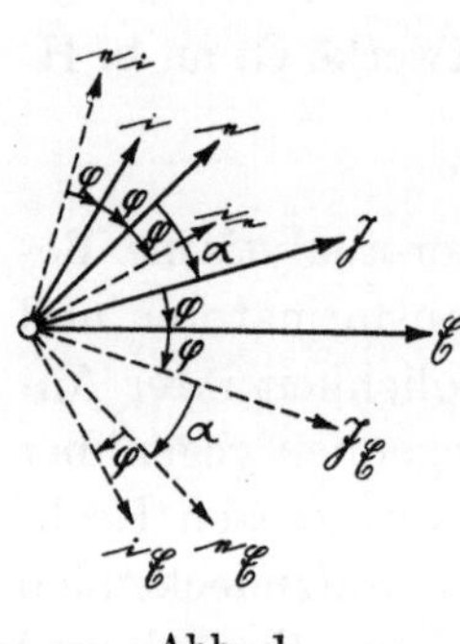

Abb. 1.

Gleichungen. Gleichungen zwischen Vektorverhältnissen und solche zwischen Vektoren sind völlig gleichwertig. Dagegen ist es unzulässig, wie Abb. 1 ohne weiteres zeigt, eine Vektorverhältnisgleichung, z. B. Gleichung (1), durch Bildung der Kreuzprodukte $\{e \cdot \Im\}$ bzw. $\{\mathfrak{E} \cdot i\}$ in eine Vektorproduktgleichung zu verwandeln. Denn das Vektorprodukt $\{e \cdot \Im\}$, worunter nach früheren Erläuterungen die komplexe Summe aus der Wirkleistung und Scheinleistung $\{e \cdot \Im\} = (e \cdot \Im) + [e \cdot \Im]$ verstanden werden soll, besitzt einen anderen Winkel $\sphericalangle\, e\, \Im$ wie das Vektorprodukt $\{\mathfrak{E} \cdot i\}$. Dagegen besteht für Gleichung (1) die skalare Beziehung

$$\left.\begin{array}{c} |e| \cdot |\Im| = |\mathfrak{E}| \cdot |i| = |i| \cdot |\mathfrak{E}|, \\[4pt] \sphericalangle\, e\, i = \sphericalangle\, \mathfrak{E}\, \Im. \end{array}\right\} \tag{3}$$

und außerdem ist

In dieser Gleichung ist ferner die Reihenfolge der Vektoren für den Drehsinn des Winkels zu beachten. Man kann aber unter Benutzung von Spiegelvektoren die Vektorgleichung (1) in eine Vektorproduktgleichung verwandeln[1]). Nach Abb. 1 ist

$$\left.\begin{array}{c} \{e_i \cdot \Im\} = \{e \cdot \Im_{\mathfrak{E}}\} = \{\mathfrak{E} \cdot i_{\mathfrak{E}}\} \\[4pt] \{\mathfrak{E} \cdot i_c\} = \{e_{\mathfrak{E}} \cdot \Im_{\mathfrak{E}}\} \end{array}\right\} \tag{4}$$

mit dem Winkel $2\varphi + \alpha$, oder

mit dem Winkel $-\alpha$.

Da ferner der $\sphericalangle\, i\, e = \sphericalangle\, \Im\, \mathfrak{E}$ ist und die durch i und e bzw. $\Im$ und $\mathfrak{E}$ gebildeten Parallelogrammflächen sich wie die Quadrate ähnlicher Seiten verhalten, so kann man auch schreiben:

$$\{e \cdot i\} = \left\{\mathfrak{E} \cdot \Im\, \frac{i^2}{\Im^2}\right\} = \left\{\mathfrak{E} \cdot \Im\, \frac{e^2}{\mathfrak{E}^2}\right\} \tag{5}$$

Von der Vektorproduktgleichung streng zu unterscheiden ist aber die aus Gleichung (1) zu bildende Kreuzproduktgleichung.

$$e \cdot \Im = \mathfrak{E} \cdot i \quad \text{oder} \quad e \cdot \Im = i \cdot \mathfrak{E}, \tag{6}$$

bei der der Winkel zwischen den Faktoren des einen Produktes von dem des anderen verschieden sein kann. Eine solche Gleichung ist somit gleichwertig der Gleichung $|e| \cdot |\Im| = |\mathfrak{E}| \cdot |i|$ und $\sphericalangle\, e\, i = \sphericalangle\, \mathfrak{E}\, \Im$.

Man darf daher unbeschadet die Gleichung (1) in der Form der Gleichung (6) schreiben, darf aber die Produkte nicht in $\{\ \}$ Klammern einschließen, da diese Klammern für Vektorprodukte vorbehalten sind, und muß sich stets daran erinnern, daß

---

[1]) Der Index der in Frage kommenden Spiegelvektoren soll die spiegelnde Fläche oder Linie andeuten.

eine solche Kreuzproduktgleichung keine Vektorproduktgleichung, sondern eine Vektorgleichung darstellt. Nach Gleichung (6) kann bei einer Kreuzproduktgleichung die Reihenfolge der Faktoren eines jeden Produktes beliebig gewählt werden, während bei der Vektorproduktgleichung die Reihenfolge genau zu beachten ist.

II. Lösung quadratischer Vektorgleichungen[1]).

a) Hat eine Vektorgleichung die spezielle Form:

$$\frac{\mathfrak{b}}{\mathfrak{g}} = \frac{\mathfrak{g}}{\mathfrak{c}} \quad \text{oder} \quad \mathfrak{g}\cdot\mathfrak{g} = \mathfrak{b}\cdot\mathfrak{c}\,^{1}), \tag{7}$$

worin $\mathfrak{b}$, $\mathfrak{c}$ und $\mathfrak{g}$ Vektoren sind, und ist $\mathfrak{b}$ aus $\mathfrak{g}$ und $\mathfrak{c}$ zu ermitteln, so bietet die Lösung

$$\mathfrak{b} = \mathfrak{g}\,\frac{\mathfrak{g}}{\mathfrak{c}} \tag{8}$$

keinerlei Schwierigkeiten. Es ergibt sich dabei, daß $\sphericalangle\,\mathfrak{b}\,\mathfrak{c}$ doppelt so groß ist als $\sphericalangle\,\mathfrak{g}\,\mathfrak{c}$. Ist dagegen $\mathfrak{g}$ unbekannt, Abb. 2, also

$$\frac{\mathfrak{b}}{\mathfrak{x}} = \frac{\mathfrak{x}}{\mathfrak{c}} \quad \text{oder} \quad \mathfrak{x}\cdot\mathfrak{x} = \mathfrak{b}\cdot\mathfrak{c}, \tag{9}$$

so muß

    1. der Winkel $\sphericalangle\,\mathfrak{b}\,\mathfrak{x} = \sphericalangle\,\mathfrak{x}\,\mathfrak{c}$ und

    2. $|\mathfrak{b}|\cdot|\mathfrak{c}| = |\mathfrak{x}|\cdot|\mathfrak{x}|$ sein.

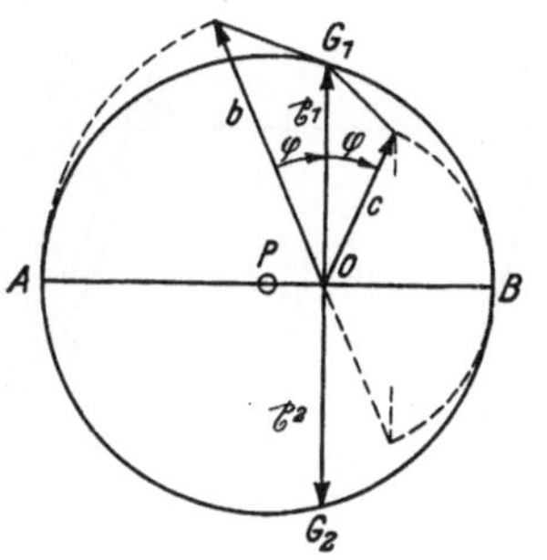

$\mathfrak{x}$ muß daher auf der Winkelhalbierenden $G_1 G_2$ zwischen $\mathfrak{b}$ und $\mathfrak{c}$ liegen. Macht man ferner $OA = |\mathfrak{b}|$ und $OB = |\mathfrak{c}|$ und beschreibt über AB einen Kreis, der die Winkelhalbierende in den Punkten $G_1 G_2$ schneidet, so genügen die Vektoren

$$\mathfrak{x}_1 = OG_1 \quad \text{und} \quad \mathfrak{x}_2 = OG_2 \tag{10}$$

Abb. 2.

der Bedingung 2. Die quadratische Gleichung (9) gibt daher zwei Lösungen für $\mathfrak{x}$ ähnlich wie eine algebraische Gleichung zweiten Grades.

b) Hat eine Vektorgleichung (Kreuzproduktgleichung) die spezielle Form

$$(\mathfrak{x} - \mathfrak{b})\,(\mathfrak{x} - \mathfrak{e}) = 0 \tag{11}$$

oder

$$\mathfrak{x}\cdot\mathfrak{x} - \mathfrak{x}\,(\mathfrak{b} + \mathfrak{e}) + \mathfrak{b}\cdot\mathfrak{e} = 0 \tag{12}$$

(Kreuzproduktgleichung)

oder

$$\frac{\mathfrak{x}}{\mathfrak{b}} = \frac{\mathfrak{e}}{\mathfrak{b} + \mathfrak{e} - \mathfrak{x}} \quad \text{(Vektorverhältnisgleichung)}, \tag{13}$$

so wird sie offenbar entsprechend Abb. 3 durch

$$\mathfrak{x}_1 = \mathfrak{b} \quad \text{oder} \quad \mathfrak{x}_2 = \mathfrak{e}$$

erfüllt, denn Gleichung (13) lautet mit

$$\mathfrak{x}_1 = \mathfrak{b}: \; \frac{\mathfrak{b}}{\mathfrak{b}} = \frac{\mathfrak{e}}{\mathfrak{e}}, \; \text{und mit } \mathfrak{x}_2 = \mathfrak{e}: \; \frac{\mathfrak{e}}{\mathfrak{b}} = \frac{\mathfrak{e}}{\mathfrak{b}}. \tag{14}$$

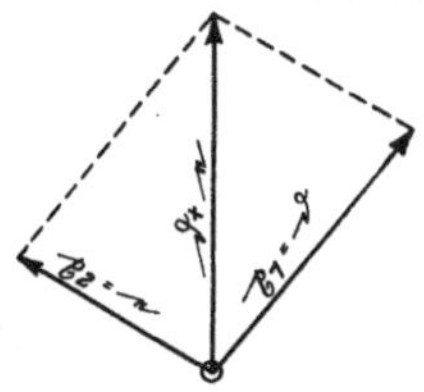

Abb. 3.

c) Hat die Vektorgleichung (Kreuzproduktgleichung) die allgemeine Form:

$$\mathfrak{x}\cdot\mathfrak{x} - 2\,\mathfrak{a}\cdot\mathfrak{x} = \mathfrak{g}\cdot\mathfrak{g} \tag{15}$$

oder

$$\frac{\mathfrak{x}}{\mathfrak{g}} = \frac{\mathfrak{g}}{\mathfrak{x} - 2\,\mathfrak{a}}, \tag{16}$$

---

[1]) In späteren Abschnitten ist $\mathfrak{g}^2$ statt $\mathfrak{g}\cdot\mathfrak{g}$ geschrieben, da Verwechslungen mit dem Skalar g^2 nicht zu befürchten waren.

worin nach Abb. 4 $OA = \mathfrak{g}$, $BC = 2\mathfrak{a}$ bekannte $OC = \mathfrak{x}_1$ bzw. $BO = \mathfrak{x}_2$ die gesuchten Vektoren sind, so muß Dreieck OAC ähnlich $\triangle OBA$ sein. Gleichung (17) ist somit erfüllt sowohl durch

$$\left.\begin{array}{l} \mathfrak{x}_1 = OC \\ OB = \mathfrak{x}_1 - 2\mathfrak{a} \end{array}\right\} \quad \text{wie auch durch} \quad \left\{\begin{array}{l} \mathfrak{x}_2 = BO \\ CO = \mathfrak{x}_2 - 2\mathfrak{a}, \end{array}\right.$$

woraus sich weiter ergibt

$$\mathfrak{x}_1 + \mathfrak{x}_2 = 2\mathfrak{a} \tag{17}$$

und

$$|\mathfrak{x}_1| \cdot |\mathfrak{x}_1 - 2\mathfrak{a}| = |\mathfrak{g}| \cdot |\mathfrak{g}| \quad \text{bzw.} \quad |\mathfrak{x}_2| \cdot |\mathfrak{x}_2 - 2\mathfrak{a}| = |\mathfrak{g}| \cdot |\mathfrak{g}|. \tag{18}$$

Denn es verhält sich

$$\frac{OC}{\mathfrak{g}} = \frac{\mathfrak{g}}{OB}\,; \quad \frac{\mathfrak{x}_1}{\mathfrak{g}} = \frac{\mathfrak{g}}{\mathfrak{x}_1 - 2\mathfrak{a}} \quad \text{bzw.} \quad \frac{BO}{\mathfrak{g}} = \frac{\mathfrak{g}}{CO}\,; \quad \frac{\mathfrak{x}_2}{\mathfrak{g}} = \frac{\mathfrak{g}}{\mathfrak{x}_2 - 2\mathfrak{a}}\,.$$

Eine einfache konstruktive Lösung dieser allgemeinen quadratischen Vektorgleichung hat kürzlich Dr. Pohlhausen gefunden[1]). Hier möge eine rechnerische Lösung an Hand der Abb. 4 entwickelt werden. Zieht man die Mittelsenkrechte MND zu $2\mathfrak{a}$ und ferner $OM \perp OA \,(= \mathfrak{g})$, so ist M der Mittelpunkt eines durch die Punkte BAC gehenden Kreises mit dem Radius R, da $OA \cdot OG = OC \cdot OH$, oder, da

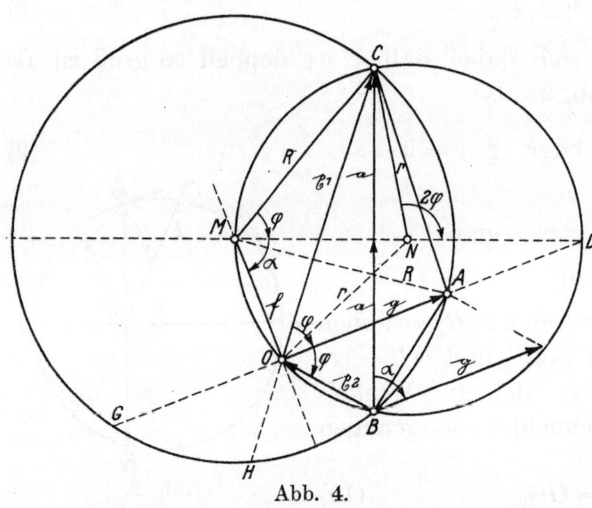

Abb. 4.

$$OA = OG = |\mathfrak{g}|,$$
$$OC = |\mathfrak{x}_1|$$

und

$$OH = OB = |\mathfrak{x}_2|$$

ist,

$$|\mathfrak{g}| \cdot |\mathfrak{g}| = |\mathfrak{x}_1| \cdot |\mathfrak{x}_2|.$$

Die Punkte $BOMCD$ liegen andererseits auf einem Kreise mit dem Durchmesser $MD = 2\,r$ und dem Mittelpunkte N, denn es ist einerseits

$$\mathfrak{x}_1 + \mathfrak{x}_2 = 2\mathfrak{a},$$

andererseits

$$\sphericalangle COD = \sphericalangle DOB = \varphi.$$

Aus der Abb. 4 ergibt sich weiter, wenn zur Abkürzung

$$|a| = |\varepsilon \mathfrak{g}| \quad \text{und} \quad OM = f \tag{19}$$

gesetzt wird:

$$a = R \sin \varphi = \varepsilon \mathfrak{g}\,; \quad R = \frac{\varepsilon \mathfrak{g}}{\sin \varphi}\,; \tag{20}$$

$$a = r \sin 2\varphi = \varepsilon \mathfrak{g}\,; \quad r = \frac{\varepsilon \mathfrak{g}}{\sin 2\varphi}\,; \tag{21}$$

$$f = 2\,r \cos \alpha\,; \tag{22}$$

$$R^2 = \mathfrak{g}^2 + 4\,r^2 \cos^2 \alpha\,; \quad \frac{\varepsilon^2 \mathfrak{g}^2}{\sin^2 \varphi} = \mathfrak{g}^2 + \frac{\varepsilon^2 \mathfrak{g}^2 \cos^2 \alpha}{\sin^2 \varphi\,(1 - \sin^2 \varphi)}\,; \tag{23}$$

$$\sin^4 \varphi - \sin^2 \varphi\,(1 + \varepsilon^2) = \varepsilon^2 \cos^2 \alpha - \varepsilon^2\,; \tag{24}$$

$$\sin^2 \varphi = \tfrac{1}{2}\left[(1 + \varepsilon^2) - \sqrt{(1 - \varepsilon^2)^2 + 4\,\varepsilon^2 \cos^2 \alpha}\,\right]. \tag{25}$$

Da $\sin \varphi^2 < 1$ sein muß, kommt nur das negative Vorzeichen der Wurzel in Frage.

---

[1]) Diese Lösung ergibt sich aus

$$\mathfrak{x} = \mathfrak{a} \pm \sqrt{\mathfrak{a} \cdot \mathfrak{a} + \mathfrak{g} \cdot \mathfrak{g}} = \mathfrak{a} \pm \sqrt{\mathfrak{a}\left(\mathfrak{a} + \mathfrak{g}\,\frac{\mathfrak{g}}{\mathfrak{a}}\right)}\,.$$

Das Produkt $\mathfrak{a}\left(\mathfrak{a} + \mathfrak{g}\,\dfrac{\mathfrak{g}}{\mathfrak{a}}\right)$ ist nach Abb. 2 in ein Quadrat zu verwandeln, aus dem sich dann die Wurzel ausziehen läßt.

Für $\sin \varphi = \pm \sqrt{\sin^2 \varphi}$ erhält man zwar 2 Werte, nämlich φ_1 und $\varphi_2 = -\varphi_1$. Der zweite Wert entspricht einer Verdrehung des Dreiecks BOC um $180°$. Dem $\sphericalangle \varphi_1$ entspricht daher der gesuchte Vektor $\mathfrak{x}_1$ und dem $\sphericalangle \varphi_2$ der Vektor $\mathfrak{x}_2$.

Gleichung 25 läßt sich auch schreiben:

$$\cos^2 \varphi = \tfrac{1}{2}\left[(1 - \varepsilon^2) + \sqrt{(1 - \varepsilon^2) + 4\,\varepsilon^2 \cos^2 \alpha}\right]. \tag{25a}$$

Statt zunächst den Winkel φ auszurechnen, kann man auch unmittelbar R^2 ausrechnen. Nach Gleichung (21) und (25) ist

$$R^2 = \frac{\varepsilon^2 \mathfrak{g}^2}{\sin^2 \varphi} = \frac{\varepsilon^2 \mathfrak{g}^2}{\tfrac{1}{2}\left[1 + \varepsilon^2 - \sqrt{(1 - \varepsilon^2)^2 + 4\,\varepsilon^2 \cos^2 \alpha}\right]}; \tag{26}$$

$$R^2 = \frac{\mathfrak{g}^2}{2 \sin^2 \alpha} \cdot \left[1 + \varepsilon^2 + \sqrt{(1 - \varepsilon^2)^2 + 4\,\varepsilon^2 \cos^2 \alpha}\right]. \tag{27}$$

Da aber der $\sphericalangle \varphi$ vorteilhaft für die Konstruktion verwendet wird, so empfiehlt sich zunächst die Berechnung von φ unter Benutzung der Gleichung (25 oder 25a).

Zur Erleichterung der Arbeit sind für die Werte

$$\varepsilon \text{ von } 0 \text{ bis } 1$$
und
$$\alpha \ \text{,, } \ 90° \ \text{,, } \ 30°$$

die Werte φ, $\dfrac{R}{\mathfrak{g}}$, $\dfrac{r}{\mathfrak{g}}$ berechnet, so daß die ganze Rechenarbeit entfällt.

$\varepsilon = \dfrac{a}{\mathfrak{g}}$	$\alpha =$	$90°$	$80°$	$70°$	$60°$	$50°$	$40°$	$30°$
0,0	φ	0	0	0	0	0	0	0
	$R : \mathfrak{g}$	1,000	1,000	1,000	1,000	1,000	1,000	1,000
	$r : \mathfrak{g}$	1,000	1,000	1,000	1,000	1,000	1,000	1,000
0,1	φ	5° 50′	5° 40′	5° 30′	5° 10′	4° 30′	3° 40′	3° 10′
	$R : \mathfrak{g}$	1,000	1,000	1,050	1,120	1,300	1,590	1,820
	$r : \mathfrak{g}$	0,495	0,508	0,524	0,558	0,641	0,782	0,910
0,2	φ	11° 30′	11° 20′	10° 50′	10° 0′	8° 50′	7° 30′	5° 40′
	$R : \mathfrak{g}$	1,000	1,010	1,070	1,160	1,320	1,540	2,000
	$r : \mathfrak{g}$	0,512	0,520	0,543	0,585	0,660	0,773	1,016
0,3	φ	17° 20′	17° 10′	16° 20′	15° 0′	13° 0′	10° 50′	8° 20′
	$R : \mathfrak{g}$	1,000	1,020	1,070	1,160	1,340	1,610	2,070
	$r : \mathfrak{g}$	0,528	0,532	0,556	0,600	0,685	0,813	1,045
0,4	φ	23° 30′	23° 10′	21° 50′	19° 50′	17° 10′	14° 10′	10° 50′
	$R : \mathfrak{g}$	1,000	1,020	1,080	1,180	1,350	1,630	2,140
	$r : \mathfrak{g}$	0,548	0,554	0,580	0,627	0,710	0,843	1,084
0,5	φ	30° 0′	29° 10′	27° 30′	24° 40′	21° 10′	17° 20′	13° 0′
	$R : \mathfrak{g}$	1,000	1,020	1,08	1,200	1,390	1,680	-2,210
	$r : \mathfrak{g}$	0,578	0,588	0,611	0,659	0,743	0,880	1,140
0,6	φ	37° 0′	36° 0′	33° 10′	29° 30′	25° 0′	20° 10′	15° 20′
	$R : \mathfrak{g}$	1,000	1,020	1,090	1,220	1,420	1,730	2,260
	$r : \mathfrak{g}$	0,625	0,632	0,655	0,700	0,783	0,928	1,176
0,7	φ	44° 30′	42° 50′	39° 0′	34 °0′	28° 30′	22° 50′	17° 10′
	$R : \mathfrak{g}$	1,000	1,030	1,110	1,250	1,470	1,810	2,370
	$r : \mathfrak{g}$	0,700	0,702	0,716	0,755	0,835	0,980	1,240
0,8	φ	53° 20′	50° 30′	44° 40′	38° 10′	31° 40′	25° 10′	18° 50′
	$R : \mathfrak{g}$	1,000	1,040	1,140	1,290	1,520	1,880	2,480
	$r : \mathfrak{g}$	0,835	0,815	0,800	0,824	0,895	1,040	1,310
0,9	φ	64° 0′	58° 20′	49° 50′	41° 50′	34° 20′	27° 20′	20° 10′
	$R : \mathfrak{g}$	1,000	1,060	1,180	1,350	1,600	1,750	2,600
	$r : \mathfrak{g}$	1,150	1,007	0,913	0,906	0,968	1,103	1,236
1,0	φ	90° 0′	65° 0′	54° 10′	45° 0′	36° 40′	29° 0′	21° 30′
	$R : \mathfrak{g}$	1,000	1,100	1,230	1,410	1,670	2,060	2,730
	$r : \mathfrak{g}$	∞	1,307	1,053	1,000	1,044	1,180	1,466

Es wäre natürlich auch möglich, nach Gleichung (25 bzw. 27) φ bzw. R^2 zeichnerisch zu bestimmen; es wird aber auf diese ziemlich umständliche Konstruktion verzichtet.

Die Gleichung (15) ist zwar noch nicht die allgemeinste Form der quadratischen Vektorgleichung. Diese lautet vielmehr:

$$\mathfrak{x} \cdot \mathfrak{x} - 2 \mathfrak{a} \cdot \mathfrak{x} = \mathfrak{b} \cdot \mathfrak{c}. \tag{28}$$

Diese Gleichung läßt sich aber leicht in die Form der Gleichung (9) $\mathfrak{x} \cdot \mathfrak{x} - 2 \mathfrak{a} \cdot \mathfrak{x} = \mathfrak{g} \cdot \mathfrak{g}$ überführen, indem man zunächst aus den Vektoren $\mathfrak{b}$ und $\mathfrak{c}$ den Vektor $\mathfrak{g}$ bildet. Dieser liegt auf der Winkelhalbierenden zwischen $\mathfrak{b}$ und $\mathfrak{c}$, und sein Absolutwert ist $\mathfrak{g} = \sqrt{\mathfrak{b} \cdot \mathfrak{c}}$, Konstruktion s. Abb. 2.

III. Kreisdiagramm mit Darstellung sämtlicher Vektorgrößen durch einen Leitstrahl.

Die im Band I, Heft 2, S. 65 u. f. gegebene Entwicklung der Kreisdiagramme soll nachstehend dahin erweitert werden, daß erstens die bei einer beliebigen Belastung auftretenden Spannungs- und Stromvektoren durch die betreffenden Vektoren der Grenzzustände — Leerlauf und Kurzschluß — ausgedrückt und zweitens sämtliche in Frage kommenden Vektoren, und zwar nicht nur die Spannungs-, sondern besonders auch die Stromvektoren, durch einen einzigen der Belastung entsprechenden Leitstrahl gefunden werden können.

Als Beispiel wird nach Abb. 5 ein Drehstromnetz ABC mit ungleichen Spannungen und ungleicher Belastung in Sternschaltung angenommen, welches dem allgemeinsten Fall eines Knotenpunktes entspricht.

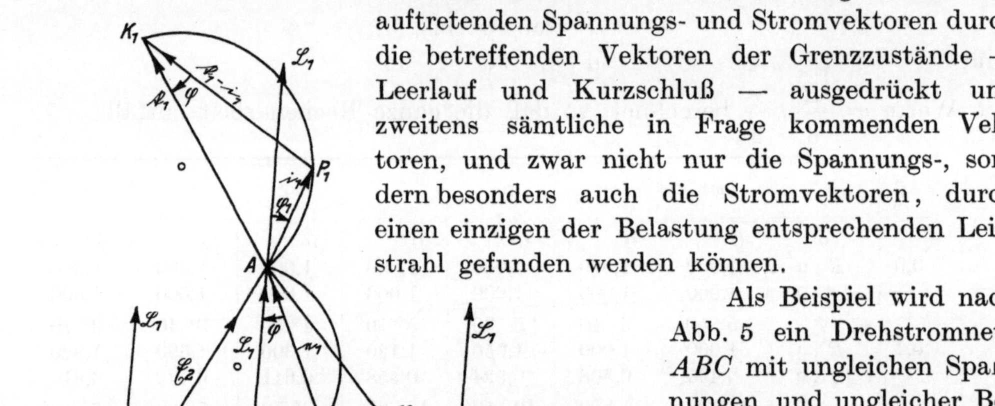

Abb. 5.

Die verketteten Spannungen sind $\mathfrak{E}_1$, $\mathfrak{E}_2$, $\mathfrak{E}_3$, die Sternspannungen $\mathfrak{e}_1$, $\mathfrak{e}_2$, $\mathfrak{e}_3$, die zugehörigen Ströme $\mathfrak{i}_1$, $\mathfrak{i}_2$, $\mathfrak{i}_3$.

Die Belastung der beiden Phasen 2 und 3 ist konstant und durch die Scheinleitwerte $\dfrac{\mathfrak{i}_2}{\mathfrak{E}}$ bzw. $\dfrac{\mathfrak{i}_3}{\mathfrak{E}}$, Abb. 6, gegeben, während die Belastung der Phase 1 veränderlich und durch den Scheinleitwert $\dfrac{\mathfrak{i}_x}{\mathfrak{E}}$ dargestellt ist. Es wird aber angenommen, daß $\mathfrak{i}_x$ wohl nach seiner Größe, aber nicht nach seiner Richtung gegenüber $\mathfrak{E}$ sich verändert ($\cos K_0 P_0 L_0 =$ Const).

Als Sonderfälle sind die induktionsfreie und die rein induktive Belastung der Phase 1 anzusehen.

Die bei Leerlauf der Phase 1 entsprechend $\mathfrak{i}_x = 0$ oder dem Scheinwiderstand ∞ auftretenden Spannungen und Ströme werden mit

$$\mathfrak{L}_1, \ \mathfrak{L}_2, \ \mathfrak{L}_3,$$
$$\mathfrak{l}_1, \ \mathfrak{l}_2, \ \mathfrak{l}_3, \quad (\mathfrak{l}_1 = 0)$$

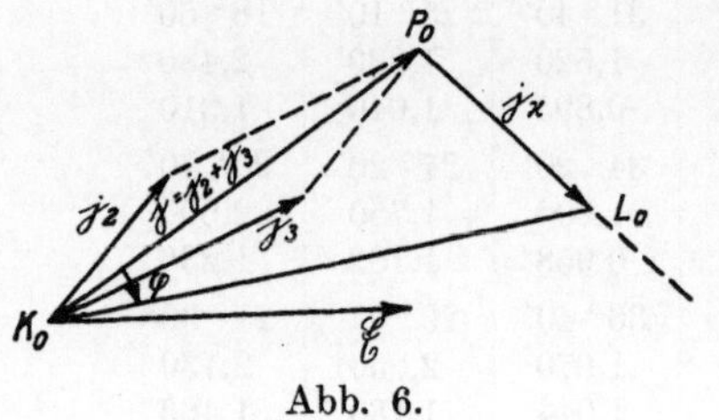

Abb. 6.

und die bei Kurzschluß der Phase 1 entsprechend $j_x = \infty$ oder dem Scheinwiderstand 0 auftretenden Spannungen und Ströme mit

$$\mathfrak{K}_1,\ \mathfrak{K}_2,\ \mathfrak{K}_3{}^1),$$
$$\mathfrak{k}_1,\ \mathfrak{k}_2,\ \mathfrak{k}_3$$

bezeichnet. Es ist

$$e_2 = e_1 + \mathfrak{E}_3; \quad e_3 = e_1 - \mathfrak{E}_2, \tag{29}$$

$$i_1 = \frac{j_x}{\mathfrak{E}}\, e_1; \qquad i_2 = \frac{j_2}{\mathfrak{E}}\, e_2 = \frac{j_2}{\mathfrak{E}}\,(e_1 + \mathfrak{E}_3); \quad i_3 = \frac{j_3}{\mathfrak{E}}\, e_3 = \frac{j_3}{\mathfrak{E}}\,(e_1 - \mathfrak{E}_2); \tag{30}$$

$$i_1 + i_2 + i_3 = 0 = \frac{j_x}{\mathfrak{E}}\, e_1 + \frac{j_2}{\mathfrak{E}}\,(e_1 + \mathfrak{E}_3) + \frac{j_3}{\mathfrak{E}}\,(e_1 - \mathfrak{E}_2); \tag{31}$$

$$e_1 = \frac{j_3\,\mathfrak{E}_2 - j_2\,\mathfrak{E}_3}{j_x + j_2 + j_3}; \qquad \mathfrak{L}_1 = \frac{j_3\,\mathfrak{E}_2 - j_2\,\mathfrak{E}_3}{j_2 + j_3}; \qquad \mathfrak{K}_1 = 0; \tag{32}$$

$$e_2 = \frac{j_x\,\mathfrak{E}_3 - j_3\,\mathfrak{E}_1}{j_x + j_2 + j_3}; \qquad \mathfrak{L}_2 = -\frac{j_3\,\mathfrak{E}_1}{j_2 + j_3}; \qquad \mathfrak{K}_2 = \mathfrak{E}_3; \tag{33}$$

$$e_3 = \frac{j_2\,\mathfrak{E}_1 - j_x\,\mathfrak{E}_2}{j_x + j_2 + j_3}; \qquad \mathfrak{L}_3 = \frac{j_2\,\mathfrak{E}_1}{j_2 + j_3}; \qquad \mathfrak{K}_3 = -\mathfrak{E}_2; \tag{34}$$

$$i_1 = \frac{j_x}{\mathfrak{E}}\,\frac{j_3\,\mathfrak{E}_2 - j_2\,\mathfrak{E}_3}{j_x + j_2 + j_3}; \qquad \mathfrak{l}_1 = 0; \qquad \mathfrak{k}_1 = \frac{j_3\,\mathfrak{E}_2 - j_2\,\mathfrak{E}_3}{\mathfrak{E}}; \tag{35}$$

$$i_2 = \frac{j_2}{\mathfrak{E}}\,\frac{j_x\,\mathfrak{E}_3 - j_3\,\mathfrak{E}_1}{j_x + j_2 + j_3}; \qquad \mathfrak{l}_2 = -\frac{j_2\,j_3\,\mathfrak{E}_1}{(j_2 + j_3)\,\mathfrak{E}}; \qquad \mathfrak{k}_2 = \frac{j_2\,\mathfrak{E}_3}{\mathfrak{E}}; \tag{36}$$

$$i_3 = \frac{j_3}{\mathfrak{E}}\,\frac{j_2\,\mathfrak{E}_1 - j_x\,\mathfrak{E}_2}{j_x + j_2 + j_3}; \qquad \mathfrak{l}_3 = \frac{j_2\,j_3\,\mathfrak{E}_1}{(j_2 + j_3)\,\mathfrak{E}}; \qquad \mathfrak{k}_3 = -\frac{j_3\,\mathfrak{E}_2}{\mathfrak{E}}. \tag{37}$$

Zur Ermittelung der Kreisdiagramme entwickeln wir aus Gleichungen (32—37) jedesmal j_x und schaffen die Faktoren von e_1 bzw. e_2, e_3, i_1, i_2, i_3 durch Multiplikation bzw. Division auf die linke Seite[2]).

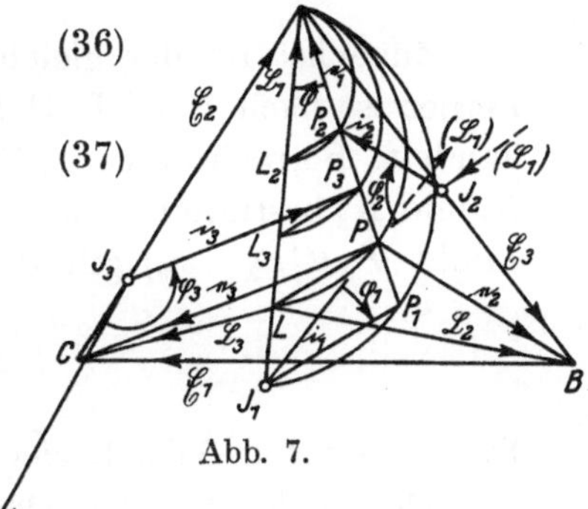

Abb. 7.

---

[1]) In Abb. 5 sind nur die Leerlaufspannungen $\mathfrak{L}_1\,\mathfrak{L}_2\,\mathfrak{L}_3$ dargestellt; nach Geichung (32—34) ist aber $\mathfrak{K}_1 = 0$; $\mathfrak{K}_2 = \mathfrak{E}_3$; $\mathfrak{K}_3 = -\mathfrak{E}_2$.

[2]) Die Kreisgleichung eines veränderlichen Vektors $\mathfrak{x}$ lautet allgemein, wenn $\mathfrak{l}$ und $\mathfrak{k}$ seine Grenzwerte für Leerlauf und Kurzschluß bedeuten:

$$\frac{j_x}{j} = \frac{\mathfrak{x} - \mathfrak{l}}{\mathfrak{k} - \mathfrak{x}}. \tag{1}$$

Gewöhnlich ist aber die Gleichung nicht in dieser Form gegeben, sondern in der Form

$$\mathfrak{x} = \frac{j\,\mathfrak{l} + j_x\,\mathfrak{k}}{j + j_x}, \tag{2}$$

oder allgemein

$$\mathfrak{x} = \frac{c_1 + c_2\,j_x}{c_3 + c_4\,j_x}. \tag{3}$$

Durch Vergleich von Gleichungen (2) und (3) kann man ablesen

$$\mathfrak{l} = \frac{c_1}{c_3}; \quad \mathfrak{k} = \frac{c_2}{c_4}; \quad j = \frac{c_3}{c_4}. \tag{4}$$

Wird daher nach Gleichung (3) ein Vektor $\mathfrak{x}$ als das Verhältnis zweier linearer Vektorfunktionen dargestellt, so liegt stets eine Kreisfunktion vor, und die Grenzwerte sowie der Vektor j sind nach Gleichung (4) leicht zu ermitteln.

$$\frac{j_x}{j_2+j_3} = \frac{e_1 - \dfrac{j_3\mathfrak{E}_2 - j_2\mathfrak{E}_3}{j_2+j_3}}{0-e_1} = \frac{e_1-\mathfrak{L}_1}{\mathfrak{K}_1-e_1}; \tag{38}$$

$$\frac{j_x}{j_2+j_3} = \frac{e_2 + j_3\dfrac{\mathfrak{E}_1}{j_2+j_3}}{\mathfrak{E}_3-e_2} = \frac{e_2-\mathfrak{L}_2}{\mathfrak{K}_2-e_2}; \tag{39}$$

$$\frac{j_x}{j_2+j_3} = \frac{e_3 - j_2\dfrac{\mathfrak{E}_1}{j_2+j_3}}{-\mathfrak{E}_2-e_3} = \frac{e_3-\mathfrak{L}_3}{\mathfrak{K}_3-e_3}; \tag{40}$$

$$\frac{j_x}{j_2+j_3} = \frac{i_1-0}{\dfrac{j_3\mathfrak{E}_2-j_2\mathfrak{E}_3}{j_2+j_3}-i_1} = \frac{i_1-\mathfrak{l}_1}{\mathfrak{f}_1-i_1}; \tag{41}$$

$$\frac{j_x}{j_2+j_3} = \frac{i_2 + \dfrac{j_2 j_3}{j_2+j_3}\dfrac{\mathfrak{E}_1}{\mathfrak{E}}}{\dfrac{j_2\mathfrak{E}_3}{\mathfrak{E}}-i_2} = \frac{i_2-\mathfrak{l}_2}{\mathfrak{f}_2-i_2}; \tag{42}$$

$$\frac{j_x}{j_2+j_3} = \frac{i_3 - \dfrac{j_2 j_3}{j_2+j_3}\dfrac{\mathfrak{E}_1}{\mathfrak{E}}}{-j_3\dfrac{\mathfrak{E}_2}{\mathfrak{E}}-i_3} = \frac{i_3-\mathfrak{l}_3}{\mathfrak{f}_3-i_3}. \tag{43}$$

Zunächst ist der gleichartige Aufbau der 6 Gleichungen (38—43) auffallend. Ferner ist nach Band I, Heft 2, S. 69 ersichtlich, daß es sich um Kreisgleichungen handelt. Betrachten wir z. B. Gleichung (43) und Abb. 5, so sind 2 Punkte des Kreises L_3 und K_3 bestimmt, indem $CL_3 = \mathfrak{l}_3$ und $CK_3 = \mathfrak{f}_3$ ist. Für den dritten wandernden Punkt P_3 ($CP_3 = i_3$) gilt die Beziehung

$$\frac{L_3 P_3}{P_3 K_3} = \frac{i_3 - \mathfrak{l}_3}{\mathfrak{f}_3 - i_3} = \frac{j_x}{j_2+j_3}.$$

Das bedeutet, daß das Dreieck $\overrightarrow{L_3}\,\overrightarrow{P_3}\,K_3$, Abb. 5, ähnlich dem Dreieck $\overleftarrow{L_0}\,\overleftarrow{P_0}\,K_0$, Abb. 6, ist. Die Pfeile über den Dreieckseiten deuten an, daß dieselben in gleichem Sinn durchlaufen werden. Um dieses zu erreichen, ist j_x vom Ursprung K_0 nach $P_0 L_0$ verschoben. Daß die Pfeilrichtungen der beiden Dreiecke verkehrt laufen, ist nach früheren Erläuterungen unerheblich. Aus der Ähnlichkeit der beiden Dreiecke geht ferner hervor, daß $\sphericalangle L_3 P_3 K_3 = \sphericalangle L_0 P_0 K_0 =$ Const ist, d. h. daß sich der Punkt auf einem Kreise bewegt, wenn j_x verändert wird. Durch das Vektorverhältnis $\dfrac{j_x}{j_2+j_3}$ ist daher, wenn j_2, j_3 und $\mathfrak{E}$ gegeben sind, die Belastung des ganzen Systems eindeutig bestimmt. Aus den Gleichungen (38—43) geht ferner hervor, daß sämtliche Kreisdiagramme (die drei Spannungen $e_1 e_2 e_3$ werden durch ein Diagramm dargestellt), d. h. die Dreiecke APL, $K_1 P_1 A$, $K_2 P_2 L_2$, $K_3 P_3 L_3$, ähnlich $K_0 P_0 L_0$, also auch untereinander ähnlich sind.

Die für einen bestimmten Belastungsfall (j_x) in Frage kommenden 6 Vektorgrößen kann man nun mit einem Blick überschauen, wenn man die 4 Kreisdiagramme nach Abb. 7 so zusammenlegt, daß die Grundlinien zusammen und in die Richtung von $\mathfrak{L}_1$ fallen. Dann verschieben sich die Punkte ABC der 3 Stromdiagramme nach $J_1 J_2 J_3$, und zwar liegt J_1 auf der Verlängerung von $\mathfrak{L}_1$ und $J_2 J_3$, wie später noch nachzuweisen, auf den Seiten AB bzw. AC des Spannungsdreiecks.

Außerdem ist
$$AJ_1 = |\mathfrak{f}_1 - \mathfrak{l}_1| = |\mathfrak{f}_1|,$$
$$AL_2 = |\mathfrak{f}_2 - \mathfrak{l}_2|,$$
$$AL_3 = |\mathfrak{f}_3 - \mathfrak{l}_3|.$$

Zieht man nun in Abb. 7 unter dem Winkel φ (Abb. 6) gegen $\mathfrak{L}_1$ einen Leitstrahl $A\,P_2\,P_3\,P\,P_1$, so kann man sämtliche Vektorgrößen unmittelbar abgreifen, und zwar:
$$\mathfrak{e}_1 = PA; \qquad \mathfrak{e}_2 = PB; \qquad \mathfrak{e}_3 = PC;$$
$$|\mathfrak{i}_1| = J_1 P_1; \qquad |\mathfrak{i}_2| = J_2 P_2; \qquad |\mathfrak{i}_3| = J_3 P_3.$$

Die Spannungsvektoren $\mathfrak{e}_1\,\mathfrak{e}_2\,\mathfrak{e}_3$ sind nach ihrer Phase richtig dargestellt. Bei den Stromvektoren $\mathfrak{i}_1\,\mathfrak{i}_2\,\mathfrak{i}_3$ ist jedoch zu berücksichtigen, daß wir die Diagramme so gedreht haben, daß die Dreiecksgrundlinien $(\mathfrak{f} - \mathfrak{l})$ mit der Richtung $\mathfrak{L}_1$ zusammenfielen.

Die Phasenwinkel der Ströme $\mathfrak{i}_1, \mathfrak{i}_2, \mathfrak{i}_3$ sind daher nicht von der Phase $\mathfrak{L}_1$ ausgehend zu bestimmen, sondern durch die Winkel $\varphi_1, \varphi_2, \varphi_3$ bestimmt. Diese erhält man dadurch, daß man in Abb. 5 durch A, B und C Parallelen zu $\mathfrak{L}_1$ zieht und diese zusammen mit den Kreisdreiecken nach Abb. 7 überträgt [s. die eingeklammerten Vektoren $(\mathfrak{L}_1)$].

Daß der Punkt J_2 auf $\mathfrak{E}_3$ (d. i. auf AB) liegt, ist folgendermaßen zu beweisen: Nach Abb. 5 und 7 sowie Gleichungen (36) und (33) ist

$$\frac{AJ_2}{AL_2} = \frac{K_2 B}{K_2 L_2} = \frac{-\mathfrak{f}_2}{-(\mathfrak{f}_2 - \mathfrak{l}_2)} = \frac{\mathfrak{i}_2\dfrac{\mathfrak{E}_3}{\mathfrak{C}}}{\dfrac{\mathfrak{i}_2\mathfrak{E}_3}{\mathfrak{C}} + \dfrac{\mathfrak{i}_2\mathfrak{i}_3\mathfrak{E}_1}{(\mathfrak{i}_2 + \mathfrak{i}_3)\mathfrak{C}}} = \frac{\mathfrak{E}_3}{\mathfrak{E}_3 + \dfrac{\mathfrak{i}_3}{\mathfrak{i}_2 + \mathfrak{i}_3}\mathfrak{E}_1} = \frac{\mathfrak{E}_3}{\mathfrak{E}_3 - \mathfrak{L}_2} = \frac{\mathfrak{E}_3}{\mathfrak{L}_1}.$$

Hieraus geht weiterhin hervor, daß in Abb. 7 $J_2 L_2 \parallel BL$ ist. Ebenso muß J_3 auf AC liegen und $L_3 J_3 \parallel CL$ sein.

IV. Die Berechnung von Transformatoren und Asynchronmotoren.

Wir legen der Berechnung einen schwach gesättigten Transformator mit dem Übersetzungsverhältnis $1:1$ zugrunde und stellen ihn durch das bekannte Ersatzschema Abb. 8 eines ideellen Transformators dar, bei dem der primäre und sekundäre Streufluß getrennt von dem Hauptfluß angenommen ist. Da der letztere Primär- und Sekundärwicklung in gleicher Weise durchflutet, so erzeugt er in ihnen die gleiche Spannung. Wir können daher die Klemmen dieser beiden Wicklungen verbunden und letztere durch eine einzige ideelle Wicklung ersetzt denken, die von der vektoriel-

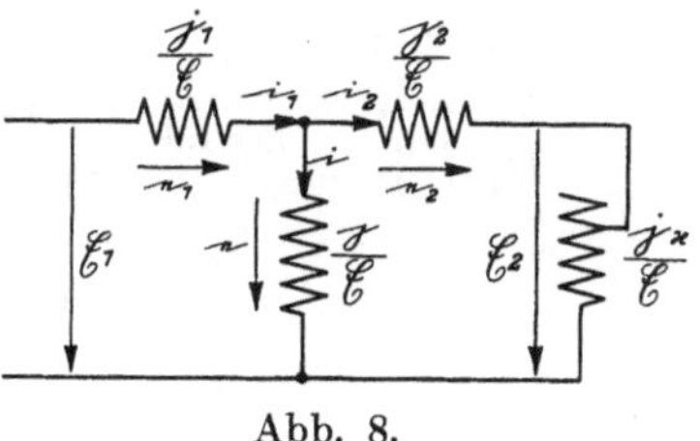

Abb. 8.

len Differenz des Primärstromes $\mathfrak{i}_1$ und des Sekundärstromes $\mathfrak{i}_2$ durchflossen wird. Den Scheinleitwert dieser Wicklung bezeichnen wir durch das Vektorverhältnis $\dfrac{\mathfrak{i}}{\mathfrak{C}}$ und die Scheinleitwerte der von dem primären bzw. sekundären Streufluß induzierten ideellen Wicklungen mit $\dfrac{\mathfrak{i}_1}{\mathfrak{C}}$ bzw. $\dfrac{\mathfrak{i}_2}{\mathfrak{C}}$. Die sekundäre Belastung des Transformators wird durch den veränderlichen Scheinleitwert $\dfrac{\mathfrak{i}_x}{\mathfrak{C}}$[1]) dargestellt. Die primäre Klemmenspannung wird mit $\mathfrak{E}_1$, die sekundäre mit $\mathfrak{E}_2$, und die Teilspannungen werden mit

[1]) Statt der Scheinleitwerte $\mathfrak{i}, \mathfrak{i}_1, \mathfrak{i}_2, \mathfrak{i}_x$ mit der Bezugsspannung $\mathfrak{C}$ kann man auch die Scheinwiderstände $\dfrac{\mathfrak{f}}{\mathfrak{J}} = \dfrac{\mathfrak{C}}{\mathfrak{i}}$, $\dfrac{\mathfrak{f}_1}{\mathfrak{J}} = \dfrac{\mathfrak{C}}{\mathfrak{i}_1}$ usw. benutzen. Die Resultate der Rechnung bleiben dabei unverändert.

e, e_1, e_2 bezeichnet. Je nachdem der Transformator von links oder rechts gespeist wird, wird $\mathfrak{E}_1$ oder $\mathfrak{E}_2$ gleich $\mathfrak{E}$ gesetzt. Dieses Ersatzschema dient in gleicher Weise zur Berechnung des Asynchronmotors, wenn $\mathfrak{E}_2$ als Sternspannung des Rotors und die sekundäre Belastung des Transformators $\left(\dfrac{j_x}{\mathfrak{E}}\right)$ als induktionsfrei ($j_x \parallel \mathfrak{E}$) angenommen wird. Unter dieser speziellen Annahme ist $(\mathfrak{E}_2\, i_2) = \left(\mathfrak{E}_2^2\, \dfrac{j_x}{\mathfrak{E}}\right) = 1000\, N$, also $\dfrac{j_x}{\mathfrak{E}} = \dfrac{1000\, N}{\mathfrak{E}_2^2}$, worin N die Nutzleistung in kW bezeichnet. In den nachstehenden Berechnungen wird aber die R i c h t u n g von j_x gegenüber $\mathfrak{E}$ vorläufig als beliebig, aber konstant angenommen, während $|j_x|$ veränderlich ist. Aus der Abb. 8 ist abzulesen:

$$\mathfrak{E}_1 = e_1 + e; \quad e = e_2 + \mathfrak{E}_2; \tag{44}$$

$$i_1 = i + i_2. \tag{45}$$

Ferner ist

$$i = \frac{j}{\mathfrak{E}}\, e; \tag{46}$$

$$i_1 = \frac{j_1}{\mathfrak{E}}\, e_1; \tag{47}$$

$$i_2 = \frac{j_2}{\mathfrak{E}}\, e_2 = \frac{j_x}{\mathfrak{E}}\, \mathfrak{E}_2, \quad \text{daher} \quad e = e_2 + \mathfrak{E}_2 = i_2\, \mathfrak{E}\left(\frac{1}{j_2} + \frac{1}{j_x}\right) = i_2\, \mathfrak{E}\, \frac{j_2 + j_x}{j_2\, j_x};$$

$$i_2 = \frac{j_2\, j_x}{j_2 + j_x}\, \frac{e}{\mathfrak{E}}, \tag{48}$$

und mit Gleichung (45) und (44)

$$j_1 e_1 = j e + \frac{j_2\, j_x}{j_2 + j_x}\, e = j_1\, (\mathfrak{E}_1 - e);$$

$$e = \mathfrak{E}\, \frac{j_1}{j + j_1 + \dfrac{j_2\, j_x}{j_2 + j_x}} = \mathfrak{E}\, \frac{j_1\, j_2 + j_1\, j_x}{(j + j_1)\, j_2 + (j + j_1 + j_2)\, j_x}; \tag{49}$$

$$e_1 = \mathfrak{E} - e = \mathfrak{E}\, \frac{j\, j_2 + (j + j_2)\, j_x}{(j + j_1)\, j_2 + (j + j_1 + j_2)\, j_x}. \tag{50}$$

Da ferner

$$\frac{e_2}{\mathfrak{E}_2} = \frac{j_x}{j_2}, \quad \text{so ist} \quad \frac{e_2}{e_2 + \mathfrak{E}_2} = \frac{e_2}{e} = \frac{j_x}{j_2 + j_x} \quad \text{und} \quad \frac{\mathfrak{E}_2}{e_2 + \mathfrak{E}_2} = \frac{\mathfrak{E}_2}{e} = \frac{j_2}{j_2 + j_x};$$

$$e_2 = e\, \frac{j_x}{j_2 + j_x} = \mathfrak{E}\, \frac{j_1\, j_x}{(j + j_1)\, j_2 + (j + j_1 + j_2)\, j_x}; \tag{51}$$

$$\mathfrak{E}_2 = e\, \frac{j_2}{j_2 + j_x} = \mathfrak{E}\, \frac{j_1\, j_2}{(j + j_1)\, j_2 + (j + j_1 + j_2)\, j_x}; \tag{52}$$

$$i = j\, \frac{j_1\, j_2 + j_1\, j_x}{(j + j_1)\, j_2 + (j + j_1 + j_2)\, j_x}; \tag{53}$$

$$i_1 = j_1\, \frac{j\, j_2 + (j + j_2)\, j_x}{(j + j_1)\, j_2 + (j + j_1 + j_2)\, j_x}; \tag{54}$$

$$i_2 = j_2\, \frac{j_1\, j_x}{(j + j_1)\, j_2 + (j + j_1 + j_2)\, j_x}. \tag{55}$$

Die Scheinleitwerte $\dfrac{1}{\mathfrak{E}} \cdot j$ bzw. $j_1\, j_2$ sind vorstehend als bekannt und j_x als veränderlich angenommen. Tatsächlich sind aber die Vektoren j, j_1, j_2 ideelle Konstanten, welche sich der direkten Messung entziehen, während j_x gemessen werden kann. Die Vektoren j, j_1, j_2 können aber aus den Resultaten von Leerlauf- und Kurzschlußversuchen bestimmt werden, und zwar kann man bei diesen Versuchen den Transformator sowohl von links (Primärseite) wie von rechts (Sekundärseite) her speisen.

Im letzteren Falle ist der regelbare Scheinleitwert $\frac{j_x}{\mathfrak{E}}$ auf die linke Seite der Abb. 8 zu schaffen. Zur Unterscheidung soll er hier mit $\frac{j_y}{\mathfrak{E}}$ bezeichnet werden. Die Netzspannung soll in allen Fällen mit $\mathfrak{E}$ bezeichnet werden. Die Bezeichnung der Leerlauf- und Kurzschlußströme $\mathfrak{l}_1, \mathfrak{l}_2, \mathfrak{k}_1, \mathfrak{k}_2, \mathfrak{k}_3, \mathfrak{k}_4$ sowie der Spannungen $e_l, e_{1l}, e_k,$ $e_{1k}, e_{2k}, \mathfrak{E}_{2l}$ sind aus den Abb. 9—12 zu ersehen, welche die 4 möglichen Versuche schematisch darstellen. Die ungeraden Indizes gelten dabei für die Speisung von links, die geraden für die Speisung von rechts. Zur Bestimmung der 3 Vektoren j, j_1, j_2 sind jedoch nur 3 beliebige der 6 meßbaren Vektoren $\mathfrak{l}_1, \mathfrak{l}_2, \mathfrak{k}_1, \mathfrak{k}_2,$ $\mathfrak{k}_3, \mathfrak{k}_4$ erforderlich. Da aber die nachfolgende Rechnung ergibt, daß stets $\mathfrak{k}_3 = \mathfrak{k}_4$ ist, so sind nur noch 5 derselben verfügbar. Daraus lassen sich 10 Permutationen von je 3 Größen bilden, nämlich

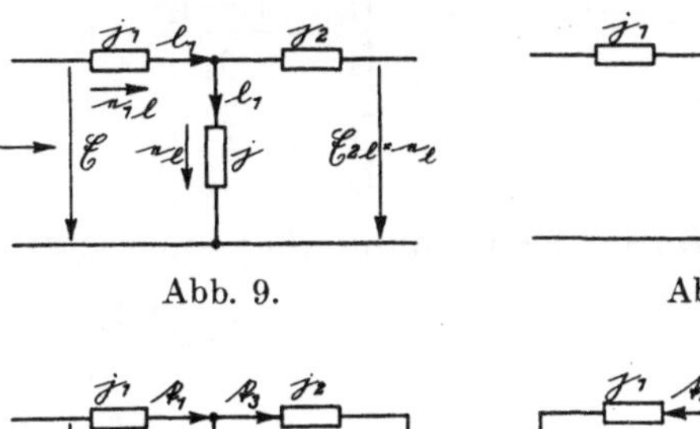

Abb. 9.　　　　　　Abb. 10.

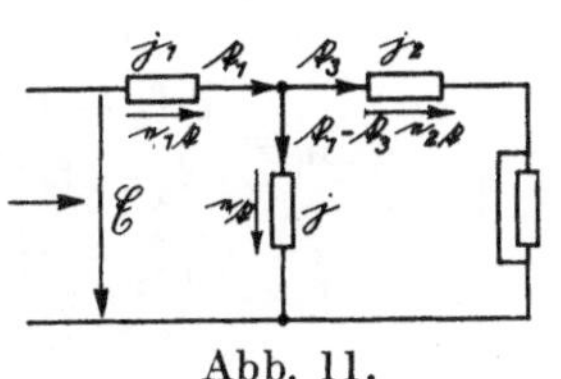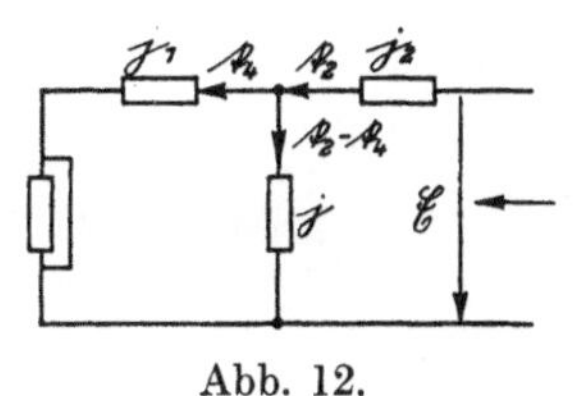

Abb. 11.　　　　　　Abb. 12.

$$\mathfrak{k}_1, \ \mathfrak{k}_2, \ \mathfrak{k}_3, \quad \mathfrak{k}_1\mathfrak{k}_2 \Big\langle {\mathfrak{l}_1 \atop \mathfrak{l}_2}, \quad \mathfrak{k}_1\mathfrak{k}_3 \Big\langle {\mathfrak{l}_1 \atop \mathfrak{l}_2}, \quad \mathfrak{k}_2\mathfrak{k}_3 \Big\langle {\mathfrak{l}_1 \atop \mathfrak{l}_2}, \quad \mathfrak{l}_1\mathfrak{l}_2 \Big\langle {{\mathfrak{k}_1 \atop \mathfrak{k}_2} \atop \mathfrak{k}_3}.$$

Sind aber 3 dieser 5 Größen bekannt, so sind dadurch nicht nur die Größen j, j_1, j_2 bestimmt, sondern auch die noch fehlende vierte und fünfte gegeben, denn die Eigenschaften des Transformators sind ja durch die Werte j, j_1, j_2 eindeutig bestimmt. Setzt man in den Gleichungen (45—51) nacheinander $j_x = 0$, $j_y = 0$, $j_x = \infty$, $j_y = \infty$, so erhält man für:

$$j_x = 0: \quad e_l = \mathfrak{E}\,\frac{j_1}{j+j_1}; \quad e_{1l} = \mathfrak{E}\,\frac{j}{j+j_1}; \quad e_{2l} = 0; \tag{56}$$

$$j_x = 0: \quad \mathfrak{E}_{2l} = \mathfrak{E}\,\frac{j_1}{j+j_1}; \tag{57}$$

$$j_x = \infty: \quad e_l = \mathfrak{E}\,\frac{j_1}{j+j_1+j_2}; \quad e_{1l} = \mathfrak{E}\,\frac{j+j_2}{j+j_1+j_2}; \quad e_{2l} = \mathfrak{E}\,\frac{j_1}{j+j_1+j_2}; \tag{58}$$

$$j_x = 0: \quad \mathfrak{l}_1 = \frac{j\,j_1}{j+j_1}; \tag{59}$$

$$j_y = 0: \quad \mathfrak{l}_2 = \frac{j\,j_2}{j+j_2} \ (j_1 \text{ gegen } j_2 \text{ vertauscht}); \tag{60}$$

$$j_x = \infty: \quad \mathfrak{k}_1 = j_1\,\frac{j+j_2}{j+j_1+j_2}; \tag{61}$$

$$j_y = \infty: \quad \mathfrak{k}_2 = j_2\,\frac{j+j_1}{j+j_1+j_2}; \tag{62}$$

$$j_x = \infty: \quad \mathfrak{k}_3 = \frac{j_1\,j_2}{j+j_1+j_2} \ \left.\begin{array}{c} \\ \\ \end{array}\right\} \tag{63}$$

$$j_y = \infty: \quad \mathfrak{k}_4 = \frac{j_1\,j_2}{j+j_1+j_2} \left.\vphantom{\frac{j_1}{j}}\right\} \ \mathfrak{k}_3 = \mathfrak{k}_4. \tag{64}$$

Es mögen nun die obengenannten 10 Fälle durchgerechnet werden, wobei einige derselben aus Symmetriegründen durch Vertauschung der betreffenden Indizes bestimmt werden können. Die letztgenannten Resultate sind in Klammern gesetzt.

a) Gegeben $\mathfrak{f}_1, \mathfrak{f}_2, \mathfrak{f}_3$.

Aus den Gleichungen (61), (62), (63)

$$\mathfrak{f}_1 = \mathfrak{j}_1 \frac{\mathfrak{j} + \mathfrak{j}_2}{\mathfrak{j} + \mathfrak{j}_1 + \mathfrak{j}_2}; \quad \mathfrak{f}_2 = \mathfrak{j}_2 \frac{\mathfrak{j} + \mathfrak{j}_1}{\mathfrak{j} + \mathfrak{j}_1 + \mathfrak{j}_2}; \quad \mathfrak{f}_3 = \frac{\mathfrak{j}_1 \mathfrak{j}_2}{\mathfrak{j} + \mathfrak{j}_1 + \mathfrak{j}_2}$$

ergibt sich

$$\frac{\mathfrak{f}_1}{\mathfrak{f}_3} = \frac{\mathfrak{j} + \mathfrak{j}_2}{\mathfrak{j}_2}; \quad \mathfrak{j}_2 = \mathfrak{j} \frac{\mathfrak{f}_3}{\mathfrak{f}_1 - \mathfrak{f}_3}; \tag{65}$$

$$\frac{\mathfrak{f}_2}{\mathfrak{f}_3} = \frac{\mathfrak{j} + \mathfrak{j}_1}{\mathfrak{j}_1}; \quad \mathfrak{j}_1 = \mathfrak{j} \frac{\mathfrak{f}_3}{\mathfrak{f}_2 - \mathfrak{f}_3}. \tag{66}$$

Diese Werte in Gleichung (63) eingesetzt, gibt

$$\mathfrak{j} = \frac{\mathfrak{f}_1 \mathfrak{f}_2 - \mathfrak{f}_3^2}{\mathfrak{f}_3}; \tag{67}$$

$$\mathfrak{j}_1 = \frac{\mathfrak{f}_1 \mathfrak{f}_2 - \mathfrak{f}_3^2}{\mathfrak{f}_2 - \mathfrak{f}_3}; \tag{68}$$

$$\mathfrak{j}_2 = \frac{\mathfrak{f}_1 \mathfrak{f}_2 - \mathfrak{f}_3^2}{\mathfrak{f}_1 - \mathfrak{f}_3}. \tag{69}$$

b) Gegeben $\mathfrak{l}_1, \mathfrak{f}_1, \mathfrak{f}_3, (\mathfrak{l}_2, \mathfrak{f}_2, \mathfrak{f}_3)$.

Aus den Gleichungen (59), (61), (63)

$$\mathfrak{l}_1 = \frac{\mathfrak{j} \mathfrak{j}_1}{\mathfrak{j} + \mathfrak{j}_1}; \quad \mathfrak{f}_1 = \mathfrak{j}_1 \frac{\mathfrak{j} + \mathfrak{j}_2}{\mathfrak{j} + \mathfrak{j}_1 + \mathfrak{j}_2}; \quad \mathfrak{f}_3 = \frac{\mathfrak{j}_1 \mathfrak{j}_2}{\mathfrak{j} + \mathfrak{j}_1 + \mathfrak{j}_2}$$

ergibt sich

$$\frac{\mathfrak{f}_1}{\mathfrak{f}_3} = \frac{\mathfrak{j} + \mathfrak{j}_2}{\mathfrak{j}_2}; \quad \mathfrak{j}_2 = \frac{\mathfrak{f}_3}{\mathfrak{f}_1 - \mathfrak{f}_3}; \quad \mathfrak{j}_1 = \mathfrak{j} \frac{\mathfrak{l}_1}{\mathfrak{j} - \mathfrak{l}_1};$$

$$\mathfrak{j} = \mathfrak{l}_1 \frac{\mathfrak{f}_3}{\mathfrak{f}_1 - \mathfrak{l}_1} \left(= \mathfrak{l}_2 \frac{\mathfrak{f}_3}{\mathfrak{f}_2 - \mathfrak{l}_2} \right); \tag{70}$$

$$\mathfrak{j}_1 = \mathfrak{l}_1 \frac{\mathfrak{f}_3}{\mathfrak{f}_3 - \mathfrak{f}_1 + \mathfrak{l}_1} \left(= \mathfrak{l}_2 \frac{\mathfrak{f}_3^2}{(\mathfrak{f}_2 - \mathfrak{l}_2)(\mathfrak{f}_2 - \mathfrak{f}_3)} \right); \tag{71}$$

$$\mathfrak{j}_2 = \mathfrak{l}_1 \frac{\mathfrak{f}_3^2}{(\mathfrak{f}_1 - \mathfrak{l}_1)(\mathfrak{f}_1 - \mathfrak{f}_3)} = \mathfrak{l}_2 \frac{\mathfrak{f}_3}{\mathfrak{f}_3 - \mathfrak{f}_2 + \mathfrak{l}_2}. \tag{72}$$

c) Gegeben $\mathfrak{l}_2, \mathfrak{f}_1, \mathfrak{f}_3, (\mathfrak{l}_1, \mathfrak{f}_2, \mathfrak{f}_3)$.

Aus den Gleichungen (60), (61), (63)

$$\mathfrak{l}_2 = \frac{\mathfrak{j} \mathfrak{j}_2}{\mathfrak{j} + \mathfrak{j}_2}; \quad \mathfrak{f}_1 = \mathfrak{j}_1 \frac{\mathfrak{j} + \mathfrak{j}_2}{\mathfrak{j} + \mathfrak{j}_1 + \mathfrak{j}_2}; \quad \mathfrak{f}_3 = \frac{\mathfrak{j}_1 \mathfrak{j}_2}{\mathfrak{j} + \mathfrak{j}_1 + \mathfrak{j}_2}$$

ergibt sich

$$\frac{\mathfrak{f}_1}{\mathfrak{f}_3} = \frac{\mathfrak{j} + \mathfrak{j}_2}{\mathfrak{j}_2}; \quad \mathfrak{j}_2 = \mathfrak{j} \frac{\mathfrak{f}_3}{\mathfrak{f}_1 - \mathfrak{f}_3} = \mathfrak{j} \frac{\mathfrak{l}_2}{\mathfrak{j} - \mathfrak{l}_2};$$

$$\mathfrak{j} = \mathfrak{l}_2 \frac{\mathfrak{f}_1}{\mathfrak{f}_3} \left(= \frac{\mathfrak{l}_1 \mathfrak{f}_2}{\mathfrak{f}_3} \right); \tag{73}$$

$$\mathfrak{j}_1 = \mathfrak{l}_2 \frac{\mathfrak{f}_1^2}{\mathfrak{l}_2 \mathfrak{f}_1 - \mathfrak{f}_3 (\mathfrak{f}_1 - \mathfrak{f}_3)}; \tag{74}$$

$$\mathfrak{j}_2 = \mathfrak{l}_2 \frac{\mathfrak{f}_1}{\mathfrak{f}_1 - \mathfrak{f}_3} \left(= \mathfrak{l}_1 \frac{\mathfrak{f}_2^2}{\mathfrak{l}_1 \mathfrak{f}_2 - \mathfrak{f}_3 (\mathfrak{f}_2 - \mathfrak{f}_3)} \right). \tag{75}$$

d) Gegeben $I_1, I_2, f_1, (I_2, I_1, f_2)$.

Aus den Gleichungen (59), (60), (61)

$$I_1 = \frac{j\,j_1}{j + j_1}; \quad I_2 = \frac{j\,j_2}{j + j_2}; \quad f_1 = j_1 \frac{j + j_2}{j + j_1 + j_2}$$

ergibt sich

$$j_1 = I_1 \frac{j}{j - I_1}; \quad j_2 = I_2 \frac{j}{j - I_2}; \quad f_1 = I_1 \frac{j^2}{j^2 - I_1 I_2};$$

$$j_2 = \frac{I_1 I_2 f_1}{f_1 - I_1} \left(= \frac{I_1 I_2 f_2}{f_2 - I_2} \right). \tag{76}$$

Aus dieser quadratischen Vektorgleichung ist zunächst j zu bestimmen, dann ist

$$j_1 = I_1 \frac{j}{j - I_1}; \tag{77}$$

$$j_2 = I_2 \frac{j}{j - I_1}. \tag{78}$$

e) Gegeben $f_1, f_2, I_1, (f_2, f_1, I_2)$.

Nach Gleichung (73) ist $I_2 f_1 = I_1 f_2$, daher kann Gleichung (76) auch geschrieben werden

$$j^2 = I_1 \frac{I_1 f_2}{f_1 - I_1} \left(= I_2 \frac{I_2 f_1}{f_2 - I_2} \right). \tag{79}$$

Aus dieser quadratischen Vektorgleichung ist zunächst j zu bestimmen, dann ist

$$j_1 = j \frac{I_1}{j - I_1} \left(= j \frac{f_1 I_2}{j f_2 - f_1 I_2} \right); \tag{80}$$

$$j_2 = j \frac{f_2 I_1}{j f_1 - f_2 I_1} \left(= j \frac{I_2}{j - I_2} \right). \tag{81}$$

f) Gegeben f_3, I_1, I_2.

Aus den Gleichungen (59), (60), (63)

$$I_1 = \frac{j\,j_1}{j + j_1}; \quad I_2 = \frac{j\,j_2}{j + j_2}; \quad f_3 = \frac{j_1 j_2}{j + j_1 + j_2}$$

ergibt sich

$$j_1 = \frac{j I_1}{j - I_1}; \quad j_2 = \frac{j I_2}{j - I_2}; \quad f_3 = \frac{j I_1 I_2}{j^2 - I_1 I_2};$$

$$j^2 - j \frac{I_1 I_2}{f_3} = I_1 I_2. \tag{82}$$

Aus dieser quadratischen Vektorgleichung ist zunächst j zu bestimmen, dann ist

$$j_1 = I_1 \frac{j}{j - I_1}; \tag{83}$$

$$j_2 = I_2 \frac{j}{j - I_2}. \tag{84}$$

Aus den Dreifachgleichungen (70) und (73) ergibt sich

a)   b)   c)   d)

$$\mathfrak{j}=\frac{\mathfrak{I}_1\mathfrak{k}_3}{\mathfrak{k}_1-\mathfrak{I}_1}=\frac{\mathfrak{I}_2\mathfrak{k}_3}{\mathfrak{k}_2-\mathfrak{I}_2}=\frac{\mathfrak{I}_2\mathfrak{k}_1}{\mathfrak{k}_3}=\frac{\mathfrak{I}_1\mathfrak{k}_2}{\mathfrak{k}_3}\qquad\text{und aus}$$

c) d)
$$\frac{\mathfrak{I}_1}{\mathfrak{k}_1}=\frac{\mathfrak{I}_2}{\mathfrak{k}_2};\quad \mathfrak{I}_1=\frac{\mathfrak{I}_2\mathfrak{k}_1}{\mathfrak{k}_2};\quad \mathfrak{I}_2=\frac{\mathfrak{I}_1\mathfrak{k}_2}{\mathfrak{k}_1};\quad \mathfrak{k}_1=\mathfrak{k}_2\frac{\mathfrak{I}_1}{\mathfrak{I}_2};\quad \mathfrak{k}_2=\mathfrak{k}_1\frac{\mathfrak{I}_2}{\mathfrak{I}_1};$$

b) c)
$$\frac{\mathfrak{k}_3}{\mathfrak{k}_2-\mathfrak{I}_2}=\frac{\mathfrak{k}_1}{\mathfrak{k}_3};\quad \mathfrak{k}_3^2=\mathfrak{k}_1(\mathfrak{k}_2-\mathfrak{I}_2);\quad \mathfrak{k}_1=\frac{\mathfrak{k}_3^2}{\mathfrak{k}_2-\mathfrak{I}_2};\quad \mathfrak{k}_2=\frac{\mathfrak{k}_1\mathfrak{I}_2+\mathfrak{k}_3^2}{\mathfrak{k}_1};\quad \mathfrak{I}_2=\frac{\mathfrak{k}_1\mathfrak{k}_2-\mathfrak{k}_3^2}{\mathfrak{k}_1};$$

a) c)
$$\frac{\mathfrak{I}_1\mathfrak{k}_3}{\mathfrak{k}_1-\mathfrak{I}_1}=\mathfrak{I}_2\frac{\mathfrak{k}_1}{\mathfrak{k}_3};\quad \mathfrak{k}_3^2=\frac{\mathfrak{I}_2}{\mathfrak{I}_1}\mathfrak{k}_1(\mathfrak{k}_1-\mathfrak{I}_1);\quad \mathfrak{k}_1^2-\mathfrak{k}_1\mathfrak{I}_1=\frac{\mathfrak{I}_1}{\mathfrak{I}_2}\mathfrak{k}_3^2;\quad \mathfrak{I}_1=\frac{\mathfrak{I}_2\mathfrak{k}_1^2}{\mathfrak{I}_2\mathfrak{k}_1-\mathfrak{k}_3^2};\quad \mathfrak{I}_2=\frac{\mathfrak{I}_1\mathfrak{k}_3^2}{\mathfrak{k}_1(\mathfrak{k}_1-\mathfrak{I}_1)};$$

a) d)
$$\frac{\mathfrak{k}_3}{\mathfrak{k}_1-\mathfrak{I}_1}=\frac{\mathfrak{k}_2}{\mathfrak{k}_3};\quad \mathfrak{k}_3^2=\mathfrak{k}_2(\mathfrak{k}_1-\mathfrak{I}_1);\quad \mathfrak{k}_1=\frac{\mathfrak{I}_1\mathfrak{k}_2+\mathfrak{k}_3^2}{\mathfrak{k}_2};\quad \mathfrak{k}_2=\frac{\mathfrak{k}_3^2}{\mathfrak{k}_1-\mathfrak{I}_1};\quad \mathfrak{I}_1=\frac{\mathfrak{k}_1\mathfrak{k}_2-\mathfrak{k}_3^2}{\mathfrak{k}_2};$$

b) d)
$$\frac{\mathfrak{I}_2\mathfrak{k}_3}{\mathfrak{k}_2-\mathfrak{I}_2}=\frac{\mathfrak{I}_1\mathfrak{k}_2}{\mathfrak{k}_3};\quad \mathfrak{k}_3^2=\frac{\mathfrak{I}_1}{\mathfrak{I}_2}\mathfrak{k}_2(\mathfrak{k}_2-\mathfrak{I}_2);\quad \mathfrak{k}_2^2-\mathfrak{k}_2\mathfrak{I}_2=\frac{\mathfrak{I}_2\mathfrak{k}_3^2}{\mathfrak{I}_1};\quad \mathfrak{I}_1=\frac{\mathfrak{I}_2\mathfrak{k}_3^2}{\mathfrak{k}_2(\mathfrak{k}_2-\mathfrak{I}_2)};\quad \mathfrak{I}_2=\frac{\mathfrak{I}_1\mathfrak{k}_2^2}{\mathfrak{I}_1\mathfrak{k}_2+\mathfrak{k}_3^2}.$$

Diese Beziehungen zwischen den Vektorgrößen $\mathfrak{j}$, $\mathfrak{j}_1$, $\mathfrak{j}_2$ und $\mathfrak{I}_1$, $\mathfrak{I}_2$, $\mathfrak{k}_1$, $\mathfrak{k}_2$, $\mathfrak{k}_3$ sowie der letzteren untereinander sind in der nachstehenden Formeltabelle (S. 15) übersichtlich zusammengestellt. Einige dieser Beziehungen führen zu quadratischen Vektorgleichungen (in der Tabelle stark umrahmt), deren Lösung in Abschnitt II eingehend behandelt ist.

Die Richtigkeit der entwickelten Formeln wurde durch einen Versuch nachgeprüft. Dabei wurde absichtlich ein Transformator (Übersetzung 1 : 1) mit sehr großer Streuung benutzt, um verhältnismäßig große Leerlaufströme zu erhalten. Ferner wurde die Sekundärstreuung durch einen Luftspalt innerhalb der Sekundärwicklung gegenüber der Primärstreuung künstlich vergrößert, um möglichst verschiedene Phasenwinkel der Leerlauf- und Kurzschlußströme zu erhalten.

Speisung des Transformators	Es wurden gemessen für $\mathfrak{E}=18$ Volt	
→	$\mathfrak{E}_{2l}=11{,}2$ Volt	
→	$\mathfrak{I}_1=0{,}55$ Ampere	$\cos\mathfrak{I}_1\mathfrak{E}=0{,}28$
←	$\mathfrak{I}_2=0{,}77$ „	$\cos\mathfrak{I}_2\mathfrak{E}=0{,}35$
→	$\mathfrak{k}_1=1{,}23$ „	$\cos\mathfrak{k}_1\mathfrak{E}=0{,}445$
←	$\mathfrak{k}_2=1{,}73$ „	$\cos\mathfrak{k}_2\mathfrak{E}=0{,}51$
→	$\mathfrak{k}_3=1{,}078\ \big\}\sim 1{,}082$ A	$\cos\mathfrak{k}_3\mathfrak{E}=0{,}538\ \big\}\sim 0{,}533$
←	$\mathfrak{k}_4=1{,}086$	$\cos\mathfrak{k}_4\mathfrak{E}=0{,}529$

Der Abb. 13 sind nun die gemessenen Werte von $\mathfrak{I}_1$, $\mathfrak{k}_1$, $\mathfrak{k}_2$ zugrunde gelegt. Dann ergibt sich $\mathfrak{E}_{2l}=11{,}4$ Volt statt 11,2 Volt,

$$\mathfrak{I}_2=\mathfrak{I}_1\frac{\mathfrak{k}_2}{\mathfrak{k}_1}=0{,}55\,\frac{1{,}73}{1{,}23}=0{,}774 \text{ statt } 0{,}77 \text{ Amp.}$$

Ferner ergibt die Zeichnung $\mathfrak{k}_1-\mathfrak{I}_1=0{,}693$ Amp., daher

$$|\mathfrak{k}_3|=\sqrt{|\mathfrak{k}_1-\mathfrak{I}_1|\cdot|\mathfrak{k}_2|}=\sqrt{0{,}693\cdot 1{,}73}=1{,}10 \text{ statt } 1{,}082 \text{ Amp.}$$

Diese Werte wie auch die Phasenwinkel der Ströme [$\sphericalangle\,\mathfrak{I}_2\mathfrak{k}_2$ muß $\sphericalangle\,\mathfrak{I}_1\mathfrak{k}_1$ sein und ferner muß $\mathfrak{k}_3$ den $\sphericalangle\,(\mathfrak{k}_1-\mathfrak{I}_1)$, $\mathfrak{k}_2$ halbieren] stimmen innerhalb der Meßgenauigkeit mit den gemessenen Werten hinreichend überein, zumal die Formeln den Sättigungsgrad des Eisens nicht berücksichtigen können.

Nr.	Durch Versuche ermittelt					j	j_1	j_2	$\mathfrak{f}_1$	$\mathfrak{f}_2$	$\mathfrak{f}_3$	l_1	l_2
	$\mathfrak{f}_1$	$\mathfrak{f}_2$	$\mathfrak{f}_3$	l_1	l_2								
1	$\mathfrak{f}_1$	$\mathfrak{f}_2$	$\mathfrak{f}_3$	—	—	$\dfrac{\mathfrak{f}_1\mathfrak{f}_2-\mathfrak{f}_3{}^2}{\mathfrak{f}_3}$	$\dfrac{\mathfrak{f}_1\mathfrak{f}_2-\mathfrak{f}_3{}^2}{\mathfrak{f}_2-\mathfrak{f}_3}$	$\dfrac{\mathfrak{f}_1\mathfrak{f}_2-\mathfrak{f}_3{}^2}{\mathfrak{f}_1-\mathfrak{f}_2}$	—	—	—	$\dfrac{\mathfrak{f}_1\mathfrak{f}_2-\mathfrak{f}_3{}^2}{\mathfrak{f}_2}$	$\dfrac{\mathfrak{f}_1\mathfrak{f}_2-\mathfrak{f}_3{}^2}{\mathfrak{f}_1}$
2	$\mathfrak{f}_1$	$\mathfrak{f}_2$	—	l_1	—	$j^2=\dfrac{l_1{}^2\mathfrak{f}_2}{\mathfrak{f}_1-l_1}$	$\dfrac{l_1\,j}{j-l_1}$	$\dfrac{l_1\mathfrak{f}_2\,j}{j\,\mathfrak{f}_1-\mathfrak{f}_2 l_1}$	—	—	$\mathfrak{f}_3{}^2=\mathfrak{f}_2(\mathfrak{f}_1-l_1)$	—	$\dfrac{l_1\mathfrak{f}_2}{\mathfrak{f}_1}$
3	$\mathfrak{f}_1$	$\mathfrak{f}_2$	—	—	l_2	$j^2=\dfrac{l_2{}^2\mathfrak{f}_1}{\mathfrak{f}_2-l_2}$	$l_2\,\dfrac{\mathfrak{f}_1\,j}{j\,\mathfrak{f}_2-\mathfrak{f}_1 l_2}$	$l_2\,\dfrac{j}{j-l_2}$	—	—	$\mathfrak{f}_3{}^2=\mathfrak{f}_1(\mathfrak{f}_2-l_2)$	$\dfrac{l_2\mathfrak{f}_1}{\mathfrak{f}_2}$	—
4	$\mathfrak{f}_1$	—	$\mathfrak{f}_3$	l_1	—	$\dfrac{l_1\mathfrak{f}_3}{\mathfrak{f}_1-l_1}$	$\dfrac{l_1\mathfrak{f}_3}{\mathfrak{f}_3-\mathfrak{f}_1+l_1}$	$\dfrac{l_1\mathfrak{f}_3{}^2}{(\mathfrak{f}_1-l_1)(\mathfrak{f}_1-\mathfrak{f}_3)}$	—	$\dfrac{\mathfrak{f}_3{}^2}{\mathfrak{f}_1-l_1}$	—	—	$\dfrac{l_1\mathfrak{f}_3{}^2}{\mathfrak{f}_1(\mathfrak{f}_1-l_1)}$
5	$\mathfrak{f}_1$	—	$\mathfrak{f}_3$	—	l_2	$\dfrac{l_2\mathfrak{f}_1}{\mathfrak{f}_3}$	$\dfrac{l_2\mathfrak{f}_1{}^2}{l_2\mathfrak{f}_1-\mathfrak{f}_3(\mathfrak{f}_1-\mathfrak{f}_3)}$	$\dfrac{l_2\mathfrak{f}_1}{\mathfrak{f}_1-\mathfrak{f}_3}$	—	$\dfrac{\mathfrak{f}_1 l_2+\mathfrak{f}_3{}^2}{\mathfrak{f}_1}$	—	$\dfrac{l_2\mathfrak{f}_1{}^2}{l_2\mathfrak{f}_1+\mathfrak{f}_3{}^2}$	—
6	—	$\mathfrak{f}_2$	$\mathfrak{f}_3$	l_1	—	$\dfrac{l_1\mathfrak{f}_2}{\mathfrak{f}_3}$	$\dfrac{l_1\mathfrak{f}_2}{\mathfrak{f}_2-\mathfrak{f}_3}$	$\dfrac{l_1\mathfrak{f}_2{}^2}{l_1\mathfrak{f}_2-\mathfrak{f}_3(\mathfrak{f}_2-\mathfrak{f}_3)}$	$\dfrac{l_1\mathfrak{f}_2+\mathfrak{f}_3{}^2}{\mathfrak{f}_2}$	—	—	—	$\dfrac{l_1\mathfrak{f}_2{}^2}{l_1\mathfrak{f}_2+\mathfrak{f}_3{}^2}$
7	—	$\mathfrak{f}_2$	$\mathfrak{f}_3$	—	l_2	$\dfrac{l_2\mathfrak{f}_3}{\mathfrak{f}_2-l_2}$	$\dfrac{l_2\mathfrak{f}_3{}^2}{(\mathfrak{f}_2-l_2)(\mathfrak{f}_2-\mathfrak{f}_3)}$	$\dfrac{l_2\mathfrak{f}_3}{\mathfrak{f}_3-\mathfrak{f}_2+l_2}$	$\dfrac{\mathfrak{f}_3{}^2}{\mathfrak{f}_2-l_2}$	—	—	$\dfrac{l_2\mathfrak{f}_3{}^2}{\mathfrak{f}_2(\mathfrak{f}_2-l_2)}$	—
8	$\mathfrak{f}_1$	—	—	l_1	l_2	$j^2=\dfrac{l_1 l_2\mathfrak{f}_1}{\mathfrak{f}_1-l_1}$	$\dfrac{l_1\,j}{j-l_1}$	$\dfrac{l_2\,j}{j-l_2}$	—	$\dfrac{\mathfrak{f}_1 l_2}{l_1}$	$\mathfrak{f}_3{}^2=\dfrac{l_2}{l_1}\mathfrak{f}_1(\mathfrak{f}_1-l_1)$	—	—
9	—	$\mathfrak{f}_2$	—	l_1	l_2	$j^2=\dfrac{l_1 l_2\mathfrak{f}_2}{\mathfrak{f}_2-l_2}$	$\dfrac{l_1\,j}{j-l_1}$	$\dfrac{l_2\,j}{j-l_2}$	$\dfrac{\mathfrak{f}_2 l_1}{l_2}$	—	$\mathfrak{f}_3{}^2=\dfrac{l_1}{l_2}\mathfrak{f}_2(\mathfrak{f}_2-l_2)$	—	—
10	—	—	$\mathfrak{f}_3$	l_1	l_2	$j^2-j\,\dfrac{l_1 l_2}{\mathfrak{f}_3}=l_1 l_2$	$\dfrac{l_1\,j}{j-l_1}$	$\dfrac{l_2\,j}{j-l_2}$	$\mathfrak{f}_1{}^2-\mathfrak{f}_1 l_1=\dfrac{l_1}{l_2}\mathfrak{f}_3{}^2$	$\mathfrak{f}_2{}^2-\mathfrak{f}_2 l_2=\dfrac{l_2\mathfrak{f}_3{}^2}{l_1}$	—	—	—

Die stark umrahmten Formeln erfordern die Lösung quadratischer Vektorgleichungen.

Ermittelung der Kreisdiagramme.

Wir lösen Gleichung (49)

$$e = \mathfrak{E}\,\frac{j_1 j_2 + j_1 j_x}{(j + j_1)\,j_2 + (j + j_1 + j_2)\,j_x}$$

nach j_x auf,

$$j_x\left[j_1 - \frac{e}{\mathfrak{E}}\,(j + j_1 + j_2)\right] = \frac{e}{\mathfrak{E}}\,(j + j_1)\,j_2 - j_1 j_2\,,$$

schaffen die Faktoren von e durch Multiplikation bzw. Division auf die linke Seite und erhalten

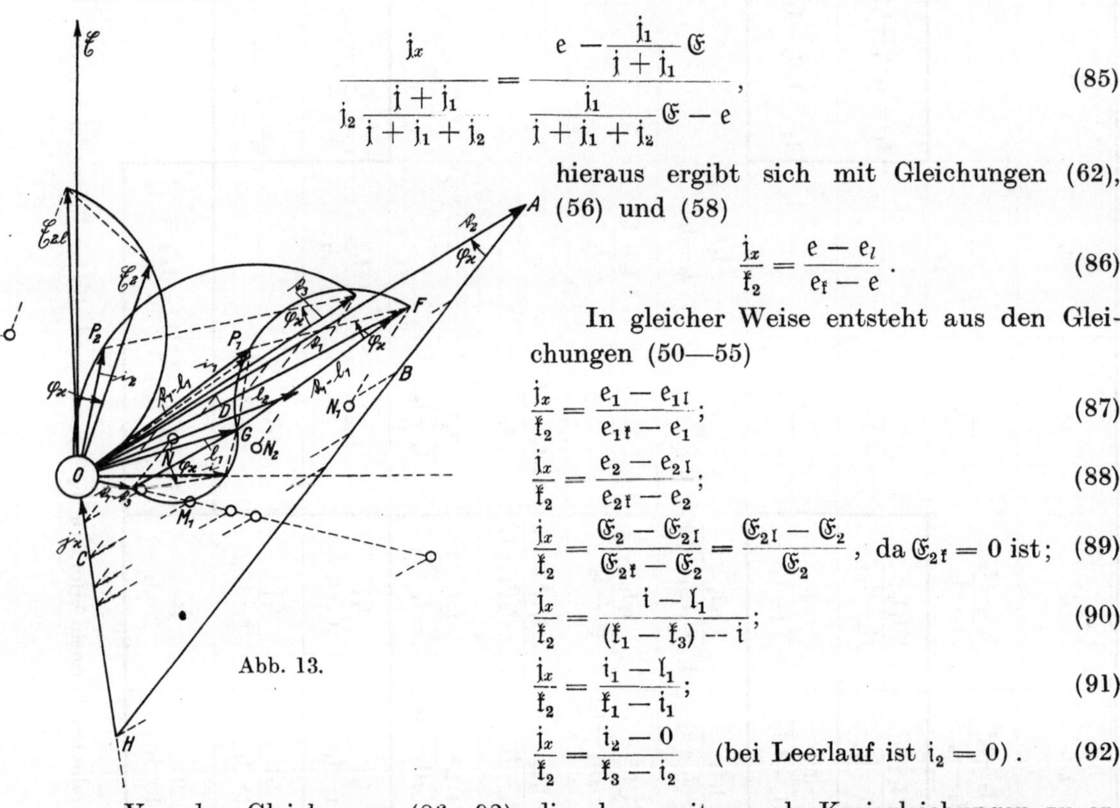

Abb. 13.

$$\frac{j_x}{j_2\,\dfrac{j + j_1}{j + j_1 + j_2}} = \frac{e - \dfrac{j_1}{j + j_1}\,\mathfrak{E}}{\dfrac{j_1}{j + j_1 + j_2}\,\mathfrak{E} - e}\,, \tag{85}$$

hieraus ergibt sich mit Gleichungen (62), (56) und (58)

$$\frac{j_x}{\mathfrak{k}_2} = \frac{e - e_l}{e_\mathfrak{k} - e}\,. \tag{86}$$

In gleicher Weise entsteht aus den Gleichungen (50—55)

$$\frac{j_x}{\mathfrak{k}_2} = \frac{e_1 - e_{1\mathfrak{l}}}{e_{1\mathfrak{k}} - e_1}\,; \tag{87}$$

$$\frac{j_x}{\mathfrak{k}_2} = \frac{e_2 - e_{2\mathfrak{l}}}{e_{2\mathfrak{k}} - e_2}\,; \tag{88}$$

$$\frac{j_x}{\mathfrak{k}_2} = \frac{\mathfrak{E}_2 - \mathfrak{E}_{2\mathfrak{l}}}{\mathfrak{E}_{2\mathfrak{k}} - \mathfrak{E}_2} = \frac{\mathfrak{E}_{2\mathfrak{l}} - \mathfrak{E}_2}{\mathfrak{E}_2}\,,\ \text{da}\ \mathfrak{E}_{2\mathfrak{k}} = 0\ \text{ist}; \tag{89}$$

$$\frac{j_x}{\mathfrak{k}_2} = \frac{i - \mathfrak{l}_1}{(\mathfrak{k}_1 - \mathfrak{k}_3) - i}\,; \tag{90}$$

$$\frac{j_x}{\mathfrak{k}_2} = \frac{i_1 - \mathfrak{l}_1}{\mathfrak{k}_1 - i_1}\,; \tag{91}$$

$$\frac{j_x}{\mathfrak{k}_2} = \frac{i_2 - 0}{\mathfrak{k}_3 - i_2}\quad \text{(bei Leerlauf ist } i_2 = 0\text{)}\,. \tag{92}$$

Von den Gleichungen (86—92), die ohne weiteres als Kreisgleichungen zu erkennen sind, haben die durch Gleichungen (86—88) gegebenen geringeres praktisches Interesse, da die ideellen Teilspannungen e, e_1, e_2 ebenso wie die Scheinleitwerte j, j_1, j_2 sich der direkten Messung entziehen. Dagegen ist das Diagramm der Sekundärspannung $\mathfrak{E}_2$ [Gleichung (89)] sowie diejenigen der Ströme i, i_1, i_2 [Gleichungen (90—92)] von Bedeutung. Zur Aufzeichnung des ersteren ist nach Gleichung (89) $\dfrac{j_x}{\mathfrak{k}_2} = \dfrac{\mathfrak{E}_2 - \mathfrak{E}_{2\mathfrak{l}}}{0 - \mathfrak{E}_2}$ die Kenntnis der sekundären Leerlaufspannung $\mathfrak{E}_{2\mathfrak{l}}$ erforderlich. Diese ist nach Größe und Phase leicht zu messen oder nach den Gleichungen (57), (62), (63) zu bestimmen:

$$\mathfrak{E}_{2\mathfrak{l}} = \mathfrak{E}\,\frac{j_1}{j + j_1} = \mathfrak{E}\,\frac{\mathfrak{k}_3}{\mathfrak{k}_2}\,. \tag{93}$$

In Abb. 13 und 14 sind die Kreisdiagramme in der gleichen Weise entwickelt wie in den Abb. 5, 6, 7. Für einen bestimmten Wert j_x sind die Vektoren $\mathfrak{E}_2, i, i_1, i_2$ in Abb. 13 eingetragen, und in Abb. 14 ist das vereinfachte Kreisdiagramm dargetsellt, in dem durch einen einzigen der Belastung j_x entsprechenden Leitstrahl alle 4 gesuchten Vektoren gefunden werden. Da die linken Seiten der Gleichungen (86—92) identisch sind, so müssen sämtliche Kreisdreiecke einschließlich der Kreisbogen und Kreismittelpunkte ähnliche Figuren darstellen, wie auch die Abbildungen zeigen.

Zur Konstruktion der Abb. 13 diene folgendes:

Da der Vektor $\mathfrak{l}_2$ in keiner der Gleichungen (86—92) vorkommt, möge auf die Messung von $\mathfrak{l}_2$ verzichtet sein; dagegen sollen $\mathfrak{l}_1$, $\mathfrak{k}_1$, $\mathfrak{k}_2$ bekannt sein. Die Konstruktion von $\mathfrak{l}_2$ bietet übrigens keine Schwierigkeiten, da die Dreiecke $\mathfrak{l}_1\mathfrak{l}_2$ und $\mathfrak{k}_1\mathfrak{k}_2$ ähnlich sind $\left(\text{s. Formeltabelle S. 15 } \mathfrak{l}_2 = \mathfrak{l}_1 \dfrac{\mathfrak{k}_2}{\mathfrak{k}_1}\right)$. Zur Konstruktion von $\mathfrak{k}_3$ benutzen wir die (quadratische) Vektorgleichung $\mathfrak{k}_3^2 = \mathfrak{k}_2(\mathfrak{k}_1 - \mathfrak{l}_1)$ (s. die gleiche Tabelle) und konstruieren $\mathfrak{k}_1 - \mathfrak{l}_1$ (in Abb. 13 gestrichelt); dann muß $\mathfrak{k}_3$ auf der Winkelhalbierenden

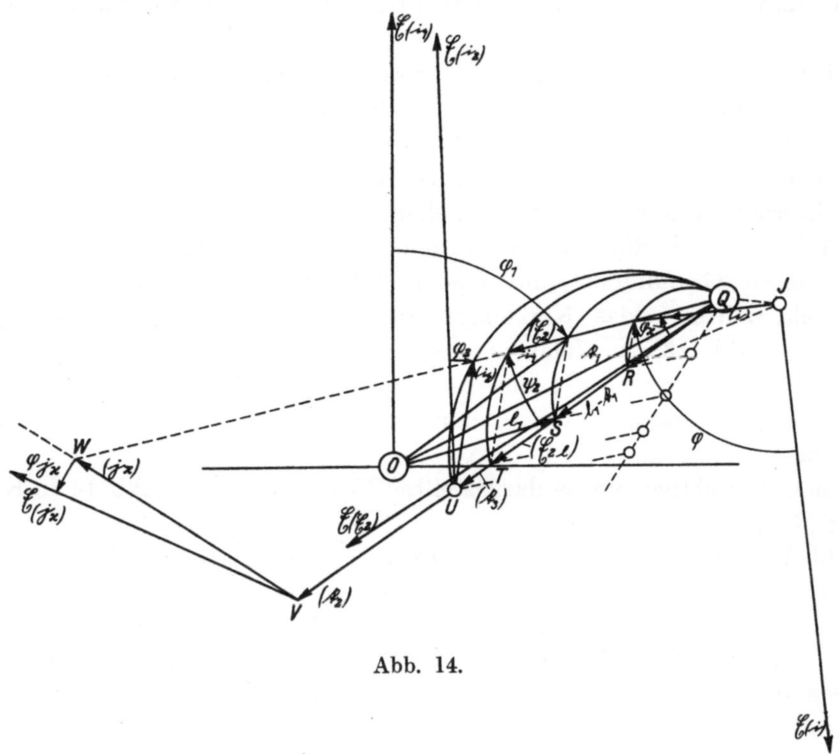

Abb. 14.

zwischen $\mathfrak{k}_1 - \mathfrak{l}_1$ und $\mathfrak{k}_2$ liegen und der absolute Wert von $|\mathfrak{k}_3| = + \sqrt{|\mathfrak{k}_1 - \mathfrak{l}_1| |\mathfrak{k}_2|}$ sein. Der negative Wurzelwert kommt nicht in Frage, da einem negativen $\mathfrak{k}_3$ auch ein negatives $j = \dfrac{\mathfrak{k}_1\mathfrak{k}_2 - \mathfrak{k}_3^2}{\mathfrak{k}_3}$ entsprechen und der gemeinsame Fluß in diesem Fall Wirk- und Blindleistung erzeugen statt aufnehmen würde. j und $\mathfrak{k}_3$ müssen daher im ersten Quadranten gegenüber $\mathfrak{E}$ liegen.

Je 2 Punkte der Kreisdiagramme sind ferner durch die Konstanten der Gleichungen bestimmt, und zwar für die Grenzwerte von

	für den Leerlaufpunkt	für den Kurzschlußpunkt
$\mathfrak{E}_2$:	die Spitze von $\mathfrak{E}_{2l}$	der Punkt 0
i:	die Spitze von $\mathfrak{l}_1$	die Spitze von $\mathfrak{k}_1 - \mathfrak{k}_3$
i_1:	die Spitze von $\mathfrak{l}_1$	die Spitze von $\mathfrak{k}_1$
i_2:	der Punkt 0	die Spitze von $\mathfrak{k}_3$.

Es ist nunmehr noch in jedem Kreisdiagramm der geometrische Ort des wandernden Punktes, d. h. der Radius des Kreises, zu bestimmen. Als Beispiel möge das Kreisdiagramm von $\mathfrak{i}_1$ ermittelt werden. Da nach Abb. 13 die Pfeilrichtungen von $\overrightarrow{\mathfrak{i}_1 - \mathfrak{j}_1}$ und $\overrightarrow{\mathfrak{f}_1 - \mathfrak{i}_1}$ nacheinander gleichdsinnig durchlaufen werden, so ist auch $\mathfrak{j}_x$ so angetragen, daß $\overrightarrow{\mathfrak{j}_x}$ und $\overrightarrow{\mathfrak{f}_2}$ gleichsinnig nacheinander durchlaufen werden; d. h. $\mathfrak{j}_x$ zeigt mit der Pfeilspitze nach 0. Wir machen nunmehr $BA = |\mathfrak{f}_1 - \mathfrak{i}_1|$, ziehen $BC \| \mathfrak{f}_2$, $CD \| BA$ und verschieben das Dreieck CDO nach GFP_1 so, daß CD mit $GF = \mathfrak{f}_1 - \mathfrak{i}_1$ zusammenfällt. Der Punkt P_1 entspricht dann einer bestimmten durch $\mathfrak{j}_x$ gegebenen Belastung. Der Mittelpunkt M_1 des (nicht dargestellten) Kreises, der durch COD geht, verschiebt sich dabei nach N_1. Bei der Bestimmung der Mittelpunkte der anderen Kreise (für $\mathfrak{E}_2$, $\mathfrak{i}$, $\mathfrak{i}_2$) ist zu beachten, daß sie sämtlich auf dem Strahl OM_1 und auf Parallelen zu CM_1 liegen.

Die Kreisdiagramme der übrigen Vektoren werden in gleicher Weise konstruiert. Die entsprechenden Kreisdreiecke sind sämtlich ähnlich dem aus $\mathfrak{j}_x$ und $\mathfrak{f}_2$ gebildeten Dreieck HAO mit dem $\sphericalangle \varphi_x$ bei A, und die Endpunkte der Dreiecksgrundlinien sind durch die Grenzwerte der Kreisgleichung bestimmt, welche sich für $\mathfrak{j}_x = 0$ und $\mathfrak{j}_x = \infty$, d. h. für Leerlauf und Kurzschluß, ergeben.

In Abb. 14 sind die Kreisdiagramme so zusammengelegt, daß die Dreiecke mit ihren Grundlinien und einem Eckpunkt zusammenfallen. Es wäre zwar logisch richtiger, das Kreisdiagramm für $\mathfrak{E}_2$ und die Grundspannung $\mathfrak{E}$ in der Lage Abb. 13 zu belassen und alle übrigen Kreisdiagramme zu verdrehen (und zu verschieben); da es aber in der Literatur üblich ist, $\mathfrak{i}_1$ in richtiger Phasenstellung gegenüber $\mathfrak{E}$ darzustellen, so wurde dieses auch bei Abb. 14 durchgeführt.

Die nicht in richtiger Phase dargestellten Vektoren sind in Abb. 14 in Klammern gesetzt, z. B. $(\mathfrak{i})$, $(\mathfrak{i}_2)$, $(\mathfrak{E}_2)$ usw.

In Abb. 14 ist nun $OS = \mathfrak{i}_1$, $OQ = \mathfrak{f}_1$, $QS = \mathfrak{i}_1 - \mathfrak{f}_1$ in richtiger, $QR = [\mathfrak{i}_1 - (\mathfrak{f}_1 - \mathfrak{f}_3)]$, $QT = (\mathfrak{E}_2\mathfrak{i})$, $QU = (\mathfrak{f}_3)$ mit verdrehter Phase in der Richtung $QS = \mathfrak{i}_1 - \mathfrak{f}_1$, und ferner das aus $(\mathfrak{j}_x)$ und $(\mathfrak{f}_2)$ bestehende Dreieck QVW als Spiegelbild des Dreiecks AOH der Abb. 13 aufgetragen. Der Phasenwinkel Null für die verschiedenen Vektoren ist gegeben für

	$\mathfrak{E}_2$	$\mathfrak{i}$	$\mathfrak{i}_1$	$\mathfrak{i}_2$	$\mathfrak{j}_x$
Anfangspunkt des Vektors	Q	J	O	U	V
durch	$\mathfrak{E}_{(\mathfrak{E}_2)}$	$\mathfrak{E}_{(\mathfrak{i})}$	$\mathfrak{E}_{(\mathfrak{i}_1)}$	$\mathfrak{E}_{(\mathfrak{i}_2)}$	$\mathfrak{E}_{(\mathfrak{j}_x)}$

und ihr wirklicher Phasenwinkel gegenüber $\mathfrak{E}$ durch $\frown$-Pfeile angedeutet. Diese Pfeile gehen immer von dem Bezugsvektor zu dem veränderlichen Vektor; nur bei $\mathfrak{E}_{(\mathfrak{j}_x)}$ ist die Pfeilrichtung für φ_{jx} umgekehrt eingetragen (wegen der Spiegelbildung). Sämtliche eingetragenen Pfeile mit Ausnahme desjenigen für $\mathfrak{j}_x$ entsprechen also einer Nacheilung des betreffenden Vektors gegen $\mathfrak{E}$.

Man könnte noch einen Schritt weiter gehen und die 4 Kreisdiagramme zu einem einzigen vereinigen, indem man für jeden Spannungs- und Stromvektor einen eigenen Maßstab wählt. Man kommt dann zu einem dem Heyland- oder Osanna-Kreise ähnlichen Diagramme, aus dem sich außer $\mathfrak{i}_1$ und $\mathfrak{i}_2$ noch $\mathfrak{i}$ und $\mathfrak{E}_2$ sowie die wahren Phasenwinkel aller Vektoren ablesen lassen.

Primäre und sekundäre Leistung, Nutzeffekt, Schlüpfung.

Wir betrachten zunächst den allgemeinen Fall, daß der Transformator nicht induktionsfrei belastet ist, Abb. 15 (während des Asynchronmotor im allgemeinen als induktionsfrei belastet anzusprechen ist).

Die primäre Leistung ist durch das Vektorprodukt $\mathfrak{N}_1 = \{\mathfrak{E} \cdot i_1\}$ gegeben, welches in die

$$\text{Blindleistung} \quad \mathfrak{N}_{1b} = E\, i_1 \sin \varphi_1$$

und die

$$\text{Wirkleistung} \quad \mathfrak{N}_{1w} = E\, i_1 \cos \varphi_1$$

zerfällt, worin $\varphi_1 = \sphericalangle\, \mathfrak{E}\, i_1$ ist.

Es sind daher nur die beiden Komponenten $i_1 \sin \varphi_1 = OQ$ und $i_1 \cos \varphi_1 = OP$ (im Strommaßstab gemessen) mit E (im Spannungsmaßstab gemessen) miteinander zu multiplizieren. Die sekundäre Leistung ist durch das Vektorprodukt $\mathfrak{N}_2 = \{\mathfrak{E}_2 \cdot i_2\}$ gegeben. Da hierin sowohl $\mathfrak{E}_2$ wie i_2 veränderlich sind und die Verwendung derselben Bezugsgrößen $\mathfrak{E}$ und i_1 wie für die Primärleistung erwünscht ist, setzen wir

$$\mathfrak{E}_2 = \mathfrak{E}_{2l}\frac{\mathfrak{f}_1 - i_1}{\mathfrak{f}_1 - \mathfrak{l}_1} = \mathfrak{E}\,\frac{\mathfrak{f}_3}{\mathfrak{f}_2}\frac{\mathfrak{f}_1 - i_1}{\mathfrak{f}_1 - \mathfrak{l}_1}$$

und

$$i_2 = \mathfrak{f}_3\frac{i_1 - \mathfrak{l}_1}{\mathfrak{f}_1 - \mathfrak{l}_1};$$

$$\mathfrak{N}_2 = \{\mathfrak{E}_2 \cdot i_2\} = \left\{\mathfrak{E}\,\frac{\mathfrak{f}_3}{\mathfrak{f}_2}\frac{\mathfrak{f}_1 - i_1}{\mathfrak{f}_1 - \mathfrak{l}_1} \cdot \mathfrak{f}_3\frac{i_1 - \mathfrak{l}_1}{\mathfrak{f}_1 - \mathfrak{l}_1}\right\}.$$

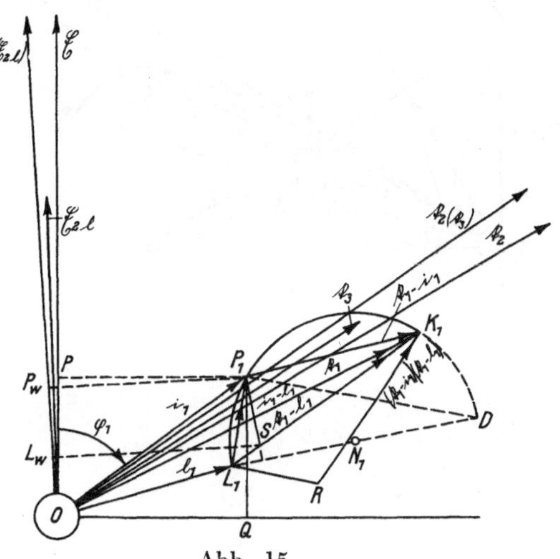

Abb. 15.

In dem zweiten Faktor des Vektorprodukts setzen wir

$$\mathfrak{f}_1 - \mathfrak{l}_1 = \frac{\mathfrak{f}_3^2}{\mathfrak{f}_2}$$

und erhalten

$$\mathfrak{N}_2 = \left\{\mathfrak{E}\,\frac{\mathfrak{f}_3}{\mathfrak{f}_2}\frac{\mathfrak{f}_1 - i_1}{\mathfrak{f}_1 - \mathfrak{l}_1} \cdot \frac{\mathfrak{f}_2}{\mathfrak{f}_3}(i_1 - \mathfrak{l}_1)\right\}.$$

Nunmehr transportieren wir $\dfrac{\mathfrak{f}_1 - i_1}{\mathfrak{f}_1 - \mathfrak{l}_1}$ nach rechts und $\dfrac{\mathfrak{f}_2}{\mathfrak{f}_3}$ nach links unter Einführung der entsprechenden Spiegelvektoren

$$\mathfrak{N}_2 = \left\{\mathfrak{E}\,\frac{\mathfrak{f}_{2\,(\mathfrak{f}_3)}}{\mathfrak{f}_2} \cdot \frac{(\mathfrak{f}_1 - i_1)_{(\mathfrak{f}_1 - \mathfrak{l}_1)}}{\mathfrak{f}_1 - \mathfrak{l}_1}(i_1 - \mathfrak{l}_1)\right\}.$$

Da

$$\frac{\mathfrak{f}_3}{\mathfrak{f}_2} = \frac{\mathfrak{E}_{2l}}{\mathfrak{E}} \quad \text{ist, Abb. 15, so ist} \quad \mathfrak{E}\,\frac{\mathfrak{f}_{2\,(\mathfrak{f}_3)}}{\mathfrak{f}_2} = \mathfrak{E}_{(\mathfrak{E}_2 l)}\,.$$

Zur Bestimmung des zweiten Faktors betrachten wir das Spiegelbild $L_1 K_1 R$ des Dreiecks $L_1 K_1 P_1$; darin ist $\dfrac{(\mathfrak{f}_1 - i_1)_{(\mathfrak{f}_1 - \mathfrak{l}_1)}}{\mathfrak{f}_1 - \mathfrak{l}_1} = \dfrac{R K_1}{L_1 K_1}$. Da mit diesem Vektorverhältnis der Vektor $i_1 - \mathfrak{l}_1 = L_1 P_1$ zu multiplizieren ist, brauchen wir nur das $\triangle L_1 S P_1$ ähnlich dem $\triangle L_1 R K_1$ zu machen und erhalten

$$\frac{(\mathfrak{f}_1 - i_1)_{(\mathfrak{f}_1 - \mathfrak{l}_1)}}{\mathfrak{f}_1 - \mathfrak{l}_1}(i_1 - \mathfrak{l}_1) = S P_1\,.$$

2*

Die Konstruktion läßt sich noch einfacher gestalten, wenn man $P_1 S \perp L_1 N_1$ zieht, da $\sphericalangle L_1 P_1 S_1 = \sphericalangle P_1 D L_1 = \sphericalangle P_1 K_1 L_1 = \sphericalangle R K_1 L_1$ ist. Daher ist

$$\mathfrak{N}_2 = \{\mathfrak{E}_{(\mathfrak{E}_2 \mathfrak{l})} \cdot S P_1\}.$$

Die Wattkomponente von $\mathfrak{N}_2$ erhalten wir durch Projektion von SP_1 auf $\mathfrak{E}_{(\mathfrak{E}_2 \mathfrak{l})}$

$$\mathfrak{E}_{(\mathfrak{E}_2 \mathfrak{l})} \cdot L_\mathfrak{w} P_\mathfrak{w} \quad \text{und da} \quad |\mathfrak{E}_{(\mathfrak{E}_2 \mathfrak{l})}| = |\mathfrak{E}|$$

ist, den Nutzeffekt $\eta = \dfrac{L_\mathfrak{w} P_\mathfrak{w}}{O P}$, in dem Beispiel, Abb. 15, etwa gleich 50 vH.

Die induktionsfreie Belastung des Transformators, wobei $\mathfrak{j}_x$ in die Richtung von $\mathfrak{E}$ fällt, kann als Sonderfall betrachtet werden.

Um die Schlüpfung eines Asynchronmotors zu bestimmen, nehmen wir nach Abb. 16 induktionsfreie Belastung des Rotors an ($\mathfrak{j}_x \| \mathfrak{E}$). Die Belastung $\mathfrak{j}_x$ kann jeden Wert von Null bis unendlich annehmen. Wir können aber auch für $\mathfrak{j}_x$ einen derartigen ideellen negativen Wert $\mathfrak{j}_{x0}$ wählen, daß die Ohmsche Komponente von $\mathfrak{j}_2$ gerade kompensiert wird. Dadurch finden wir in dem Kreisdiagramm den ideellen Kurzschlußpunkt $P_\mathfrak{i}$.

Es ist

$$\mathfrak{j}_2 = \mathfrak{k}_2 \frac{\mathfrak{l}_1}{\mathfrak{k}_1 - \mathfrak{k}_3}.$$

Wir können daher $\mathfrak{j}_2$ in bekannter Weise konstruieren, indem wir das Dreieck $(\mathfrak{k}_1 - \mathfrak{k}_3)$, $(\mathfrak{l}_1)$ an $\mathfrak{k}_2$ antragen und durch die Spitze von $\mathfrak{k}_2$ eine Parallele zur Grundlinie $[\mathfrak{l}_1 - (\mathfrak{k}_1 - \mathfrak{k}_3)]$ ziehen; da aber der Schnittpunkt dieser Parallele mit $(\mathfrak{l}_1)$ über die Zeichenebene hinausfällt, so bilden wir einen Vektor

$$OB = \alpha \mathfrak{j}_2 = \alpha \mathfrak{k}_2 \frac{\mathfrak{l}_1}{\mathfrak{k}_1 - \mathfrak{k}_3}$$

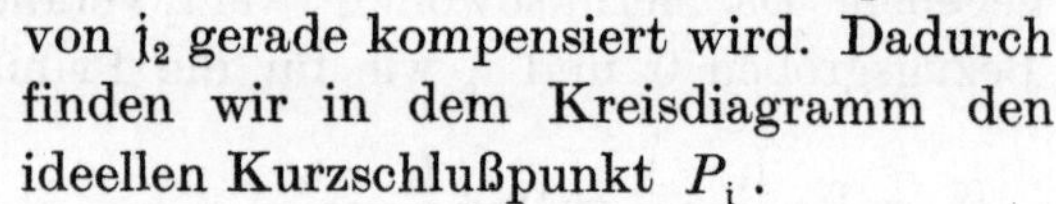

Abb. 16.

und wählen den Faktor α so groß, daß $\alpha |\mathfrak{k}_2| = |\mathfrak{k}_1 - \mathfrak{k}_3| = OD$ ist. Wir brauchen daher jetzt nur das Dreieck OHL_1 in die Lage ODB zu verdrehen, um $\alpha \mathfrak{j}_2 \doteq OB$ zu finden.

Die Hintereinanderschaltung von $\mathfrak{j}_2$ und $\mathfrak{j}_{x0}$ gibt einen neuen Leitwert $\mathfrak{j}_\mathfrak{i}$ und es ist

$$\frac{1}{\mathfrak{j}_\mathfrak{i}} = \frac{1}{\mathfrak{j}_2} + \frac{1}{\mathfrak{j}_{x0}} \quad \text{oder} \quad \frac{\alpha \mathfrak{j}_\mathfrak{i}}{\alpha \mathfrak{j}_2} = \frac{\alpha \mathfrak{j}_{x0}}{\alpha (\mathfrak{j}_2 + \mathfrak{j}_{x0})},$$

worin $\alpha (\mathfrak{j}_2 + \mathfrak{j}_{x0}) = AB$ ist.

Da außerdem $\mathfrak{j}_\mathfrak{i} \perp \mathfrak{j}_{x0}$ oder $\perp \mathfrak{E}$ stehen soll, so ergibt sich eine einfache Konstruktion von $\alpha \mathfrak{j}_{x0}$ und $\alpha \mathfrak{j}_\mathfrak{i}$ dadurch, daß man $ABC \perp OB$ zieht, wodurch $AO = \alpha \mathfrak{j}_{x0}$ und $OC = \alpha \mathfrak{j}_\mathfrak{i}$ bestimmt sind. Zieht man ferner die Linie AD, so ist das Vektorverhältnis

$$\frac{AO}{OD} = \frac{\alpha \mathfrak{j}_{x0}}{\alpha \mathfrak{k}_2} = \frac{\mathfrak{j}_{x0}}{\mathfrak{k}_2}.$$

Man braucht daher nur das Dreieck DAO nach QL_1R zu verschieben und $K_1 P_i \| Q R$ zu ziehen, um den gesuchten ideellen Kurzschlußpunkt P_i zu finden.

Die sekundäre Leistungsabgabe ist nach früheren Ermittelungen $E \cdot SP_1$ ohne Kompensierung des Ohmschen Läuferwiderstandes und $E \cdot TP_1$ bei Kompensierung desselben. Der Schlupf ist daher gleich $\dfrac{TS}{TP_1}$.

Zusammenfassung.

Die vorstehende Arbeit zeigt, daß man alle Wechselstromprobleme, die bisher meist nach der sogenannten symbolischen Methode, d. h. mit komplexen Größen, berechnet wurden, ebensogut, aber viel übersichtlicher, mit der neuen vektoranalytischen Berechnungsweise behandeln kann. Da es sich bei diesen Problemen sowohl um durchaus reelle Aufgaben wie auch um durchaus reelle Resultate handelt, so ist nicht einzusehen, weshalb man weiterhin noch den schwierigeren Umweg über komplexe Größen wählen sollte, nachdem ein direkter reeller Weg dafür gefunden ist. Die neue Berechnungsweise dürfte sich, da sie eine wesentliche Vereinfachung darstellt, zur allgemeinen Einführung in der Elektrotechnik empfehlen.

Der Zeitbegriff in der Photometrie.

Von **Carl Michalke.**

Mit 4 Textabbildungen.

Mitteilung aus dem Charlottenburger Werk der Siemens-Schuckertwerke G. m. b. H.

Eingegangen am 2. Dezember 1922.

Helligkeitsempfindungen sind objektiv nicht meßbar; hierdurch wird die Festsetzung einer von subjektiven Einflüssen unabhängigen Lichteinheit erschwert. In welcher Weise der Lichteindruck in unserem Auge von der Lichtstärke der Lichtquelle, deren Farbe, der Art der Empfindung durch Vorgänge im Pigmentepithel der Netzhaut und Vermittlung der Stäbchen oder Zäpfchen unseres Auges u. dgl. abhängt, ist eingehend von verschiedenen Forschern untersucht worden. Bei der

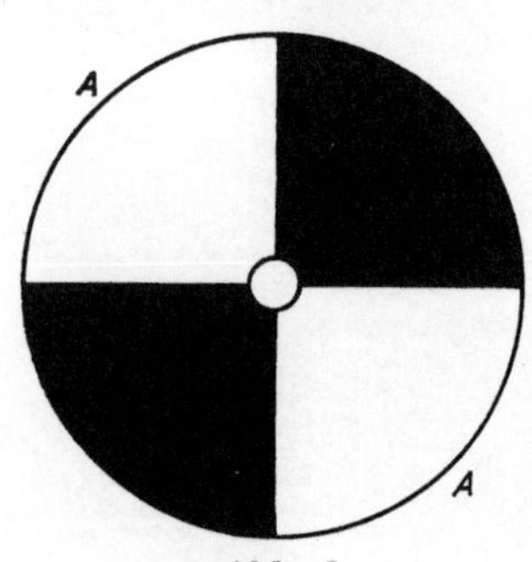

Abb. 1.

Erklärung einzelner in der Lichttechnik zu beachtender Erscheinungen spielt aber auch der Einfluß der Zeit eine gewisse Rolle. Es soll dies an zwei Beispielen gezeigt werden.

Die Einwirkung eines Lichteindrucks bleibt in unserem Auge eine — wenn auch kurze — Zeit haften. Wird eine nahezu punktförmige Lichtquelle schnell bewegt, so erhält man den Eindruck einer leuchtenden Linie. Wird eine kreisförmige Scheibe (Abb. 1) mit abwechselnd hellen und dunklen gleichgroßen Feldern in Drehung versetzt, so verschwindet bei genügender Drehzahl die Trennung der hellen und dunklen Stellen. Die gesamte kreisförmige Fläche erscheint gleichmäßig hell, jedoch von geringerer Helligkeit, als die hellen Stellen bei ruhender Scheibe wahrgenommen wurden. Das Auge erhält den Eindruck, als ob die Helligkeit der Flächenteile A sich über die ganze Kreisfläche verteilt hätte. Sind die dunklen Flächenteile vollkommen schwarz (Rückstrahlungszahl 0), so erhält man den Eindruck halber Helligkeit der bewegten Scheibe gegenüber der Helligkeit der ruhenden Fläche A. Dieser Eindruck ändert sich nicht bei Erhöhung der Drehzahl, ist also von einer bestimmten Drehzahl an von dieser völlig unabhängig. Ist das Verhältnis der Flächengröße A zur ganzen Kreisfläche $1 : n$, so erhält das Auge bei Drehung den Eindruck einer Helligkeit $\frac{1}{n}$.

Ähnliche Verhältnisse treten ein, wenn eine ruhende Fläche von gleichmäßiger Helligkeit (Rückstrahlungszahl für alle Flächenteilchen gleich) in kurzen Zeitabständen periodisch beleuchtet wird. Ist die Zeitdauer einer Periode genügend klein, so erhält man den Eindruck eines gleichmäßigen flimmerfreien Lichts. Das Verhältnis der Belichtungszeit zur Gesamtzeit einer Periode gibt ein Maß für die Helligkeit der beleuchteten Fläche.

Die scheinbare Stetigkeit in der Helligkeit der umlaufenden Kreisfläche (Abb. 1) oder einer aussetzend beleuchteten Fläche kann so erklärt werden, daß der Schwingungszustand, den das in unser Auge gelangte Licht erzeugt, noch eine kurze Zeit in unserem Auge anhält. Das Abklingen dieser Schwingungen würde dem Nachlauf von plötzlich der Leistungszufuhr beraubten Motoren entsprechen. Das Haften des Leuchteindrucks nach aufgehobener Lichtzufuhr kann von aufgespeicherter Lichtarbeit herrühren. Das Lichtempfinden nach dem Ausschalten der Lichtquelle würde also eine Wirkarbeit, die in kgm oder Wattsekunden auszudrücken ist, sein. Wenn diese Annahme richtig ist, so kann man folgern, daß umgekehrt beim plötzlichen Auftreten einer Lichtquelle der Mensch nicht sofort den vollen Lichteindruck hat. Diesen würde man erst nach einer, wenn auch kurzen Zeit empfangen. Der Dauerzustand in der Lichtempfindung, der der Stärke der Lichtquelle entspricht, würde erst nach Aufspeicherung einer gewissen Lichtarbeit auftreten können, die für die Lichtempfindung nicht in Betracht käme. Tritt also ein Lichtreiz, entsprechend einer Lichtstärke J oder einer Lichtleistung (Abb. 2), auf (ausgezogener Kurvenzug), der die Zeit T_1 währt, dann die Zeit T_2 aussetzt, so würde die Lichtempfindung R etwa durch den gestrichelten Kurvenzug darzustellen sein, indem der aufsteigende Ast die

ansteigende Erregung im Auge bei Einschalten des Lichts, der absteigende Ast die Nachwirkung nach Ausschalten des Lichts darstellt. Ähnlich, wie ein möglichst reibungslos gelagerter Motor unbelastet nach dem Einschalten schnell auf regelrechte Drehzahl kommen kann und lange Auslaufzeit hat, kann auch der aufsteigende Ast steil ansteigen, d. h. das

Abb. 2.

Auge schnell die volle Empfindung für das Licht erhalten und der abfallende sich verflachen, d. h. das Auge eine verhältnismäßig lange Nachwirkung haben. Der Vorgang der Aufnahme von Lichtarbeit und Umwandlung in Lichtempfindung ist ähnlich dem Vorgang in elektrischen Akkumulatoren, in denen elektrische Arbeit in chemische umgewandelt, aufgespeichert und als elektrische Arbeit abgegeben wird. Je tiefer (Abb. 2) der Punkt P liegt und je steiler die Lichtempfindungskurve wieder ansteigt, um so stärker ist die Flimmerwirkung. Punkt P liegt um so höher, je geringer die Zeit einer Periode, je höher die Frequenz ist. Bei Wechselstromlampen wird auch durch die Kurvenform des Stroms die Flimmerwirkung beeinflußt, indem bei spitzer Kurvenform die Lampen mehr zum Flimmern neigen als bei flacher Form. Helligkeitsunterschiede von gleichfarbigen Flächen, die nebeneinander liegen, können schon sicher erkannt werden, wenn der Helligkeitsunterschied nur wenige Zehntel vH beträgt. Rasch nacheinander folgende Helligkeitsunterschiede, für die der Schwellenwert der Empfindung höher liegt als beim Unterscheiden der Helligkeit nebeneinanderliegender Flächen, werden mit Sicherheit festgestellt, wenn die Helligkeitsänderungen 5—10 vH betragen. Hiernach kann geschätzt werden, wieweit bei Unterbrechung der Lichtstrahlung die Lichtempfindung nachlassen darf, um nicht den Eindruck von Flimmern zu geben.

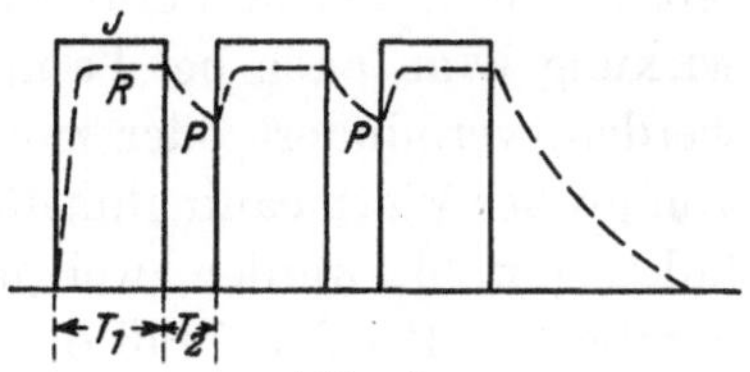

In Abb. 2 ist $J T_1$ die in der Zeit T_1 von der Lichtquelle aufgewandte Lichtarbeit; in der Zeit T_2 setzt die Strahlung aus, trotzdem bleibt eine Lichtempfindung; es ist dies gewissermaßen in Seharbeit umgesetzte Lichtarbeit. Die gesamte Seharbeit wird durch $\int_0^T E\,dt$ ausgedrückt, wenn E die Sehleistung ist, T die Zeit einer Periode, oder da die Sehleistung durch $\int_{\lambda_1}^{\lambda_2}\int_0^T \varphi\,(J_1\,\lambda_1\,t)\,d\lambda\,dt$ ausgedrückt, wobei λ_1 und λ_2 die Wellenlängen sind, innerhalb deren die Lichtempfindung liegt, wenn φ die Funktion ist, nach der sich die Sehleistung in Abhängigkeit von der Lichtleistung J und der Wellenlänge λ ändert, oder durch $E_m\,(T_1 + T_2)$, wenn E_m der Mittelwert der Sehleistung ist. Die Seharbeit muß kleiner sein als die aufgewandte Lichtarbeit.

Bei periodischer Wiederkehr von Belichtung und Unterbrechung, wie z. B. bei Wechselstromlampen, wird im allgemeinen die Seharbeit nicht auf den Wert 0 herabgehen, sondern bevor die Nachwirkung des empfangenen Lichteindrucks verschwunden ist, beginnt bei genügend hoher Frequenz schon der nächste Lichtreiz. Das Auge erhält einen Helligkeitseindruck, der dem mittleren Arbeitsaufwand $\frac{1}{T}\int_0^T J\,dt$ entspricht.

Bei einer Frequenz von $16^2/_3$, wie sie beispielsweise für Einphasen-Wechselstrombahnen gebräuchlich ist, ist noch deutliches Flimmern von Glühlampen der gebräuchlichen Spannungen von 110 oder 220 V wahrnehmbar, weil der empfangene Lichtreiz bereits zu stark abgeklungen ist, bevor ein genügend starker neuer Lichtreiz kommt. Bei 50 Perioden/sk verschwindet die Flimmerwirkung. Die Flimmerwirkung kann auch bei Lampen, die mit Wechselstrom niederer Frequenz gespeist werden, vermindert oder zum Verschwinden gebracht werden, wenn Leuchtkörper von großer Wärmeaufnahmefähigkeit, z. B. bei Glühlampen solche mit dickem Glühfaden gewählt werden, weil in diesem Fall der Glühgrad der Lampe nicht zu sehr herabgeht. Bei Anschluß der Lampen an ein Drehstromnetz geringer Frequenz, das bei vorhandenem Einphasennetz durch einen asynchronen Motor[1]) geschaffen werden kann, genügt es, nahe beieinander angeordnete Lampen an die 3 Phasen des Drehstromnetzes anzuschließen.

Ist die entwickelte Anschauung richtig, daß es sich bei der noch nach Unterbrechung der Lichtstrahlung in unserem Auge vorhandenen Reizwirkung um aufgespeicherte Lichtarbeit handelt, so daß die Empfindung etwa nach dem psychophysischen Gesetz von Fechner von Reiz und Empfindung oder etwa nach dem Linienverlauf der Kurve für R (Abb. 2) verläuft, dann dürfte bei photometrischen Meßgeräten, bei denen bei umlaufender Blende mit sektorförmigem Ausschnitt durch Größenänderung des Ausschnitts die wirksame Lichtstärke der zu untersuchenden Lichtquelle oder die der Vergleichslampe verändert wird, die Lichtschwächung, wie sie dem Auge erscheint, nicht genau proportional der Abblendung sein. Nachgewiesen ist dies photometrisch nicht; der Fehler dürfte auch nur bei überstarker Abblendung in Betracht kommen, wie sie bei photometrischen Messungen selten oder gar nicht vorkommt.

Den Vorgang der Nachwirkung des Lichts im Auge kann man sich in ähnlicher Weise erklären wie die Verstärkung der elektrischen Leitfähigkeit der Kristalle von hohem Brechungsexponenten durch Lichtstrahlung, wobei gleichfalls eine Nachwirkung nach Aufhören der Lichterregung stattfindet.

Da nach den gemachten Ausführungen auch für die Nachwirkung Lichtarbeit aufgespeichert erforderlich ist, diese Nachwirkung also nicht rein erinnerungsmäßig ohne Aufwand entsprechender Lichtleistung (also als Blindleistung) erfolgt, so ist es ausgeschlossen, diese Nachwirkung etwa auszunutzen, um ohne entsprechenden

---

[1]) Siemenspatent DRP. 348 684 vom 24. XI. 1920.

Aufwand von Lichtleistung (Wirkleistung) Sehleistungen zu erhalten. Verschiedene Erfindungen, die hierauf fußend eine sparsame Beleuchtungsart schaffen wollten, sind verfehlt. So wurden Patente angemeldet auf umlaufende Stromverteiler, durch die nacheinander eine Reihe von Glühlampen eingeschaltet wurden. Jede der Lampen mit der Lichtstärke J blieb so nur eine kurze Zeit T_1 eingeschaltet, während sie eine weitere Zeit T_2 ausgeschaltet blieb. Es wurde damit gerechnet, daß innerhalb der letzteren Zeit durch das Haftenbleiben des Lichtreizes im Auge der Helligkeitseindruck bestehen bleiben würde, wie wenn die Lichtstärke J über den gesamten Zeitraum $T_1 + T_2$ angehalten hätte. In Wirklichkeit erhält man nur eine mittlere Lichtstärke von $J \dfrac{T_1}{T_1 + T_2}$. Würde man nicht mit solchem Mittelwert rechnen müssen, sondern erinnerungsmäßig mit verlängerten Lichteindrücken ohne Aufwand von Lichtarbeit, so würde der Lichteindruck von Wechselstromlampen von der Amplitude des Wechselstroms abhängen. Wechselstromglühlampen würden so bei gleicher Beanspruchung[1]) mehr Licht abgeben als Gleichstromlampen, was nach den photometrischen Messungen nicht der Fall ist. Wechselstromglühlampen mit spitzer Kurvenform des Wechselstroms müßten (im Gegensatz zu Wechselstrombogenlampen) scheinbar mehr Licht geben als Lampen mit flacher Kurvenform.

Ein zweites Beispiel zeigt gleichfalls, daß der Zeitbegriff vorteilhaft einzuführen ist, um Vorgänge von Lichtverstärkung durch wiederholte Rückstrahlung zu erklären. Wird eine Fläche $\triangle F_1$ (Abb. 3) durch eine Lichtquelle J in der Entfernung r_1 unter dem Einfallswinkel φ belichtet, so gilt für die Beleuchtung der Fläche die Formel $E_1 = \dfrac{J \cos \varphi}{r_1^2}$; die Helligkeit der Fläche $\triangle F_1$ ist:

$$H_1 = \frac{\mu_1 J \cos \varphi}{r_1^2},$$

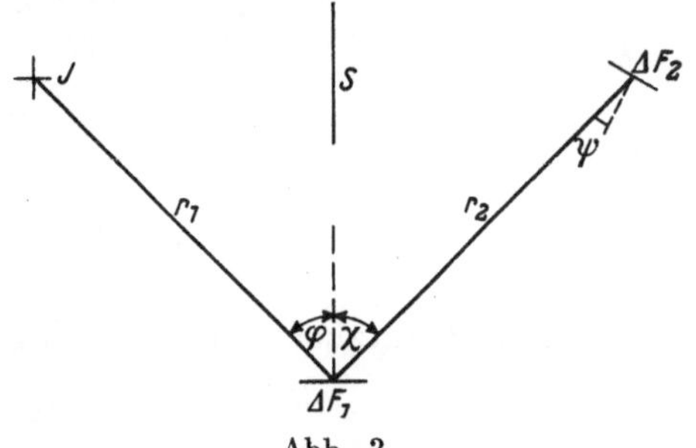

Abb. 3.

wobei μ_1 die Rückstrahlungszahl ist, die angibt, welcher Bruchteil des auf die Fläche fallenden Lichtstromes mehr oder weniger zerstreut zurückgeworfen wird. Diese Rechnung gilt streng nur für einen Raum mit vollkommen schwarzen Wänden (Rückstrahlungszahl $= 0$), in dem in endlicher Entfernung von $\triangle F_1$ der von dieser Fläche ausgestrahlte Lichtstrom keine das Licht zurückwerfende Fläche trifft. Befindet sich in der Entfernung r_2 von $\triangle F_1$ eine Fläche $\triangle F_2$, auf die ein Teil des von der Fläche $\triangle F_1$ ausgesandten Lichtstroms fällt, so erhält die Fläche $\triangle F_1$ von der Fläche $\triangle F_2$ eine Zusatzbeleuchtung. Ist das von der Fläche $\triangle F_1$ zurückgeworfene Licht zerstreut, so daß die Rückstrahlung dem Lambertschen Grundgesetz folgt, so ist die Beleuchtung E_2 der Fläche $\triangle F_2$, wenn ψ und χ (Abb. 3) die Rückstrahlungs-

---

oder Einfallswinkel sind und die einzelnen Größen in Hefnerkerzen und Lux gewertet, die Flächen in m², die Entfernungen in m ausgedrückt werden[1]):

$$E_2 = \frac{H_1 \,\triangle F_1 \cos \chi \cos \psi}{\pi\, r_2^2} = \frac{\mu_1\, J \,\triangle F_1 \cos \varphi \cos \chi \cos \psi}{\pi\, r_1^2 r_2^2}.$$

Vorausgesetzt ist hierbei, daß die Fläche $\triangle F_2$ so durch den Schirm S abgeschirmt ist, daß sie kein Licht unmittelbar von der Lichtquelle J oder von einer sonstigen Lichtquelle erhält.

Die Helligkeit der Fläche $\triangle F_2$ ist

$$H_2 = \mu_2 E_2 = \frac{\mu_1 \mu_2\, J \,\triangle F_1 \cos \varphi \cos \chi \cos \psi}{\pi\, r_1^2 r_2^2},$$

wenn μ_2 die Rückstrahlungszahl für die Fläche $\triangle F_2$ ist. Die Fläche $\triangle F_2$ strahlt ihrerseits als Selbststrahler hemisphärisch Licht zurück. Die Gesamtstrahlung der Fläche $\triangle F_2$ ist

$$i_{\Box} = \frac{H_2\,\triangle F_2}{2\,\pi}.$$

In der Richtung nach der Fläche $\triangle F_1$, also unter dem Einfallwinkel ψ, ist die Ausstrahlung $i_\psi = \dfrac{H_2\,\triangle F_2 \cos \psi}{\pi}$. Dies erzeugt auf der Fläche $\triangle F_1$ eine Zusatzbeleuchtung

$$e_1 = \frac{i_\psi \cos \chi}{r_2^2} = \frac{H_2\,\triangle F_2 \cos \psi \cos \chi}{r_2^2\, \pi};$$

$$e_1 = \frac{\mu_1 \mu_2\, J \,\triangle F_1 \,\triangle F_2 \cos \varphi \cos^2 \chi \cos^2 \psi}{r_1^2\, r_2^4\, \pi^2},$$

$$= E_1 \frac{\mu_1 \mu_2 \,\triangle F_1 \,\triangle F_2 \cos^2 \chi \cos^2 \psi}{r_2^4\, \pi^2} = E_1 A.$$

Diese Zusatzbeleuchtung bringt eine weitere Zusatzbeleuchtung

$$e_2 = e_1 A = E_1 A^2.$$

Die Gesamtbeleuchtung ist demnach

$$E = E_1 + e_1 + e_2 +$$
$$= E_1 (1 + A + A^2 + \ldots) = \frac{E_1}{1 - A};$$
$$E = E_1 \frac{r_2^4\, \pi^2}{r_2^4\, \pi^2 - \mu_1 \mu_2 \,\triangle F_1 \,\triangle F_2 \cos^2 \chi \cos^2 \psi}.$$

Die Zahl

$$\frac{r_2^4\, \pi^2}{r_2^4\, \pi^2 - \mu_1 \mu_2 \,\triangle F_1 \,\triangle F_2 \cos^2 \chi \cos^2 \psi}$$

ist die Verstärkungszahl für die Beleuchtung der Fläche $\triangle F_1$. Die Beleuchtung der Fläche $\triangle F_1$ wird um so mehr verstärkt, je mehr sich A dem Wert 1 nähert, d. h. je mehr sich μ_1 und μ_2 dem Wert 1 nähern, d. h. je weißer die Flächen $\triangle F_1$ und $\triangle F_2$ sind, je größer die Flächen $\triangle F_1$ und $\triangle F_2$ sind und je kleiner die Einfallswinkel χ und ψ sind.

Von dem von der Lichtquelle J ausgehenden Lichtstrom wird nur der Teil ausgenutzt, der auf die Fläche $\triangle F_1$ fällt, nämlich der Lichtstrom $\dfrac{J \,\triangle F_1 \cos \varphi}{r_1^2}$, der die Beleuchtung $E_1 = \dfrac{J \cos \varphi}{r_1^2}$ erzeugt. Es ist also ohne Mehraufwand irgendeiner Licht-

____

[1]) Wissenschaftliche Veröffentlichungen aus dem Siemenskonzern Bd. 1, H. 2, S. 56.

arbeit an Beleuchtung und somit an Helligkeit gewonnen worden, und zwar lediglich durch Aufstellung zerstreut das Licht zurückwerfender Flächen. Bei Anwendung des Lambertschen Strahlungsgesetzes für zerstreut strahlende Flächen, das solche Rückstrahlung der beleuchteten Flächen nicht berücksichtigt, muß auf die erwähnte Lichtverstärkung Rücksicht genommen werden.

Ist die Fläche $\triangle F_2$ bezüglich der Rückstrahlung in anderer Weise auswählend für die einzelnen Farben wie die Fläche $\triangle F_1$, so wird durch die Rückstrahlung von der Fläche $\triangle F_2$ auch der auf der Fläche $\triangle F_1$ gesehene Farbton geändert. Ist beispielsweise die Fläche $\triangle F_1$ rein weiß, $\triangle F_1$ rot, so erhält die Fläche $\triangle F_1$ durch die Zusatzbeleuchtung eine rötliche Färbung.

Befindet sich eine irgendwie beleuchtete Fläche $\triangle F_1$ in einem geschlossenen Raum, dessen Wände das Licht zerstreut zurückwerfen, nimmt man also an Stelle des Flächenteilchens $\triangle F_2$ endliche Wandflächen an, so ist außer der wechselseitigen Beleuchtung der Fläche $\triangle F_1$ und der Wände noch die gegenseitige Bestrahlung der Wände in Rechnung zu ziehen. Durch diese Wechselwirkung tritt eine weitere Verstärkung der Beleuchtung der Wände und in ihrer Rückwirkung auch eine Verstärkung in der Beleuchtung der Fläche $\triangle F_1$ ein. Die beleuchteten Wände können infolge der wiederholten Rückstrahlung, wenn μ nahe 1 ist[1]), rechnerisch eine größere Helligkeit erlangen, als die Ausgangslichtquelle $\triangle F_1$ besitzt.

Ist E die Beleuchtung der Fläche $\triangle F_1$, also die hierdurch geschaffene Helligkeit $H = \mu E$, wobei die Rückstrahlungszahl $\mu < 1$ ist, so kann ferner durch das von den umgebenden hellen Wänden, die von der beleuchteten Fläche Licht empfangen und zum Teil zurückstrahlen, ausgestrahlte Licht die Helligkeit H auf einen Wert H_1 so gesteigert werden, daß $H_1 > E$ wird. Es ist in diesem Falle demnach der von der Fläche $\triangle F_1$ ausgestrahlte Lichtstrom $H_1 \cdot \triangle F_1$ größer als der eingestrahlte Lichtstrom $E \cdot \triangle F_1$[2]).

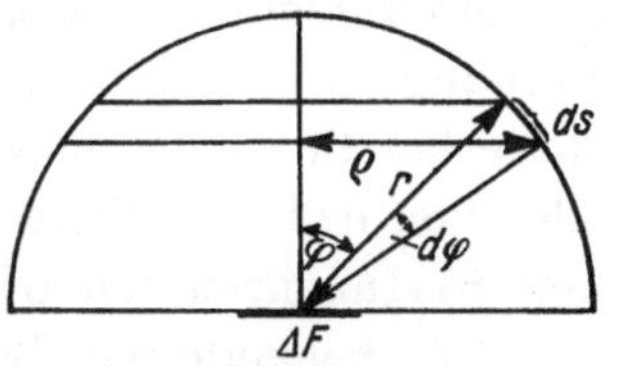

Für die Ulbrichtsche Kugel sind die Vorgänge der Lichtverstärkung besonders bemerkenswert. Wird die Rückstrahlungszahl $\mu = 1$ gesetzt, so erreicht die Helligkeit der zerstreut rückstrahlenden Fläche den Grenzwert ∞ schon bei der kleinsten verwandten Lichtquelle. Bei Werten für μ nahe an 1 ist der Fall theoretisch denkbar, daß durch Beleuchtung eines Raumes, der beliebig gestaltet sein kann, Nachbarräume, die mit dem beleuchteten etwa durch Fenster in Verbindung stehen, aneinander anstoßend in beliebiger Zahl von dem ursprünglichen Raume aus ausreichend erleuchtet werden können.

Es scheinen alle diese Vorgänge der Lichtverstärkung dem Satz von der Erhaltung der Arbeit zu widersprechen, da ohne zusätzliche Lichtarbeit zusätzliche Helligkeit geschaffen werden kann. Zu erklären ist dies nur durch die Annahme einer Anhäufung von Licht. Die ursprüngliche Strahlung und die durch Zurückwerfung

Abb. 4.

---

[1]) Vgl. l. c. Bd. I, Heft 2, S. 63.

[2]) Der von einem Flächenteil $\triangle F$ (Abb. 4) ausgehende, auf die Halbkugel fallende Lichtstrom kann folgendermaßen bestimmt werden: Die Strahlung in der Richtung φ ist $i_\varphi = \dfrac{H \triangle F \cos\varphi}{\pi}$, wenn H die Helligkeit der Fläche $\triangle F$ ist.

Der Lichtstrom, der auf den Kugelring vom Halbmesser ϱ fällt, ist

$$d\Phi = \frac{i_\varphi\, 2\varrho\,\pi\, ds}{r^2} = \frac{H \triangle F \cos\varphi\, 2\varrho\, ds}{r^2} = H \triangle F \sin 2\varphi\, d\varphi.$$

Der gesamte Lichtstrom, den Fläche F hemisphärisch ausstrahlt, ist $\Phi = H \triangle F$.

gewonnene sind Vorgänge, die zeitlich nacheinander fallen. Die Rückstrahlung, die die ursprüngliche Beleuchtung verstärkt, erfolgt später und setzt sich zur noch bestehenden ersten Bestrahlung hinzu. Der Vorgang geht mit der Lichtgeschwindigkeit von rund 300 000 km/sk vor sich, so daß der Vorgang für das Auge augenblicklich zu erfolgen scheint. Es sind diese Lichtstrahlungsvorgänge also ähnlich den Vorgängen bei Wärmestrahlung. Innerhalb eines Raumes, in dem jede Wärmeabstrahlung verhindert ist, wird schon durch die geringste Heizquelle ein beliebig hoher Wärmegrad erreicht. Ähnliche Vorgänge, wie sie für zerstreute Lichtstrahlung behandelt sind, treten auch bei spiegelnder Rückwerfung des Lichts auf.

Nicht nur bei künstlichen Lichtquellen in geschlossenen Räumen kommt die erwähnte Lichtverstärkung in Betracht, sondern auch bei Tageslichtbeleuchtung. Bei wolkenlosem Himmel wird das von der Sonne auf die Erdoberfläche gestrahlte Licht zurückgeworfen und zum Teil von den Luftmolekeln aufgefangen und wieder auf den Erdboden geworfen, wobei in den Farben auswählendes Verschlucken und Zurückwerfen stattfindet. Die Helligkeit an Wintertagen wird zum Teil durch den gefallenen Schnee beeinflußt, wie Leonh. Weber durch Tageslichtmessungen bestätigt fand. In stärkerem Maße findet die Lichtverstärkung durch die Wolken statt, zumal die Rückstrahlungszahl von Gewölk, das das von dem Erdboden empfangene Sonnenlicht in ziemlich vollkommener Zerstreuung zurückstrahlt, verhältnismäßig hoch sein kann. Es ist daher die Helligkeit des Erdbodens bei teilweiser Bewölkung an den durch Wolken nicht beschatteten Teilen größer als bei unbewölktem Himmel.

Man hat es hiernach bei den besprochenen Vorgängen der Lichtverstärkung mit einer Lichtabgabe $Q = \Phi T$, d. i. Lichtstrom $\times$ Zeit, zu tun, wodurch sich die Vorgänge in ungezwungener Weise erklären lassen. Die Vorgänge spielen eine große Rolle bei Beleuchtung von Innenräumen durch das zerstreut vom Himmelsgewölbe oder von hellen Außenwänden eindringende Licht, ferner bei Berechnung der Helligkeit in Innenräumen usw.

Die behandelten Beleuchtungsweisen, bei denen zur Klärung der Zeitbegriff zu Hilfe zu nehmen ist, können noch weiter ausgeführt werden, wobei eine Reihe von Beleuchtungsaufgaben zu lösen sind, doch sollte in vorliegender Arbeit nur allgemein auf die Bedeutung des Zeitbegriffs hingewiesen werden.

Zusammenfassung.

An zwei Beispielen wird gezeigt, daß der Zeitbegriff in der Photometrie bei Erklärung verschiedener Vorgänge eine Rolle spielt.

Das Haftenbleiben der Reizwirkung in unserem Auge bei plötzlichem Unterbrechen der Belichtung ist durch zeitliches Anhäufen von Lichtarbeit zu erklären, indem, ähnlich wie in elektrischen Akkumulatoren elektrische Arbeit in chemische umgewandelt wird, so auch im Auge die eingedrungene Lichtarbeit, Lichtleistung oder Lichtstärke mal Zeit, sich in Seharbeit umsetzt, die aufgespeichert auch nach Unterbrechen der Lichtleistung kurze Zeit noch wirkt.

Die Helligkeit von Flächen wird ohne Vermehrung der Lichtleistung (Watt oder kgm/sk) durch Rückstrahlung von anderen Flächen verstärkt. Dies kann durch Anhäufung von Lichtarbeit (Wattsek oder kgm) erklärt werden, da die einzelnen Vorgänge des wiederholten Zurückwerfens zeitlich nacheinander vor sich gehen. Das Lambertsche Grundgesetz berücksichtigt auch in der Anpassung an das photometrische Maßsystem nicht diese Verstärkung der Flächenhelligkeit.

Wärmewanderung in Zylindern aus homogenen Wärmeleitern.

Von **Ernst Oelschläger**.

Mit 5 Textabbildungen.

Mitteilung aus dem Charlottenburger Werk der Siemens-Schuckertwerke G. m. b. H.

Eingegangen am 6. Februar 1923.

Es tritt öfter die Frage auf: Wie verläuft der Wärmestrom in langen Zylindern, z. B. Kabeln, die aus schlechten Wärmeleitern bestehen, wenn diese, vom kalten Zustand ausgehend, von innen oder von außen erwärmt werden? oder mit andern Worten: Wie verläuft die Temperatur in verschiedener Schichttiefe, in Abhängigkeit von der Zeit, bei Erwärmung von innen oder von außen? oder: Wie ist der Temperaturverlauf in einem durchweg gleichmäßig erwärmten Körper, wenn dieser plötzlich in andere, kältere Umgebung gebracht wird?

Die rein mathematische Behandlung dieser Aufgabe führt zu Schwierigkeiten wegen der doppelten Abhängigkeit der Temperatur an irgendeinem Punkt des erwärmten Körpers sowohl von der Lage dieses Punktes wie von der Zeit.

Im folgenden wird ein Annäherungsverfahren zur Lösung dieser Aufgabe angegeben, das sich auf Beobachtungen stützt, die an einem aus Gips hergestellten Zylinder gewonnen wurden. Es geht davon aus, daß der Zylinder in 2 konzentrische Zylinder von gleichem Gewicht zerlegt gedacht wird, von denen der eine die Wärme empfängt und sie durch Wärmeleitung an den anderen Teil abgibt.

Zur Anstellung diesbezüglicher Versuche wurde ein Gipszylinder hergestellt mit 35 mm innerem und 150 mm äußerem Durchmesser bei 660 mm Länge. In diesen Zylinder waren durch Einlegen von 2 mm starken Metallstäben auf verschiedenen Radien 8 Stück 2 mm weite Löcher parallel zur Achse eingegossen, in die zur Messung der Temperatur geeichte Thermoelemente bis in die Mittelebene des Zylinders eingeführt wurden.

Mit diesem Gipszylinder wurden zweierlei Versuche angestellt. Erstens wurde der Zylinder von innen erwärmt dadurch, daß in die innere Öffnung des Zylinders ein Draht aus Widerstandsmaterial eingeführt, in der Achse gerade ausgespannt und mit konstanter Leistung belastet wurde. Von Zeit zu Zeit wurde der Temperaturanstieg an verschiedenen Stellen des Zylinders mit Hilfe der Thermoelemente beobachtet. Zweitens wurde der Zylinder in einem Trockenofen auf 95° C erwärmt und dann, nachdem er ganz durch die Ofentemperatur angenommen hatte, herausgezogen und seine Temperaturabnahme in ruhender Zimmerluft von 20° C beobachtet.

Trägt man die so ermittelten Übertemperaturen über die umgebende Luft über der Zeit auf, so ergeben sich Kurven, wie sie in Abb. 1 und 2 dargestellt sind.

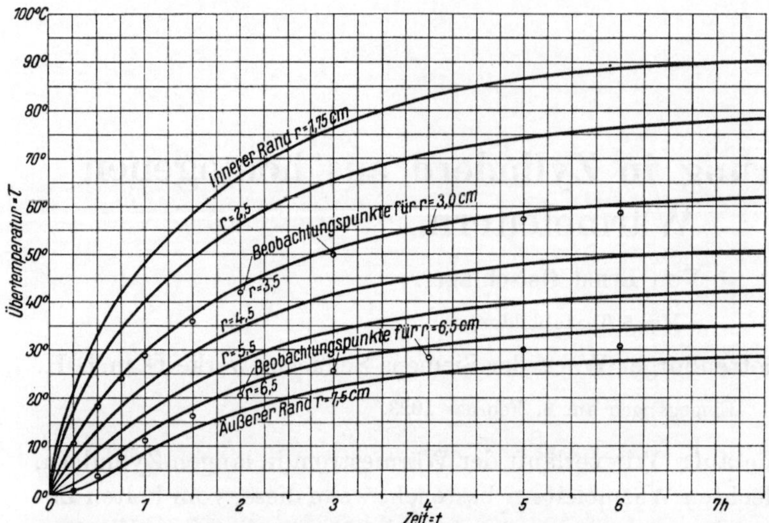

Abb. 1. Temperaturanstieg an verschiedenen Stellen des Gipszylinders bei Heizung von innen mit 105 Watt.

Es soll nun im folgenden versucht werden, das Gesetz zu ermitteln, nach dem der Temperaturverlauf in dem Zylinder vor sich geht. Zeichnet man zu diesem Zweck die Kurven der Abb. 1 in der Weise um, daß man die an den verschiedenen Stellen des Zylinders beobachteten Übertemperaturen über dem Logarithmus des betreffenden Radius aufträgt und die zu gleichen Zeiten gehörigen Punkte verbindet (s. Abb. 3), so erhält man, mit guter Annäherung, gerade Linien. Daß dies wenigstens für den Endzustand, d. h. nach Eintritt konstanter Temperatur, zutreffen muß, läßt sich leicht beweisen. Da im Dauerzustand die im Heizdraht entwickelte Wärme Q durch sämtliche Schichten durchfließen muß, so gilt für eine konzentrische Schicht vom Radius r und der Dicke dr

$$Q = -2\pi r L \lambda \frac{d\tau}{dr},$$

wenn L die Länge des Zylinders, λ die Wärmeleitfähigkeit und τ die Temperatur im Radius r ist; woraus

$$\frac{dr}{r} = -\frac{2\pi L \lambda}{Q} \cdot d\tau$$

und

$$\ln r = -\frac{2\pi L \lambda}{Q}\, \tau$$

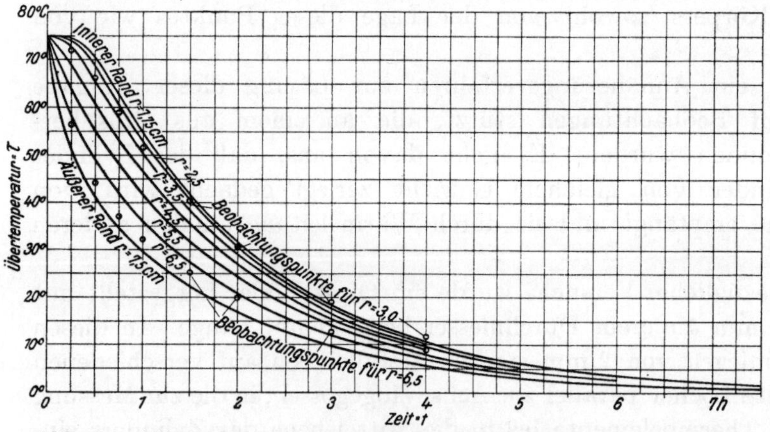

Abb. 2. Abkühlung des Gipszylinders nach Erwärmung auf 75° C Übertemperatur.

Damit ist die geradlinige Abhängigkeit der Endtemperatur vom Logarithmus des Radius erwiesen.

Nach Einführung der Grenzen R_a und R_i für den äußeren und inneren Radius des Gipszylinders und der entsprechenden Temperaturen τ_{R_a} und τ_{R_i} ergibt sich:

$$\ln \frac{R_a}{R_i} = \frac{2\pi L \lambda}{Q}\,(\tau_{R_a} - \tau_{R_i}).$$

Daraus folgt die Wärmeleitfähigkeit:

$$\lambda = \frac{Q \ln \dfrac{R_a}{R_i}}{2\pi L\,(\tau_{R_a} - \tau_{R_i})}.$$

Der vorliegende Versuch war ausgeführt worden mit einer Heizung von 105 W im Innern des Zylinders, dabei waren die Übertemperaturen an den beiden Grenzradien R_i und $R_a = 91{,}5$ und $28{,}5\,°\mathrm{C}$ (durch Extrapolation ermittelt), also $\tau_{R_i} - \tau_{R_a} = 63\,°$. Damit ergibt sich, nach Einsetzen von $L = 66\,\mathrm{cm}$ und $Q = 105\,\mathrm{W}$, die Wärmeleitfähigkeit gleich

$$\lambda = \frac{105 \cdot 2{,}30 \log \dfrac{7{,}5}{1{,}75}}{2 \cdot \pi \cdot 66 \cdot 63} = 0{,}005\ 85\ \mathrm{W/cm}\ °\mathrm{C}\,.$$

Dieser Wert ist nicht unwesentlich höher als der in den Physikalisch-chemischen Tabellen von Landolt - Börnstein, S. 739 gegebene $0{,}0038\ \mathrm{W/cm}\,°\mathrm{C}$.

Die vorliegende Beobachtung gestattet auch noch den Wert der Wärmeabgabezahl an der Oberfläche des Zylinders zu ermitteln. Die Mantelfläche des Zylinders ist

$$f = 2\,\pi\,R_a\,L = 2\,\pi\,7{,}5 \cdot 66 = 3110\ \mathrm{cm}^2\,,$$

mit einem Zuschlag für die Stirnflächen von $190\ \mathrm{cm}^2$ ergibt sich die ganze Oberfläche zu:

$$F = \sim 3200\ \mathrm{cm}^2\,.$$

Daraus folgt die Wärmeübergangszahl Z an der Oberfläche des Gipszylinders

$$Z = \frac{Q}{F\,\tau_{R_a}} = \frac{3200 \cdot 28{,}5}{105} = 0{,}001\ 12\ \mathrm{W/cm}^2\,°\mathrm{C}\,,$$

oder, in m^2 ausgedrückt, die in der Elektrotechnik vielfach benützte Zahl von $11\ \mathrm{W/m}^2\,°\mathrm{C}$ für den Wärmeübergang von einem geheizten Körper an ruhende Luft.

Die obigen Temperaturangaben sind ermittelt in der Mittelebene des Zylinders. Weitere Messungen haben gezeigt, daß auch in anderen Ebenen die Temperaturverteilung dieselbe ist. Erst nahe den Enden

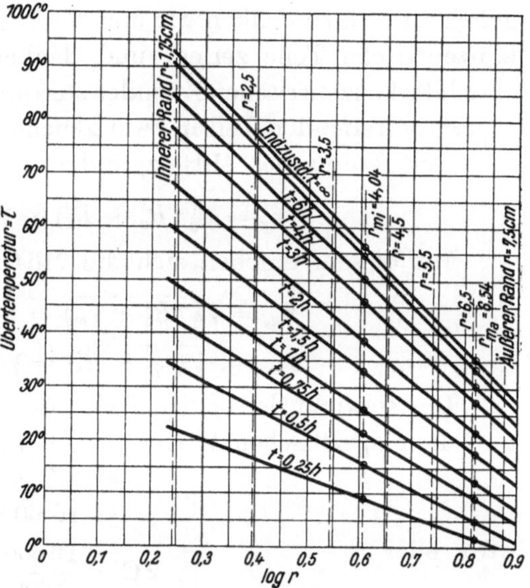

Abb. 3. Temperaturverteilung zu verschiedenen Zeiten, bei Heizung von innen, aufgetragen über den Logarithmus des Radius.

des Zylinders fällt die Temperatur etwas ab, so daß mit für praktische Zwecke genügender Genauigkeit der Einfluß der Enden des Zylinders vernachlässigt werden kann. Betrachtet man die Kurvenschar auf Abb. 2, so sieht man, daß die unteren Kurven, die die Temperatur am äußeren Rand und in der Nähe desselben angeben, für $r = 6{,}5$ und $7{,}5\ \mathrm{cm}$, sehr steil abfallen, während die Kurven für die Gegend des inneren Randes, $r = 1{,}75$ und $2{,}5\ \mathrm{cm}$, zunächst langsam, beinahe gar nicht abfallen und sich erst später rascher senken. Dagegen zeigen die mittleren Kurven, besonders die Kurve für $r = 5{,}5\ \mathrm{cm}$, keine dieser Eigentümlichkeiten. Untersucht man die letztere Kurve näher, etwa durch Auftragen auf Logarithmenpapier, so ergibt sich, daß sie genau logarithmisch verläuft. Ganz ähnlich, nur umgekehrt, verhalten sich die Kurven von Abb. 1. Hier sind die Kurven am inneren Rand steil verlaufend und die am äußeren Rand langsam ansteigend.

Ähnlich verlaufende Erwärmungs- bzw. Abkühlungskurven können bei Wärmeaufgaben in der Elektrotechnik öfter beobachtet werden; sie treten dann auf, wenn ein Körper nicht direkt, sondern indirekt erwärmt wird, wie z. B. in einer Gleichstrommaschine. Dort wird die Schenkelwickelung durch ihre Stromwärme direkt geheizt, während dem Schenkeleisen die Wärme nur durch Wärmeleitung von der Schenkel-wickelung zugeführt wird (abgesehen von Wärmeströmungen vom Anker her infolge der Luftbewegung). Ebenso werden im Öltransformator Kupfer und Eisen direkt geheizt, dagegen erhält das Öl die Wärme nur indirekt durch Übertragung aus dem Kupfer und dem Eisen. In diesen und ähnlichen Fällen wird der direkt geheizte Körper das rasche Aufsteigen und der indirekt geheizte das langsame Aufsteigen der Tem-peratur zeigen. Kühlt ein solcher Körper, z. B. ein erwärmter Öltransformator, ab, so wird der Teil, der Wärme an die Luft bzw. den Kühlmantel abgeben kann, also das Öl, am schnellsten abkühlen, während das Kupfer und das Eisen nur langsam folgen.

Es liegt nun nahe, zur Lösung der vorliegenden Aufgabe sich den Gipszylinder in zwei Teile zerlegt zu denken, und den einen, für den Fall der Heizung von innen, den inneren Teil, als den direkt geheizten zu betrachten, den anderen als den indirekt geheizten. Dazu denken wir uns den Gipszylinder in zwei dem Volumen nach gleiche konzentrische Teile zerlegt und denken uns jeden dieser Teile auf einen mittleren ebenfalls konzentrischen Zylinder zusammengedrängt, der wieder so gewählt wird, daß er den betreffenden Teil in zwei gleiche Teile zerlegt.

Der Radius des Mittelzylinders, der den Gipszylinder halbiert, ist

$$r_m = \sqrt{\tfrac{1}{2}\,(R_a^2 + R_i^2)} = \sqrt{\tfrac{1}{2}\,(7{,}5^2 + 1{,}75^2)} = 5{,}45\,\text{cm}\,.$$

Mit diesem ergeben sich die Mittelradien für die beiden Einzelteile:

$$r_{m_a} = \sqrt{\tfrac{1}{2}\,(R_a^2 + r_m^2)} = \sqrt{\tfrac{1}{2}\,(7{,}5^2 + 5{,}45^2)} = 6{,}54\,\text{cm}\,,$$

$$r_{m_i} = \sqrt{\tfrac{1}{2}\,(r_m^2 + R_i^2)} = \sqrt{\tfrac{1}{2}\,(5{,}45^2 + 1{,}75^2)} = 4{,}04\,\text{cm}\,.$$

Das Gewicht der beiden Teile zusammen ist 15 000 g, so daß mit der zu 0,276 er-mittelten spezifischen Wärme des Gipses der Wasserwert des ganzen Gipszylinders

$$= 2\,C = 0{,}276 \cdot 15\,000 = 3990\,\text{cal}^\circ\,\text{C}$$
$$= 16\,600\,\text{W/sk}^\circ\,\text{C}$$

wird, oder

$$2\,C = \frac{16\,600}{3\,600} = 4{,}60\,\text{W/st}\,^\circ\,\text{C}\,.$$

Bezeichnen wir im folgenden alle Größen, die sich nur auf den inneren Teil be-ziehen, mit dem Index i, die für den äußeren Teil mit a, also die Übertemperaturen des inneren und äußeren Teils über der umgebenden Luft mit τ_i und τ_a, so sind die Wärmekapazitäten der beiden Teile $C\,\tau_i$ und $C\,\tau_a$.

Der Wärmeübergang vom inneren auf den äußeren Teil ist proportional einem von der Wärmeleitfähigkeit λ und den Abmessungen des Gipskörpers abhängigen Faktor 1, der Temperaturdifferenz $\tau_i - \tau_a$ zwischen beiden, sowie der Zeit dt, also $= 1\,(\tau_i - \tau_a)\,dt$. Ebenso ist der Wärmeübergang vom äußeren auf den inneren Teil $= 1\,(\tau_a - \tau_i)\,dt$. Ist die Wärmeabgabe nach außen bedingt durch die Faktoren k_i und k_a, so gibt der innere Teil in der Zeit dt nach außen ab $k_i\,\tau_i\,dt$ und der äußere Teil $k_a\,\tau_a\,dt$. Werden ferner noch in jedem Teil die Wärmemengen $Q_i\,dt$ und $Q_a\,dt$ frei, so muß die frei werdende weniger der abgeführten Wärmemenge gleich der auf-gespeicherten sein, also gelten die Beziehungen[1]:

$$[Q_i - l_i\,(\tau_i - \tau_a) - k_i\,\tau_i]\,dt = C\,d\tau_i$$

und

$$[Q_a - l_a\,(\tau_a - \tau_i) - k_a\,\tau_a]\,dt = C\,d\tau_a\,.$$

---

[1] Die folgende Entwicklung stützt sich auf eine Rechnung, die vor 20 Jahren Herr Prof. Emde, Stuttgart, im Versuchsfeld des Charlottenburger Werkes für zwei sich berührende, geheizte Körper aufgestellt hat.

Zur Elimination von τ_a aus der ersten und τ_i aus der zweiten Gleichung werden beide Gleichungen nach τ_a bzw. τ_i abgeleitet, dann erhält man nach einiger Umformung, wenn man noch setzt:

$$\frac{(l_a + k_a)\,Q_i - l_a\,Q_a}{(l_i + k_i)\,(l_a + k_a) - l_i l_a} - \tau_i = x_i$$

und

$$\frac{l_a\,Q_i - (l_i + k_a)\,Q_a}{(l_i + k_i)\,(l_a + k_a) - l_i l_a} - \tau_a = x_a\,,$$

die Differentialgleichungen zweiter Ordnung:

$$\frac{d^2 x_i}{dt^2} + \frac{l_a + k_a + l_i + k_i}{C}\cdot\frac{d x_i}{dt} + \frac{(l_i + k_i)\,(l_a + k_a) - l_i l_a}{C^2}\,x_i = 0$$

und

$$\frac{d^2 x_a}{dt^2} + \frac{l_a + k_a + l_i + k_i}{C}\cdot\frac{d x_a}{dt} + \frac{(l_i + k_i)\,(l_a + k_a) - l_i l_a}{C^2}\,x_a = 0\,,$$

also für x_i und x_a zwei ganz gleichartige Gleichungen von der Form

$$\frac{d^2 x}{dt^2} + a\frac{d x}{dt} + b\,x = 0\,.$$

Eine Lösung dieser Gleichungen ist:

$$x = e^{-\frac{t}{T}}\,,$$

wo $\dfrac{1}{T}$ gleich den beiden Wurzeln aus der Gleichung

$$\frac{1}{T^2} - a\cdot\frac{1}{T} + b = 0\,,$$

also

$$\frac{1}{T} = \frac{a}{2}\pm\sqrt{\frac{a^2}{4} + b} = \frac{1}{2C}\left(l_a + l_k + l_i + k_i \pm \sqrt{(l_a + k_a + l_i + k_i)^2 - 4\{(l_i + k_i)\,(l_a + k_a) - l_i l_a\}}\right)$$

$$= \frac{1}{2C}\left(l_a + k_a + l_i + k_i \pm \sqrt{(l_a + k_a - l_i - l_k)^2 + 4\,l_i l_a}\right).$$

Wir haben bisher, damit die beiden Gleichungen für τ_i und τ_a dieselbe Form annehmen, einige Größen mitgeschleppt, die wir streichen können, da sie Null sind. Diese sind: die Wärmeentwicklung im äußeren Teil $= Q_a$ und die Wärmeabgabe des inneren Teils nach außen $= k_i$. Da ferner $l_i = l_a$ ist, kann der Index wegbleiben, ebenso auch der Index von Q, auch kann, da $k_i = 0$ ist, also nur noch k_a vorkommt, einfach k geschrieben werden. Dadurch vereinfacht sich die Gleichung für T auf

$$T = \frac{2C}{k + 2l \pm \sqrt{k^2 + (2l)^2}}\,.$$

Setzt man nun an Stelle von x in der Exponentialgleichung die so vereinfachten Werte der konstanten Glieder ein, und bezeichnet mit T_1 und T_2 die beiden Wurzeln von T, so ergibt sich:

$$\tau_i = \frac{l + k}{l\,k}\,Q - c_1 e^{-\frac{t}{T_1}} - c_2 e^{-\frac{t}{T_2}}$$

und

$$\tau_a = \frac{1}{k}\,Q - c_1' e^{-\frac{t}{T_1}} - c_2' e^{-\frac{t}{T_2}}\,.$$

Zur Ermittlung der vier Integrationskonstanten c_1, c_2, c_1' und c_2' werden diese beiden Gleichungen noch einmal abgeleitet. Wird ferner berücksichtigt, daß bei der Heizung von innen zur Zeit $t = 0$ auch die Temperaturen $\tau_i = 0$ und $\tau_a = 0$ sind, so erhalten wir nach einigen Umformungen:

$$c_1 = \frac{T_1}{T_1 - T_2}\left(\frac{l+k}{lk} - \frac{T_2}{C}\right)Q;$$

$$c_2 = \frac{T_2}{T_1 - T_2}\left(\frac{l+k}{lk} - \frac{T_1}{C}\right)Q;$$

$$c_1' = \frac{T_1}{T_1 - T_2} \cdot \frac{1}{k} \cdot Q;$$

$$c_2' = \frac{T_2}{T_1 - T_2} \cdot \frac{1}{k}\, Q.$$

Diese Werte, oben eingesetzt, führen zu den **Endgleichungen für Heizung von innen**:

$$\tau_i = \left\{\frac{T_1}{T_1 - T_2}\left(\frac{l+k}{lk} - \frac{T_2}{C}\right)\left(1 - e^{-\frac{t}{T_1}}\right) - \frac{T_2}{T_1 - T_2}\left(\frac{l+k}{lk} - \frac{T_1}{C}\right)\left(1 - e^{-\frac{t}{T_2}}\right)\right\} \cdot Q;$$

$$\tau_a = \left\{\frac{T_1}{T_1 - T_2}\left(1 - e^{-\frac{t}{T_1}}\right) - \frac{T_2}{T_1 - T_2}\left(1 - e^{-\frac{t}{T_2}}\right)\right\}\frac{Q}{k}.$$

Diese Gleichungen zeigen, daß diese Erwärmungskurven zusammengesetzt sind aus zwei Exponentialkurven, deren Zeitkonstanten $= T_1$ und T_2 sind, und zwar, wie sich später nach Einsetzen der Zahlenwerte ergeben wird, ist die eine, τ_i, gebildet aus der Summe zweier Exponentialkurven, und die andere, τ_a, aus der Differenz.

Konstanz der Temperaturen tritt ein nach der Zeit $t = \infty$. Dann wird $1 - e^{-\frac{t}{T_1}} = 1$ und die Gleichungen gehen über in

$$\tau_{i\,\text{für}\,t\,=\,\infty} = \tau_{i\infty} = \frac{l+k}{lk}Q = \left(\frac{1}{l} + \frac{1}{k}\right)Q$$

und

$$\tau_{a\,\text{für}\,t\,=\,\infty} = \tau_{a\infty} = \frac{1}{k}\,Q,$$

d. h. die Endtemperaturen, die die beiden Teile des Gipszylinders erreichen, sind nur bedingt durch die beiden von Wärmeleitung und Wärmeabgabe sowie den Abmessungen des Gipszylinders abhängigen Konstanten l und k, ferner proportional der Wärmezufuhr Q.

Für die Anfangswerte der Kurven für τ_i und τ_a, wo t klein gegen T_1 und T_2, geht $\left(1 - e^{-\frac{t}{T}}\right)$ über in $\frac{t}{T}$, dadurch wird

$$\tau_i = \frac{Q}{C}t \quad \text{und} \quad \frac{d\tau_i}{dt} = \frac{Q}{C},$$

ferner

$$\tau_a = 0 \quad \text{und} \quad \frac{d\tau_a}{dt} = 0,$$

d. h. die Richtung der Ursprungstangente an die τ_i-Kurve ist bestimmt durch $\frac{Q}{C}$ und die Richtung der Ursprungstangente der τ_a-Kurve ist Null, oder mit andern Worten, die τ_a-Kurve, also die Kurve des indirekt geheizten Teils, verläuft anfangs in der Zeitachse, wie auch beobachtet wurde.

Die in den Endgleichungen für τ_i und τ_a vorkommenden Glieder $\dfrac{T_1}{C} Q$ und $\dfrac{T_2}{C} Q$ sind die Temperaturen, die ein Teil des Gipszylinders annehmen würde nach der Zeit T_1 bzw. T_2, wenn keine Wärme von ihm abgeführt würde. Da auch das Glied $\dfrac{l+k}{l\,k} Q$ eine Temperatur darstellt, sind nach Einsetzen dieser Werte die Endgleichungen nur bestimmt durch Zeiten und Temperaturen. Dasselbe gilt auch für die folgenden Gleichungen.

Die vorliegende Entwicklung bezieht sich auf den in Abb. 1 gezeichneten Vorgang, der Erwärmung durch Heizung von innen. Für den andern Fall, der Abkühlung des erwärmten Gipszylinders in der freien Luft (vgl. Abb. 2), ist bei Bestimmung der Integrationskonstanten $Q = 0$ zu setzen, und ferner für $t = 0$, $\tau_i = \tau_a = \tau_0$, gleich der Übertemperatur des Trockenofens einzuführen. So ergeben sich für den Fall der Abkühlung die beiden folgenden Endgleichungen, die ebenso gebaut sind, wie die für die Heizung von innen:

$$\tau_a = \left\{ \frac{T_1}{T_1 - T_2}\left(1 - k\,\frac{T_2}{C}\right) e^{-\frac{t}{T_1}} - \frac{T_2}{T_1 - T_2}\left(1 - k\,\frac{T_1}{C}\right) e^{-\frac{t}{T_2}} \right\} \tau_0$$

und

$$\tau_i = \left\{ \frac{T_1}{T_1 - T_2}\, e^{-\frac{t}{T_1}} - \frac{T_2}{T_1 - T_2}\, e^{-\frac{t}{T_2}} \right\} \tau_0 \,.$$

Für die Ursprungstangenten gilt wieder

$$\frac{d\tau_a}{dt} = \frac{k}{C}\,\tau_0 \quad \text{und} \quad \frac{d\tau_i}{dt} = 0;$$

also auch hier verläuft die Kurve t_i, des Teils, der die Wärme nur durch Vermittlung des andern abgeben kann, anfangs parallel der Zeitachse. Der innere und äußere Teil haben gegenüber der Heizung von innen ihre Rollen vertauscht.

Zum Vergleich dieser Rechnung mit der Beobachtung haben wir, unter Benutzung der oben für λ und Z ermittelten Werte, noch die Zahlenwerte für l und k (vergl. S. 32) festzustellen. Nach Seite 31 ist der Wärmeübergang für 1 Watt und 1 °C vom inneren nach dem äußeren Teil des Gipszylinders:

$$l = \frac{2\pi L \lambda}{\ln \dfrac{r_{m_a}}{r_{m_i}}} = \frac{2 \cdot \pi \cdot 66 \cdot 0{,}005\,85}{2{,}30 \log \dfrac{6{,}54}{4{,}04}} = 5{,}0 \,\text{W/}^\circ\text{C},$$

und die Wärmeabfuhr durch die Oberfläche

$$k = Z \cdot 2\pi r_{m_a} L = 0{,}001\,12 \cdot 2 \cdot \pi \cdot 6{,}54 \cdot 66 = 3{,}0 \,\text{W/}^\circ\text{C}.$$

Mit diesen Werten und mit $C = 2{,}3$ W/st °C erhalten wir

$$T = \frac{2C}{k + 2l \pm \sqrt{k^2 + (2l)^2}} = \frac{4{,}60}{3{,}0 + 10{,}0 \pm \sqrt{3{,}0^2 + 10{,}0^2}} \quad \text{in Stunden,}$$

woraus

$$T_1 = 1{,}80\,\text{h}, \quad T_2 = 0{,}20\,\text{h}\,.$$

Für die Endtemperaturen bei Heizung von innen mit 105 W ergibt sich:

$$\tau_{i_\infty} = \left(\frac{1}{l} + \frac{1}{k}\right) Q = \left(\frac{1}{5{,}0} + \frac{1}{3{,}0}\right) \cdot 105 = 56^\circ\,\text{C};$$

$$\tau_{a_\infty} = \frac{1}{k}\, Q = \frac{1}{3{,}0} \cdot 105 = 35^\circ\,\text{C}.$$

Ferner ist

$$T_1 \frac{Q}{C} = 1{,}80 \cdot \frac{105}{2{,}30} = 82{,}3^\circ\,\mathrm{C}\,,$$

$$T_2 \frac{Q}{C} = 0{,}20 \cdot \frac{105}{2{,}30} = 9{,}2^\circ\,\mathrm{C}\,,$$

sowie

$$T_1 \tau_0 \frac{k}{C} = 1{,}80 \cdot 75 \cdot \frac{3{,}0}{2{,}3} = 177^\circ\,\mathrm{C}$$

und

$$T_2 \tau_0 \frac{k}{C} = 0{,}20 \cdot 75 \cdot \frac{3{,}0}{2{,}3} = 19{,}6^\circ\,\mathrm{C}\,.$$

Nun haben wir alle Zahlen, die erforderlich sind, um die 4 Konstanten der beiden Endgleichungen zu bestimmen. Es ist

1. **Für Heizung von innen:**

$$\tau_i = \frac{T_1}{T_1 - T_2}\left(\frac{l+k}{lk} - \frac{T_2}{C}\right)Q\left(1 - e^{-\frac{t}{T_1}}\right) - \frac{T_2}{T_1 - T_2}\left(\frac{l+k}{lk} - \frac{T_1}{C}\right)Q\left(1 - e^{-\frac{t}{T_2}}\right)$$

$$= \frac{1{,}8}{1{,}6}(56 - 9{,}2)\left(1 - e^{-\frac{t}{1{,}8}}\right) - \frac{0{,}2}{1{,}6}(56 - 82{,}3)\left(1 - e^{-\frac{t}{0{,}2}}\right)$$

$$= 52{,}7\left(1 - e^{-\frac{t}{1{,}8}}\right) + 3{,}29\left(1 - e^{-\frac{t}{0{,}2}}\right)\,,$$

sowie

$$\tau_a = \frac{T_1}{T_1 - T_2}\frac{Q}{k}\left(1 - e^{-\frac{t}{T_1}}\right) - \frac{T_2}{T_1 - T_2}\frac{Q}{k}\left(1 - e^{-\frac{t}{T_2}}\right)$$

$$= \frac{1{,}8}{1{,}6}\cdot 35\left(1 - e^{-\frac{t}{1{,}8}}\right) - \frac{0{,}2}{1{,}6}\cdot 35\left(1 - e^{-\frac{t}{0{,}2}}\right)$$

$$= 39{,}4\left(1 - e^{-\frac{t}{1{,}8}}\right) - 4{,}38\left(1 - e^{-\frac{t}{0{,}2}}\right)\,.$$

2. **Für Abkühlung** des auf 75° C erwärmten Gipszylinders ergibt sich:

$$\tau_a = \frac{T_1}{T_1 - T_2}\left(\tau_0 - k\frac{T_1}{C}\tau_0\right)e^{-\frac{t}{T_1}} - \frac{T_2}{T_1 - T_2}\left(\tau_0 - k\frac{T_2}{C}\tau_0\right)e^{-\frac{t}{T_2}}$$

$$= \frac{1{,}8}{1{,}6}(75 - 19{,}6)\,e^{-\frac{t}{1{,}8}} - \frac{0{,}2}{1{,}6}(75 - 177)\,e^{-\frac{t}{0{,}2}}$$

$$= 62{,}3\,e^{-\frac{t}{1{,}8}} + 12{,}7\,e^{-\frac{t}{0{,}2}}\,,$$

sowie

$$\tau_i = \frac{T_1}{T_1 - T_2}\tau_0\,e^{-\frac{t}{T_1}} - \frac{T_2}{T_1 - T_2}\tau_0\,e^{-\frac{t}{T_2}}$$

$$= \frac{1{,}8}{1{,}6}\cdot 75\,e^{-\frac{t}{1{,}8}} - \frac{0{,}2}{1{,}6}\cdot 75\,e^{-\frac{t}{0{,}2}}$$

$$= 84{,}4\,e^{-\frac{t}{1{,}8}} - 9{,}4\,e^{-\frac{t}{0{,}2}}\,.$$

Diese 4 Gleichungen zeigen das schon oben erwähnte, daß sowohl für die Heizung von innen wie für die Abkühlung die steil verlaufende Kurve aus der Summe, die langsam ändernde aus der Differenz zweier logarithmischen Kurven gebildet ist.

Es sei noch darauf aufmerksam gemacht, daß die Summe der beiden Konstanten je einer Gleichung (unter Berücksichtignng ihrer Vorzeichen) gleich τ_∞ bzw. τ_0 sein muß.

Um zu zeigen, daß in allen 4 Gleichungen das zweite Glied bald konstant wird bzw. verschwindet, ist im folgenden die ausführliche Berechnung der Kurven τ_i und τ_a nach diesen Gleichungen durchgeführt, die sich mit Hilfe von Tabellen oder Kurven für die $e^{-\frac{t}{T}}$ - Werte sehr einfach gestaltet.

1. Heizung von innen mit 105 W.

t h	$\frac{t}{T_1}$	$\frac{t}{T_2}$	$e^{-\frac{t}{T_1}}$	$e^{-\frac{t}{T_2}}$	$1-e^{-\frac{t}{T_1}}$	$1-e^{-\frac{t}{T_2}}$	$52{,}7\times\left(1-e^{-\frac{t}{T_1}}\right)$	$39{,}4\times\left(1-e^{-\frac{t}{T_1}}\right)$	$-3{,}29\times\left(1-e^{-\frac{t}{T_2}}\right)$	$4{,}38\times\left(1-e^{-\frac{t}{T_2}}\right)$	τ_i	τ_a
0	0	0	1,000	1,000	0	0	0	0	0	0	0	0
0,25	0,139	1,25	0,871	0,288	0,129	0,712	6,8	5,1	— 2,3	3,1	9,1	2,0
0,50	0,278	2,50	0,760	0,082	0,240	0,918	12,6	9,4	— 3,0	4,0	15,6	5,4
0,75	0,416	3,75	0,660	0,024	0,340	0,976	17,9	13,4	— 3,2	4,3	21,1	9,1
1,00	0,555	5,00	0,574	0,007	0,426	0,993	22,4	16,8	— 3,3	4,4	25,7	12,4
1,50	0,833	7,5	0,435	0,001	0,565	1,000	29,7	22,2	— 3,3	4,4	33,0	17,8
2,00	1,111	10,0	0,330	0	0,670	1,000	35,3	26,4	— 3,3	4,4	38,6	22,0
3,00	1,67	15,0	0,190	0	0,810	1,000	42,6	31,8	— 3,3	4,4	45,9	27,4
4,00	2,22	20,0	0,110	0	0,890	1,000	46,8	35,0	— 3,3	4,4	50,1	30,6
6,00	3,33	30,0	0,035	0	0,965	1,000	50,7	38,0	— 3,3	4,4	54,0	33,6
∞	∞	∞	0	0	1,000	1,000	52,7	39,4	— 3,3	4,4	56,0	35,0

2. Abkühlung des auf 75 °C Übertemperatur erwärmten Gipszylinders.

t h	$e^{-\frac{t}{T_1}}$	$e^{-\frac{t}{T_2}}$	$6{,}23\,e^{-\frac{t}{T_1}}$	$84{,}4\,e^{-\frac{t}{T_1}}$	$-12{,}7\,e^{-\frac{t}{T_2}}$	$9{,}4\,e^{-\frac{t}{T_2}}$	τ_a	τ_i
0	1,000	1,000	62,3	84,4	— 12,7	9,4	75,0	75,0
0,25	0,871	0,280	54,2	73,5	— 3,6	2,6	57,8	70,9
0,50	0,760	0,082	47,3	64,0	— 1,0	0,8	48,3	63,2
0,75	0,660	0,024	41,0	55,6	— 0,3	0,2	41,3	55,4
1,00	0,574	0,007	35,6	48,4	— 0,1	0,1	35,7	48,3
1,50	0,435	0,001	27,0	36,7	0	0	27,0	36,7
2,00	0,330	0	20,5	27,8	0	0	20,5	27,8
3,00	0,190	0	11,8	16,0	0	0	11,8	16,0
4,00	0,110	0	6,8	9,3	0	0	6,8	9,3
6,00	0,035	0	2,1	3,0	0	0	2,1	3,0
∞	0	0	0	0	0	0	0	0

Die Temperaturen τ_a und τ_i der vorliegenden beiden Tabellen geben den Temperaturverlauf in der Mitte der beiden Teile des Gipszylinders, also auf den Radien r_{ma} und r_{mi}. Zur Ermittlung des Temperaturverlaufs an andern Stellen des Zylinders greifen wir zurück auf Abb. 3. Dort ist für die Heizung von innen gezeigt sowie auch bewiesen worden, daß die Endtemperaturen, für $t=\infty$, über dem Logarithmus des Radius aufgetragen, gerade Linien liefern. Nun zeigt der Versuch, daß auch für beliebige andere Zeiten die augenblickliche Temperatur an verschiedenen Stellen über dem Logarithmus des Radius aufgetragen, mit guter Annäherung geradlinig verläuft. Trägt man also die für Heizung von innen berechneten Werte von τ_a und τ_i über $\log r_{ma} = \log 6{,}54 = 0{,}816$ und $\log r_{mi} = \log 4{,}04 = 0{,}606$ auf und zieht durch zusammengehörige Punkte gerade Linien, so kann man an diesen die Temperatur für jeden beliebigen Radius ablesen. Die betreffenden Zahlen sind für einige Radien in der folgenden Tabelle aufgeführt.

1. Heizung von innen.

t h	Innerer Rand $r = 1{,}75$ cm °	$r = 2{,}5$ cm °	$r = 3{,}5$ cm °	$r = 4{,}5$ cm °	$r = 5{,}5$ cm °	$r = 6{,}5$ cm °	Äußerer Rand $r = 7{,}5$ cm °
0,25	22,0	17,0	11,3	7,6	4,5	2,0	0
0,50	33,8	26,8	18,7	13,3	9,0	5,3	2,2
0,75	42,5	34,4	25,0	18,5	13,5	9,4	5,9
1,00	49,0	40,1	29,7	22,6	17,0	12,5	8,5
1,50	59,5	49,4	37,5	29,5	23,2	17,8	13,5
2,00	67,8	56,5	43,6	34,7	27,9	22,2	17,2
3,00	77,7	65,5	51,0	41,8	33,8	27,5	22,1
4,00	84,2	71,2	56,0	45,6	37,7	30,8	25,1
6,00	90,0	76,5	60,4	49,5	41,0	33,8	27,7
∞	92,5	78,5	62,1	51,2	42,8	35,4	29,3

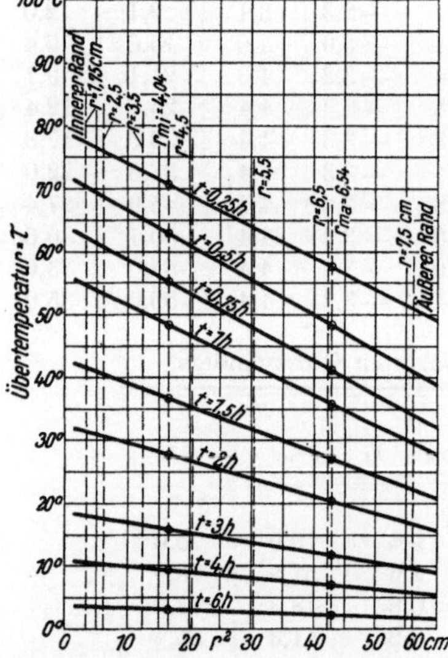

Abb. 4. Temperaturverteilung zu verschiedenen Zeiten, bei Abkühlung, aufgetragen über dem Quadrat des Radius.

Auf Grund der so ermittelten Temperaturen sind die Kurven der Abb. 1 gezeichnet. Zum Vergleich mit der Beobachtung sind außerdem noch einige Beobachtungspunkte eingetragen.

Die Vorgänge beim Temperaturabfall des auf 75° Übertemperatur erwärmten Körpers lassen sich nicht in derselben Weise ermitteln, denn es zeigt sich, daß, wenn auch für diesen Fall die Temperaturen wieder logarithmisch über den Radien aufgetragen werden, keine Geraden entstehen. Dagegen liefern die Temperaturpunkte, über dem Quadrat der Radien aufgetragen, ziemlich gut gerade Linien. Verfährt man in ähnlicher Weise wie vorher, indem man die berechneten Werte über dem Quadrat der Radien $r_{ma} = 6{,}54$ und $r_{mi} = 4{,}04$ cm aufträgt (vgl. Abb. 4) usw., so ergibt sich die Kurvenschar von Abb. 2, in die ebenfalls einige Beobachtungspunkte eingezeichnet sind: Die Zahlenwerte sind folgende:

Abkühlung des erwärmten Zylinders.

t h	Innerer Rand $r = 1{,}75$ cm °	$r = 2{,}5$ cm °	$r = 3{,}5$ cm °	$r = 4{,}5$ cm °	$r = 5{,}5$ cm °	$r = 6{,}5$ cm °	Äußerer Rand $r = 7{,}5$ cm °
0	75,0	75,0	75,0	75,0	75,0	75,0	75,0
0,25	74,9	74,0	72,8	68,9	63,9	57,9	50,9
0,50	70,6	68,9	65,5	61,0	55,3	48,5	40,6
0,75	62,5	60,7	57,5	53,2	48,0	41,6	34,0
1,00	54,5	53,0	50,3	46,5	41,8	36,0	29,5
1,50	41,5	40,5	38,2	35,2	31,5	27,2	22,1
2,00	31,3	30,5	28,9	26,0	24,0	20,5	16,7
3,00	18,0	17,5	16,6	15,4	14,0	12,0	9,6
4,00	10,5	10,1	9,7	9,0	8,0	7,0	5,6
6,00	3,5	3,4	3,2	3,0	2,6	2,2	1,8

Der Vergleich der Beobachtung mit der Rechnung zeigt, daß der Charakter der berechneten Kurven völlig mit der Beobachtung übereinstimmt. Nur in den absoluten Werten zeigen sich kleine Abweichungen.

Es bleibt noch ein dritter Fall zu betrachten, nämlich der Wärmeverlauf, wenn der Zylinder plötzlich in einen geheizten Ofen gebracht wird. Dieser Fall stellt sich aber mathematisch genau so dar wie der bereits behandelte, der Abkühlung des vorher erwärmten Zylinders. Es ist nur an Stelle der Lufttemperatur die Ofentemperatur und an Stelle der Anfangsübertemperatur die Anfangsuntertemperatur des Zylinders gegenüber dem Ofen einzusetzen.

Da in der vorliegenden Ableitung der Gleichungen für den Temperaturverlauf im Innern des Gipszylinders keinerlei einschränkende Voraussetzungen getroffen sind über die Höhe der in Betracht kommenden Konstanten, besonders der Wärmeleitung, so ist diese Ableitung nicht auf schlechte Wärmeleiter beschränkt, sondern sie kann ebensogut auch auf Zylinder mit guter Wärmeleitung Anwendung finden.

Denken wir uns z. B. an Stelle des Gipszylinders einen Zylinder aus Kupfer mit denselben Abmessungen, also mit sehr guter Wärmeleitung, und setzen die Wärmeabgabe des Kupfers an die Luft ebenso hoch wie die des Gipses, was in Anbetracht der niedrigen Temperaturen praktisch zulässig ist, so ergeben sich die zur weiteren Rechnung erforderlichen Konstanten wie folgt:

	Gips	Kupfer
Spez. Gewicht	1,27	8,9
Spez. Wärme	0,276	0,094
daraus $2\,C$	4,6	11,0 W/° C
Wärmeleitungsfähigkeit λ	0,005 85	3,7
l	5,0	3160,0 W/° C
k	3,0	3,0 W/° C

Daraus folgt für Kupfer

$$T = \frac{11,0}{3,0 + 2 \cdot 3160 \pm \sqrt{3,0^2 + (2 \cdot 3160)^2}} = \frac{11,0}{\begin{cases} 3,0 \\ 12600 \end{cases}}$$

also

$$T_1 = 3,67\,\mathrm{h} \quad \text{und} \quad T_2 = 0,001\,\mathrm{h}.$$

Da T_2 gegen T_1 verschwindet, verschwindet auch das zweite Glied in den Exponentialgleichungen, und es herrscht deshalb zwischen innerer und äußerer Wandung des Kupferzylinders praktisch keine Temperaturdifferenz; die Kurvenscharen von Abb. 1 und 2 ziehen sich zusammen auf eine einzige, die mittlere, mit der Zeitkonstante $T = 3,67\,\mathrm{h}$, und zwar sowohl für Erwärmung als auch für Abkühlung. Diese Zeitkonstante für den Kupferzylinder ist rund doppelt so groß wie die des Gipszylinders, d. h. wir kommen zu dem überraschenden Resultat, daß der Kupferzylinder, trotz seiner guten Wärmeleitfähigkeit, unter gleichen Verhältnissen, doppelt solange braucht, bis er sich auf dieselbe Temperatur erwärmt bzw. abkühlt wie der Gipszylinder. Dies findet seine einfache Erklärung darin, daß die Wärmekapazität des Kupferzylinders rund die doppelte des Gipszylinders ist, während die Wärmeabgabe bzw -aufnahme an der Oberfläche in beiden Fällen dieselbe ist.

Zum Schluß soll noch gezeigt werden, auf welche Weise man aus einer beobachteten Kurve obiger Art, die sich also ebenfalls aus 2 Exponentenkurven zusammensetzt, die Konstanten der beiden Kurven ermitteln kann. Als Beispiel wählen wir aus den Abkühlungskurven Abb. 2 die äußerste für $r = 7,5\,\mathrm{cm}$. Wir tragen diese Kurve in einseitiges Logarithmenpapier ein (Abszissen gleichmäßig geteilt und die Ordinaten logarithmisch), indem wir t als Abszissen, τ als Ordinaten nehmen. Dann ergibt sich

(s. Abb. 5) eine Kurve, die anfangs, d. h. für kleine Zeiten, nach unten gekrümmt ist, die aber bald in eine gerade Linie übergeht. Dies rührt daher, daß in den höheren Werten von t der zweite Teil der Exponentialgleichung Null wird. Die Gerade stellt also den ersten Teil der Exponentialgleichung dar. Ihre Konstanten ergeben sich nach Verlängerung der Geraden bis zum Schnitt mit beiden Achsen, und zwar für den ersten Faktor aus dem Schnitt mit der τ-Achse, also $\tau_m = 50^\circ$ C. Die Zeitkonstante T_1 ist gegeben aus der Neigung der Geraden; diese schneidet die Abszissenachse ($\tau = 1$) bei 7,0 h. Da ferner die Strecke von $\tau = 1$ bis zum Schnitt der Geraden mit der τ-Achse bei ($\tau = 50^\circ$) = 1,70 mal der Länge des Grundmaßes ($\tau = 1$ bis $\tau = 10$) ist,

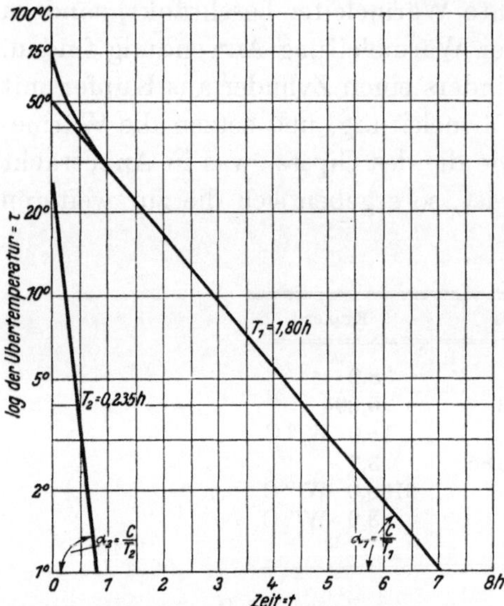

Abb. 5. Ermittlung der Konstanten einer Erwärmungskurve.

so folgt

$$T_1 = \frac{7,0}{1,70 \cdot 2,30} = 1,8\,\text{h},$$

wo 2,30 der Umrechnungsfaktor von log nat auf log brigg ist. Der Unterschied zwischen dieser Geraden und der eingezeichneten Kurve muß gleich der zweiten Exponentialkurve sein. Wird diese Differenz in der gleichen Weise in das Logarithmenpapier eingetragen, so ergibt sich ebenfalls eine gerade Linie, die die Achse bei $75 - 50 = 25^\circ$ C und die τ_1-Linien bei 0,75 h schneidet. Daraus berechnet sich, da die Strecke τ_1 bis $\tau_{25} = 1,39$ mal Grundmaß ist, die Zeitkonstante des zweiten Teils:

$$T_2 = \frac{0,75}{1,39 \cdot 2,30} = 0,225\,\text{h}.$$

Es lautet also die Gleichung der Abkühlungskurve für $r = 7,5$ cm

$$\tau_{r=7,5} = 50 \cdot e^{-\frac{t}{1,8}} + 25\,e^{-\frac{t}{0,225}}.$$

Dieses Verfahren ist besonders dann gut anwendbar, wenn, wie im vorliegenden Fall, die beiden Zeitkonstanten stark verschieden sind, also die eine mit höher werdendem t rasch verschwindet.

Ermittelt man in derselben Weise die Zeitkonstanten der übrigen Abkühlungskurven für $r = 1,75 - 2,5 - 3,5 - 4,5 - 5,6$ und 6,5 cm, so findet man, daß T_1 unverändert bleibt $= 1,8$ h, während T_2 abnimmt, bei der Mittelkurve, $r = 5$ cm, Null wird und dann wieder ansteigt, wobei der Faktor des zweiten Gliedes der Gleichung negativ wird. Ähnlich verhalten sich auch die Erwärmungskurven.

Zusammenfassung.

Im vorstehenden wird ein Annäherungsverfahren beschrieben, das gestattet, auf rechnerischem Weg den Temperaturverlauf in Abhängigkeit von der Zeit in langen zylindrischen Körpern zu ermitteln, wenn diese von innen oder von außen erwärmt werden. Es wird gezeigt, wie die dazu erforderlichen Konstanten auf einfache Weise bestimmt werden können. Die Kurven, die bei diesen Erwärmungsvorgängen auftreten, ergeben sich als Summe oder Differenz zweier logarithmischen Kurven. Die so berechneten Kurven stimmen befriedigend mit der Beobachtung überein.

Das Verfahren ist nicht nur auf schlechte Wärmeleiter beschränkt, sondern, wie an einem Beispiel gezeigt wird, auch auf gute Wärmeleiter anwendbar.

Zur Theorie des Gleichrichters.

Die Änderung des Leistungsfaktors auf dem Wege vom Generator zum Gleichrichter.

Von **Heinrich Kaden**.

Mit 25 Textabbildungen.

Mitteilung aus dem Dynamowerk der Siemens-Schuckert-Werke G. m. b. H.

Eingegangen am 7. Dezember 1922.

I. Einleitung.

Die Transformatoren und Zuleitungen für Gleichrichteranlagen müssen bekanntlich für eine größere Leistung bemessen werden, als der abgegebenen Gleichstromleistung, auch ohne Berücksichtigung der Wirkungsgrade und Magnetisierungsströme, entspricht. Diese Tatsache rührt von zwei Eigentümlichkeiten des Gleichrichterbetriebes her:

1. Zeitweise Unterbelastung der einzelnen Stromzweige und

2. Bewertung der Gleichstromleistung als Produkt der arithmetischen Mittelwerte der Spannung und Stromstärke auch bei welliger Kurvenform dieser Größen.

Diese Umstände tragen beide zur Vergrößerung der Quotienten

$$\frac{\text{Typenleistung des Transformators}}{\text{Gleichstromleistung}} = \frac{L_T}{\overline{\overline{L}}_{gl}}$$

und

$$\frac{\text{Scheinbare Leistung in der Netzleitung}}{\text{Gleichstromleistung}} = \frac{L_L}{\overline{\overline{L}}_{gl}}$$

bei, welche für einzelne Schaltungen abgeleitet werden sollen.

Den zweiten Quotienten kann man in die beiden Faktoren

$$\frac{\text{Produkt der Effektivwerte der gleichgerichteten Größen} = \text{Effektive Gleichstromleistung}}{\text{Gleichstromleistung}} = \frac{\widetilde{L}_{gl}}{\overline{\overline{L}}_{gl}}$$

und

$$\frac{\text{Scheinbare Leistung in der Netzleitung}}{\text{Effektive Gleichstromleistung}} = \frac{L_L}{\widetilde{L}_{gl}}$$

zerlegen. Also

$$\frac{L_L}{\overline{\overline{L}}_{gl}} = \frac{\widetilde{L}_{gl}}{\overline{\overline{L}}_{gl}} \cdot \frac{L_L}{\widetilde{L}_{gl}}.$$

Den reziproken Wert des letzten der beiden Faktoren $\dfrac{\widetilde{L}_{gl}}{L_L}$ beobachtet man bei den üblichen Leistungsmessungen unmittelbar und bezeichnet ihn dann als „Leistungsfaktor".

1. Erklärung der zeitweisen Unterbelastung und des Leistungsfaktors.

Die Arbeitsweise des Gleichrichters G möge an Hand des nebenstehenden Schaltbildes (Abb. 1) kurz erläutert werden.

Der Transformator T hat sekundär bei allen Gleichrichteranlagen einen Nullpunkt, welcher den Minuspol der Anlage bildet. Den Pluspol stellen der Reihe nach die Enden der Phasen dar entsprechend ihrer zeitlichen Aufeinanderfolge. Dieses

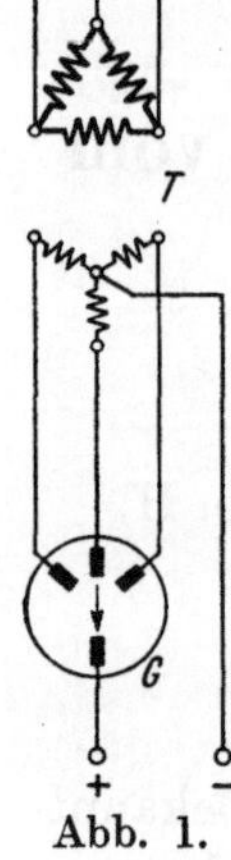

Abb. 1.

kommt von der Ventilwirkung innerhalb des Gleichrichtergefäßes G, derzufolge Strom nur in einer Richtung, der des Pfeiles, durchgelassen wird. Es gibt eine Phase nur so lange Strom, als die Augenblickswerte ihrer Spannung in der positiven Richtung höher sind als die der anderen Phasen, wenn man die Gleichstromrichtung (Pfeilrichtung) als positiv annimmt. Von dem Moment ab, wo die Spannung der nächsten Phase größer wird als die der bisher stromliefernden, zieht jene den Lichtbogen auf sich und übernimmt die Stromabgabe. Der Strom in jeder Phase bzw. Anode pulsiert also und setzt zeitweise überhaupt aus. Die Dauer der Stromabgabe der einzelnen Phase ist um so kleiner, je mehr Phasen vorhanden sind. Diese Eigentümlichkeit pflanzt sich bis in die Netzleitung hinein fort, auf ihr beruht die Vergrößerung der Typenleistungen und das Auftreten des Leistungsfaktors, welcher an folgendem, sehr instruktivem Beispiel leicht verständlich sein wird.

Denkt man sich zwei Stromverbraucher, welche jeder von einer Stromquelle eine Arbeit von z. B. 100 kWh pro Tag entnehmen, so wird, wenn beide diese Arbeit gleichmäßig während 24 Stunden verbrauchen, der gleiche Zuleitungsquerschnitt für beide Konsumenten in Frage kommen. Verbraucht der eine aber die 100 kWh in 8 Stunden und steht sein Betrieb während der übrigen 16 Stunden still, so wird ein größerer Strom fließen, als wenn er dieselbe Arbeitsentnahme gleichmäßig auf 24 Stunden verteilen würde. Es müßte also mit anderen Worten für diesen Kunden eine stärkere Leitung gelegt werden als für jenen, dessen Stromentnahme gleichmäßig ist, trotzdem die Rechnung vom Stromlieferanten für beide dieselbe sein wird. Der dem Gleichrichter eigentümliche Leistungsfaktor wird also nicht hervorgerufen durch Erregerströme magnetischer Felder bzw. kapazitive Belastung (Blindleistung, Phasenwinkel), sondern er ist die Folge des zeitweisen Stillegens der Phasen oder deren geringere Belastung.

2. Die Bewertung der Gleichstromleistung.

Die gleichgerichtete Wechselspannung hat nicht die Form einer vollkommenen ausgeebneten Gleichspannung, sondern sie ist je nach der Anzahl der Phasen mehr oder weniger wellenförmig, Abb. 2.

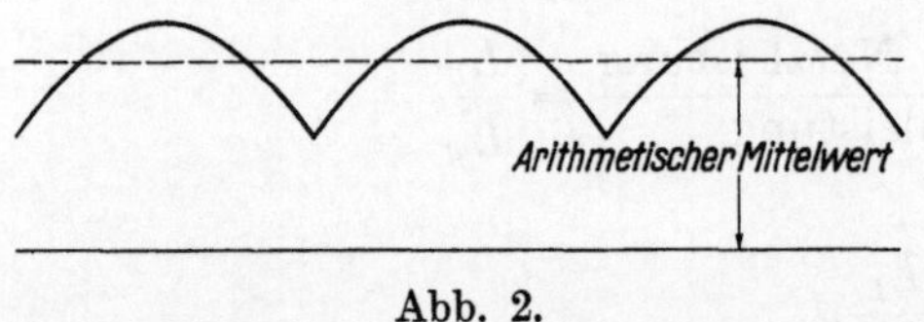

Abb. 2.

Zerlegt man diese Kurve nach Fourier in ihre einzelnen Harmonischen, so findet man, daß sie aus einer Gleichspannung, welche gleich dem arithmetischen Mittel der Kurve ist, und unendlich vielen, ihr übergelagerten Wechselspannungen besteht. Diese Wechselspannungen sind aber für den Gleichstromabnehmer höchstens für Glühlichtbetrieb nützlich verwertbar, sonst aber meist völlig wertlos. Dasselbe gilt für den Gleichrichter-Gleichstrom, dessen Wellenform man außer durch Vermehrung der Phasenzahl noch durch Selbstinduktionen

(Drosselspulen) abflachen kann. Hieraus ist verständlich, daß man als Gleichstromleistung nicht die eff. Leistung $\widehat{L}_{gl}$ (Umsetzung der Leistung in Wärme, Leistungsmessung mit Hitzdrahtinstrumenten oder Dynamometern), sondern das Produkt der arithmetischen Mittelwerte der Spannung und Stromstärke $\overline{\overline{L}}_{gl}$ (Leistungsmessung mit Drehspulinstrumenten) ansieht und demgemäß in die Rechnung einsetzt. Das Verhältnis der ersten zur letzten Leistung ist stets größer als eins und gibt außerdem ein Maß für die Ausebnung des Gleichstromes. Je besser der Strom geglättet ist, desto kleiner ist das Verhältnis. Beim völlig ausgeebneten Gleichstrom hat es den Wert 1.

Es sei erwähnt, daß man auf die gleichen Überlegungen schon früher bei der Frage nach dem Wirkungsgrade einer Gleichrichteranlage gekommen ist. Das Ergebnis lautet: Man hat zwei Wirkungsgrade zu unterscheiden, den der Energieumformung — entsprechend der eff. Leistung — und den der Gleichrichtung — entsprechend dem Produkt der arithmetischen Mittelwerte. Auch hier ist der letzte immer kleiner als der erste.

In den nachfolgenden Überlegungen ist angenommen, daß sich keine Induktivitäten im Stromkreise befinden. Der Verlauf der Stromkurve braucht also nicht stetig zu sein, sondern es kann ein plötzlicher Anstieg des Stromes von Null oder einem negativen Wert bis zu einem positiven Wert erfolgen. Die Praxis zeigt, daß man bei dieser Annahme keinen großen Fehler begeht, weil in vielen Fällen doch nur die Streuung des Transformators die einzig in Frage kommende Selbstinduktion ist.

II. Ableitung einer allgemeinen Formel für die Bemessung der Sekundärwicklung des Gleichrichtertransformators.

Der Mittelwert des Gleichstromes $\overline{\overline{J}}_{gl}$ ergibt sich aus der Amplitude $J_{\max_2}$ nach der Gleichung

$$\frac{2\pi}{n} \cdot \overline{\overline{J}}_{gl} = J_{\max_2} \int\limits_{\pi\left(\frac{1}{2}-\frac{1}{n}\right)}^{\pi\left(\frac{1}{2}+\frac{1}{n}\right)} \sin\alpha \, d\alpha \, .$$

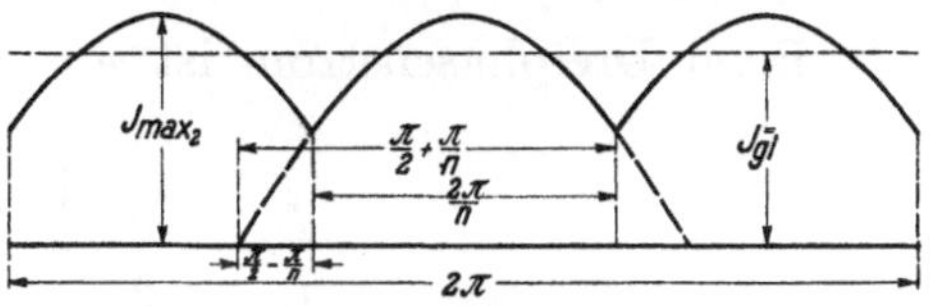

Abb. 3.

Hierin bedeutet n die sekundäre Phasenzahl.

Das Integral aufgelöst ergibt nach einiger Umformung

$$\overline{\overline{J}}_{gl} = \frac{n}{\pi} J_{\max_2} \sin\frac{\pi}{n} \, . \tag{1}$$

Ebenso ist die Spannung

$$\overline{\overline{E}}_{gl} = \frac{n}{\pi} E_{\max_2} \sin\frac{\pi}{n} \, . \tag{2}$$

Für die Bemessung der Anodenzuleitungen bzw. der Sekundärphasen ist der quadratische Mittelwert des gelieferten Stromes J_2 entsprechend der Wärmeentwicklung $J^2 R$ maßgebend

$$2\pi J_2^2 = J_{\max_2}^2 \int\limits_{\pi\left(\frac{1}{2}-\frac{1}{n}\right)}^{\pi\left(\frac{1}{2}+\frac{1}{n}\right)} \sin^2\alpha \, d\alpha = J_{\max_2}^2 \left(\frac{\pi}{n} + \frac{1}{2}\sin\frac{2\pi}{n}\right) \, .$$

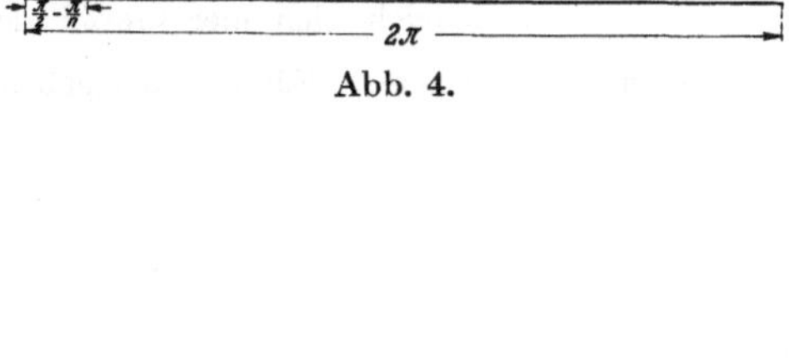

Abb. 4.

Setzt man für $J_{\max_2}$ den Wert aus Gleichung (1) ein, so erhält man

$$J_2 = \frac{\overline{\overline{J}}_{gl}}{\dfrac{n}{\pi}\sin\dfrac{\pi}{n}}\sqrt{\frac{1}{2n}+\frac{1}{4\pi}\sin\frac{2\pi}{n}}\,. \tag{3}$$

Die eff. Phasenspannung an den Sekundärklemmen ist

$$E_2 = \frac{E_{\max_2}}{\sqrt{2}} = \frac{\overline{\overline{E}}_{gl}}{\sqrt{2}\,\dfrac{n}{\pi}\sin\dfrac{\pi}{n}}\,. \tag{4}$$

Die Leistung, für welche der Transformator sekundär mindestens zu berechnen ist, ist dann, wenn E_2 nur von einer Phase — also nicht durch Verkettung mehrerer — geliefert wird:

$$L_2 = E_2 \cdot J_2 \cdot n\,;$$

$$L_2 = n \cdot \frac{\overline{\overline{E}}_{gl}}{\sqrt{2}\,\dfrac{n}{\pi}\sin\dfrac{\pi}{n}} \cdot \frac{\overline{\overline{J}}_{gl}}{\dfrac{n}{\pi}\sin\dfrac{\pi}{n}}\sqrt{\frac{1}{2n}+\frac{1}{4\pi}\sin\frac{2\pi}{n}}\,.$$

Da $\overline{\overline{E}}_{gl}\cdot\overline{\overline{J}}_{gl} = \overline{\overline{L}}_{gl}$ ist, wird

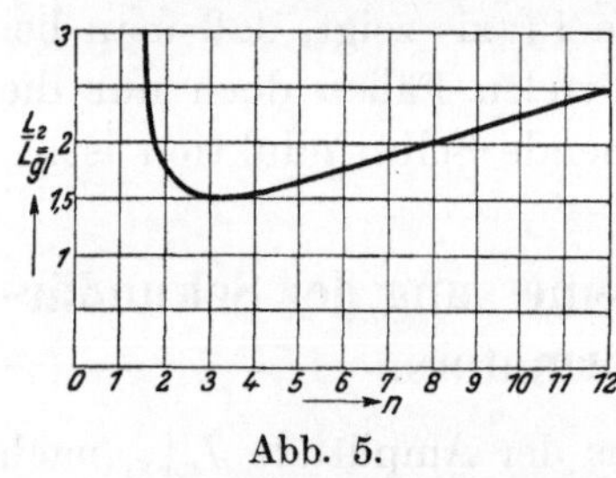

Abb. 5.

$$\frac{L_2}{\overline{\overline{L}}_{gl}} = \pi^2\,\frac{\sqrt{\dfrac{1}{2n}+\dfrac{1}{4\pi}\sin\dfrac{2\pi}{n}}}{n\cdot\sqrt{2}\,\sin^2\dfrac{\pi}{n}}$$

oder

$$\frac{L_2}{\overline{\overline{L}}_{gl}} = \frac{\pi^2}{2}\,\frac{\sqrt{\dfrac{1}{n}+\dfrac{1}{2\pi}\sin\dfrac{2\pi}{n}}}{n\cdot\sin^2\dfrac{\pi}{n}}\,^1)\,. \tag{5}$$

Beim Dreiphasenstrom ist $n = 3$. Es ist dann

$$\frac{L_2}{\overline{\overline{L}}_{gl}} = \frac{\pi^2}{2}\cdot\frac{\sqrt{\dfrac{1}{3}+\dfrac{1}{2\pi}\sin\dfrac{2}{3}\pi}}{3\cdot\sin^2\dfrac{\pi}{3}} = \sim 1{,}5\,.$$

Beim Zweiphasenstrom^2) ist $n = 2$ und $\dfrac{L_2}{\overline{\overline{L}}_{gl}} = 1{,}74$.

Beim Sechsphasenstrom ist $n = 6$ und $\dfrac{L_2}{\overline{\overline{L}}_{gl}} = 1{,}81$.

Diese Werte sind in nebenstehendem Schaubilde Abb. 5 als Ordinaten in Abhängigkeit von der Phasenzahl aufgetragen.

III. Die Bemessung der Primärwicklung und deren Zuleitungen.

Die scheinbare Leistung der Primärwicklung richtet sich außer nach der abgegebenen Leistung und der Phasenzahl auch nach der Schaltungsart der Wicklungen auf dem Transformator. Diese nur bei Gleichrichterbelastung zu findende Erscheinung

---

^{1}) L. P. K r i j g e r : De Ingenieur. 36. Jahrg., Nr. 8, S. 144.

^{2}) Es handelt sich hier sowohl als auch in allen folgenden Überlegungen nur um symmetrische Mehrphasensysteme. Für $n = 2$ ergeben sich also zwei um $\dfrac{2\pi}{n} = 180°$ versetzte Spannungen.

hat ihren Grund in der schon eingangs erwähnten zeitweisen Unterbelastung der einzelnen Phasen, welche je nach Schaltung mehr oder weniger ausgeprägt ist. Es kann also nicht eine allgemeingültige Formel für die Bemessung der Primärseite vom Transformator aufgestellt werden wie bei der Sekundärwicklung, bei welcher

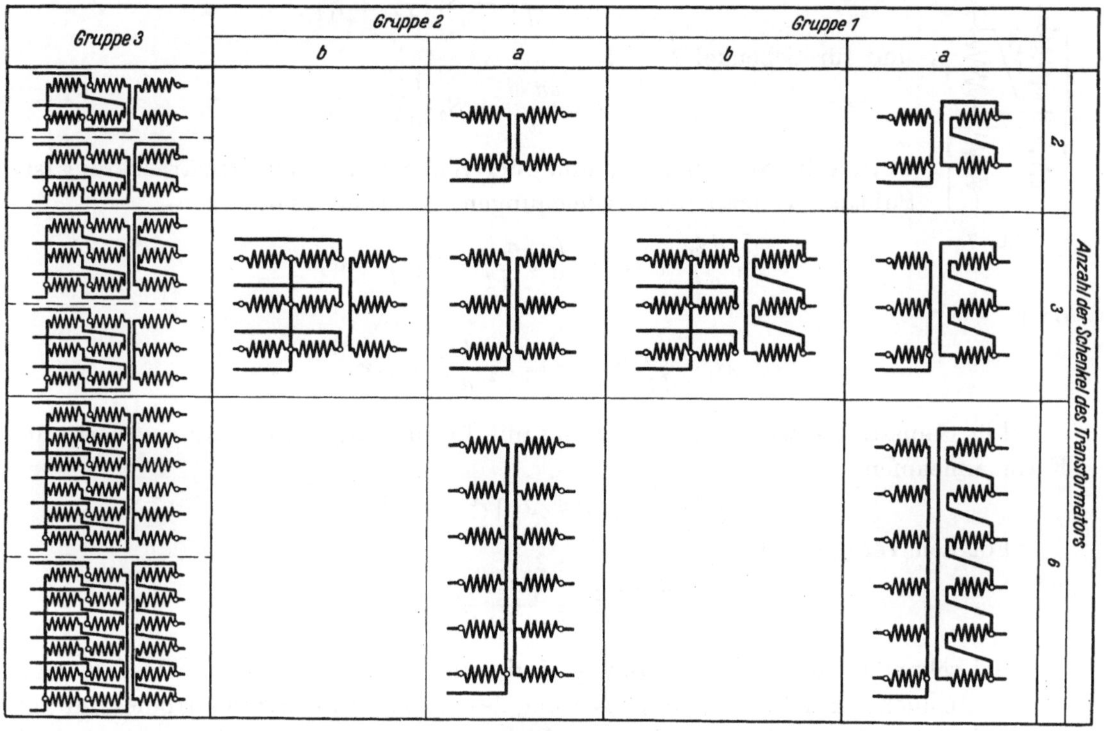

Abb. 6.

nur eine Schaltung, die Sternschaltung, möglich ist. Es ist aus diesem Grunde eine Einteilung in verschiedenen Gruppen von gleichartigen Schaltungen erforderlich. Diese sind folgende (s. Abb. 6):

1. Primär: Ringschaltung.
   Sekundär einfache Sternschaltung:
   a) einfache Benutzung der Primärwicklung
      (primär und sekundär gleiche Phasenzahl),
   b) doppelte Benutzung der Primärwicklung
      (sekundäre Phasenzahl doppelt so groß als die primäre).
2. Primär und sekundär einfache Sternschaltung:
   a) einfache Benutzung der Primärwicklung
      (primär und sekundär gleiche Phasenzahl),
   b) doppelte Benutzung der Primärwicklung
      (sekundäre Phasenzahl doppelt so groß als die primäre).
3. Primär: Ring- oder einfache Sternschaltung.
   Sekundär: Doppelsternschaltung (Zickzackschaltung).

1. Primär: Ringschaltung. Sekundär: einfache Sternschaltung.

Die Verteilung des Primärstromes auf die einzelnen Schenkel eines zweischenkligen Transformators ergibt bei dieser Schaltung qualitativ aus folgender Überlegung:

Ist ψ der Augenblickswert der Kraftlinienwindungszahl eines Schenkels, S_1 und S_2 die Streuinduktivitäten der Wicklungen auf Schenkel 1 und 2, und sind i_1 und i_2 die primären Ströme in den beiden parallelen Zweigen 1 und 2, so gilt für Schenkel 1

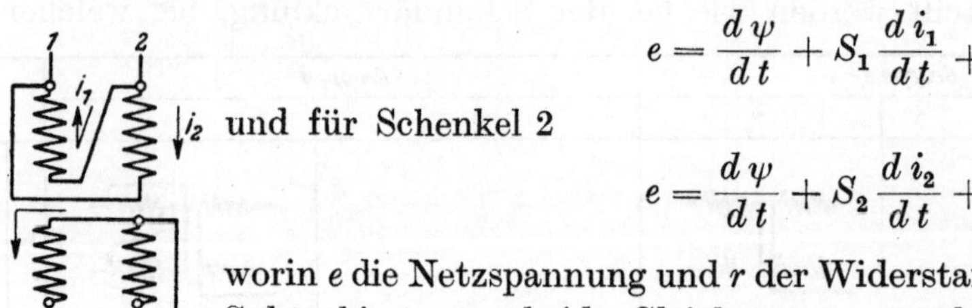

$$e = \frac{d\psi}{dt} + S_1 \frac{di_1}{dt} + i_1 r,$$

und für Schenkel 2

$$e = \frac{d\psi}{dt} + S_2 \frac{di_2}{dt} + i_2 r,$$

worin e die Netzspannung und r der Widerstand einer Primärwicklung ist. Subtrahiert man beide Gleichungen, so erhält man

Abb. 7.

$$S_1 \frac{di_1}{dt} + i_1 r - \left(S_2 \frac{di_2}{dt} + i_2 r \right) = 0,$$

oder

$$S_1 \cdot \frac{di_1}{dt} + i_1 r = S_2 \frac{di_2}{dt} + i_2 r.$$

Für Sinusströme würde die Gleichung mit Einführung der effektiven Werte die Form annehmen

$$J_1 \sqrt{r^2 + (\omega S_1)^2} = J_2 \sqrt{r^2 + (\omega S_2)^2}.$$

Folglich verhält sich

$$\frac{J_1}{J_2} = \sqrt{\frac{r^2 + (\omega S_2)^2}{r^2 + (\omega S_1)^2}}.$$

Bei sekundär einspuliger Belastung sind nun S_1 und S_2 sehr verschieden, weil eine, wenn auch nur teilweise Kompensierung des primären Belastungsstromes nur auf dem belasteten Schenkel vorhanden ist. Eine quantitative Ausmittlung von S_1 und S_2 ist aus diesem Grunde nicht möglich. Man kann aber annehmen, daß die Streuung auf dem belasteten Schenkel kleiner ist als die Streuung auf dem anderen Schenkel; infolgedessen wird nach der Formel der primäre Strom auf dem belasteten Schenkel größer als der andere.

Ähnlich, wenn auch komplizierter, liegen die Verhältnisse bei Drehstrom. Auch hier wird sich die sekundär einspulige Belastung auf alle drei Phasen in ungleichmäßiger Weise verteilen.

Um nun diese Belastungsart der Rechnung zugänglich zu machen, soll angenommen werden, daß der Primärstrom nur in der Wicklung des belasteten Schenkels fließt. Eine andere Annahme, daß der Primärstrom auf alle Wicklungen gleichmäßig verteilt ist, würde die Verhältnisse günstiger gestalten, als sie sind; eine Berechnung der Primärwicklung hiernach hätte eine unzulässige Erwärmung zur Folge.

Die Linienströme und Phasenströme stehen bei Gleichrichterbelastung als Folge der oben gemachten Annahme in einem bestimmten Verhältnis, welches unabhängig von der Phasenzahl und konstant ist. Bei sinusförmig variierendem Strom ist dieses Verhältnis nicht konstant, sondern richtet sich nach der Phasenzahl; außerdem ist bei sinusförmiger Belastung im Gegensatz zur Gleichrichterbelastung der Leistungsfaktor in der Wicklung derselbe wie in den Speiseleitungen. Demzufolge ist bei Gleichrichterbelastung die scheinbare Leistung der Wicklung eine andere als die der Zuleitungen.

a) Einfache Benutzung der Primärwicklung.

α) Wicklung.

Der sekundäre Belastungsstrom, der während $\frac{1}{n}$ Periode auf einem Schenkel fließt und dann zum anderen hinüberwechselt, kann primär infolge der oben gemachten Annahme auf demselben Schenkel kompensiert werden (Abb. 8), während die anderen Schenkel, abgesehen von den Leerlaufströmen, stromlos sind. Die Stromkurve in der Primärwicklung ist also dieselbe wie die in einer Sekundärphase (Abb. 9). Daraus folgt, daß die Primärwicklung wie die Sekundärwicklung nach Formel (5) bemessen werden muß.

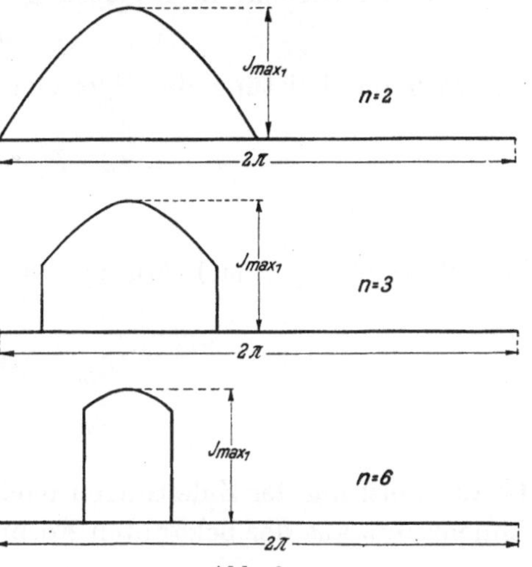

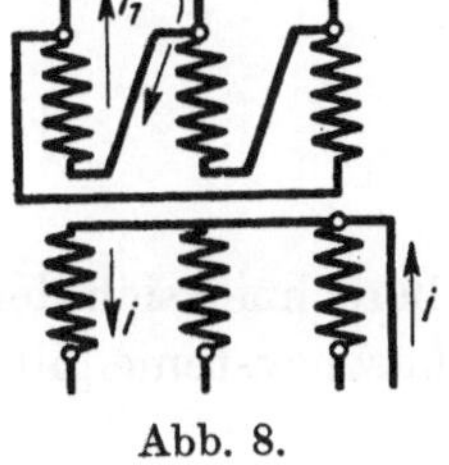

$$\frac{L_{w_1}}{\overline{\overline{L}}_{gl}} = \frac{\pi^2}{2} \frac{\sqrt{\dfrac{1}{n} + \dfrac{1}{2\pi}\sin\dfrac{2\pi}{n}}}{n \cdot \sin^2\dfrac{\pi}{n}}.$$

Abb. 8.

Abb. 9.

β) Speiseleitung.

In einer Speiseleitung treten die Stromkurven zweier benachbarter Phasen auf (Abb. 10).

Da der Effektivwert des Stromes gleich dem quadratischen Mittelwert desselben über eine Periode genommen ist, wird

$$2\pi J_{L_1}^2 = 2 J_{max_1}^2 \int_{\pi\left(\frac{1}{2}-\frac{1}{n}\right)}^{\pi\left(\frac{1}{2}+\frac{1}{n}\right)} \sin^2\alpha \, d\alpha$$

oder

$$J_{L_1} = 2 \frac{J_{max_1}^2 \int_{\pi\left(\frac{1}{2}-\frac{1}{n}\right)}^{\pi\left(\frac{1}{2}+\frac{1}{n}\right)} \sin^2\alpha \, d\alpha}{2\pi}.$$

Es ist aber

$$\frac{J_{max_1}^2 \int_{\pi\left(\frac{1}{2}-\frac{1}{n}\right)}^{\pi\left(\frac{1}{2}-\frac{1}{n}\right)} \sin^2\alpha \, d\alpha}{2\pi} = J_{w_1}^2.$$

Infolgedessen ist

$$J_{L_1}^2 = 2 J_{w_1}^2$$

und

$$J_{L_1} = \sqrt{2} \cdot J_{w_1}. \qquad (6)$$

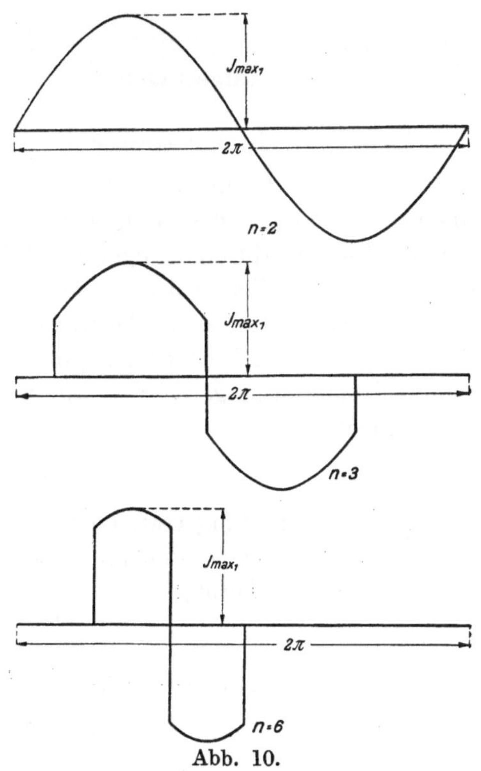

Abb. 10.

Die Leistung eines Mehrphasensystems, ausgedrückt durch den Linienstrom und Spannung, ist

$$L_{L_1} = \frac{n \cdot J_{L_1} \cdot P_1}{2 \sin \dfrac{\pi}{n}}.$$

Da nun bei Gleichrichterbelastung

$$J_{L_1} = \sqrt{2}\, J_{w_1}$$

ist, wird die Leistung der Speiseleitungen

$$L_{L_1} = J_{w_1} \cdot P_1 \cdot n \frac{\sqrt{2}}{2 \cdot \sin \dfrac{\pi}{n}} = L_{w_1} \cdot \frac{1}{\sqrt{2} \sin \dfrac{\pi}{n}}.$$

Den Wert für L_{w_1}, nach Formel (5) in die Gleichung eingesetzt, ergibt

$$\frac{L_{L_1}}{\overline{\overline{L}}_{gl}} = \frac{\pi^2}{2} \frac{\sqrt{\dfrac{1}{2n} + \dfrac{1}{4\pi} \sin \dfrac{2\pi}{n}}}{n \cdot \sin^3 \dfrac{\pi}{n}}. \tag{7}$$

Ist die Leistung der Zuleitungen nach dieser Formel bestimmt, so berechnet sich der Linienstrom aus der bekannten Formel, welche für normale Mehrphasensysteme gilt:

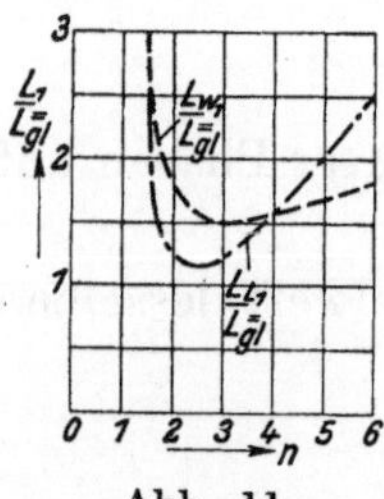

Abb. 11.

$$J_{L_1} = 2 \cdot \frac{\sin \dfrac{\pi}{n}}{n} \cdot \frac{L_{L_1}}{P_1}.$$

In dem nebenstehenden Schaubild (Abb. 11) sind die beiden Funktionen

$$\frac{L_{w_1}}{\overline{\overline{L}}_{gl}} = f(n) \quad \text{und} \quad \frac{L_{L_1}}{\overline{\overline{L}}_{gl}} = f(n)$$

aufgetragen.

b) Doppelte Benutzung der Primärwicklung.

Hierbei ist die primäre Phasenzahl halb so groß als die sekundäre, letztere sei mit n bezeichnet. Diese Schaltung hat nur dann praktische Bedeutung, wenn die primäre Phasenzahl eine ungerade Zahl ist wie bei der sehr häufig vorkommenden ⅄/✶- bzw. △/✶-Schaltung. Auch die weiter unten angegebenen Formeln gelten nur für diesen Fall. Auf einem Schenkel liegen hier sekundär 2 hintereinandergeschaltete Wicklungen, deren Verbindungspunkt den Nullpunkt darstellt. Es entstehen somit, vom Nullpunkt aus gerechnet, auf jedem Schenkel 2 um 180° versetzte Sekundärspannungen.

α) Wicklung.

In jeder Wicklung treten jetzt 2 Stromimpulse auf (Abb. 12), deren Zeitdauer halb so lang ist wie bei den unter a) aufgeführten Schaltungen. Der Ansatz für die eff. Stromstärke lautet:

$$2\pi J_{w_1}^2 = 2 J_{\max_1}^2 \int\limits_{\pi\left(\frac{1}{2} - \frac{1}{n}\right)}^{\pi\left(\frac{1}{2} + \frac{1}{n}\right)} \sin^2 \alpha\, d\alpha = 2 J_{\max_2}^2 \left(\frac{E_2}{E_1}\right)^2 \int\limits_{\pi\left(\frac{1}{2} - \frac{1}{n}\right)}^{\pi\left(\frac{1}{2} + \frac{1}{n}\right)} \sin^2 \alpha\, d\alpha,$$

worin $\dfrac{E_2}{E_1}$ das Übersetzungsverhältnis der Phasenspannungen ist. Es wird dann

$$J_{w_1} = \sqrt{2} \cdot \frac{E_2}{E_1} \cdot J_{\max_2} \sqrt{\int\limits_{\pi\left(\frac{1}{2}-\frac{1}{n}\right)}^{\pi\left(\frac{1}{2}+\frac{1}{n}\right)} \frac{\sin^2\alpha\, d\alpha}{2\,\pi}} = \sqrt{2}\,\frac{E_2}{E_1} \cdot J_2\,,$$

weil

$$J_{\max_2} \sqrt{\int\limits_{\pi\left(\frac{1}{2}-\frac{1}{n}\right)}^{\pi\left(\frac{1}{2}+\frac{1}{n}\right)} \frac{\sin^2\alpha\cdot d\alpha}{2\,\pi}} = J_2$$

war.

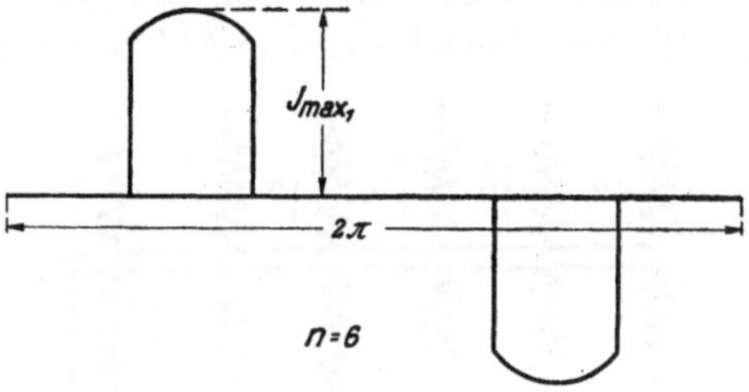

Die primäre Leistung ist, wenn $\dfrac{n}{2}$ die primäre Phasenzahl,

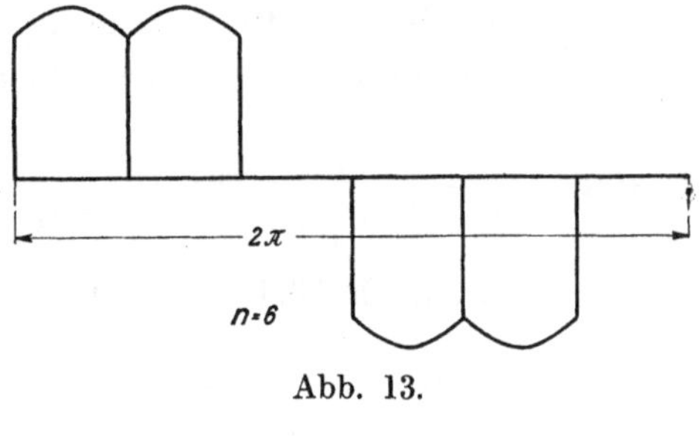

Abb. 12.

$$L_{w_1} = \frac{n}{2} \cdot E_1 \cdot J_{w_1} = \frac{n}{2} E_2 \cdot J_2 \cdot \sqrt{2}\,.$$

$n \cdot E_2 \cdot J_2$ ist aber die sekundäre Leistung, infolgedessen wird

$$L_{w_1} = \frac{L_2}{\sqrt{2}}\,;\quad \text{oder}\quad \frac{L_{w_1}}{\overline{\overline{L}}_{gl}} = \frac{\pi^2}{2}\,\frac{\sqrt{\dfrac{1}{2\,n} + \dfrac{1}{4\,\pi}\sin\dfrac{2\,\pi}{n}}}{n\cdot\sin^2\dfrac{\pi}{n}}\,.$$

β) Leitungen.

Hier kommen dieselben Überlegungen in Betracht wie unter a, weil auch hier in einer Leitung die Stromkurven zweier Phasen auftreten. Die Stromkurve der Leitung ist in Abb. 13 wiedergegeben.

Die Stromstärke ist wie nach Formel (6)

$$J_{L_1} = \sqrt{2} \cdot J_{w_1}\,. \qquad (6)$$

Auch die Leistung der Zuleitung wird wie unter a (primäre Phasenzahl $= \dfrac{n}{2}$)

$$L_{L_1} = L_{w_1}\frac{1}{\sqrt{2}\cdot\sin\dfrac{2\,\pi}{n}}$$

Abb. 13.

oder

$$\frac{L_{L_1}}{\overline{\overline{L}}_{gl}} = \frac{\pi^2}{2}\cdot\frac{\sqrt{\dfrac{1}{4\,n} + \dfrac{1}{8\,\pi}\sin\dfrac{2\,\pi}{n}}}{n\cdot\sin\dfrac{2\,\pi}{n}\cdot\sin^2\dfrac{\pi}{n}} = \frac{\pi^2}{4}\cdot\frac{\sqrt{\dfrac{1}{n} + \dfrac{1}{2\,\pi}\sin\dfrac{2\,\pi}{n}}}{n\cdot\sin\dfrac{2\,\pi}{n}\cdot\sin^2\dfrac{\pi}{n}}\,. \qquad (9)$$

Für $n = 6$ ergibt sich

$$\frac{L_{w_1}}{\overline{\overline{L}}_{gl}} = 1{,}28\,;\qquad \frac{L_{L_1}}{\overline{\overline{L}}_{gl}} = 1{,}05\,.$$

2. Primär und sekundär einfache Sternschaltung.

Bevor man zur Ableitung der Formel für die Bemessung der Primärwicklung geht, ist es nötig, sich ein Bild über die Stromverteilung in der Primärwicklung bei sekundär einspuliger Last zu machen. Nimmt man, um die Ableitung allgemein zu halten, einen n-schenkligen Transformator an, so sind für die Primärströme auf den einzelnen Schäften n-Gleichungen anzusetzen, denn der primäre Kompensationsstrom auf dem belasteten Schenkel muß in irgendeiner Verteilung auf den anderen Schenkeln zurückfließen. Auch bei diesen Ableitungen ist von den Leerlaufströmen abgesehen, welche die

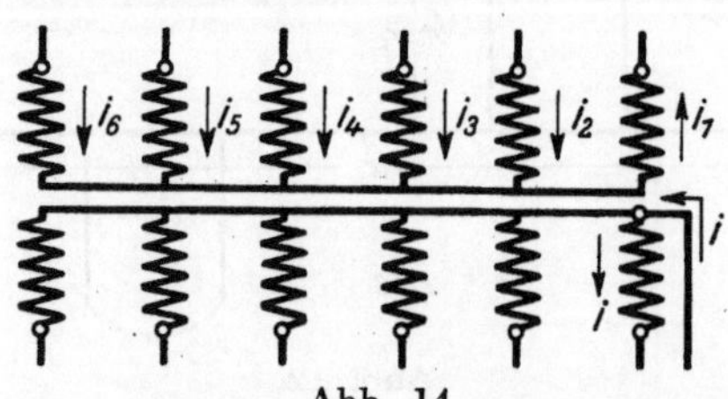

Abb. 14.

den aufgedrückten sinusförmigen Spannungen das Gleichgewicht haltenden Gegen-EMKe erzeugen.

Die eine Bedingungsgleichung ergibt sich aus dem Kirchhoffschen Gesetz, daß die Summe der Augenblickswerte aller in einem Knotenpunkt zusammenfließenden Ströme 0 ist.

$$i_1 + i_2 + i_3 + \ldots i_n = 0. \qquad (9\,\mathrm{a})$$

Die anderen Gleichungen sind aus der Bedingung einzusetzen, daß in jedem magnetischen Ring die Summe der EMKe $= 0$ sein muß, damit kein zusätzlicher Kraftfluß entsteht. In dem magnetischen Ring der Schenkel 1 und 2 haben wir die Ströme i, i_1 und i_2. Soll der Fluß, den diese erzeugen, in dem betreffenden Kreis 0 sein, so heißt die Gleichung, gleiche Windungszahl aller Spulen vorausgesetzt,

$$i + i_1 - i_2 = 0, \qquad (9\,\mathrm{b})$$

worin $i + i_1$ den Augenblickswert der MMK auf dem Schenkel 1 und i_2 den Augenblickswert der MMK auf Schenkel 2 darstellt. Für die anderen magnetischen Kreise kommen nur primäre Ströme in Frage. Die Gleichungen lauten

$$i_2 - i_3 = 0; \quad i_3 - i_4 = 0; \quad i_{n-1} - i_n = 0.$$

Es ist also hiernach

$$i_2 = i_3 = i_4 = \ldots . i_n. \qquad (9\,\mathrm{c})$$

Dieses Resultat für Gleichung (9a) verwertet und den Wert für i_1 aus Gleichung (9b) in Gleichung (9a) eingesetzt, gibt die Gleichung

$$n \cdot i_2 = i;$$

oder

$$i_2 = i_3 = i_4 = \ldots i_n = \frac{1}{n} i.$$

i_1 ist dann nach Gleichung (9b):

$$i_1 = i_2 - i = \left(\frac{1}{n} - 1\right) i = -\frac{n-1}{n} i\,{}^1).$$

Das Resultat dieser Überlegung ist folgendes:

Ist der Augenblickswert des sekundären Belastungsstromes i, so ist bei einem Übersetzungsverhältnis der Phasenspannungen $= 1$ der primäre Strom auf dem belasteten Schenkel $= -\dfrac{n-1}{n} i$ und auf dem anderen Schenkel $= \dfrac{1}{n} i$.

a) Einfache Benutzung der Primärwicklung.

Wendet man obige Überlegung auf diesen Fall an, so ergeben sich folgende Stromkurven (Abb. 15).

---

^{1}) Bauch, E. T. Z. 1918 S. 245.

Der Ansatz für die eff. Stromstärke lautet:

$$2\,\pi\,J_1^2 = \left(\frac{n-1}{n}\right)^2 J_{\max_1}^2 \int\limits_{\pi\left(\frac{1}{2}-\frac{1}{n}\right)}^{\pi\left(\frac{1}{2}+\frac{1}{n}\right)} \sin^2\alpha\,d\alpha + (n-1)\left(\frac{1}{n}\,J_{\max_1}^2\right)^2 \int\limits_{\pi\left(\frac{1}{2}-\frac{1}{n}\right)}^{\pi\left(\frac{1}{2}+\frac{1}{n}\right)} \sin^2\alpha\,d\alpha$$

oder

$$2\,\pi\,J_1^2 = \frac{(n-1)^2+n-1}{n^2}\,J_{\max_1}^2 \int\limits_{\pi\left(\frac{1}{2}-\frac{1}{n}\right)}^{\pi\left(\frac{1}{2}+\frac{1}{n}\right)} \sin^2\alpha\,d\alpha = \left(1-\frac{1}{n}\right) J_{\max_1}^2 \int\limits_{n\left(\frac{1}{2}-\frac{1}{n}\right)}^{\pi\left(\frac{1}{2}+\frac{1}{n}\right)} \sin^2\alpha\,d\alpha .$$

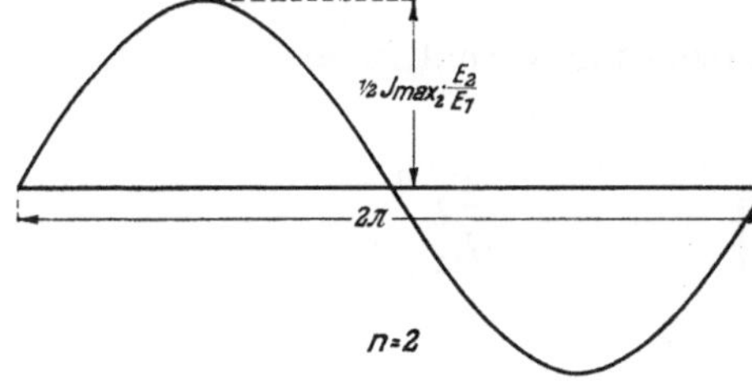

Abb. 15.

und

$$\frac{L_1}{L_{gl}} = \frac{\pi}{2}\cdot\sqrt{1-\frac{1}{n}}\;\frac{\sqrt{\dfrac{1}{n}+\dfrac{1}{2\,\pi}\sin\dfrac{2\,\pi}{n}}}{n\cdot\sin^2\dfrac{\pi}{n}} . \qquad (10)$$

Die Kurve der Funktion

$$\frac{L_1}{L_{gl}} = f(n)$$

zeigt Abb. 16.

Da

$$J_2^2 = J_{\max_2}^2 \int\limits_{\pi\left(\frac{1}{2}-\frac{1}{n}\right)}^{\pi\left(\frac{1}{2}+\frac{1}{n}\right)} \frac{\sin^2\alpha\,d\alpha}{2\,\pi}$$

ist, folgt hieraus, daß die primäre Stromstärke Berücksichtigung der Übersetzung mit der Phasenspannungen

$$J_1 = \sqrt{1-\frac{1}{n}\frac{E_2}{E_1}}\cdot J_2$$

ist. Die Leistung der Primärseite wird dann

$$L_1 = \sqrt{1-\frac{1}{n}}\;L_2$$

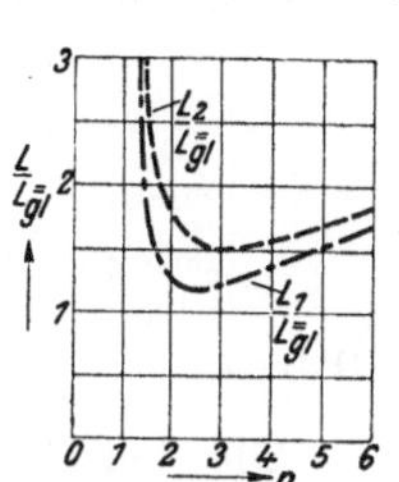

Abb. 16.

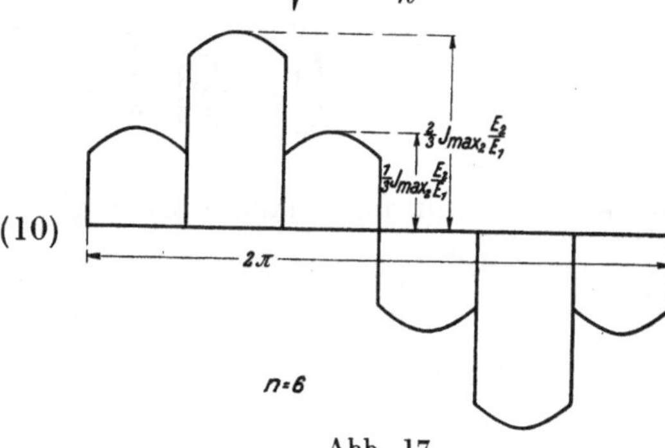

Abb. 17.

b) Doppelte Benutzung der Primärwicklung.

Die Stromkurve für die Phasenzahl 6 ist in Abb. 17 gezeigt (n ist wieder die sekundäre Phasenzahl). Die primäre Stromstärke errechnet sich aus dem Ansatz:

$$2\,\pi\,J_1^2 = 2\left(\frac{\dfrac{n}{2}-1}{\dfrac{n}{2}}\right)^2 J_{\max_1}^2 \int\limits_{\pi\left(\frac{1}{2}-\frac{1}{n}\right)}^{\pi\left(\frac{1}{2}+\frac{1}{n}\right)} \sin^2\alpha\,d\alpha + (n-2)\left(\frac{2}{n}\,J_{\max_1}\right)^2 \int\limits_{\pi\left(\frac{1}{2}-\frac{1}{n}\right)}^{\pi\left(\frac{1}{2}+\frac{1}{n}\right)} \sin^2\alpha\,d\alpha$$

oder

$$J_1^2 = \frac{\dfrac{n^2}{2} - n}{\dfrac{n^2}{4}} \, J_{\max_1}^2 \int\limits_{\pi\left(\frac{1}{2} - \frac{1}{n}\right)}^{\pi\left(\frac{1}{2} + \frac{1}{n}\right)} \frac{\sin^2 \alpha \, d\alpha}{2\,\pi} \, .$$

Da

$$J_{\max_1}^2 \int\limits_{\pi\left(\frac{1}{2} - \frac{1}{n}\right)}^{\pi\left(\frac{1}{2} + \frac{1}{n}\right)} \frac{\sin^2 \alpha \, d\alpha}{2\,\pi} = J_2^2 \frac{E_2^2}{E_1^2}$$

ist, folgt hieraus, daß mit Einführung des Übersetzungsverhältnisses

$$J_1 = J_2 \cdot \frac{E_2}{E_1} \cdot \sqrt{\frac{\dfrac{n^2}{2} - n}{\dfrac{n^2}{4}}} = \sqrt{2 - \frac{4}{n}} \, J_2 \cdot \frac{E_2}{E_1}$$

wird.

Die Leistung der Primärwicklung ist wieder $\left(\dfrac{n}{2} = \text{primäre Phasenzahl}\right)$

$$L_1 = \frac{n}{2} \cdot E_1 \cdot J_1 = J_2 E_2 \cdot n \frac{\sqrt{2 - \dfrac{4}{n}}}{2} = \sqrt{\frac{1}{2} - \frac{1}{n}} \cdot n \cdot J_2 \cdot E_2 \, .$$

Setzt man für $n \cdot J_2 \cdot E_2 = L_2$, so ergibt sich

$$L_1 = \sqrt{\frac{1}{2} - \frac{1}{n}} \cdot L_2$$

oder

$$\frac{L_1}{\overline{\overline{L}}_{gl}} = \frac{\pi^2}{2} \sqrt{\frac{1}{2} - \frac{1}{n}} \, \frac{\sqrt{\dfrac{1}{n} + \dfrac{1}{2\pi} \sin \dfrac{2\pi}{n}}}{n \cdot \sin \dfrac{2\pi}{n}} \, . \tag{11}$$

Für $n = 6$ erhält man nach Formel (11)

$$\frac{L_1}{\overline{\overline{L}}_{gl}} = 1{,}05 \, .$$

3. Primär: Stern- oder Ringschaltung, sekundär: Doppelschaltung.
(Zickzackschaltung.)

Die Verteilung der primären Belastungsströme auf die einzelnen Schenkel bei primärer Sternschaltung und sekundärer Belastung zwischen Nullpunkt und dem Ende einer Phase ergibt sich wie folgt:

Es sei i der Augenblickswert des sekundären Stromes, $i_1, i_3, i_4 \ldots i_n$ die Augenblickswerte der primären Belastungsströme auf Schenkel 1, 2, 3 $\ldots n$ ohne Berücksichtigung der Leerlaufströme. Es ergeben sich dann, wie unter 2, aus der Bedingung, daß die Summe der MMKe in jedem magnetischen Ring Null sein muß, folgende Gleichungen:

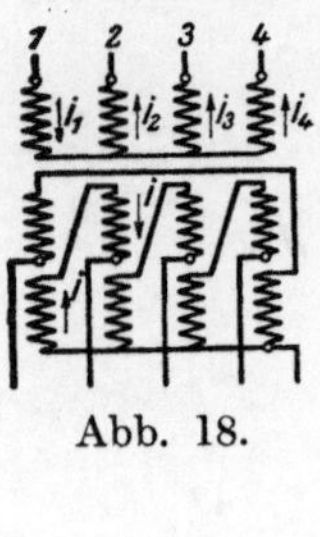

$$i + i_1 = -i + i_2; \qquad i_1 = i_2 - 2\,i$$

Abb. 18.   und

$$-i + i_2 = i_3 = i_4 = \ldots i_n \, .$$

Außerdem ist nach dem Kirchhoffschen Gesetz die Summe aller in einem Punkte zusammenfließenden Ströme $= 0$

$$i_1 + i_2 + i_3 + \ldots i_n = 0 \, .$$

Eliminiert man aus obigen Gleichungen i_1, so erhält man für die letzte Gleichung

$$i_2 - 2\,i + i_2 + (i_2 - i)\,(n - 2) = 0;$$
$$i \cdot n - i_2 \cdot n = 0 \, .$$

Hieraus folgt, daß $i_2 = i$ ist. Aus den oberen Gleichungen ergibt sich weiter:

$$i_1 = -\,i; \qquad i_3 = i_4 = \ldots i_n = 0 \, .$$

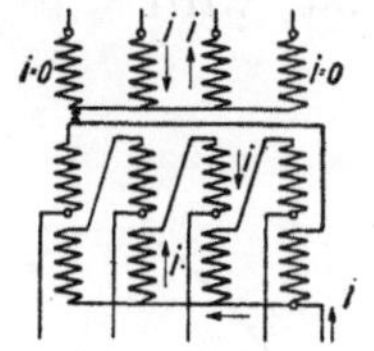

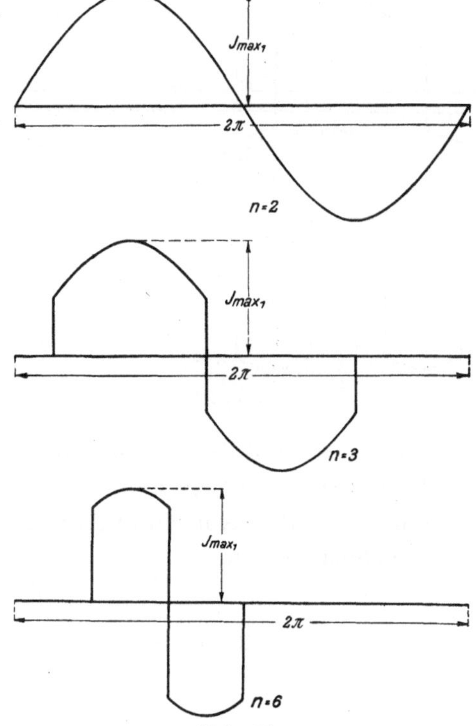
Abb. 19.

Dieses selbstverständlich erscheinende Ergebnis zeigt Abb. 19:

Bei primärer Ringschaltung ist die primäre Stromverteilung dieselbe. Es ist dies ein anderer Fall wie der in Abb. 7 mit sekundär einspuliger Last. Dieser Fall (Abb. 7) ist quantitativ unbestimmt, während jener (Abb. 19) qualitativ und quantitativ bestimmt ist.

Bei der Doppelsternschaltung wird die sekundäre Anodenspannung erzeugt von der Verkettung zweier benachbarter Phasen. Ist diese eff. Anodenspannung E_2, so errechnet sich die Spannung einer Sekundärwicklung zu

$$E_{w_2} = \frac{E_2}{2\sin\dfrac{\pi}{n}} \, .$$

Die Sekundärwicklung bei Zickzackschaltung ist also um

$$\frac{1}{\sin\dfrac{\pi}{n}}$$

größer zu bemessen als bei der einfachen Sternschaltung.

$$\frac{L_2}{\overline{L}_{gl}} = \frac{\pi^2}{2} \frac{\sqrt{\dfrac{1}{n} + \dfrac{1}{2\,\pi}\sin\dfrac{2\,\pi}{n}}}{n \cdot \sin^3\dfrac{\pi}{n}} \, . \qquad (12)$$

Die Kurven des Primärwicklungsstromes sind in Abb. 20 wiedergegeben.

Abb. 20.

Sie sind nach obigen Ausführungen, sowohl primärer Stern- als auch bei Ringschaltung dieselben. Die effektive, primäre Stromstärke ist

$$J_{w_1} = \sqrt{2}\,J_{\mathrm{max}_1} \sqrt{\frac{\displaystyle\int_{\pi\left(\frac{1}{2}-\frac{1}{n}\right)}^{\pi\left(\frac{1}{2}+\frac{1}{n}\right)} \dfrac{\sin^2\alpha\,d\alpha}{2\,\pi}} \, .$$

Da

$$J_{\mathrm{max}_1} = J_{\mathrm{max}_2} \cdot \frac{E_2}{2\cdot\sin\dfrac{\pi}{n}\cdot E_1}$$

und

$$J_{\max_2} \sqrt{\int\limits_{\pi\left(\frac{1}{2}-\frac{1}{n}\right)}^{\pi\left(\frac{1}{2}+\frac{1}{n}\right)} \frac{\sin^2\alpha\, d\alpha}{2\,\pi}} = J_2$$

ist, wird

$$n\cdot E_1 \cdot J_{w_1} = L_{w_1} = \frac{1}{\sqrt{2}\,\sin\dfrac{\pi}{n}} \cdot n\cdot J_2 \cdot E_2 = \frac{L_2}{\sqrt{2}}$$

oder

$$\frac{L_{w_1}}{L_{gl}} = \pi^2 \frac{\sqrt{\dfrac{1}{2n} + \dfrac{1}{4\,\pi}\cdot\sin\dfrac{2\,\pi}{n}}}{2\,n\cdot\sin^3\dfrac{\pi}{n}} \qquad (13)$$

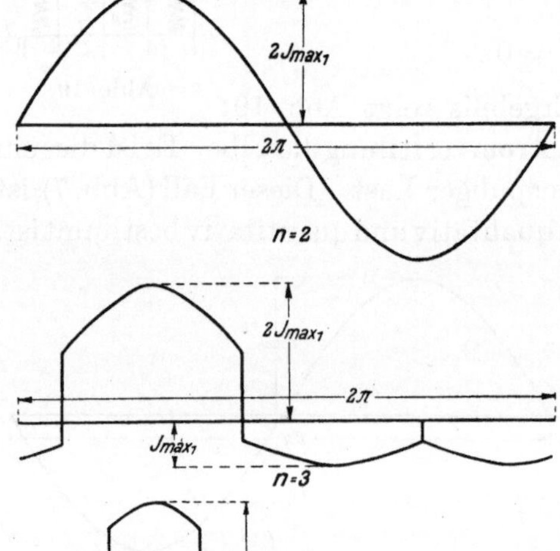

Abb. 21.

Die Leistung der Primärwicklung bei sekundärer Zickzackschaltung ist also dieselbe wie die Leistung der primären Speiseleitungen bei primärer Ringschaltung und sekundärer einfacher Sternschaltung. Dieses ergibt sich auch ohne weiteres daraus, daß die Stromkurven bei beiden Schaltungen dieselben sind.

In den Speiseleitungen der in Ring geschalteten Primärwicklung treten wieder die Kurven zweier benachbarter Phasen auf, Abb. 21.

Wie aus den Abb. 20 und 21 ersichtlich ist, treten beim Zweiphasenstrom in der Wicklung und Speiseleitung sinusförmig variierende Ströme auf. Es folgt hieraus ohne weiteres, daß die Leistung der Speiseleitung beim Zweiphasenstrom gleich der der Wicklung ist. Etwas anders liegen die Verhältnisse bei den anderen Mehrphasensystemen; aus den Kurven in Abb. 21 folgt, daß die eff. Stromstärke der Leistungen zu berechnen ist aus

$$2\,\pi\, J_{L_1}^2 = (2\,J_{\max_1})^2 \int\limits_{\pi\left(\frac{1}{2}-\frac{1}{n}\right)}^{\pi\left(\frac{1}{2}+\frac{1}{n}\right)} \sin^2\alpha\, d\alpha + 2\,J_{\max_1}^2 \int\limits_{\pi\left(\frac{1}{2}-\frac{1}{n}\right)}^{\pi\left(\frac{1}{2}+\frac{1}{n}\right)} \sin^2\alpha\, d\alpha\,.$$

Diese Gleichung umgeformt ergibt die Beziehung

$$J_{L_1}^2 = 3\cdot\frac{2\,J_{\max_1}^2 \displaystyle\int\limits_{\pi\left(\frac{1}{2}-\frac{1}{n}\right)}^{\pi\left(\frac{1}{2}+\frac{1}{n}\right)} \sin^2\alpha\, d\alpha}{2\,\pi}\,.$$

Es war aber

$$2\,J_{\max_1}^2 \int\limits_{\pi\left(\frac{1}{2}-\frac{1}{n}\right)}^{\pi\left(\frac{1}{2}+\frac{1}{n}\right)} \frac{\sin^2\alpha\, d\alpha}{2\,\pi} = J_{w_1}^2\,.$$

Der effektive Leitungsstrom bei Ringschaltung ist also

$$J_L = \sqrt{3}\, J_{w_1}. \tag{14}$$

Die Leistung der Speiseleitungen errechnet sich dann ähnlich wie bei der Ring-Sternschaltung (s. unter 1) zu

$$L_{L_1} = \frac{J_L \cdot n \cdot E_1}{2 \cdot \sin \dfrac{\pi}{n}} = \frac{\sqrt{3} \cdot J_{w_1} \cdot n \cdot P_1}{2 \sin \dfrac{\pi}{n}} = \frac{\sqrt{3}}{2 \cdot \sin \dfrac{\pi}{n}} L_{w_1}$$

oder

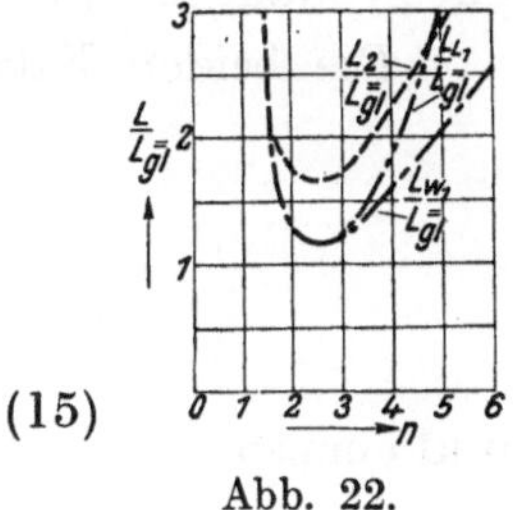

Abb. 22.

$$\frac{L_{L_1}}{\overline{\overline{L}}_{gl}} = \frac{\pi^2}{4} \frac{\sqrt{\dfrac{3}{2n} + \dfrac{3}{4\pi} \sin \dfrac{2\pi}{n}}}{n \cdot \sin^4 \dfrac{\pi}{n}}. \tag{15}$$

Diese Formel gilt nur für die Speiseleitungen bei Ringschaltung und für Mehrphasensysteme mit 3 und mehr Phasen. Die Leitungen der in Stern geschalteten Primärwicklung sind selbstverständlich für dieselbe Stromstärke zu bemessen wie die Wicklung.

In dem Schaublid der Abb. 22 sind die Funktionen

$$\frac{L_{L_1}}{\overline{\overline{L}}_{gl}} = f(n), \qquad \frac{L_{w_1}}{\overline{\overline{L}}_{gl}} = f(n) \quad \text{und} \quad \frac{L_2}{\overline{\overline{L}}_{gl}}\, f(n)$$

dargestellt.

IV. Berechnung des dem Gleichrichter eigentümlichen Leistungsfaktors.

In den bisher abgeleiteten Koeffizienten $\dfrac{L_w}{\overline{\overline{L}}_{gl}}$ und $\dfrac{L_L}{\overline{\overline{L}}_{gl}}$ ist der Leistungsfaktor schon enthalten. Dieser ist nach den Bestimmungen des VDE. das Verhältnis

$$\frac{\text{Effektive Leistung}}{\text{Scheinbare Leistung}}.$$

Da nun keine Verluste in Betracht gezogen sind, ist die effektive Leistung in irgendeinem Teil des Gleichrichterstromkreises gleich der effektiven Gleichstromleistung $\widetilde{L}_{gl}$. Der Leistungsfaktor ist also, ganz gleich, ob für die Primär- oder Sekundärseite

$$\frac{\widetilde{L}_{gl}}{L},$$

worin L die Scheinleistung sein kann

a) für die Wicklungen

$$L_w = J_w \cdot E_w \cdot n$$

oder b) für die Leitungen

$$L_L = \frac{n \cdot J_L \cdot E_v}{2 \sin \dfrac{\pi}{n}}.$$

Hierin ist E_w die Phasenspannung und E_v die verkettete Spannung.

In der Einleitung war schon darauf hingewiesen, daß

$$\frac{\widetilde{L}_{gl}}{L} = \frac{\overline{\overline{L}}_{gl}}{L} \cdot \frac{\widetilde{L}_{gl}}{\overline{\overline{L}}_{gl}}$$

ist. Der Leistungsfaktor berechnet sich also ohne weiteres dadurch, daß man den reziproken Wert der bisher abgeleiteten Koeffizienten mit dem Faktor $\dfrac{\widetilde{L}_{gl}}{\overline{\overline{L}}_{gl}}$ multipliziert. Es wäre also nur noch der Wert $\dfrac{\widetilde{L}_{gl}}{\overline{\overline{L}}_{gl}}$ zu bestimmen. Die eff. Leistung ist das Produkt der quadratischen Mittelwerte der gleichgerichteten Größen $\widetilde{L}_{gl} = \widetilde{E}_{gl} \cdot \widetilde{J}_{gl}$.

Die beiden Faktoren $\widetilde{E}_{gl}$ und $\widetilde{J}_{gl}$ bestimmen sich aus

$$\frac{2\pi}{n} \cdot \widetilde{J}_{gl}^{2} = J_{\max_2}^{2} \int\limits_{\pi\left(\frac{1}{2}-\frac{1}{n}\right)}^{\pi\left(\frac{1}{2}+\frac{1}{n}\right)} \sin^2 \alpha \, d\alpha$$

und ebenso

$$\frac{2\pi}{n} \cdot \widetilde{E}_{gl}^{2} = E_{\max_2}^{2} \int\limits_{\pi\left(\frac{1}{2}-\frac{1}{n}\right)}^{\pi\left(\frac{1}{2}-\frac{1}{n}\right)} \sin^2 \alpha \, d\alpha$$

zu

$$\widetilde{J}_{gl} = J_{\mathrm{mxa}_2} \sqrt{\frac{1}{2} + \frac{n}{4\pi} \sin \frac{2\pi}{n}}$$

und

$$\widetilde{E}_{gl} = E_{\max_2} \sqrt{\frac{1}{2} + \frac{n}{4\pi} \sin \frac{2\pi}{n}} \, .$$

Die mittlere Gleichstromleistung ist nach Gleichung (1) und (2)

$$\overline{\overline{L}}_{gl} = \overline{\overline{J}}_{gl} \cdot \overline{\overline{E}}_{gl} = \frac{n^2}{\pi^2} J_{\max_2} \cdot E_{\max_2} \cdot \sin^2 \frac{\pi}{n} \, .$$

Infolgedessen ist der Faktor

$$\frac{\widetilde{L}_{gl}}{\overline{\overline{L}}_{gl}} = \frac{\dfrac{1}{2} + \dfrac{n}{4\pi} \sin \dfrac{2\pi}{n}}{\dfrac{n^2}{\pi^2} \sin^2 \dfrac{\pi}{n}}$$

und der Leistungsfaktor für irgendeinen Teil des Stromkreises

$$\frac{\widetilde{L}_{gl}}{L} = \frac{\overline{\overline{L}}_{gl}}{L} \cdot \frac{\widetilde{L}_{gl}}{\overline{\overline{L}}_{gl}} = \frac{\overline{\overline{L}}_{gl}}{L} \frac{\dfrac{1}{2} + \dfrac{n}{4\pi} \sin \dfrac{2\pi}{n}}{\dfrac{n^2}{\pi^2} \sin \dfrac{2\pi}{n}} \, . \tag{16}$$

Dieser Leistungsfaktor ist ein Maß für die effektive Phasenverschiebung Φ, er sei bezeichnet mit cos Φ im Gegensatz zum wirklichen Phasenverschiebungsfaktor cos φ. Dieser cos Φ ergibt sich nach der oben angeführten Formel in sehr einfacher Weise, während seine Bestimmung mit Fourierschen Reihen umständlicher ist. Zum Beispiel ist der cos Φ zwischen einer sinusförmigen Spannung und einem beliebig verzerrten Strom

$$\cos \Phi = \frac{i_{\max_1} \cdot \cos \varphi}{J \cdot \sqrt{2}} \, {}^{1)}.$$

---

[1]) E. Orlich: Die Theorie der Wechselströme. S. 55.

Hierin ist $i_{\max_1}$ die Amplitude der Grundwelle des Stromes und J sein Effektivwert, während φ die wirkliche Phasenverschiebung zwischen der Sinusspannung und dem Strom, d. h. die Phasenverschiebung zweier Ordinaten, zu denen Strom und Spannung symmetrisch verlaufen, ist. Betrachtet man die Kurve des Anodenstromes bei einem Dreiphasengleichrichter, so ist die wirkliche Phasenverschiebung

$$\varphi = 0 \qquad \text{und} \qquad \cos\varphi = 1\,.$$

Die effektive Verschiebung berechnet sich dann aus

$$\cos\Phi = \frac{i_{\max_1}}{J_2 \cdot \sqrt{2}}\,.$$

Die ersten Glieder der Gleichung dieser Kurve lauten nun

$$i = J_{\max_1}\left[\frac{\sqrt{3}}{2\pi} + \left(\frac{1}{3} + \frac{\sqrt{3}}{4\pi}\right)\sin wt + \ldots\right]$$

Mithin ist die Amplitude der ersten Welle

$$i_{\max_1} = J_{\max_2}\left(\frac{1}{3} + \frac{\sqrt{3}}{4\pi}\right).$$

Der effektive Anodenstrom ist nach Gleichung (3)

$$J_2 = J_{\max_2}\sqrt{\frac{1}{6} + \frac{1}{8\pi}\sqrt{3}}\,.$$

Infolgedessen wird

$$\cos\Phi = \frac{J_{\max_2}\left(\dfrac{1}{3} + \dfrac{\sqrt{3}}{4\pi}\right)}{J_{\max_2}\sqrt{\dfrac{1}{6} + \dfrac{1}{8\pi}} \cdot \sqrt{3}\cdot\sqrt{2}} = \sqrt{\frac{1}{3} + \frac{\sqrt{3}}{4\pi}} = \infty\,0{,}69\,.$$

Dasselbe Resultat ergibt Formel (16). In gleicher Weise kann man bei der Primärseite verfahren. Der Winkel φ ist infolge der bisher gemachten Voraussetzungen immer gleich Null und damit $\cos\varphi = 1$. Die Abhängigkeit des Faktors $\cos\Phi$ von der Phasenzahl zeigt für verschiedene Schaltungen die Abb. 23.

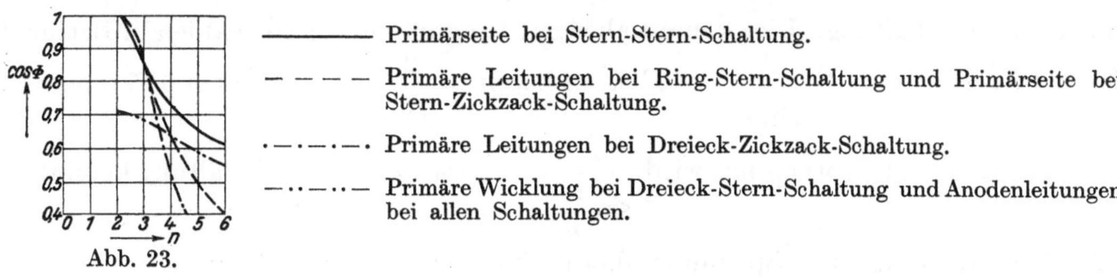

——————— Primärseite bei Stern-Stern-Schaltung.

– – – – – Primäre Leitungen bei Ring-Stern-Schaltung und Primärseite bei Stern-Zickzack-Schaltung.

·—·—·—· Primäre Leitungen bei Dreieck-Zickzack-Schaltung.

—··—··— Primäre Wicklung bei Dreieck-Stern-Schaltung und Anodenleitungen bei allen Schaltungen.

Abb. 23.

V. Die Typenleistung des Transformators. Maßgebende Gesichtspunkte für die Wahl der Schaltung.

Die Größe des Transformators richtet sich nach der Typenleistung, welche das arithmetische Mittel der Scheinleistungen der Primär- und Sekundärwicklungen ist.

$$L_T = \frac{L_{w_1} + L_2}{2}\,.$$

In der Abb. 24 sind die Typenleistungen für verschiedene Schaltungen aufgetragen. Man erkennt, daß die Werte für die in der Praxis vorkommenden Phasenzahlen (Zweiphasen- und Drehstrom) bei allen Schaltungen am günstigsten sind. Dasselbe gilt auch für die Leistungsfaktoren, was aus Abb. 23 ersichtlich ist.

Da die einzelnen Schaltungen gerade bei Gleichrichterbelastung verschiedene Eigenschaften aufweisen, ist es zweckmäßig, diese nach den hauptsächlichsten Ansprüchen, welche an die Schaltung gestellt werden, zu trennen. Es kann z. B. gefordert werden:

a) Geringe Typenleistung des Transformators oder

b) geringer Spannungsabfall oder

c) geringe Welligkeit des Gleichstromes.

Zu a) In dieser Hinsicht ist am günstigsten die Stern-Sternschaltung. Man sieht in Abb. 24, daß die Kurve der Typenleistung dieser Schaltung unterhalb der Kurven aller anderen Schaltungen liegt. Die Stern-Zickzack, die Ring-Zickzack- und

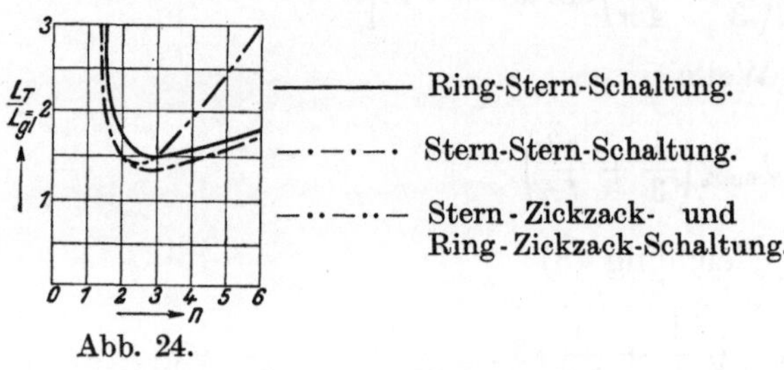

Abb. 24.

die Ring-Sternschaltung können bei der üblichen Phasenzahl 3 ungefähr als gleichwertig angesehen werden. In bezug auf den Leistungsfaktor $\cos \Phi$ in den primären Speiseleitungen besteht bei 2 und 3 Phasen kein Unterschied zwischen diesen Schaltungen. Für den Fall also, daß die Kosten einer Gleichrichteranlage möglichst gering zu halten sind, wäre unbedingt die Stern-Sternschaltung zu wählen.

Zu b) Bei der Aufgabe, den Spannungsfall bei Vollast zu beschränken, hat man sein Augenmerk vor allem auf den induktiven Spannungsabfall des Transformators, mit anderen Worten auf seine Streuung, zu richten. Diese ist offenbar bei derjenigen Schaltung am kleinsten, wo in jedem Augenblick der primäre und sekundäre Belastungsstrom auf denselben Schenkeln fließen. Diese Bedingung erfüllen die Schaltungen der Gruppe 3, also diejenigen mit sekundärer Zickzackschaltung. Allerdings wird der Ohmsche Spannungsabfall des Transformators um $\dfrac{1}{\sin \dfrac{\pi}{n}}$ größer als bei der einfachen Sternschaltung. Dies kommt aber nur bei größeren Phasenzahlen in Betracht, bei 2 Phasen wird z. B. $\dfrac{1}{\sin \dfrac{\pi}{n}} = 1$, bei 3 Phasen $= \dfrac{2}{\sqrt{3}} = 1,15$ und bei 6 Phasen, welcher Fall aber nicht vorkommt, wird $\dfrac{1}{\sin \dfrac{\pi}{n}} = 2$. Die Stern-Sternschaltung kommt für die Beschränkung des Spannungsabfalls infolge der eigenartigen Primärstromverteilung nicht in Frage. Dasselbe gilt für die Ring-Sternschaltung. Außerdem hat bekanntlich die primäre Sternschaltung eine Verzerrung des Kraftflusses zur Folge, weil im Magnetisierungsstrom alle Oberwellen von der Ordnung n, $2\,n$, $3\,n$ usw. fehlen. Es wäre also die Ring-Zickzack- oder gegebenenfalls die Stern-Zickzackschaltung in bezug auf den Spannungsabfall zu empfehlen.

Zu c) Dieser Punkt ist sehr einfach zu erledigen. Der Gleichstrom ist bekanntlich um so ausgeebneter, je mehr Phasen vorhanden sind. Es ist also hier der Sechsphasenstrom am Platze, der primär an ein Drehstromnetz angeschlossen ist. Es wäre nicht zweckmäßig, für die Primärseite ein Sechsphasensystem zu wählen, weil eine erhebliche Typenleistung des Transformators die Folge wäre. Der Fall kommt aber vor bei den Stufentransformatoren in Sechsphasengleichrichteranlagen. Es kommt also für Sechsphasengleichrichtertransformatoren fast ausschließlich die $\triangle/\!\ast$ - bzw. $\Upsilon/\!\ast$-Schaltung in Betracht.

In der Tabelle (Abb. 25) sind die in der Praxis vorkommenden Schaltungen aufgeführt und hierfür die in dieser Arbeit besprochenen Koeffizienten ausgerechnet. Unter diesen Schaltungen befinden sich auch solche, welche nicht in der Tafel (Abb. 6) angegeben worden sind. Es sind dies solche, welche primär einen Nullpunkt oder offene Schaltung haben. Diese verhalten sich aber in bezug auf die Wicklung genau so wie die mit Ringschaltung ausgerüsteten Schaltungen. Nur der Leistungsfaktor in den Speiseleitungen wird hier ungünstiger.

Außerdem ist am Schluß dieser Tabelle eine besondere Schaltungsart berechnet, welche außerordentlich günstige Resultate ergibt. Es sind dies Schaltungen, welche sekundär zwei um 180° versetzte Sekundärwicklungen haben. Diese können zur Speisung von 2 unabhängigen oder hintereinandergeschalteten Gleichrichtern angewendet werden. Dieses Günstigwerden beruht auf einer Verlagerung der Stromkurven der beiden Gleichrichter in der Primärwicklung. Ein Vorteil tritt aber auch nur dann auf, wenn die Sekundärphasenzahl eines Gleichrichters ungerade ist, weil nur hierbei eine Verschiebung der Stromkurven gegeneinander stattfindet.

$$\text{Gleichrichterleistung } \overline{\overline{E}}\cdot\overline{J} = 100\cdot\eta = 100\%\,, \ \cos\varphi_{\text{Transform}} = 1\,.$$

Phasenzahl		Schaltung	Leistung, für welche der Transformator zu berechnen ist				Leistungsfaktor i. d. Speiseleitung $=\dfrac{\text{wirkliche Leistung}}{\text{scheinbare Leistung}} = \cos\varPhi$	Bemerkungen
Primär	Sekundär		Speiseleitung	Primärwicklung	Sekundärwicklung	Type		
1	2	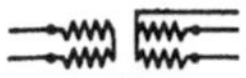 ⟶ⱮⱮ ⱮⱮ⊨	123	123	174	148	1	
1	2	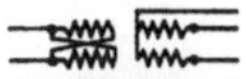 ⟶ⱮⱮ ⱮⱮ⊨	123	174	174	174	1	
2	2	 ⟶ⱮⱮ ⱮⱮ⊨	174	174	174	174	0,707	Primärer Nullpunktstrom $=\sqrt{2}$ Phasenstrom
3	3	$\curlywedge/\curlywedge$	123	123	150	136	0,84	
3	3	$--\curlywedge/\curlywedge$	150	150	150	150	0,69	Primärer Nullpunktstrom $=\sqrt{3}$ Phasenstrom
3	3	$\text{III}/\curlywedge$	150	150	150	150	0,69	
3	3	$\triangle/\curlywedge$	123	150	150	150	0,84	
3	3	$\curlywedge/\curlyvee$	123	123	174	148	0,84	
3	3	$--\curlywedge/\curlyvee$	123	123	174	148	0,84	Primärer Nullpunktstrom $=0$
3	3	$\text{III}/\curlyvee$	123	123	174	148	0,84	
3	3	$\triangle/\curlyvee$	123	123	174	148	0,84	
3	6	$\curlywedge/\!\ast$	105	105	181	143	0,955	
3	6	$--\curlywedge/\!\ast$	128	128	181	155	0,78	Primärer Nullpunktstrom $=\sqrt{3}$ Phasenstrom
3	6	$\text{III}/\!\ast$	128	128	181	155	0,78	
3	6	$\triangle/\!\ast$	105	128	181	155	0,955	
6	6	$\text{IIIIII}/\!\ast$	181	181	181	181	0,554	
3	2·3	$\curlywedge/\Upsilon\curlywedge$	105	105	150	128	0,98	
3	2·3	$--\curlywedge/\Upsilon\curlywedge$	106	106	150	128	0,97	Primärer Nullpunktstrom $=0,51$ Phasenstrom
3	2·3	$\text{III}/\Upsilon\curlywedge$	106	106	150	128	0,97	
3	2·3	$\triangle/\Upsilon\curlywedge$	105	106	150	128	0,98	

Abb. 25.

Zusammenfassung.

Es werden Formeln für die Bemessung der Sekundär- und Primärwicklung der Gleichrichtertransformatoren und ihrer Netzzuleitungen in Abhängigkeit von der mittleren Gleichstromleistung und der Phasenzahl abgeleitet. Da die Scheinleistung der Primärseite vom Transformator je nach Art der Schaltung verschieden ist, sind die Schaltungsarten in mehrere Gruppen unterschieden, von denen für jede eine allgemeine Formel für die Bemessung des betreffenden Teiles der Primärseite abgeleitet wird.

Dann wird gezeigt, wie aus diesen Leistungsgrößen in einfacher Weise sich der Netzleistungsfaktor ergibt. Für ihn wird die Bezeichnung „effektiver Leistungsfaktor" $= \cos \Phi$ eingesetzt, da keine wirkliche Phasenverschiebung zwischen Strom und Spannung, welche die übliche Bezeichnung $\cos \varphi$ rechtfertigen würde, stattfindet. Die Bezeichnung $\cos \Phi$ stammt aus der Behandlung der Wechselströme mit Hilfe der Fourierschen Reihen, deren Anwendung auf die Ermittlung von $\cos \Phi$ auch hier angeführt ist.

Zuletzt wird auf die Modellgröße des Transformators eingegangen und Kurven gezeigt, die die Modellgröße als Funktion der Phasenzahl und Gleichstromleistung zeigen. Dann werden die Eigenschaften der verschiedenen Schaltungen kurz besprochen.

Zur Theorie des Gleichrichters.

Die Konstruktion der genauen Strom- und Spannungskurven für Mehrphasenstrom-Quecksilberdampf-Gleichrichteranlagen.

Von **Hermann Pflieger-Haertel**.

Mit 7 Textabbildungen.

Mitteilung aus dem Dynamowerk der Siemens-Schuckert-Werke G. m. b. H.

Eingegangen am 10. November 1922.

Ein Mehrphasenstrom-Quecksilberdampf-Gleichrichter arbeitet im allgemeinen in der Weise, daß während einer bestimmten Periode eine einzige Anode Strom führt. Dann beginnt auch die folgende Anode Strom durchzulassen, während der Strom durch die erste Anode allmählich versiegt. Eine Zeitlang aber arbeiten beide Anoden gemeinsam, bis schließlich die erste Anode keinen Strom mehr führt und nur die zweite in Tätigkeit ist. Es wechseln also Perioden des Alleinarbeitens einer Anode (Alleinperioden) mit solchen des Übergangs ab (Übergangsperioden), während dessen zwei benachbarte Anoden gleichzeitig Strom führen.

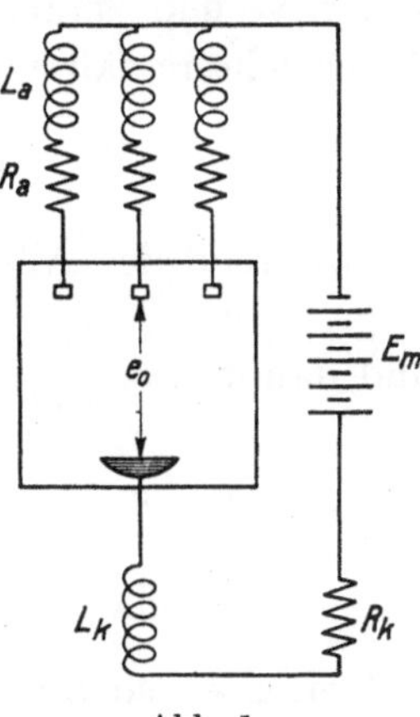

Abb. 1.

Wir numerieren die Anoden ohne Rücksicht auf ihre Anzahl fortlaufend, so daß bei ν Anoden die $(\nu + 1)^{\mathrm{te}}$ mit der ersten identisch ist.

Die weiteren Bezeichnungen sind der folgenden Zusammenstellung zu entnehmen.

$\mathfrak{A}_n = n^{\mathrm{te}}$ Anode.

$E_n =$ die in der Leitung nach der n^{ten} Anode $\mathfrak{A}_n$ induzierte Spannung.

$\mathfrak{E}_n =$ Spannung der Anode $\mathfrak{A}_n$, gemessen zwischen Transformatornullpunkt und Anode.

$e_0 =$ (konstanter Spannungsabfall im Gleichrichtergefäß.

$E_m =$ (konstante) gegenelektromotorische Kraft im Gleichstromnetz.

$L_a =$ Induktivität vor jeder Anode.

$R_a =$ Widerstand vor jeder Anode.

$L_k =$ Induktivität im Gleichstromnetz.

$R_k =$ Widerstand im Gleichstromnetz.

$A_n =$ Periode des Alleinarbeitens von $\mathfrak{A}_n$: „Alleinperiode".

---

[1]) Zu dieser Arbeit wurde ich durch Herrn Oberingenieur Dr.-ing. e. h. M. S c h e n k e l angeregt, dem ich auch an dieser Stelle hierfür sowie für manche fördernde Bemerkung meinen Dank ausspreche.

$U_{n,n+1} =$ Periode des Übergangs: die n^{te} und $(n+1)^{\text{te}}$ Anode arbeiten gleichzeitig: „Übergangsperiode".

$t =$ Zeit.

$t_n^0 =$ Beginn der Periode A_n, zugleich Ende der Periode $U_{n-1,n}$.

$t_n' =$ Ende der Periode A_n, zugleich Beginn der Periode $U_{n,n+1}$.

$t_{n,0} =$ Zeitpunkt der Gleichheit von E_n und E_{n+1}.

$i_n =$ Strom in der Anode $\mathfrak{A}_n$ während A_n.

$J_n =$ Strom im Gleichstromnetz während A_n.

$j_{n,e} =$ Strom in der Anode $\mathfrak{A}_n$ während $U_{n,n+1}$ ($e = \underline{\text{E}}$nde).

$j_{n+1,a} =$ Strom in der Anode $\mathfrak{A}_{n+1}$ während $U_{n,n+1}$ ($a = \underline{\text{A}}$nfang).

$\mathfrak{J}_{n,n+1} =$ Strom im Gleichstromnetz während $U_{n,n+1}$.

$\omega =$ Kreisfrequenz des Wechselstromes.

$E_0 =$ Maximalspannung des Wechselstromes.

$\varphi =$ Phasenverschiebung der Spannungen E_n und E_{n+1} gegeneinander.

$E_n = E_0 \sin [\omega t - (n-1)\varphi]$.

Zur Aufstellung der Differentialgleichungen müssen wir die Perioden A_n und $U_{n,n+1}$ gesondert betrachten.

I. Alleinperiode A_n.

Für das Gleichgewicht aller elektromotorischen Kräfte (eingeprägte, selbstinduktive und Spannungsabfälle) gilt in dem von der Anode, der Vakuumstrecke im Gleichrichtergefäß und dem Gleichstromnetz gebildeten Stromkreis die Gleichung:

$$E_n - L_a \frac{d i_n}{d t} - R_a i_n - e_0 - L_k \frac{d J_n}{d t} - R_k J_n - E_m = 0. \tag{1}$$

Da während des Alleinarbeitens von $\mathfrak{A}_n$ der Gesamtstrom durch $\mathfrak{A}_n$ fließt, so ist

$$i_n = J_n \tag{2}$$

und damit

$$(L_a + L_k) \frac{d J_n}{d t} + (R_a + R_k) J_n = E_n - (E_m + e_0). \tag{1'}$$

Wir setzen

$$L_a + L_k = L_1, \tag{3}$$

$$R_a + R_k = R_1, \tag{4}$$

$$E_m + e_0 = E_g \tag{5}$$

und erhalten so die Differentialgleichung für J_n in der Form:

$$L_1 \frac{d J_n}{d t} + R_1 J_n = E_0 \sin [\omega t - (n-1)\varphi] - E_g. \tag{6}$$

Ihre Lösung ist:

$$J_n = \frac{E_0}{R_1^2 + L_1^2 \omega^2} \{R_1 \sin[\omega t - (n-1)\varphi] - L_1 \omega \cos[\omega t - (n-1)\varphi]\} - \frac{E_g}{R_1} + c_n e^{-\frac{R_1}{L_1} t} \tag{7}$$

c_n ist Integrationskonstante.

Setzen wir

$$R_1^2 + L_1^2 \omega^2 = z_1^2, \tag{8}$$

$$\frac{R_1}{z_1} = \cos \psi_1, \tag{9}$$

$$\frac{L_1 \omega}{z_1} = \sin \psi_1, \tag{10}$$

$$\frac{R_1}{L_1} = \alpha_1, \tag{11}$$

dann können wir J_n in der Form schreiben:

$$J_n = \frac{E_0}{z_1} \sin\left[\omega t - (n-1)\,\varphi - \psi_1\right] - \frac{E_g}{R_1} + c_n e^{-\alpha_1 t}. \qquad (12)$$

II. Übergangsperiode $U_{n,\,n+1}$.

Die Spannungsgleichungen für jeden der beiden Stromkreise bestehend aus einer der beiden stromführenden Anoden, der Vakuumstrecke und dem Gleichstromnetz lauten:

$$E_n - L_a \frac{d\,j_{n,e}}{dt} - R_a\,j_{n,e} - e_0 - L_k \frac{d\,\mathfrak{I}_{n,\,n+1}}{dt} - R_k\,\mathfrak{I}_{n,\,n+1} - E_m = 0, \qquad (13)$$

$$E_{n+1} - L_a \frac{d\,j_{n+1,a}}{dt} - R_a\,j_{n+1,a} - e_0 - L_k \frac{d\,\mathfrak{I}_{n,\,n+1}}{dt} - R_k\,\mathfrak{I}_{n,\,n+1} - E_m = 0. \qquad (14)$$

Nun ist

$$j_{n,e} + j_{n+1,a} = \mathfrak{I}_{n,\,n+1}. \qquad (15)$$

Addieren wir (13) und (14) und führen Gleichung (15) ein, so erhalten wir

$$E_n + E_{n+1} - (L_a + 2\,L_k)\frac{d\,\mathfrak{I}_{n,\,n+1}}{dt} - (R_a + 2\,R_k)\,\mathfrak{I}_{n,\,n+1} - 2\,(E_m + e_0) = 0. \qquad (13')$$

Wir setzen

$$L_a + 2\,L_k = L_2, \qquad (16)$$
$$R_a + 2\,R_k = R_2 \qquad (17)$$

und erhalten so unter Benutzung von Gleichung (5) die Differentialgleichung für $\mathfrak{I}_{n,\,n+1}$ in der Form

$$L_2 \frac{d\,\mathfrak{I}_{n,\,n+1}}{dt} + R_2\,\mathfrak{I}_{n,\,n+1} = E_0 \sin\left[\omega t - (n-1)\,\varphi\right] + E_0 \sin(\omega t - n\,\varphi) - 2\,E_g. \qquad (18)$$

Ihre Lösung ist:

$$\mathfrak{I}_{n,\,n+1} = \frac{E_0}{R_2^2 + L_2^2\,\omega^2}\left\{\begin{array}{l} R_2\sin[\omega t - (n-1)\varphi] - L_2\,\omega\cos[\omega t - (n-1)\varphi] \\ + R_2\sin(\omega t - n\varphi) - L_2\,\omega\cos(\omega t - n\varphi)\end{array}\right\} - \frac{2\,E_g}{R_2} + c_{n,\,n+1}\,e^{-\frac{R_2}{L_2}t} \qquad (19)$$

$c_{n,\,n+1}$ ist Integrationskonstante.

Setzen wir:

$$R_2^2 + L_2^2\,\omega^2 = z_2^2, \qquad (20)$$

$$\frac{R_2}{z_2} = \cos\psi_2, \qquad (21)$$

$$\frac{L_2\,\omega}{z_2} = \sin\psi_2, \qquad (22)$$

$$\frac{R_2}{L_2} = \alpha_2, \qquad (23)$$

so können wir $\mathfrak{I}_{n,\,n+1}$ noch in den folgenden Formen schreiben:

$$\mathfrak{I}_{n,\,n+1} = \frac{E_0}{z_2}\{\sin[\omega t - (n-1)\varphi - \psi_2] + \sin[\omega t - n\varphi - \psi_2]\} - 2\frac{E_g}{R_2} + c_{n,n+1}e^{-\alpha_2 t}, \qquad (24)$$

$$\mathfrak{I}_{n,n+1} = \frac{2\,E_0}{z_2}\cos\frac{\varphi}{2}\sin\left[\omega t - \left(n - \frac{1}{2}\right)\varphi - \psi_2\right] - \frac{2\,E_g}{R_2} + c_{n,n+1}e^{-\alpha_2 t}. \qquad (25)$$

Die Differenz der Gleichungen (13) und (14) ergibt

$$E_n - E_{n+1} + L_a \frac{d\,(j_{n+1,a} - j_{n,e})}{dt} + R_a\,(j_{n+1,a} - j_{n,e}) = 0. \qquad (26)$$

Wir setzen $\qquad j_{n+1,a} - j_{n,e} = j_{n,n+1}$, $\qquad\qquad$ (27)

dann erhalten wir folgende Differentialgleichung für $j_{n,n+1}$

$$L_a \frac{d j_{n,n+1}}{dt} + R_a j_{n,n+1} = - E_0 \sin\left[\omega t - (n-1)\varphi\right] + E_0 \sin(\omega t - n\varphi). \qquad (28)$$

Ihre Lösung ist:

$$j_{n,n+1} = - \frac{E_0}{R_a^2 + L_a^2 \omega^2} \left\{ \begin{aligned} &R_a \sin\left[\omega t - (n-1)\varphi\right] - L_a \omega \cos\left[\omega t - (n-1)\varphi\right] \\ &- R_a \sin(\omega t - n\varphi) + L_a \omega \cos(\omega t - n\varphi) \end{aligned} \right\} - d_{n,n+1} e^{-\frac{R_a}{L_a}t} \quad (29)$$

$d_{n,n+1}$ ist Integrationskonstante.

Mit

$$R_a^2 + L_a^2 \omega^2 = z_a^2, \qquad\qquad (30)$$

$$\frac{R_a}{z_a} = \cos\psi_a, \qquad\qquad (31)$$

$$\frac{L_a \omega}{z_a} = \sin\psi_a, \qquad\qquad (32)$$

$$\frac{R_a}{L_a} = \alpha_a \qquad\qquad (33)$$

ergeben sich für $j_{n,n+1}$ noch die beiden Formen:

$$j_{n,n+1} = - \frac{E_0}{z_a} \left\{ \sin\left[\omega t - (n-1)\varphi - \psi_a\right] - \sin(\omega t - n\varphi - \psi_a) \right\} - d_{n,n+1} e^{-\alpha_a t} \qquad (34)$$

$$j_{n,n+1} = - \frac{2 E_0}{z_a} \sin\frac{\varphi}{2} \cos\left[\omega t - \left(n - \frac{1}{2}\right)\varphi - \psi_a\right] - d_{n,n+1} e^{-\alpha_a t}. \qquad (35)$$

Die während der Übergangsperiode durch die Anoden fließenden **Anoden-ströme** haben die Werte:

$$j_{n,e} = \tfrac{1}{2}\left(\mathfrak{J}_{n,n+1} - j_{n,n+1}\right), \qquad\qquad (36)$$

$$j_{n+1,a} = \tfrac{1}{2}\left(\mathfrak{J}_{n,n+1} + j_{n,n+1}\right). \qquad\qquad (37)$$

Die in den Gleichungen für J_n, $\mathfrak{J}_{n,n+1}$ und $j_{n,n+1}$ auftretenden Integrationskonstanten sind aus den **Übergangsbedingungen** zu bestimmen.

III. Die Übergangsbedingungen.

Aus der Konstanz[1]) des Spannungsabfalls im Gleichrichtergefäß folgt, daß während einer Übergangsperiode die beiden stromführenden Anoden gleiche Spannungen haben. Dabei verstehen wir unter **Anodenspannung** die Spannung zwischen Transformatornullpunkt und Anode selbst, die wir mit $\mathfrak{E}_n$ bezeichnen.

Während der Periode $U_{n,n+1}$ ist also

$$\mathfrak{E}_{n+1} = \mathfrak{E}_n. \qquad\qquad (38)$$

Diese Gleichung gilt auch für den Beginn t'_n der Übergangsperiode, d. h. der Übergang beginnt, wenn die während A_n vorhandenen Spanunngen von $\mathfrak{A}_n$ und $\mathfrak{A}_{n+1}$ einander gleich geworden sind. Während der Periode A_n des Alleinarbeitens von $\mathfrak{A}_n$ ist deren Spannung

$$\mathfrak{E}_n = E_n - L_a \frac{d J_n}{dt} - R_a J_n \qquad\qquad (39)$$

---

[1]) Daß der Spannungsabfall eines Gleichrichtergefäßes innerhalb eines weiten Belastungsbereiches praktisch konstant ist, ist bekannt und geht außerdem aus Abb. 6 im 2. Jahrg., Heft 5/6, S. 277 der „Siemens-Zeitschrift" hervor.

und nimmt bei Beginn t'_n der Übergangsperiode den Wert

$$(\mathfrak{E}_n)_{t'_n} = (E_n)_{t'_n} - L_a\left(\frac{d J_n}{d t}\right)_{t'_n} - R_a\,(J_n)_{t'_n} \tag{40}$$

an. Während A_n führt $\mathfrak{A}_{n+1}$ keinen Strom. Ebenso ist bei Beginn des Übergangs $\dfrac{d\,j_{n+1,\,a}}{d\,t}$ gleich Null. Also ist zur Zeit t'_n

$$(\mathfrak{E}_{n+1})_{t'_n} = (E_{n+1})_{t'_n}. \tag{41}$$

Gleichsetzen der Gleichungen (40) und (41) ergibt die

erste Übergangsbedingung:

$$(E_n)_{t'_n} - L_a\left(\frac{d J_n}{d t}\right)_{t'_n} - R_a\,(J_n)_{t'_n} = (E_{n+1})_{t'_n}. \tag{42}$$

Der Gesamtstrom (im Gleichstromnetz) kann sich auch bei Einsetzen einer neuen Anode nur stetig ändern. Also erhalten wir als

zweite Übergangsbedingung:

$$(J_n)_{t'_n} = (\mathfrak{J}_{n,\,n+1})_{t'_n}. \tag{43}$$

Bei Beginn des Übergangs ist ferner

$$\dot{j}_{n+1,\,a} = 0.$$

Daraus folgt nach (37)

$$(\mathfrak{J}_{n,\,n+1})_{t'_n} = -\,(j_{n,\,n+1})_{t'_n}$$

oder unter Berücksichtigung von (43) als

dritte Übergangsbedingung:

$$(J_n)_{t'_n} = -\,(j_{n,\,n+1})_{t'_n}. \tag{44}$$

Die Übergangsperiode $U_{n,\,n+1}$ ist beendet, wenn der Strom durch die Anode $\mathfrak{A}_n$ Null geworden ist: $j_{n,\,e} = 0$. Dies gibt mit Benutzung von Gleichung (36) als

vierte Übergangsbedingung:

$$(\mathfrak{J}_{n,\,n+1})_{t^0_{n+1}} = (j_{n,\,n+1})_{t^0_{n+1}}. \tag{45}$$

Dazu kommt wieder die Bedingung für die Stetigkeit des Gesamtstromes zur Zeit t^0_{n+1}, also als

fünfte Übergangsbedingung:

$$(\mathfrak{J}_{n,\,n+1})_{t^0_{n+1}} = (J_{n+1})_{t^0_{n+1}}. \tag{46}$$

Zu diesen fünf Übergangsbedingungen kommt noch die „Anfangsbedingung" der betrachteten Vollperiode.

Wie man sieht, treten in den Übergangsbedingungen außer den Integrationskonstanten auch noch die unbekannten Anfangs- und Endzeiten der einzelnen Perioden auf. Dadurch ergeben sich 6 Unbekannte

$$c_n;\qquad c_{n,\,n+1};\qquad c_{n+1};\qquad d_{n,\,n+1};\qquad t'_n;\qquad t^0_{n+1},$$

zu deren Bestimmung die 6 Gleichungen gerade ausreichen. Die Anfangsbedingung liefert den Wert c_n. Dann ergibt sich aus Gleichung (42) t'_n. Gleichung (43) liefert weiter $c_{n,\,n+1}$, während aus Gleichung (44) $d_{n,\,n+1}$ berechnet wird. Aus Gleichung (45) erhält man t_{n+1}^0 und schließlich aus Gleichung (46) c_{n+1}. Mit diesem Wert kann man dann das Gleichungssystem für die nächste Periode lösen.

Physikalisch ist nur die Anfangsbedingung für die erste Periode gegeben, nämlich daß bei Beginn des Arbeitens des Gleichrichters überhaupt der Strom J_1 gleich Null ist. Man muß also von diesem Anfang ausgehen und für eine Periode nach der anderen die Konstantenwerte und damit die Stromform berechnen, bis man zum Beharrungszustand kommt, der ja im allgemeinen allein interessiert. Die analytische Berechnung der Werte t_n' und t_{n+1}^0 ist aber sehr umständlich, da die sie bestimmenden Gleichungen (42) bzw. (45) transzendente Gleichungen sind, in denen neben trigonometrischen Funktionen noch die Exponentialfunktion vorkommt. Diese Gleichungen sind nur durch Näherungsverfahren zu lösen.

Es liegt daher nahe, zur Bestimmung der Übergangszeiten auf die physikalische Bedeutung der Gleichungen (42) und (45) zurückzugreifen und aus den Spannungsbzw. Stromkurven die Übergangszeiten graphisch zu bestimmen, eben auf Grund der Tatsache, daß der Übergang beginnt, wenn $\mathfrak{E}_n = E_{n+1}$ geworden ist, und daß er für $j_{n,\,e} = 0$ aufhört. Dies tut Kleeberg[1]). Er berechnet die gesuchten Strom- und Spannungskurven analytisch und bestimmt die Übergangszeiten und damit die Integrationskonstanten graphisch, wobei er ebenfalls den ganzen Einschwingvorgang des Gleichrichters durchläuft, um den Beharrungszustand zu erhalten.

Die Bedingungen für den Beharrungszustand selbst sind auch direkt formulierbar. Offenbar muß im Beharrungszustand der Gleichrichter in bezug auf den Gleichstrom mit der Periode $\dfrac{\varphi}{\omega}$ arbeiten. Also muß für den Beharrungszustand

$$(J_{n+1})_{t+\frac{\varphi}{\omega}} = (J_n)_t, \tag{47}$$

$$(\mathfrak{J}_{n+1,\,n+2})_{t+\frac{\varphi}{\omega}} = (\mathfrak{J}_{n,\,n+1})_t \tag{48}$$

sein.

Einsetzen der Werte für J_n und J_{n+1} in (47) gibt

$$c_{n+1} = c_n\, e^{\alpha_1 \frac{\varphi}{\omega}}. \tag{49}$$

In der Gleichung (46) läßt sich somit c_{n+1} durch c_n ausdrücken, so daß die Gleichungen (42) bis (46) ein System von 5 Gleichungen für die 5 Unbekannten c_n; $c_{n,\,n+1}$; $d_{n,\,n+1}$; t_n'; t_{n+1}^0 darstellen. Die Anfangsbedingung ist jetzt eben durch die Bedingung des Beharrungszustandes ersetzt und sogleich in die anderen Gleichungen eingeführt.

Die Auflösung des soeben entwickelten Gleichungssystems führt also direkt zum gesuchten Beharrungszustand. Aber die Auflösung der Gleichungen bietet jetzt noch größere Schwierigkeiten als vorher, da die Gleichungen jetzt nicht nacheinander auflösbar sind. Es ist unmöglich, auf diesem Wege allgemeine Formeln zu entwickeln, aus denen der Einfluß der einzelnen Konstanten der Stromkreise auf Form der Strom- und Spannungskurven entnommen werden kann[2]).

---

[1]) F. Kleeberg: Der Quecksilberdampf-Gleichrichter der Glastype, seine Theorie und praktische Ausführung. ETZ Bd. 41, S. 145 ff. 1920.

[2]) Im Falle, daß in den Anoden keine Verluste auftreten ($R_a = L_a = 0$), ist eine geschlossene analytische Darstellung möglich, die für 2 Phasen bereits Kleeberg durchgeführt hat. Ihre Ausdehnung auf beliebig viele Phasen bietet keine Schwierigkeiten. Die Tatsache, daß Kleeberg in seinen Formeln (28)

Andererseits benötigt das Verfahren von Kleeberg eine viel zu große Rechenarbeit, um beim Entwurf von Gleichrichtern sich als zweckmäßig erweisen zu können.

Im folgenden soll nun ein Verfahren entwickelt werden, das die Strom- und Spannungskurven direkt zu zeichnen gestattet. Ein solches Verfahren empfiehlt sich bereits dadurch, daß die Prüfung der theoretisch gefundenen Kurven doch nur nach Zeichnung der Kurven durch Vergleich mit Oszillogramm-Kurven erfolgen kann. Die etwaige größere Genauigkeit analytisch berechneter Kurven ist also gänzlich belanglos, wird zudem bei dem Verfahren von Kleeberg auch durch die gleichzeitige Verwendung graphischer Bestimmungen illusorisch gemacht.

Unser neues Verfahren besteht darin, die Differentialgleichungen direkt graphisch zu integrieren.

IV. Graphische Integration der Differentialgleichungen.

Es handelt sich um die Integration der beiden linearen Diffentialgleichungen 1. Ordnung:

$$L_1 \frac{dJ_n}{dt} + R_1 J_n = E_0 \sin\left[\omega t - (n-1)\varphi\right] - E_g, \tag{6}$$

$$L_2 \frac{d\mathfrak{J}_{n,\,n+1}}{dt} + R_2 \mathfrak{J}_{n,\,n+1} = E_0 \sin\left[\omega t - (n-1)\varphi\right] + E_0 \sin\left(\omega t - n\varphi\right) - 2E_g. \tag{18}$$

Eine lineare Differentialgleichung 1. Ordnung in x, y definiert, geometrisch gesprochen, ein Richtungsfeld, d. h. sie ordnet jedem Punkt der x-y-Ebene eine bestimmte Fortschreitungsrichtung zu (s. Abb. 2). Sie fordert also: man soll von einem bestimmten Punkte aus in einer bestimmten Richtung bis zum Nachbarpunkt weitergehen, von diesem Punkt in der ihm zugeordneten Fortschreitungsrichtung zum Nachbarpunkt usf. Dadurch wird in der Ebene eine einfach unendliche Schar Kurven, die sogenannten Integralkurven, bestimmt. Die Differentialgleichung integrieren heißt also geometrisch, die Integralkurven zu zeichnen. Eine „Anfangsbedingung" sondert aus der unendlichen Schar der Integralkurven eine bestimmte aus. Diese stellt dann das Integral der gegebenen Differentialgleichung für die vorgegebene Anfangsbedingung dar.

Unser Problem ist dadurch ausgezeichnet, daß der gesuchte Strom während der Alleinperiode der ersten Differentialgleichung und während der daran anschließenden Übergangsperiode einer zweiten Differentialgleichung genügt, wobei die Länge der Perioden vom Strom selbst abhängig ist. Gehen wir vom Arbeitsbeginn des Gleich-

---

und (48) (a. a. O. S. 173 bzw. 194) analytische Ausdrücke für die Integrationskonstanten angibt, kann zu der Annahme verleiten, daß diese Formeln die unmittelbare Berechnung der Integrationskonstanten erlauben. Aber diese Formeln enthalten die Übergangszeiten. Erst nach deren zeichnerischer Bestimmung wäre die Berechnung ausführbar. Sie erweist sich aber, wie Kleeberg ausführt, als überflüssig, indem die Exponentialglieder des Stromes nach einmaliger Berechnung für die Anfangsperiode durch einfache Proportionalitätsrechnung für alle anderen Perioden gefunden werden können. Somit sind die für die Integrationskonstante gegebenen Formeln ohne praktische Bedeutung. — Steinmetz hat das Problem des Zweiphasen-Gleichrichters in einer Arbeit: Constant current mercury arc rectifier, Proceedings of the American Institute of Electrical Engineers Bd. 24, S. 743. 1905, behandelt. Er kommt zu einer geschlossenen Lösung durch die beiden Annahmen, daß das Einsetzen des Stromes durch die neu zu arbeiten beginnende Anode mit dem Nulldurchgang der induzierten elektromotorischen Kraft zusammenfalle und daß in diesem Augenblick der Gesamtstrom seinen Mittelwert habe. Die erste Annahme erscheint bei ihm als streng richtig eingeführt (ohne es zu sein), die zweite bezeichnet er als „fair approximation", ohne aber eine nähere Begründung zu geben. Dadurch gewinnt er für die Dauer des Übergangs eine transzendente Gleichung, die er durch zweimalige Näherung löst, und kann weiter alle Konstanten leicht berechnen.

richters aus, so können wir mittels Methoden der graphischen Integration linearer
Differentialgleichungen die Stromkurve gemäß der ersten Differentialgleichung für
die erste Alleinperiode zeichnen. Auf Grund der Übergangsbedingung (42) läßt sich
weiter der Zeitpunkt bestimmen, an dem die Gültigkeit der ersten Differentialgleichung
aufhört. Von da an ist der Konstruktion der Stromkurve die zweite Differentialgleichung zugrunde zu legen, wobei am Übergangspunkt ein stetiger Anschluß des
Stromes erfolgen muß. Das Ende dieser neuen Periode kann ebenfalls graphisch ermittelt werden. Dann schließt sich wieder eine Alleinperiode unter Gültigkeit der
ersten Differentialgleichung an usw. Man gewinnt so ohne jede Rechnung ein Bild
des Einschwingvorganges des Stromes und kommt schließlich zum Beharrungszustand,
dem Teil der Untersuchung. Der Vorteil der graphischen Methode liegt außer in der
schnellen Zeichnungsmöglichkeit aber vor allem darin, daß es mit sehr wenigen
Schritten möglich ist, sofort den Beharrungszustand zu erhalten.

In der Gesamtheit aller Integralkurven, die wir für eine Vollperiode, das ist
eine aneinanderstoßende Alleinperiode A_n und Übergangsperiode $U_{n,\,n+1}$, zeichnen,
sind nämlich alle Stromkurven der späteren Perioden mit enthalten, unter ihnen auch
die Stromkurve des Beharrungszustandes. Sie zeichnet sich dadurch aus, daß sie
am Anfang und Ende der Vollperiode die gleichen Werte hat. Um den Beharrungszustand zu finden, braucht man also aus der Gesamtheit der Integralkurven nur diejenige herauszusuchen, die dieser Bedingung ge-
nügt. Dazu ist die Konstruktion nur sehr weniger
Integralkurven nötig, wie die folgenden Beispiele
zeigen werden.

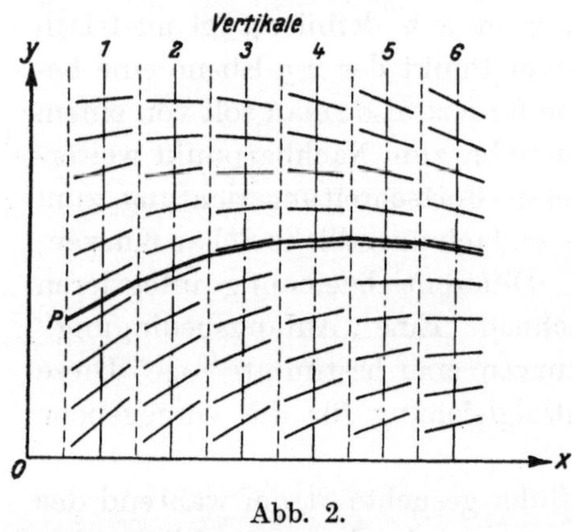

Abb. 2.

Um eine Integralkurve zeichnen zu können,
muß die Richtung in jedem Punkte der Ebene
bekannt sein.

Nehmen wir einmal an, es seien uns die Richtungen in allen Punkten gegeben auf Parallelen
zur y-Achse, die sämtlich gleichen Abstand voneinander haben. Wir erhalten dann nebenstehen-
des Bild der Ebene:

Um hier eine Integralkurve vom Punkte P
ausgehend einzuzeichnen, gehen wir von P in
der durch die Richtungsstriche der 1. Vertikalen vorgeschriebenen Richtung bis
zur Mitte zwischen der 1. und 2. Vertikalen, von dort in der durch die Richtung-
striche der 2. Vertikalen vorgeschriebenen Richtung bis zur Mitte zwischen der
2. und 3. Vertikalen usf. Wir erhalten so einen gebrochenen Linienzug von Tangenten
der gesuchten Kurve, der sich dieser selbst um so mehr nähert, je enger die Parallelen
aneinander liegen. Für die praktische Ausführung des Verfahrens handelt es sich nur
um die Angabe einer Methode, die notwendigen Richtungen bequem und schnell
finden zu können.

Diese ist nun für unseren Fall in der Methode der Strahlkurven[1] gegeben.
Es läßt sich für alle Differentialgleichungen 1. Ordnung zeigen, daß die Richtungs-
linien aller Punkte einer y-Parallelen eine Kurve einhüllen, die man als Strahlkurve
bezeichnet. Ist diese Strahlkurve für eine Vertikale gegeben, so findet man die Rich-

---

[1] Vgl. Fr. A. Willers: Graphische Integration. Sammlung Göschen, S. 62 ff.

tung in einem Punkt der Vertikalen, indem man von diesem Punkte die Tangente an die Strahlkurve zeichnet. In unserem Falle linearer Differentialgleichungen vereinfacht sich die Strahlkurve zu einem Punkte, d. h. also: alle in den Punkten einer Vertikalen gezogenen Tangenten an die Integralkurven schneiden sich in einem Punkte.

Betrachten wir zunächst die Differentialgleichung für die Periode A_n:

$$L_1 \frac{dJ_n}{dt} + R_1 J_n = E_0 \sin\left[\omega t - (n-1)\,\varphi\right] - E_g. \tag{6}$$

Die t-Werte tragen wir als Abszissen, die J-Werte als Ordinaten auf. Da wir, wie wir sahen, bei Betrachtung einer beliebigen Periode A_n die Integralkurven für alle Alleinperioden finden, so können wir den Index „n" bei J weglassen und auf der rechten Seite der Gleichung $n = 1$ setzen.

Wir schreiben dann die Differentialgleichung in der Form:

$$\frac{dJ}{dt} = -\frac{R_1}{L_1} J + \frac{E_0 \sin \omega t - E_g}{L_1}. \tag{50}$$

Daraus ergeben sich[1]) die Koordinaten ξ, η des Strahlpunktes:

$$\left. \begin{aligned} \xi &= t + \frac{L_1}{R_1}, \\ \eta &= \frac{E_0 \sin \omega t - E_g}{R_1}. \end{aligned} \right\} \tag{51}$$

Beziehen wir die Abszisse auf die betrachtete Vertikale, so wird

$$\xi - t = \frac{L_1}{R_1} = \mathrm{const}. \tag{52}$$

Zu jeder Vertikalen gehört also ein Strahlpunkt, der von dieser Vertikalen den konstanten[2]) Abstand $\frac{L_1}{R_1}$ hat, während seine Ordinate gleich $\dfrac{E_0 \sin \omega t - E_g}{R_1}$ ist. Alle Strahlpunkte liegen also auf der um die Strecke $\frac{L_1}{R_1}$ nach rechts verschobenen Sinuslinie $\eta = \dfrac{E_0 \sin \omega t - E_g}{R_1}$, die wir als Strahlpunktsträger bezeichnen wollen. Dadurch ist die Bestimmung der Strahlpunkte äußerst einfach geworden.

In der gleichen Weise ist die in der Übergangsperiode gültige Differentialgleichung

$$L_2 \frac{d\mathfrak{J}_{n,n+1}}{dt} + R_2 \mathfrak{J}_{n,n+1} = E_0 \sin\left[\omega t - (n-1)\,\varphi\right] + E_0 \sin\left(\omega t - n\varphi\right) - 2E_g \tag{18}$$

zu behandeln. Wir schreiben sie ($\mathfrak{J}$ als Ordinate betrachtet)

$$\frac{d\mathfrak{J}}{dt} = -\frac{R_2}{L_2}\,\mathfrak{J} + \frac{E_0 \sin \omega t + E_0 \sin(\omega t - \varphi) - 2E_g}{L_2} \tag{53}$$

und erhalten die Koordinaten der Strahlpunkte

$$\left. \begin{aligned} \xi &= t + \frac{L_2}{R_2}, \\ \eta &= \frac{E_0 \sin \omega t + E_0 \sin(\omega t - \varphi)\, 2E_g}{R_2}. \end{aligned} \right\} \tag{54}$$

Auch hier ist also der Abstand jedes Strahlpunktes von seiner Vertikalen konstant: $\xi - t = \dfrac{L_2}{R_2}$, während sich die Ordinate einfach aus der Übereinanderlagerung zweier Sinuskurven ergibt.

---

[1]) Vgl. Fr. A. Willers: a. a. O. S. 65.
[2]) Das gilt für alle linearen Differentialgleichungen 1. Ordnung mit konstanten Koeffizienten.

Die Bestimmung der Periodengrenze läßt sich ebenfalls rein graphisch bequem erledigen.

Die Alleinperiode ist zu Ende, wenn

$$E_0 \sin \omega t - L_a \frac{dJ}{dt} - R_a J = E_0 \sin (\omega t - \varphi) \tag{55}$$

ist.

$E_0 \sin \omega t$ ist leicht zu zeichnen, ebenso $E_0 \sin (\omega t - \varphi)$.

$L_a \dfrac{dJ}{dt}$ erhält man, indem man durch einen Endpunkt der horizontal gezeichneten Strecke L_a eine Parallele zur Tangente der J-Kurve zieht (diese Tangente zeichnet man ja bei Konstruktion der J-Kurve) und im anderen Endpunkt eine Senkrechte errichtet. Die auf dieser Vertikalen durch die Tangentenparallele abgeschnittene

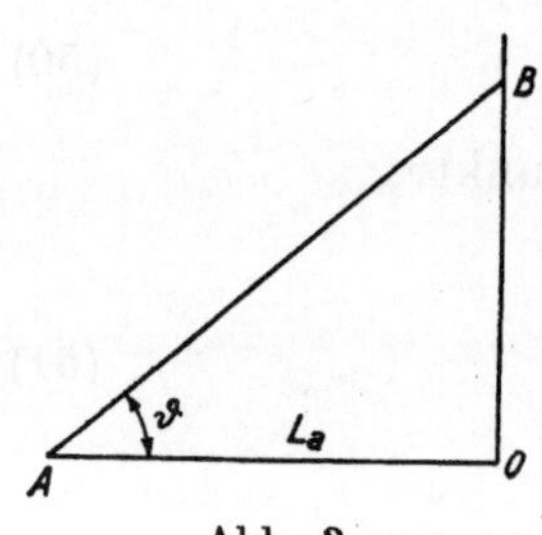

Strecke ist dann $L_a \dfrac{dJ}{dt}$, denn es ist (Abb. 3):

$$\frac{OB}{OA} = \operatorname{tg} \vartheta = \frac{dJ}{dt}, \text{ wenn } AB \parallel \text{Tangente der } J\text{-Kurve},$$

also

$$OB = OA \frac{dJ}{dt} = L_a \frac{dJ}{dt}.$$

Abb. 3.

Ähnlich erhält man $R_a \cdot J$, wenn man (Abb. 4) auf den Schenkeln eines rechten Winkels $R_a = OC$ bzw. $J = OE$ und auf dem Schenkel, der R_a trägt, gleichzeitig die Einheit $OD = 1$ abträgt. Verbindet man D mit E und zieht durch C die Parallele zu DE, so schneidet sie auf dem Schenkel OE die Strecke $OF = R_a \cdot J$ ab.

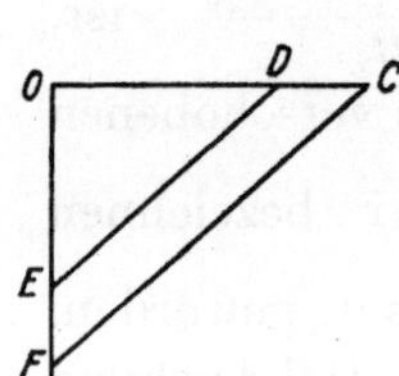

$$OC = R_a,$$
$$OD = 1,$$
$$OE = J,$$
$$OF = R_a \cdot J.$$

Abb. 4.

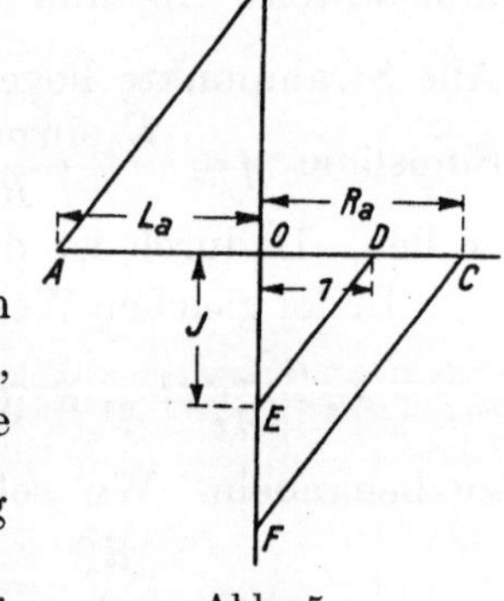

Verbindet man beide Konstruktionen in der durch Abb. 5 veranschaulichten Weise, so erhält man in der Strecke BF die Größe $- L_a \dfrac{dJ}{dt} - R_a J$, wenn man die Strecke stets in Richtung $B \rightarrow F$ nimmt. Voraussetzung dabei ist, daß man, wie in Abb. 5, L_a nach links, R_a nach rechts abträgt. Je nachdem also B über oder unter F liegt, ist die Strecke BF von $E_0 \sin \omega t$ abzuziehen oder ihr zuzuaddieren. Wo die so bestimmte Kurve die Kurve $E_0 \sin (\omega t - \varphi)$ schneidet, dort ist das Ende der Alleinperiode.

Abb. 5.

Das Ende der Übergangsperiode bestimmen wir durch Zeichnen der Kurve für $j_{n,n+1} \cdot j_{n,n+1}$ genügt der Differentialgleichung

$$L_a \frac{dj_{n,n+1}}{dt} + R_a j_{n,n+1} = - E_0 \sin [\omega t - (n-1)\,\varphi] + E_0 \sin (\omega t - n\,\varphi), \tag{28}$$

die wir gemäß früheren Bemerkungen schreiben:

$$\frac{dj}{dt} = - \frac{R_a}{L_a} j - \frac{E_0 \sin \omega t - E_0 \sin (\omega t - \varphi)}{L_a}. \tag{56}$$

Daraus ergeben sich die Koordinaten der Strahlpunkte

$$\left. \begin{aligned} \xi &= t + \frac{L_a}{R_a}, \\ \eta &= \frac{E_0 \sin(\omega t - \varphi) - E_0 \sin \omega t}{R_a} \end{aligned} \right\} \tag{57}$$

für die das gleiche wie bei J und $\mathfrak{J}$ gilt.

Wir konstruieren j, beginnend zur Zeit des Endes der Alleinperiode im Punkte $j = -\mathfrak{J}$ und erhalten in dem Punkte, wo $j = \mathfrak{J}$ wird, wo sich also die j- und die $\mathfrak{J}$-Kurve schneiden, das Ende der Übergangsperiode.

Bevor wir zur Behandlung einiger Beispiele übergehen, ist noch einiges über die Maßstäbe zu sagen.

Für die Konstruktionen müssen alle vorkommenden elektrischen Größen in Längen ausgedrückt werden. Wir wollen als Längeneinheit das Zentimeter nehmen und die in Zentimeter ausgedrückten Größen mit einem Strich „'" kennzeichnen. Setzen wir

$$\left. \begin{array}{llll} 1\ \text{sec} = \mu\ \text{cm} & \text{also} & t' = \mu t \\ 1\ \text{Amp.} = \nu\ \text{cm} & & J' = \nu J \\ 1\ \text{Volt} = \varepsilon\ \text{cm} & & E' = \varepsilon E \\ 1\ \text{Ohm} = \varrho\ \text{cm} & & R' = \varrho R \\ 1\ \text{Henry} = \lambda\ \text{cm} & & L' = \lambda L, \end{array} \right\} \tag{58}$$

dann bestehen die Beziehungen

$$\left. \begin{aligned} \varrho &= \frac{\varepsilon}{\nu}, \\ \lambda &= \frac{\varepsilon\,\mu}{\nu}. \end{aligned} \right\} \tag{59}$$

Mit Annahme von dreien der Maßstäbe sind also die beiden anderen gegeben. Für die Konstruktion empfiehlt es sich, die gegebenen Größen auf diese Maßstäbe von vornherein umzurechnen und dann nur die neuen Zahlen zu benutzen. Dann ist jede Gefahr beseitigt, Maßstabsfehler zu begehen. In den fertigen Diagrammen kann man nachträglich direkt die Werte von E, J, t einschreiben.

Wir setzen nun an einigen Beispielen, die wir der Arbeit von Kleeberg entnehmen, die Einzelheiten der Methode auseinander.

1. Beispiel, Abb. 6 (Kleeberg a. a. O. S. 172, Abb. 13).

3-Phasen-Gleichrichter.

$$\begin{aligned} E_0 &= 150\ V & e_0 &= 15\ V \\ R_a &= 0 & L_a &= 0 \\ R_k &= 4\ \Omega & L_k &= 0{,}04\ H \end{aligned}$$

$$\text{Frequenz } c = 50/\text{sec}.$$

Wir wählen den Abszissenmaßstab so, daß $w\,t_0 = \pi$ einer Strecke von 9 cm entspricht. Dann ist bei Frequenz 50 $0{,}01$ sec $= 1$ cm, also $\mu = 900$. Weiter setzen wir $\nu = \frac{1}{5}$, $\varepsilon = \frac{1}{20}$, so daß $\varrho = \frac{1}{4}$, $\lambda = 225$ wird.

Dann ist

$$E_0' = \tfrac{150}{20} = 7{,}5\ \text{cm}, \qquad e_0 = \tfrac{15}{20} = 0{,}75\ \text{cm},$$
$$R_k' = \tfrac{4}{4} = 1\ \text{cm}, \qquad L_k' = 0{,}04 \cdot 225 = 9\ \text{cm}.$$

Mit $R_a = L_a = 0$ folgt aus den Gleichungen (13) und (14), daß während der Übergangsperiode

$$E_{n+1} = E_n$$

ist. Diese Gleichung ist aber nur während eines Zeitpunktes erfüllt, also erfolgt der Übergang von einer Anode zur anderen momentan, die Vollperiode fällt mit der

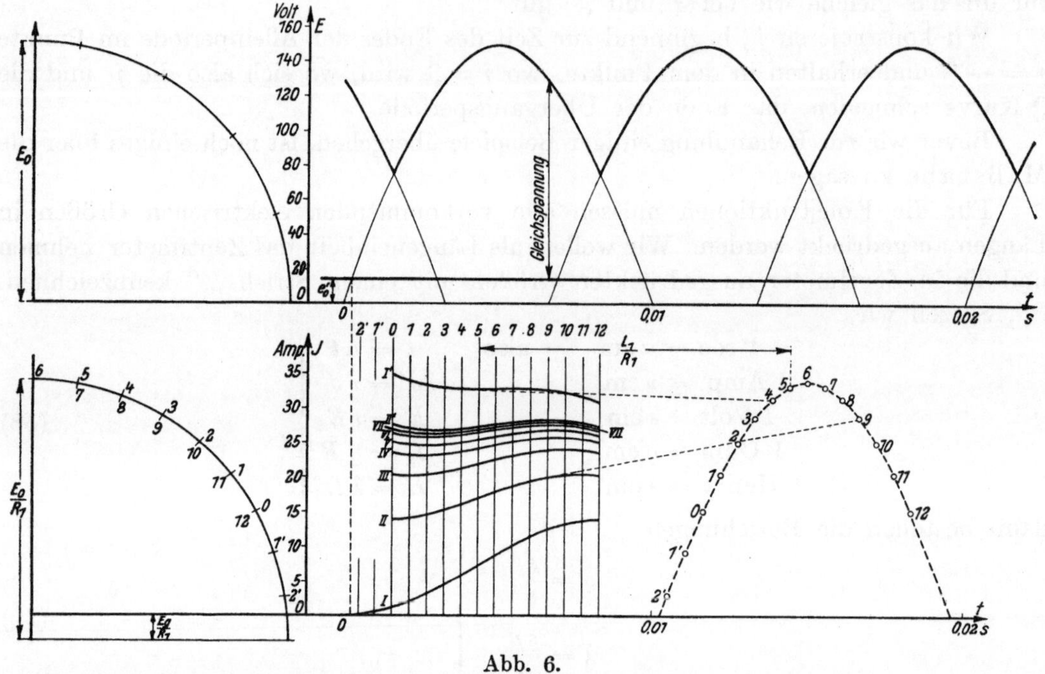

Abb. 6.

Alleinperiode zusammen. Die Übergangszeiten, das sind die Periodengrenzen, ergeben sich sofort aus den Schnittpunkten der beiden Kurven (obere Hälfte der Abb. 6)

$$E_1' = E_0' \sin \frac{\omega t'}{\mu} \quad \text{und} \quad E_2' = E_0' \sin \left(\frac{\omega t'}{\mu} - \varphi \right).$$

Zwischen den dadurch bestimmten Vertikalen müssen alle Integralkurven der Gleichung (6), die allein wir jetzt zu betrachten haben, liegen. Die so gefundene Periode beträgt natürlich

$$\frac{\varphi}{\omega} = \frac{2}{3} \pi \frac{1}{\omega} = \frac{2\pi}{300\pi} = \frac{2}{300} \text{ sec} = 6 \text{ cm}.$$

Zwischen diesen Grenzgeraden schalten wir (untere Hälfte der Abb. 6) 10 Vertikalen mit Abstand 0,5 cm voneinander ein und bezeichnen sie mit 0, 1, 2 . . . 12. Dazu bestimmen wir die Strahlpunkte nach Gleichung (51).

Es ist

$$\xi' - t' = \frac{L_1'}{R_1'} = \frac{9}{1} = 9,$$

$$\eta' = \frac{E_0' \sin \dfrac{\omega t'}{\mu}}{R_1'} - \frac{E_g'}{R_1'} = 7,5 \sin \frac{\omega t'}{\mu} - 0,75.$$

Dadurch erhalten wir sehr schnell in der aus der unteren Hälfte der Abb. 6 ersichtlichen Weise mittels eines Kreisdiagrammes die Strahlpunkte, die wir nach ihrer Zugehörigkeit zu den Vertikalen ebenfalls mit 0, 1, 2 . . . 12 bezeichnen. Die Zeichnung der Integralkurven ist nun sehr leicht. In Abb. 6 ist ein Teil des Einschwingvorganges eingezeichnet worden. Wir beginnen die Zeichnung im Punkte $J' = 0$, wo $E_0' \sin \dfrac{\omega\, t'}{\mu} = e_0'$ ist. Von dort gehen wir zunächst horizontal bis zur Mitte zwischen dem Anfangspunkt und der Vertikalen $2'$ [1]), von dort in Richtung auf den Strahlpunkt $2'$ bis zur Mitte zwischen der Vertikalen $2'$ und $1'$, weiter in Richtung auf den Strahlpunkt $1'$ zu bis zur Mitte zwischen der Vertikalen $1'$ und 0 usw. Die Ordinate des auf der Vertikalen 12 liegenden Endpunktes der so erhaltenen ersten Integralkurve nehmen wir als Anfangsordinate der zweiten Kurve und so fort. Die Kurven I bis V passen in dieser Weise aneinander. Dann ist, um schneller zum Beharrungszustand zu gelangen, die Kurve IV höher begonnen worden, als dem Ende von V entspricht. Es sind also, physikalisch gesprochen, Perioden ausgelassen worden. Man kann überhaupt die erste Kurve bei einer beliebigen Ordinate beginnen. Ist die Endordinate größer als die Anfangsordinate, dann zeigt dies, daß der Beharrungszustand höher liegt. Man probiert eine zweite Kurve. Empfehlenswert ist dabei, wie es auch in der Abbildung in den Kurven I$'$ und II$'$ geschehen ist, eine Kurve so hoch zu beginnen, daß ihre Endordinate kleiner als die Anfangsordinate ist. So kann man den Beharrungszustand in beliebig enge Grenzen (Kurve VI und II$'$) einschließen. Kurve VII gibt endlich den Stromverlauf im Beharrungszustand.

Die Anodenspannung ist, da in den Anoden keine Verluste auftreten, gleich der induzierten Spannung. Die Aneinanderreihung der zwischen den Periodengrenzen liegenden Stücke dieser Spannungskurve liefert die Kurve der Gleichspannung, wenn man die Ordinaten von einer um E_g höher liegenden Abszissenachse aus rechnet.

2. Beispiel, Abb. 7 (Kleeberg a. a. O., S. 194, Abb. 23/24).

2-Phasen-Gleichrichter.

$$E_0 = 150\,V \qquad e_0 = 15\,V$$
$$R_a = 0 \qquad L_a = 0{,}02\,H$$
$$R_k = 0 \qquad L_k = 0{,}02\,H$$
$$\text{Frequenz} \quad c = 50/\text{sec.}$$

Die Länge der Vollperioden ist nicht von vornherein zu bestimmen. Wir teilen daher die ganze Periode der EMK in 18 Teile, so daß wir einschließlich der Grenzen 19 Vertikale 0, 1, 2 . . . . 18 erhalten. Die Maßstäbe sind dieselben wie im ersten Beispiel. Ebenso geschieht die Bestimmung der Strahlpunkte für die J-Kurven in derselben Weise wie im 1. Beispiel.

Wir zeichnen nun zunächst wiederum die J_1-Kurve (Kurve „a"), also den Gleichstromverlauf zu Beginn des Arbeitens des Gleichrichters. Da die Periodengrenzen nicht bekannt sind, muß das Ende von A_1 gesondert bestimmt werden. Dies ist in der oberen Hälfte der Abb. 7 geschehen. Rechts ist durch den Punkt und die Vertikale „a" die Nebenkonstruktion gemäß Abb. 3 zur Bestimmung von $L_a \dfrac{d J}{d t}$

---

[1]) $1'$, $2'$ sind die von der Vertikalen 0 nach links gezählten Vertikalen.

gekennzeichnet. Es ist nur diese einfachere Konstruktion durchzuführen anstatt der nach Abb. 5, da $R_a = 0$ ist. Die so erhaltenen Werte $L_a \dfrac{dJ}{dt}$ sind dann in der Abb. 7 links von der E-Kurve abgezogen, und so wird t_1' zunächst in der oberen Hälfte von Abb. 7 bestimmt und einfach auf die J_1-Kurve übertragen. Dabei ist, wie man sieht, die Bestimmung von $L_a \dfrac{dJ}{dt}$ nur in der Nähe der Schnittstelle nötig.

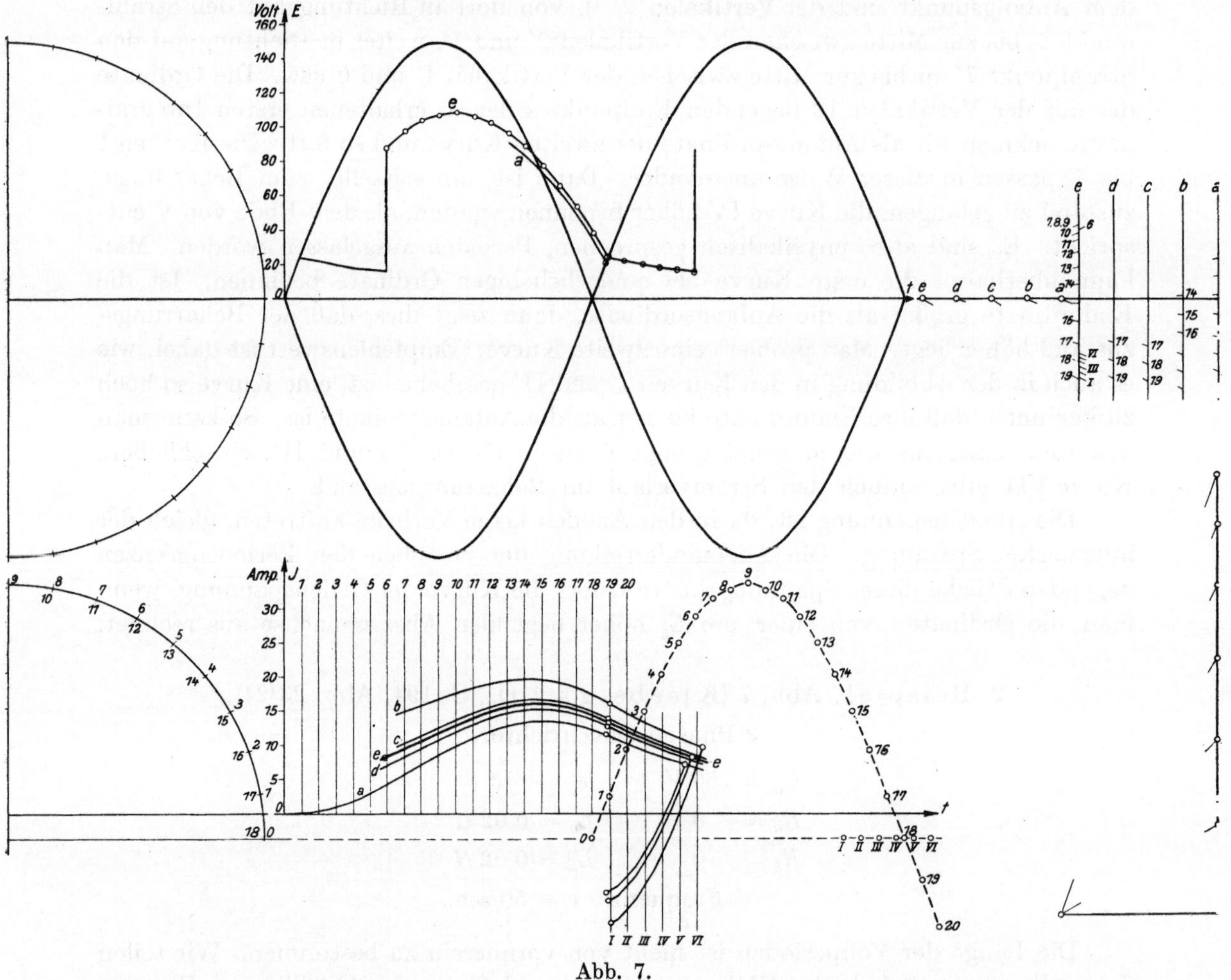

Abb. 7.

Die Bestimmung der Strahlpunkte für $\mathfrak{J}$ ist jetzt insofern besonders einfach, als in der 2. Gleichung (54)

$$E_0 \sin \omega t + E_0 \sin (\omega t - \varphi) = 0$$

wird. So ergibt sich

$$\xi' - t' = 6{,}75 ,$$
$$\eta' = - 0{,}75 .$$

Alle Strahlpunkte liegen also um 0,75 cm unter der Abszissenachse und 6,75 cm rechts von der zugehörigen Vertikalen. Mittels dieser Strahlpunkte zeichnet man anschließend an die a-Kurve im Punkte t_1' die Kurve für $\mathfrak{J}_{1,\,2}$. Zur Bestimmung ihres

Endes ist die Kurve für $j_{1,\,2}$ zu zeichnen. Sie beginnt im Punkte $t' = t_1'$ mit dem Werte $— J_1$. Wegen $Ra = 0$ werden jetzt nach Gleichung (57) ξ' und η' unendlich. Wir greifen direkt auf die Differentialgleichung für j' zurück und finden

$$\frac{d_j'}{dt'} = \frac{E_0' \sin\left(\dfrac{\omega t'}{\mu} - \varphi\right) - E_0' \sin\dfrac{\omega t'}{\mu}}{L_a'}.\tag{60}$$

Diese Gleichung gestattet leicht die Bestimmung der Tangentenrichtungen der j-Kurve, wie sie in der rechten Nebenfigur der Abb. 7 unten durchgeführt ist. Dadurch ist nun die Zeichnung der j-Kurve möglich. Ihr Schnittpunkt mit der a-Kurve gibt das Ende der Periode $U_{1,\,2}$. Die Kurve „b“ ist beliebig begonnen. Die Periodenenden sind in derselben Weise wie vorher bestimmt. Kurve „c“ ist als Anschluß an „b“ gezeichnet. Das Ende der Übergangsperiode auf „c“ braucht nicht genau ermittelt zu werden. Man ersieht die ungefähre Lage aus den Endpunkten der „a“- und „b“-Kurve, und das genügt zur Feststellung, daß die Kurve des Beharrungszustandes tiefer liegen muß. Eine „d“-Kurve, deren Ende wieder genau bestimmt wurde, zeigt ich als zu tief liegend. In der „e“-Kurve endlich finden wir bereits die richtige Kurve des Beharrungszustandes, deren um 9 cm nach links gerückter Endpunkt wieder auf die Kurve selbst zu liegen kommt. Für diese Kurve ist dann oben in der Abb. 7 der Verlauf der Anodenspannung eingezeichnet. Dabei wird die Anodenspannung während der Übergangsperiode am bequemsten auf Grund der aus den Gleichungen (13) und (14) folgenden Gleichung

$$\mathfrak{E}_n = \mathfrak{E}_{n+1} = \frac{1}{2}\left(E_n + E_{n+1} - L_a\frac{d\mathfrak{I}_{n,\,n+1}}{dt} - R_a\mathfrak{I}_{n,\,n+1}\right)$$

bestimmt.

Die Wiederholung der Kurve der Anodenspannung während einer Vollperiode gibt die Kurve der Gleichspannung (zwischen Kathode und Transformatornullpunkt), wobei die Ordinaten von einer um E_g nach oben verschobenen Abszissenachse zu zählen sind.

Die vorgeführten Beispiele lassen jetzt noch einen Vorteil des Verfahrens deutlich erkennen, das ist die bequeme Möglichkeit der Variation der Induktivitäten. Eine Änderung der Induktivitäten bewirkt nur eine Änderung des Abstandes der Strahlpunkte von ihren Vertikalen. Hat man also einmal den Strahlpunktsträger gezeichnet, so kann man leicht durch Verschiebung des Koordinatensystems der Stromkurven nach rechts oder links die Stromkurven für verschiedene Werte der Induktivitäten zeichnen und so deren Einfluß augenfällig sichtbar machen.

Zusammenfassung.

Der von einem Mehrphasenstrom-Quecksilberdampf-Gleichrichter gelieferte Gleichstrom ist durch zwei verschiedene Differentialgleichungen bestimmt, je nachdem, ob nur eine Anode oder zwei Anoden Strom führen. Der Gültigkeitsbereich der Differentialgleichungen hängt im allgemeinen von den Stromwerten selbst ab. Dadurch werden die Bedingungen zur Bestimmung der Integrationskonstanten sehr kompliziert. Es ergeben sich transzendente Gleichungen, aus denen eine allgemeine explizite Darstellung der Konstanten nicht möglich ist. Dieser analytische Weg empfiehlt sich demnach auch nicht zur Vorausberechnung.

Es werden daher die Differentialgleichungen unmittelbar graphisch integriert. Als besonders geeignet erweist sich für diese linearen Differentialgleichungen 1. Ordnung mit konstanten Koeffizienten die Methode der „Strahlkurven", da in diesem Falle die Strahlkurven sich auf Strahlpunkte reduzieren. Die Methode liefert in äußerst bequemer Weise die Stromkurven, unter denen die des Beharrungszustandes als diejenige gefunden wird, die zu Anfang und Ende einer Periode gleiche Werte hat. Die Übergangszeiten ergeben sich aus den Spannungskurven, die ebenfalls rein graphisch bequem konstruiert werden können.

Das Verfahren ist besonders dadurch ausgezeichnet, daß der Einfluß der Selbstinduktion sich geometrisch sinnfällig darstellt und dadurch eine Variation der Induktivitäten konstruktiv leicht durchführbar ist.

An zwei Beispielen wird die Methode in allen Einzelheiten auseinandergesetzt.

Nomographisches Verfahren zur Lösung wärmetechnischer Probleme sowie mathematisch verwandter Aufgaben.

Von **Felix Wolf**.

Mit 19 Textabbildungen.

Mitteilung aus dem Dynamowerk der Siemens-Schuckertwerke G. m. b. H.

Eingegangen am 2. November 1922.

In der Natur gibt es mannigfaltige Vorgänge, bei welchen eine mit der Zeit t veränderliche Größe y einem unveränderlichen Endwerte y_e derart zustrebt, daß ihr erster Differentialquotient nach der Zeit proportional ist der Differenz aus dem Endwerte und der Größe. Für alle diese Fälle gilt also, wenn der Proportionalitätsfaktor mit $\dfrac{1}{T}$ bezeichnet wird, die Differentialgleichung:

$$\frac{dy}{dt} = \frac{1}{T}\,(y_e - y)\,. \tag{I}$$

Diese Gleichung integrieren wir, indem wir bilden:

$$\int \frac{dy}{y_e - y} = \int \frac{dt}{T}\,.$$

Wir erhalten:

$$\log\,\mathrm{nat}\,(y_e - y) = -\frac{t}{T} + C\,.$$

Die Integrationskonstante C finden wir aus der letzten Gleichung mit Hilfe der Anfangsbedingungen, d. h. der Werte zu Beginn des physikalischen Vorgangs:

$$y = y_0$$

zur Zeit
$$t = 0$$

als
$$C = \log\,\mathrm{nat}\,(y_e - y_0)\,,$$

so daß der Zusammenhang zwischen y und t bestimmt ist durch:

$$\frac{y_e - y}{y_e - y_0} = e^{-\frac{t}{T}}\,, \tag{II}$$

wobei e die Basis der natürlichen Logarithmen bedeutet.

Sehr häufig kommt es vor, daß der Endwert

$$y_e = 0$$

beträgt. In diesem besonderen Falle geht Gleichung (II) über in:

$$\frac{y}{y_0} = e^{-\frac{t}{T}} \tag{IIa}$$

Die Kurve, die das Gesetz der Gleichung (II) darstellt, besitzt die Asymptote

$$y = y_e \, .$$

Diesem Werte nähert sich die Kurve immer mehr, um ihn für

$$t = \infty$$

zu erreichen. Zeichnet man in einem beliebigen Punkte der Kurve einerseits die Ordinate, andrerseits die Tangente, dann schneiden diese beiden auf der Asymptote stets die Strecke T heraus. (Vgl. hierzu Abb. 7c, eine auf diesem Prinzip aufgebaute Sehnenkonstruktion der Kurve.) Der Beweis für die Richtigkeit des letzten Satzes geht unmittelbar aus Gleichung (I) hervor. T nennt man die **Zeitkonstante**. Für

$$y_e = 0$$

geht die Asymptote der Kurve in die Abszissenachse über. Das auf derselben herausgeschnittene Stück T ist in diesem Falle identisch mit der Subtangente $y\,\dfrac{dt}{dy}$ der Kurve in jedem beliebigen Punkte.

Von den vielen physikalischen Vorgängen, die der Differentialgleichung (I) und mithin dem Gesetze Gleichung (II) oder Gleichung (IIa) Genüge leisten, sind in Tabelle I einige erwähnt. Die Zusammenstellung macht keinen Anspruch auf Vollständigkeit.

Im folgenden soll an Hand des an erster Stelle angeführten physikalischen Vorganges: Erwärmung bzw. Abkühlung eines homogenen Körpers eine nomographische Methode entwickelt und der Versuch gemacht werden, an dem speziellen Problem der

Tabelle I.

Nr.	Physikalischer Vorgang und Gesetz $\dfrac{dy}{dt} = \dfrac{1}{T}(y_e - y)$		Bedeutung der Zeichen				
	$\dfrac{y_e - y}{y_e - y_0} = e^{-\frac{t}{T}}$	$y_e = 0$ und $\dfrac{y}{y_0} = e^{-\frac{t}{T}}$	y	y_0	y_e	t	T
1	Erwärmung eines homogenen Körpers	Abkühlung eines homogenen Körpers	Temperatur				
2	Anschwellende mechanische oder elektrische Schwingung	Abklingende mechanische oder elektrische Schwingung	Amplitude				
3	Laden eines Kondensators	Entladen eines Kondensators	Potential	zu Beginn des Vorganges	am Ende des Vorganges	Zeit	Zeitkonstante
4	Schließen eines Stromkreises	Öffnen eines Stromkreises	Strom				
5	Beschleunigte Bewegung eines angetriebenen Körpers in einem Medium, dessen Widerstand proportional der Geschwindigkeit ist	Verzögerte Bewegung eines sich selbst überlassenen Körpers in einem Medium, dessen Widerstand proportional der Geschwindigkeit ist	Geschwindigkeit				

Erwärmung elektrischer Maschinen im aussetzenden Betriebe die Fruchtbarkeit des Verfahrens zu zeigen. In analoger Weise kann dann das Verfahren auf mathematisch verwandte Aufgaben, wie sie in Tabelle I skizziert sind, sinngemäß ausgedehnt werden und kann so beispielsweise auch auf dem Gebiete der Theorie der gedämpften Schwingungen (vgl. Nr. 2 in Tabelle I) sehr nutzbringend angewandt werden.

Es ginge über den Rahmen dieser Arbeit hinaus, alle Anwendungsmöglichkeiten des Verfahrens genau auszuführen. Wir wollen uns daher in der Hauptsache auf wärmetechnische Aufgaben beschränken und die Anwendung auf andere Probleme nur andeuten.

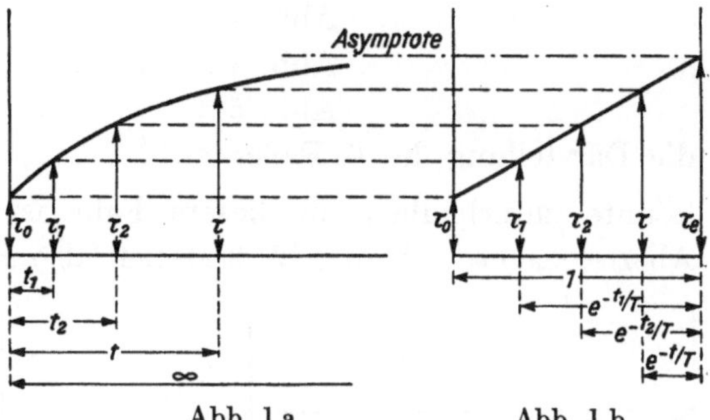

Abb. 1 a.   Abb. 1 b.

Abb. 1. Erwärmungslinie [Gleichungen (1) (2) (3)]
$$\tau_e > \tau_0 > 0 .$$

Wird ein homogener Körper, der zur Zeit $t = 0$ die Temperatur $y_0 = \tau_0$ besitzt, durch dauernde Wärmezuführung auf die Endtemperatur $y_e = \tau_e$ erwärmt und nennen wir die Temperatur des Körpers $y = \tau$ zur Zeit t, dann gilt bekanntlich:

$$\frac{d\tau}{dt} = \frac{\tau_e - \tau}{T} . \tag{1}$$

Die Abhängigkeit der Zeitkonstanten T von dem Gewichte G, der Oberfläche A, der spezifischen Wärme c des Körpers und dem Wärmeabgabekoeffizienten α ist gegeben durch:

$$T = \frac{cG}{\alpha A} .$$

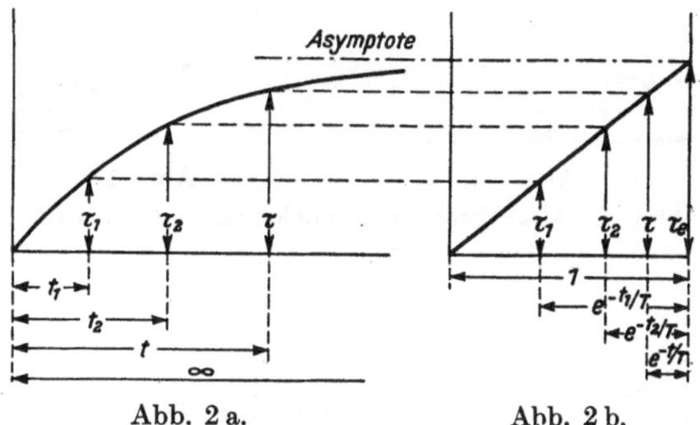

Abb. 2 a.   Abb. 2 b.

Abb. 2. Erwärmungslinie [Gleichungen (1) (2) (3)]
$$\tau_e > \tau_0 = 0 .$$

Die Integration von Gleichung (1) liefert das Erwärmungsgesetz:

$$\frac{\tau_e - \tau}{\tau_e - \tau_0} = e^{-\frac{t}{T}} . \tag{2}$$

Die Gleichungen (1) und (2) gelten auch, wenn ein Körper von der Temperatur τ_0 in einen Raum von der Temperatur τ_e gebracht wird.

Im Falle, daß:

$$\tau_e = 0 ,$$

kühlt also der Körper nach dem Gesetze ab:

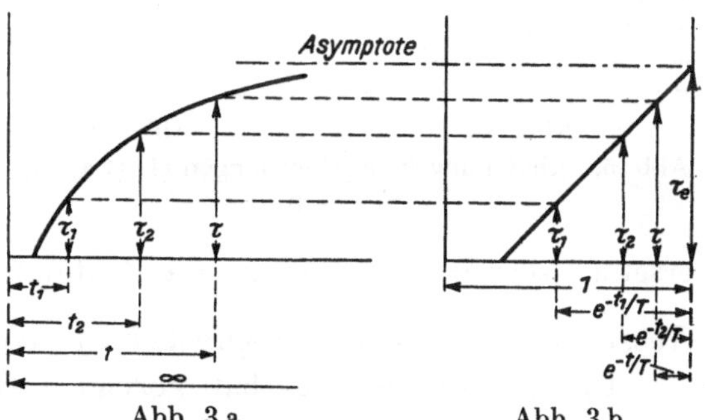

Abb. 3 a.   Abb. 3 b.

Abb. 3. Erwärmungslinie [Gleichungen (1) (2) (3)]
$$\tau_e > 0 > \tau_0 .$$

$$\frac{\tau}{\tau_0} = e^{-\frac{t}{T}} . \tag{2a}$$

In den Doppelabbildungen (Abb. 1 ÷ 5) ist in den Abb. 1a, 2a, 3a, 4a, 5a die Gleichung (2) im rechtwinkligen Koordinatensystem als Kurve dargestellt. Die

Abszissen sind Zeiten, die Ordinaten Temperaturen. Von den 6 möglichen Fällen sind folgende 5 abgebildet:

$$\text{Abb. 1} \ldots\ldots\ldots\ldots \tau_e > \tau_0 > 0$$
$$\text{Abb. 2} \ldots\ldots\ldots\ldots \tau_e > \tau_0 = 0$$
$$\text{Abb. 3} \ldots\ldots\ldots\ldots \tau_e > 0 > \tau_0$$
$$\text{Abb. 4} \ldots\ldots\ldots\ldots \tau_0 > \tau_e > 0$$
$$\text{Abb. 5} \ldots\ldots\ldots\ldots \tau_0 > \tau_e = 0$$

die Darstellung des 6. Falles $\ldots\ldots\ldots\ldots \tau_e = \tau_0 > 0$

konnte unterbleiben; in diesem Falle ist die Erwärmungslinie eine Parallele zur Abszissenachse. Abb. 1, 2, 3 stellen also Erwärmungslinien, Abb. 4, 5 Abkühlungslinien dar.

Werden Temperaturen und zugehörige Zeiten mit gleichen Indizes versehen, dann gelten die Gleichungen:

$$\frac{\tau_e - \tau_1}{\tau_e - \tau_0} = e^{-\frac{t_1}{T}},$$

$$\frac{\tau_e - \tau_2}{\tau_e - \tau_0} = e^{-\frac{t_2}{T}},$$

welche durcheinander dividiert:

$$\frac{\tau_e - \tau_2}{\tau_e - \tau_1} = e^{-\frac{t_2 - t_1}{T}}, \qquad (3)$$

liefern.

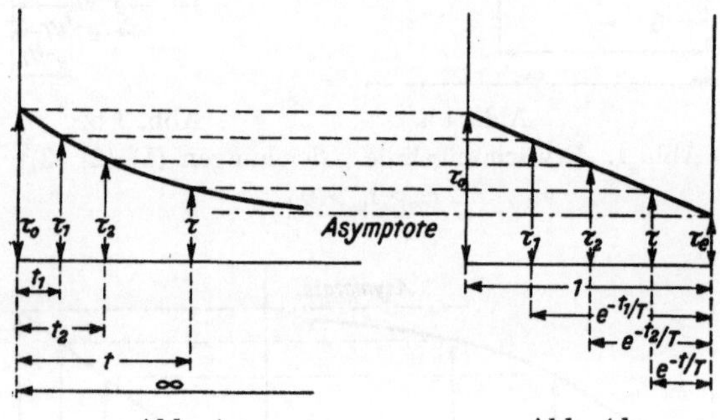

Abb. 4 a.   Abb. 4 b.

Abb. 4. Abkühlungslinie [Gleichungen (1) (2) (3)]
$$\tau_0 > \tau_e > 0.$$

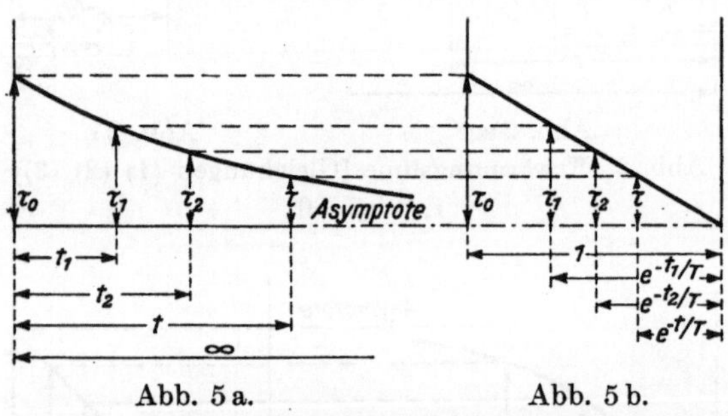

Abb. 5 a.   Abb. 5 b.

Abb. 5. Abkühlungslinie [Gleichungen (1) (2 a) (3)]
$$\tau_0 > \tau_e = 0.$$

Gleichungen (2) und (3) lassen sich in Form von Proportionen geometrisch darstellen, was in den Abb. 1 b, 2 b, 3 b, 4 b, 5 b erfolgt ist. Daß die Proportionen gelten und mithin die Gleichungen (1) bis (3) erfüllt sind, erhellt aus der Ähnlichkeit der entsprechenden Dreiecke. Die Vergleichung der einander gegenübergestellten Abbildungen der Gleichungen (1) bis (3) zeigt, daß die krumme Linie stets durch eine Gerade ersetzt werden kann, wenn die Ordinaten τ unverändert bleiben, an Stelle der Abszissen t jedoch die entsprechenden Werte $e^{-\frac{t}{T}}$ gesetzt werden.

Dr. E. Oelschläger hat gezeigt (ETZ 1900, S. 1058), daß die Erwärmungsgesetze unter bestimmten Voraussetzungen sinngemäß für Spulen, Widerstände u. dgl. angewendet werden können. So kann man also die Übertemperatur irgendeiner Wicklung einer elektrischen Maschine für eine jegliche Art von Betrieb bestimmen. Handelt es sich im allgemeinsten Falle um einen unregelmäßig aussetzenden Betrieb, so erhält man für $\tau = f(t)$ gebrochene Linienzüge, die sich aus Teilen der Kurven (Abb. 1 a bis 5 a) zusammensetzen.

In Abb. 6a ist beispielsweise die Erwärmung eines Motors dargestellt, dessen betrachtete Wicklung zunächst t_1 Zeiteinheiten hindurch belastet wurde und die Temperatur τ_1 erreichte. Wäre der Vorgang genügend weit fortgesetzt worden, dann

würde die Endtemperatur τ_{e_1} erlangt worden sein. Der Belastung folgte eine Entlastung, für welche analog τ_2, t_2 und $\tau_{e_2} = 0$ galten. Hierauf kamen wieder 2 Belastungen mit den In-
dizes 3 und 4.

Rechnerisch finden
wir für diesen Fall das
Gleichungssystem:

$$\left.\begin{aligned}
\frac{\tau_{e_1} - \tau_1}{\tau_{e_1} - \tau_0} &= e^{-\frac{t_1 - t_0}{T}} \\[2ex]
\frac{\tau_{e_2} - \tau_2}{\tau_{e_2} - \tau_1} &= e^{-\frac{t_2 - t_1}{T}} \\[2ex]
\frac{\tau_{e_3} - \tau_3}{\tau_{e_3} - \tau_2} &= e^{-\frac{t_3 - t_2}{T}} \\[2ex]
\frac{\tau_{e_4} - \tau_4}{\tau_{e_4} - \tau_3} &= e^{-\frac{t_4 - t_3}{T}}
\end{aligned}\right\} \quad (4)$$

Nach dem Vorausge-
gangenen ist nun auch
Abb. 6 b verständlich. Die
krummlinigen Teile des
gebrochenen Linienzuges sind durch Strecken ersetzt, so daß sich eine Zickzacklinie ergibt. Auch hier ist die Proportionalität zwischen den entsprechenden

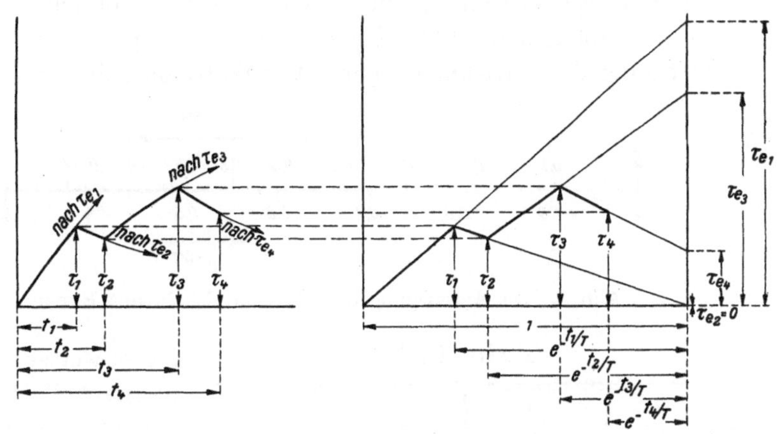

Abb. 6 a. 　　　　　　　　　　　Abb. 6 b.

Abb. 6. Unregelmäßig aussetzender Betrieb. Darstellung des
Gleichungsystems (4)

a) im Koordinatensystem als Kurvenzug,
b) mittels ähnlicher Dreiecke, als Streckenzug.

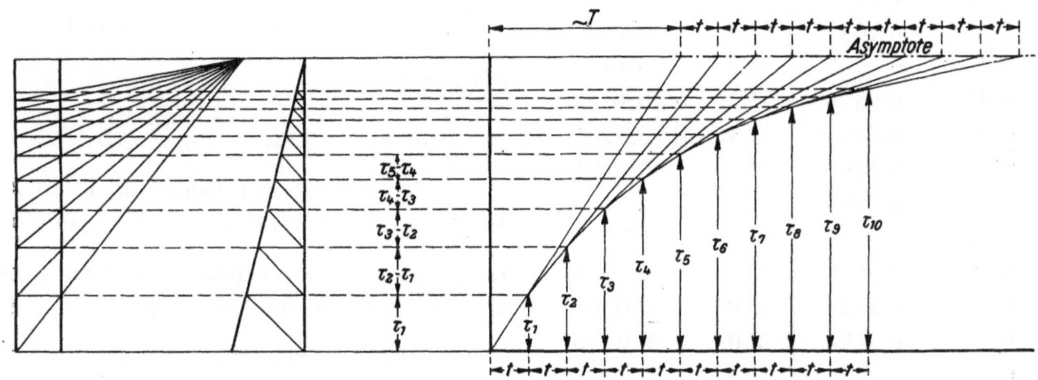

Abb 7 a. 　　　　Abb. 7 b. 　　　　　　　　　Abb. 7 c.

Abb. 7. Die Konstruktion der Erwärmungslinie.
a) und b) Ordinatenkonstruktionen, auf der konstanten Verjüngung von $\tau_e - \tau$ beruhend,
c) Sehnenkonstruktion, auf einer Kurveneigentümlichkeit (s. S. 78) basierend.

Strecken, Gleichungen (4), leicht geometrisch nachzuweisen. Die Ordinaten τ
(Abb. 6 b) erscheinen im selben gleichmäßigen Maßstabe der Abb. 6 a, während der

Abszissenmaßstab nicht gleichmäßig nach t, sondern nach dem Gesetze $e^{-\frac{t}{T}}$
geteilt ist.

Es ist von großem Vorteil, wenn man das Millimeterpapier, auf welches man sonst
die in ihrem Verlaufe gerechnete Kurve eingezeichnet hätte, durch ein Papier ersetzt
(Abb. 11), das wir in Analogie zu dem vielfach angewandten „logarithmischen Papier"
etwa „Exponentialpapier" nennen können. Dieses Blatt kann ein für allemal

angefertigt und vervielfältigt werden. Es erspart in sehr vielen Fällen umständliche und langwierige Rechnungsoperationen, die mit dem logarithmischen Rechenschieber ohne Zwischenrechnung nicht gelöst werden können.

Im folgenden ist die Herstellung des Exponentialpapiers angedeutet. Die Anfertigung der „arithmetischen" Vertikalskala mit ihren parallelen Horizontallinien

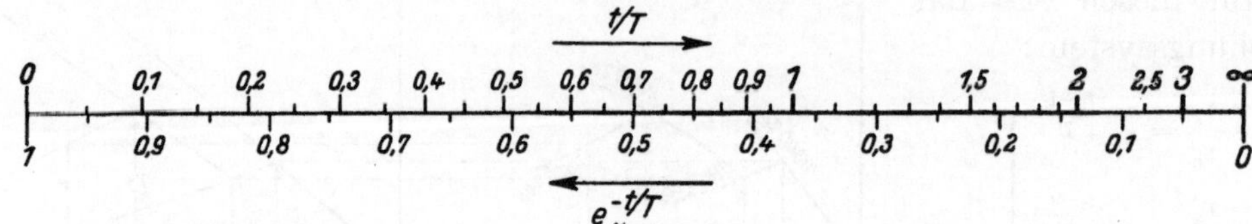

Abb. 8. Die Anfertigung der Horizontalskala des Exponentialpapiers nach Tab. II.

Tabelle II.

$\dfrac{t}{T}$	$e^{-\tfrac{t}{T}}$	$\dfrac{t}{T}$	$e^{-\tfrac{t}{T}}$
0,00	1,0000	1,4	0,2466
0,05	0,9512	1,5	0,2231
0,10	0,9048	1,6	0,2019
0,15	0,8607	1,7	0,1827
0,20	0,8187	1,8	0,1653
0,25	0,7788	1,9	0,1496
0,30	0,7408	2,0	0,1353
0,35	0,7047	2,1	0,1225
0,40	0,6703	2,2	0,1108
0,45	0,6376	2,3	0,1003
0,50	0,6065	2,4	0,0907
0,55	0,5769	2,5	0,0821
0,60	0,5488	2,6	0,0743
0,65	0,5220	2,7	0,0672
0,70	0,4966	2,8	0,0608
0,75	0,4724	2,9	0,0550
0,80	0,4493	3,0	0,0498
0,85	0,4274	3,5	0,0302
0,90	0,4066	4,0	0,0183
0,95	0,3867	4,5	0,0111
1,00	0,3679	5,0	0,0067
1,1	0,3329	5,5	0,0041
1,2	0,3012	6,0	0,0025
1,3	0,2725	∞	0,0000

bietet weiter keine Schwierigkeit. Die „geometrische" Horizontalskala hingegen mit den gleichgerichteten Vertikallinien kann entweder durch Rechnung oder durch Konstruktion gefunden werden. Im ersten Falle bedient man sich vorteilhaft der Tabelle II. Man legt zunächst die Länge der Skala etwa mit $l = 1\,\mathrm{dm}$ fest. Dem linken Endpunkte der Strecke entsprechen die Werte:

$$\frac{l}{T} = 0 \qquad \text{bzw.} \qquad e^{-\frac{t}{T}} = 1\,\mathrm{dm},$$

dem rechten

$$\frac{t}{T} = \infty \qquad \text{bzw.} \qquad e^{-\frac{t}{T}} = 0.$$

Nun werden der Reihe nach zu bestimmten Punkten der regelmäßigen Teilung von $e^{-\frac{t}{T}}$ — Teilstrecken von 1 dm entsprechend — aus der Tabelle II die korrespondierenden Werte von $\frac{t}{T}$ abgetragen, wie dies in den Abb. 8 und 9 angedeutet ist.

Um die Skala zu konstruieren, gehen wir davon aus, daß $e^{-\frac{t}{T}}$ sich nach einer geometrischen Reihe verjüngt, wenn $\frac{t}{T}$ nach einer arithmetischen wächst.

Sind die Glieder der arithmetischen Reihe für $\dfrac{t}{T}$

$$0 \qquad 0,05 \qquad 0,10 \qquad 0,15 \qquad 0,20 \qquad 0,25,$$

dann lauten jene der geometrischen für $e^{-\frac{t}{T}}$

$$e^{0} \qquad e^{-0,05} \qquad e^{-0,10} \qquad e^{-0,15} \qquad e^{-0,20} \qquad e^{-0,25}.$$

Der Quotient der geometrischen Reihe ist
$$q_1 = e^{-0,05} = 39:41^1) = 195:205 = 0,9512 \, .$$
Läßt man jedes zweite Glied fort, dann heißen die Reihenglieder

für $\dfrac{t}{T}$ 0   0,1   0,2   0,3   0,4   0,5

bzw. für $e^{-\frac{t}{T}}$ . . . e^0 $e^{-0,1}$ $e^{-0,2}$ $e^{-0,3}$ $e^{-0,4}$ $e^{-0,5}$

Der Quotient der geometrischen Reihe ist dann
$$q_2 = e^{-0,1} = 19:21^1) = 95:105 = 0,9048 \, .$$

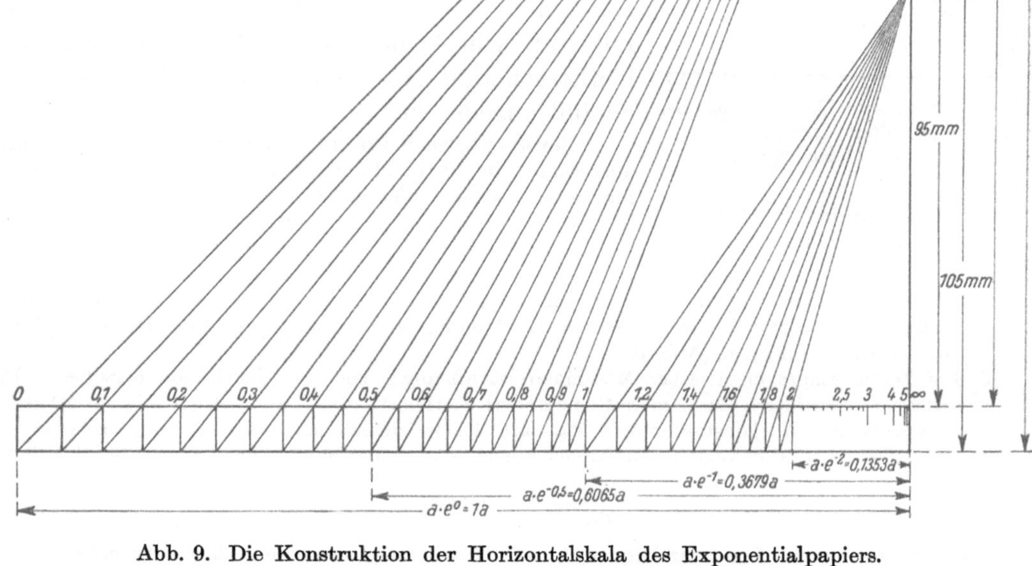

Abb. 9. Die Konstruktion der Horizontalskala des Exponentialpapiers.

---

^{1}) Allgemein gilt, wenn $0 < x < 0,1$, die Näherungsgleichung:
$$e^{-x} = \frac{2-x}{2+x} \, ,$$
denn unter Vernachlässigung der Glieder dritten und höheren Grades gegenüber der niedrigeren Potenzen von x haben die Anfänge der beiden Reihenentwicklungen Geltung:
$$e^{-x} = 1 - x + \frac{x^2}{2} - \ldots$$
und
$$\frac{2-x}{2+x} = 1 - x + \frac{x^2}{2} - \ldots$$

Mithin ist also
$$q_1 = e^{-0,05} = \frac{2-0,05}{2+0,05} = \frac{39}{41}$$
und
$$q_2 = e^{-0,1} = \frac{2-0,1}{2+0,1} = \frac{19}{21} \, .$$

Der größte Fehler f tritt für $x = 0,1$ auf. Da in diesem Falle
$$f < 0,00008 \, ,$$
können die angegebenen Werte von q mit sehr großer Genauigkeit der geometrischen Skalenkonstruktion zugrunde gelegt werden.

Die Konstruktion der geometrischen Reihe, deren Quotient bekannt ist, mittels zweier Scharen sich (rechtwinklig) schneidender paralleler Geraden und einem Strahlenbündel darf als bekannt vorausgesetzt werden. Aus Abb. 9 ist erkennbar,

daß für
$$\frac{t}{T} = 0 \div 1 \ldots q_1 = 195 : 205$$

und für
$$\frac{t}{T} = 1 \div 2 \ldots q_2 = 95 : 105$$

gewählt wurde.

Aus der Fülle der in der Praxis vorkommenden Aufgaben über Erwärmung elektrischer Maschinen sind weiter unten 6 anschauliche und charakteristische Beispiele herausgegriffen, welche ausreichend sein dürften, um die nomographische Darstellung der Erwärmungsvorgänge auf Exponentialpapier und die einfache Lösung einschlägiger Fragen zu zeigen. Die sinngemäße Übertragung dieser Darstellung auf andere verwandte Probleme ist dann mit Hilfe von Analogieschlüssen ein leichtes. Eine hierhergehörige Anwendungsmöglichkeit ist zum Schluß angedeutet.

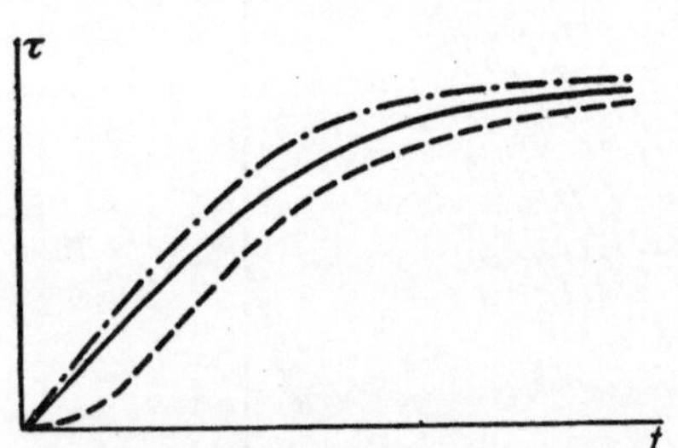

Abb. 10. Empirische Erwärmungslinien eines ölgekühlten Transformators (nach Dr. Oelschläger).

  —·—·—   für Kupfer und Eisen,
  — — —   für Öl,
  ————   ideelle Linie.

Bevor mit den Beispielen begonnen wird, sei einiges vorausgesandt. Die Entwicklung der Formeln gilt strenggenommen nur in einer idealen Wärmetheorie der elektrischen Maschinen. In der Praxis gelten die abgeleiteten Exponentialgesetze nicht genau, unter anderem aus folgenden Gründen:

1. Hat man es nicht mit homogenen Körpern zu tun.

2. Findet eine Abweichung statt, wenn ein direkt geheizter Körper und ein indirekt geheizter einander berühren. So ergibt beispielsweise der Erwärmungsversuch bei ölgekühlten Transformatoren obenstehendes Bildchen (Abb. 10):

3. Die Zeitkonstante elektrischer Maschinen ist abhängig von der Ventilation derselben. Die rotierende, ventilierte Maschine hat eine andere Zeitkonstante als die stillstehende. Werden die entsprechenden Zeitkonstanten mit T_{rot} und T_{st} bezeichnet und die in m/sec gemessene Geschwindigkeit des bewegten Luftstroms v genannt, dann liefert der Versuch die Beziehung

$$\frac{T_{\mathrm{st}}}{T_{\mathrm{rot}}} = 1 + 0{,}6\sqrt{v}\,.$$

Der praktisch berechnende Ingenieur kann nicht alle Abweichungen von der Theorie berücksichtigen. Die Gleichung (2)

$$\frac{\tau_e - \tau}{\tau_e - \tau_0} = e^{-\frac{t}{T}}$$

hätte genau genommen nur Geltung, wenn während eines Erwärmungsprozesses mit einer variablen Größe T operiert würde. Dies geschah in den Rechnungsbeispielen nicht, sondern es wurde stets mit einer mittleren Zeitkonstanten gerechnet. Bemerkt sei jedoch, daß das Exponentialpapier ebenso gut anwendbar ist, wenn man einem Erwärmungsvorgang 2 oder mehrere Zeitkonstanten zugrunde legen will.

Beispiele:

1. Zur Bestimmung der Zeitkonstanten einer Spule wurde letztere auf 50° Überraumtemperatur erwärmt und dann der Strom abgeschaltet. Die Temperaturmessung bei der Abkühlung ergab:

zur Zeit $t_0 = \;\;\;0$ min die Übertemperatur $\tau_0 = 50°$,
  ,,   ,, $t_1 = \;\;\;3$ min ,,   ,, $\tau_1 = 44°$,
  ,,   ,, $t_2 = 10$ min ,,   ,, $\tau_2 = 33°$,
  ,,   ,, $t_3 = 17$ min ,,   ,, $\tau_3 = 24°$.

Lösung: Wir tragen die Abkühlungslinie in unser Blatt ein, indem wir den Punkt [50 über 0[1])] mit dem Punkte (0 über ∞) durch eine Gerade verbinden (Abb. 11).

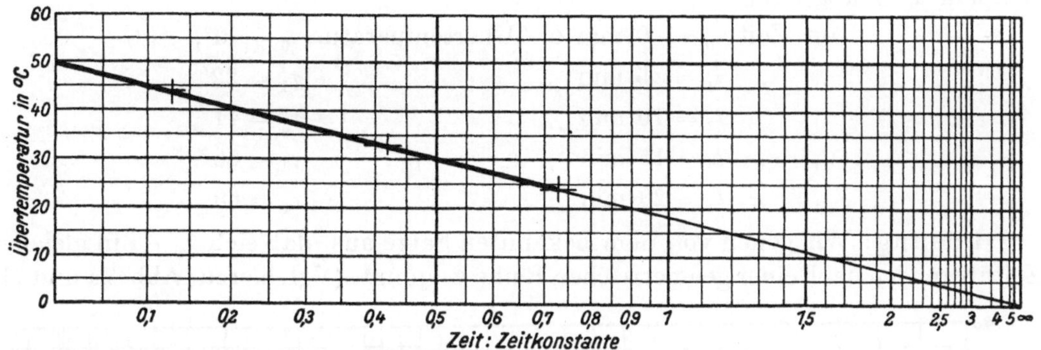

Abb. 11. Darstellung eines Abkühlungsversuches auf Exponentialpapier und die Ermittlung der Zeitkonstanten (Beispiel 1).

Wir lesen ab:

$$\tau_0 = 50 \quad \text{über} \quad \frac{t_0}{T} = 0\,,$$

$$\tau_1 = 44 \quad ,, \quad \frac{t_1}{T} = 0{,}13\,,$$

$$\tau_2 = 33 \quad ,, \quad \frac{t_2}{T} = 0{,}42\,,$$

$$\tau_3 = 24 \quad ,, \quad \frac{t_3}{T} = 0{,}73\,,$$

$$\tau_\infty = 0 \quad ,, \quad \frac{t_\infty}{T} = \infty\,.$$

Wurden allgemein n-Ablesungen von $\frac{t}{T} = \beta$ gemacht, dann gilt für die mittlere Zeitkonstante:

$$T = \frac{\sum_1^n \frac{t}{\beta}}{n}\,.$$

In unserem Falle ist also die Zeitkonstante als das arithmetische Mittel aus den 3 Werten $t : \frac{t}{T}$ zu rechnen:

$$T = \frac{\dfrac{3}{0{,}13} + \dfrac{10}{0{,}42} + \dfrac{17}{0{,}73}}{3} = 23{,}4 \text{ min}\,.$$

Anmerkung: Hätten wir die Abkühlungslinie auf Millimeterpapier aufgetragen, dann hätten wir die Zeitkonstante als Mittel aus den 3 zu zeichnenden Subtangenten ermitteln können. Dieses Verfahren ist unsicher, da eine Tangente an eine empirische Kurve in einem bestimmten Punkte nicht konstruiert und daher nur „gefühlsmäßig" eingezeichnet werden kann.

----

[1]) (50 über 0) ist die abkürzende Bezeichnung für den Punkt, dessen Ordinate $t = 50°$ und dessen Abszisse $\frac{t}{T} = 0$ beträgt.

2. Ein Vorschaltwiderstand wurde zur Ermittlung der Zeitkonstanten
20 Minuten lang belastet und in Zeitintervallen von je 5 Minuten folgende Übertemperaturen abgelesen:

$$\text{zur Zeit } t_0 = 0 \text{ min die Übertemperatur } \tau_0 = 0°,$$
$$\text{,, ,, } t_1 = 5 \text{ min ,, ,, } \tau_1 = 22°,$$
$$\text{,, ,, } t_2 = 10 \text{ min ,, ,, } \tau_2 = 41°,$$
$$\text{,, ,, } t_3 = 15 \text{ min ,, ,, } \tau_3 = 56°,$$
$$\text{,, ,, } t_4 = 20 \text{ min ,, ,, } \tau_4 = 69°.$$

Lösung: Wir gehen von dem bekannten Satze aus, daß sich $\tau_e - \tau$ in gleichen
Zeitabständen nach einer geometrischen Reihe verjüngt. (Vgl. hierzu: Abb. 7a und 7b,

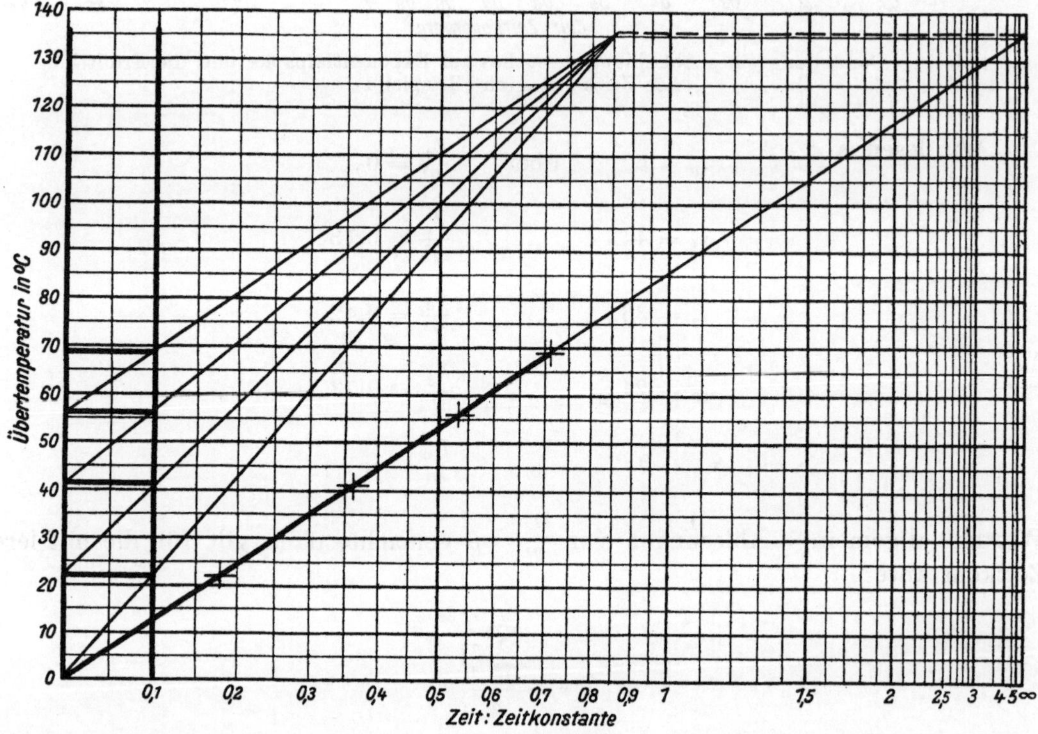

Abb. 12. Ermittlung der Endtemperatur und der Zeitkonstanten mittels kurzzeitigen Erwärmungs-
versuches (Beispiel 2).

welche 2 Konstruktionen der äquidistanten Ordinaten der Erwärmungslinie nach
genanntem Prinzip angeben.) Um nun das unbekannte τ_e durch Konstruktion zu
ermitteln, zeichnen wir in das „Exponentialblatt" die „geometrische Leiter" der
Abb. 7a ein (s. Abb. 12). Die vertikalen „Holme" werden beliebig angenommen,
die horizontalen „Sprossen" in der Höhe der gegebenen Übertemperaturen $\tau_1 \div \tau_4$
eingezeichnet und die mehr oder weniger genau nach einem Punkte konvergierenden
Diagonalen der entstandenen Leiterrechtecke zum Schnitte gebracht. Der letztere
ergibt hier $\tau_e = 136°$. Nun läßt sich auch die Erwärmungslinie einzeichnen, indem
man (0 über 0) mit (136 über ∞) durch eine Gerade verbindet. Auf derselben liest
man ab: (69 über 0,71) für $t = 20$. Also ergibt sich

$$T = \frac{20}{0,71} \backsim 28 \text{ min}.$$

Anmerkung: Wird ein kurzzeitiger Erwärmungsversuch durchgeführt, bei welchem die Zeitintervalle zwischen den einzelnen Temperaturablesungen zunächst ungleich sind, dann empfiehlt es sich, die experimentell ermittelten Punkte auf Millimeterpapier einzuzeichnen, eine möglichst stetige Kurve $\tau = f(t)$ hindurchzulegen und diese durch mehrere äquidistante Vertikale zu teilen. Mit den so erhaltenen Übertemperaturen τ_1, τ_2, τ_3 ... ist dann, wie oben gezeigt, zu verfahren. Wird ein Dauerversuch bis zur Erreichung von τ_e durchgeführt, dann erübrigt sich selbstredend die Konstruktion der geometrischen Leiter. Die Erwärmungslinie (0 über 0) bis (τ_e über ∞) kann dann ohne weiteres eingezeichnet werden und für eine beliebige bekannte Ordinate τ_n die Zeitkonstante aus der entsprechenden Ablesung $\dfrac{t_n}{T}$ berechnet werden.

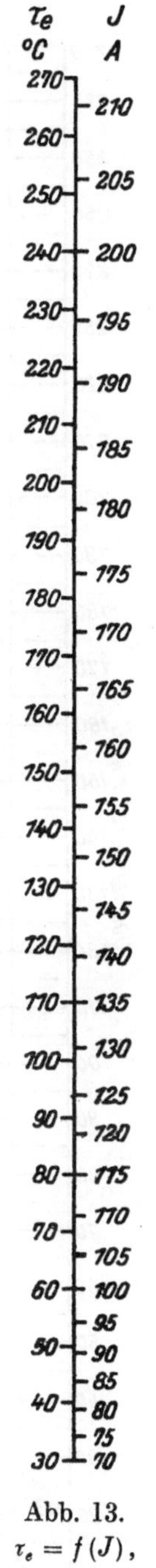

Den folgenden 4 Aufgaben (3 ÷ 6) ist die Wicklung eines Motors zugrunde gelegt, deren mittlere Zeitkonstante mit $T = 30$ min ermittelt worden ist. Ferner wurde die Übertemperatur 60° bei einem Dauerstrom von 100 A gemessen. Nach der Formel

$$\tau_e = 0{,}24\,\frac{V}{A\,\alpha}$$

ist die Doppelskala (Abb. 13) $\tau_e \,|\, J$ hergestellt. Es bedeuten V die dem Strome J entsprechenden Verluste in kW. A ist die Oberfläche der Wicklung in cm² und α der Wärmeabgabekoeffizient in $\dfrac{\text{kg} \cdot \text{cal}}{\text{cm}^2 \cdot \text{sec} \cdot {}^\circ\text{C}}$. Es braucht wohl nicht besonders darauf hingewiesen zu werden, daß die Doppelskala, die die Beziehung $\tau_e = f(J)$ illustriert, in jedem anderen Fall neu gerechnet und angefertigt werden muß.

3. Kurzzeitiger Betrieb. Welchen Strom verträgt die letztgenannte Spule, wenn dieselbe nach $t_1 = 7{,}5$ min; $t_2 = 15$ min; $t_3 = 22{,}5$ min; $t_4 = 30$ min; $t_5 = 45$ min die zulässige Übertemperatur von 60° erreichen soll und wenn die Anfangstemperatur a) $\tau_0 = 0°$; b) $\tau_0 = 20°$ beträgt?

Lösung:

$$\frac{t_1}{T} = \frac{7{,}5}{30} = 0{,}25; \qquad \frac{t_2}{T} = \frac{15}{30} = 0{,}5; \qquad \frac{t_3}{T} = \frac{22{,}5}{30} = 0{,}75; \qquad \frac{t_4}{T} = \frac{30}{30} = 1;$$

$$\frac{t_5}{T} = \frac{45}{30} = 1{,}5\,.$$

Tabelle III.

$t_{\min}$	$\dfrac{t}{T}$	a) $\tau_0 = 0$		b) $\tau_0 = 20°$ C	
		$\tau_e{}^0$	J_A	$\tau_e{}^0$	J_A
7,5	0,25	271	**213**	201	**183**
15	0,50	152	**159**	102	**143**
22,5	0,75	114	**138**	96	**126**
30	1,00	95	**126**	83	**118**
45	1,50	77	**114**	72	**109**
∞	∞	60	**100**	60	**100**

Man zieht durch die 5 Punkte (60 über 0,25); (60 über 0,50); (60 über 0,75); (60 über 1,00); (60 über 1,50) und durch a) (0 über 0) bzw. b) (20 über 0) je ein Strahlenbündel (Abb. 14). Die unter Zuhilfenahme der Abb. 13 abgelesenen Resultate sind in Tab. III zusammengestellt.

Abb. 13. $\tau_e = f(J)$, dargestellt als Doppelskala (Beispiele 3 ÷ 6).

4. Der Motor soll in dauerndem, regelmäßig aussetzendem Betriebe mit 145 A jeweils $a = 3$ min belastet werden. Wie lange muß die darauf folgende

Entlastungszeit b dauern, damit 60° nicht überschritten werden? (Aus Abb. 13 lesen wir bei 145 A .. $\tau_e = 126°$ ab. Ferner ist $\dfrac{a}{T} = \dfrac{3}{30} = 0,1$).

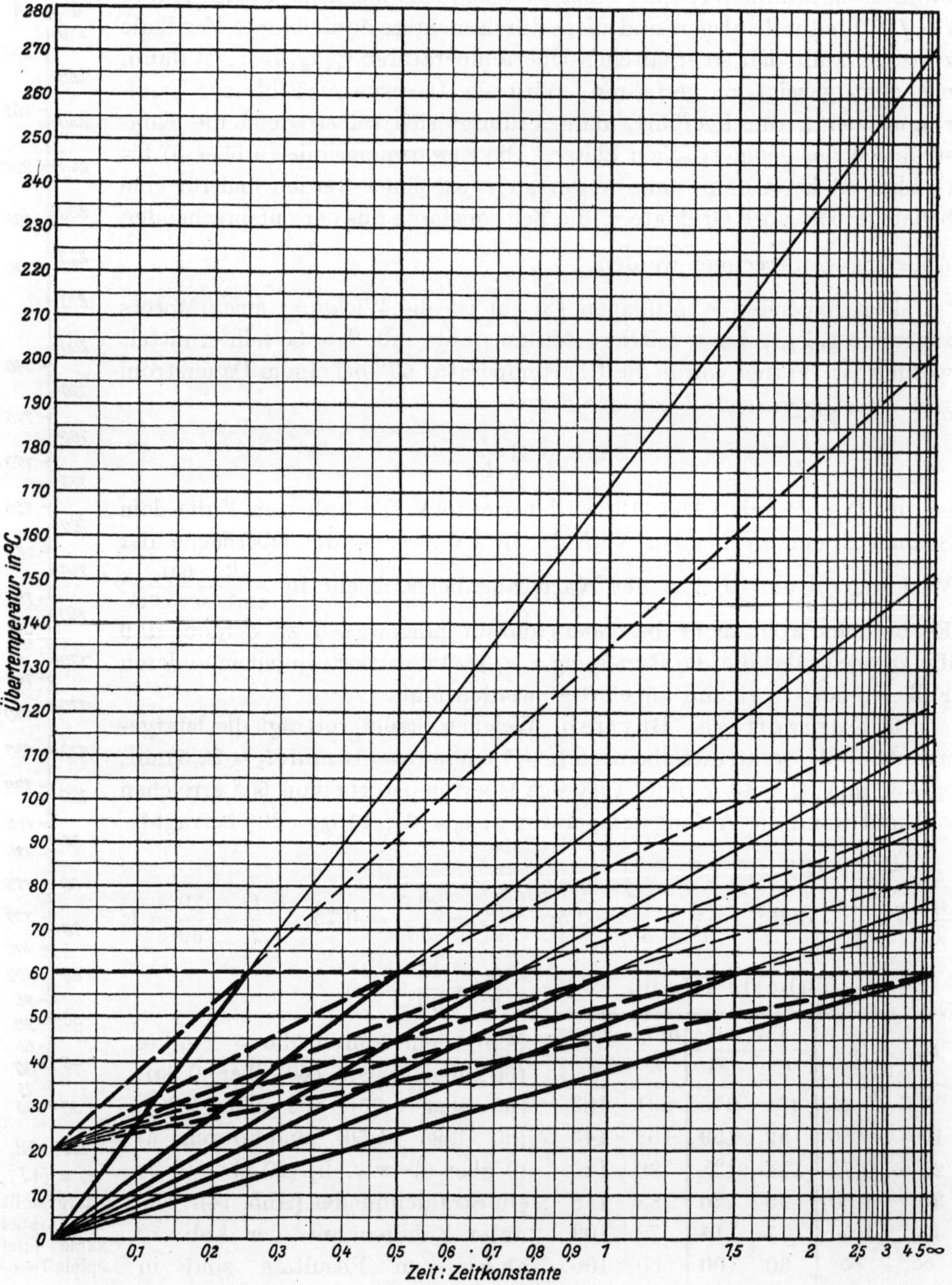

Abb. 14. Kurzzeitiger Betrieb bis zur zulässigen Temperaturgrenze von 60° C (Beispiel 3).
a) Das voll ausgezogene Strahlenbündel gilt für die Anfangstemperatur von 0° C,
b) das strichliert gezeichnete Strahlenbündel für die Anfangstemperatur von 20° C.

Lösung (Abb. 15): Man ziehe die Gerade (0 über 0) nach (126 über ∞). Hierbei ergibt sich (12 über 0,1). Nun ziehe man (12 über 0,1) nach (60 über ∞) und dazu die Parallele (0 über 0) nach (53 über ∞). Innerhalb dieser beiden Parallelen

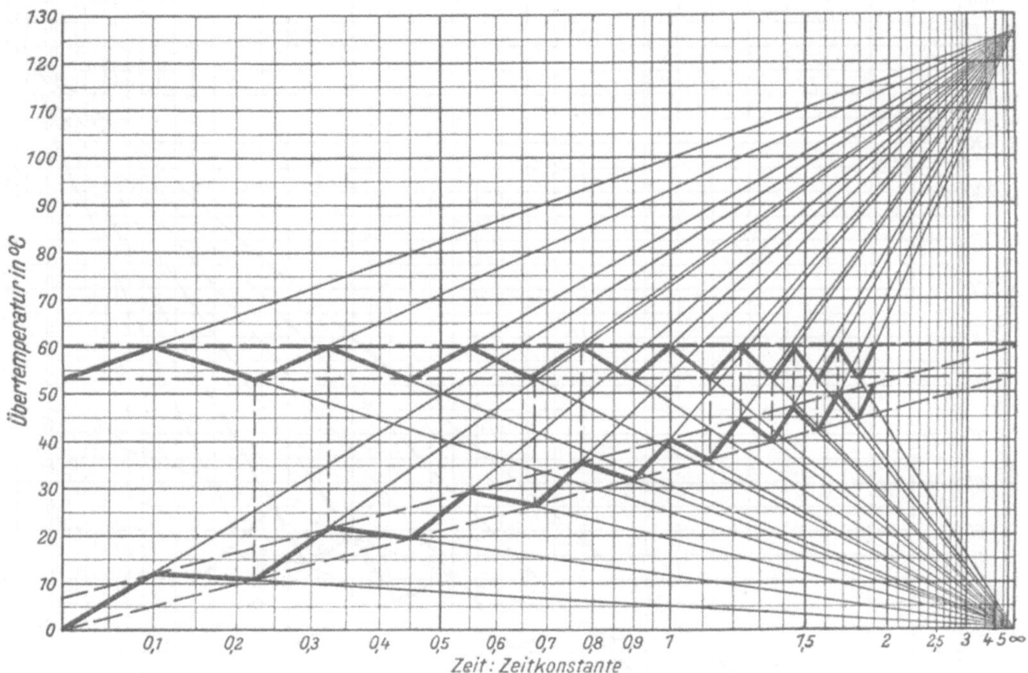

Abb. 15. Dauernder, regelmäßig aussetzender Betrieb (Beispiel 4).
Die schräge Zickzacklinie zeigt den Verlauf des Erwärmungsprozesses, die horizontale Zickzacklinie stellt den Beharrungszustand dar.

spielen sich die Erwärmungs- und Abkühlungsvorgänge ab. Es ist daher ein leichtes, mit Hilfe der Punkte (126 über ∞) und (0 über ∞) die kontinuierliche Zickzacklinie einzuzeichnen. Man liest ab:

$$\frac{a}{T} = 0{,}100\,,$$

$$\frac{a+b}{T} = 0{,}225$$

$$\overline{\qquad\text{mithin}\ \frac{b}{T} = 0{,}125\qquad}\cdot$$

Die Entlastungszeit beträgt also $b = 30 \cdot 0{,}125 = \mathbf{3{,}75\ min}$ und die ganze Periode $3 + 3{,}75 = 6{,}75\ \text{min}$.

In Abb. 15 ist auch der nach etwa $6 \times 30\ \text{min} = 3\ \text{st}$ (theoretisch erst nach unendlich langer Zeit) eintretende Beharrungszustand eingezeichnet. Die Übertemperatur der Spule ist durch die horizontale Zickzacklinie, die naturgemäß die gleichen Perioden besitzen muß wie die schräge, bestimmt. Sie bewegt sich in den Grenzen von $60° \div 53°$.

Anmerkung: Es wurde hier mit großem Vorteil der Konstruktion die mathematisch leicht nachweisbare Eigentümlichkeit des regelmäßig aussetzenden Betriebes zugrunde gelegt, daß $\tau_0, \tau_2, \tau_4, \tau_6 \ldots$ einerseits und $\tau_1, \tau_3, \tau_5, \tau_7 \ldots$ andererseits auf 2 parallelen Exponentiallinien liegen.

5. In Abb. 16 erscheinen die beiden folgenden Aufgaben gelöst:

a) In welcher Weise muß die ganze Periode $a + b = 7,5$ min eingeteilt werden, damit der Motor in 45 Minuten in regelmäßig aussetzendem Betriebe mit

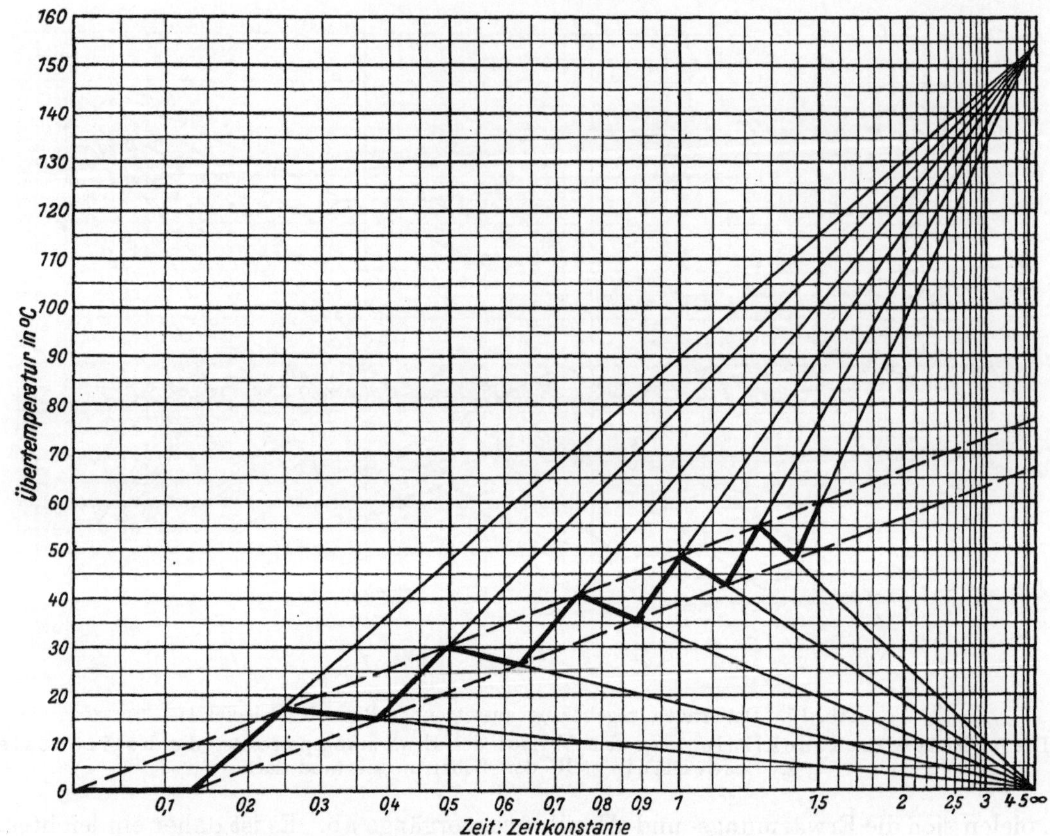

Abb. 16. Kurzzeitiger, regelmäßig aussetzender Betrieb (Beispiel 5).

160 A belastet nicht wärmer als 60° werde? (160 A steht in der Doppelskala der Abb. 13 einem $\tau_e = 154°$ gegenüber.)

b) Welcher Dauerstrom ruft in der gleichen Zeit die gleiche Erwärmung wie der aussetzende Strom hervor?

Lösung a): Ziehe (0 über 0) nach (60 über 1,5) und verbinde den gefundenen Punkt (17 über 0,25) mit (154 über ∞). Das Resultat ist:

$$\text{Entlastungszeit: } b = 0,13 \cdot 30 = \textbf{3,9 min},$$
$$\text{Belastungszeit: } a = (0,25 - 0,13) \cdot 30 = \textbf{3,6 min}.$$

Damit ist Aufgabe a) eigentlich schon gelöst. Die Einzeichnung der Parallelen (0 über 0,13) nach (67 über ∞) sowie der stark ausgezogenen Zickzacklinie dient nur der Kontrolle und dem besseren Verständnis der Erwärmungsvorgänge.

Lösung b): Der Ersatzstrom, dem Punkte 77 über ∞ entsprechend, beträgt **113 A**. (Vgl. Abb. 13).

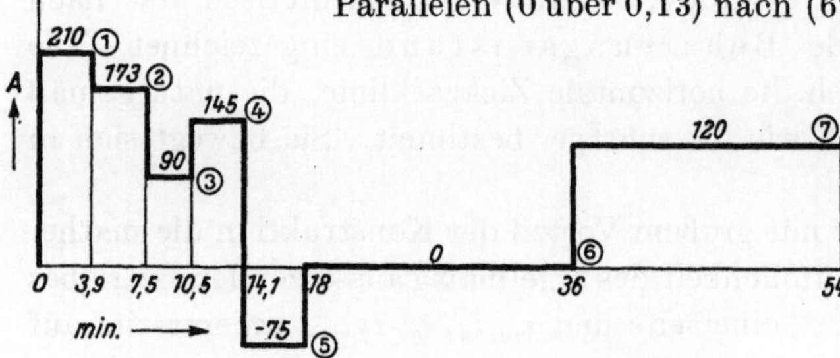

Abb. 17. Strom-Zeit-Diagramm (Beispiel 6).

6. Zum Schlusse der Beispiele über Erwärmung elektrischer Maschinen sei noch ein Fall für einen kurzzeitigen, unregelmäßig aussetzenden Betrieb (wie er etwa bei Bahnen oder bei Kranmotoren vorkommt) ausgeführt.

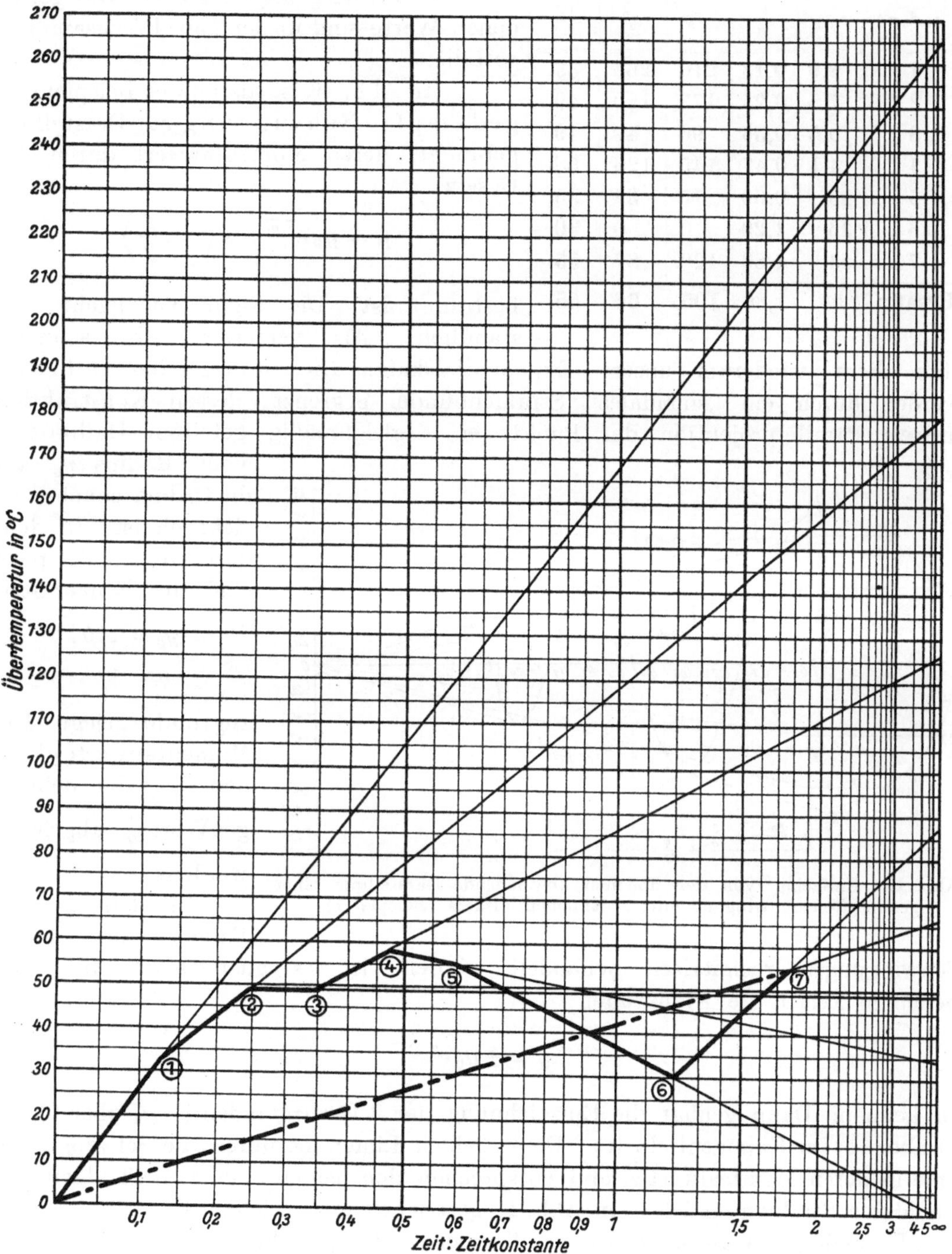

Abb. 18. Kurzzeitiger, unregelmäßig aussetzender Betrieb (Beispiel 6).
Die strichpunktierte Gerade, die Schlußlinie der punktweise ermittelten Zickzacklinie,
$0 \div ① \div ② \div ③ \div .. \div ⑦$ stellt die Erwärmung durch einen konstanten Ersatzstrom dar.

Gegeben sei $J = f(t)$ durch ein Diagramm (Abb. 17). Es sei $\tau = \varphi(t)$ nomographisch zu ermitteln und der konstante Ersatzstrom, der in derselben Gesamtzeit die gleiche Endtemperatur hervorruft, zu bestimmen.

Die Lösung zeigt Abb. 18. Die gefundenen Werte sind in der Tab. IV zusammengestellt.

7. In Abb. 19 ist als letztes Beispiel eine gedämpfte Schwingung zur Darstellung gebracht, deren Momentanwert durch das Gesetz

$$y = y_0\, e^{-\frac{t}{T}} \cos\left(a\,\pi\,\frac{t}{T}\right)$$

Tabelle IV.

Index	t_min	$\dfrac{t}{T}$	J_A	$\tau_e^{\,0}$	τ^0
1	3,9	0,13	210	265	33
2	7,5	0,25	173	180	49
3	10,5	0,35	90	49	49
4	14,1	0,47	145	126	58
5	18	0,60	75	34	55
6	36	1,20	0	0	30
7	54	1,80	120	87	55
Ersatz:	54	1,80	**105**	66	55

bestimmt ist. Die Figur ist leicht verständlich. Als verzerrter Abszissenmaßstab dient wiederum unsere Exponentialskala. Die unverzerrten Ordinaten werden durch ein „sinoidales" Strahlenbündel begrenzt, dessen Konstruktion mittels Parallelprojektion der Punkte eines gleichmäßig geteilten Halbkreises vom Radius y_0 auf die Ordinatenachse ersichtlich ist. In dem dargestellten Beispiele sind die Konstanten

$$y_0 = 120,$$
$$a = 1\tfrac{1}{3}\,.$$

zugrunde gelegt. Die Momentanwerte y können für jeden beliebigen Wert $\dfrac{t}{T}$ abgelesen werden.

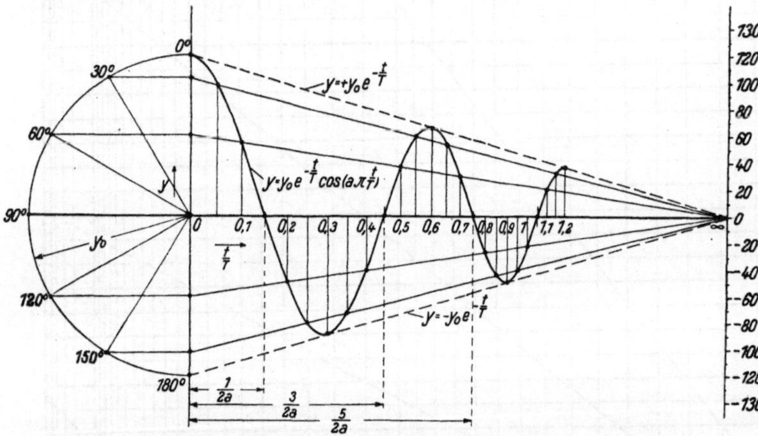

Abb. 19. Einfache, von der üblichen abweichende Darstellung einer gedämpften Schwingung mittels Exponentialskala (Beispiel 7).

In den meisten Fällen, in denen Schwingungen rechnerisch behandelt werden, ist es ausreichend, für eine beliebige Zeit t die Amplituden

$$y = \pm y_0\, e^{-\frac{t}{T}}$$

zu kennen. Dann genügt die Einzeichnung der 2 Grenzgeraden ($\pm y_0$ über 0) bis (0 über ∞) im Exponentialblatt. Diese beiden Linien berühren die Schwingungslinie in deren Maximalwerten und entsprechen den beiden äußersten Strahlen des sinoidalen Strahlenbündels. (In Abb. 19 gestrichelt eingezeichnet.)

In analoger Weise können ganz allgemein gedämpfte Schwingungen

$$\frac{y_e - y}{y_e - y_0} = e^{-\frac{t}{T}} \cos\left(a\,\pi\,\frac{t}{T}\right)$$

dargestellt werden, bei welchen die 2 tangierenden Exponentiallinien, mit y_0 beginnend, sich asymptotisch dem Werte y_e nähern. Auch hier transformieren sich die Exponentiallinien des Millimeterpapieres

$$\frac{y_e - y}{y_e - y_0} = \pm\, e^{-\frac{t}{T}}$$

in die 2 Grenzgeraden des Exponentialblattes

$$(+\, y_0 \text{ über } 0) \quad \text{bis} \quad (+\, y_e \text{ über } \infty)$$
$$\text{bzw.} \quad (-\, y_0 \text{ über } 0) \quad \text{bis} \quad (-\, y_e \text{ über } \infty).$$

Zusammenfassung.

Die Differentialgleichung $\dfrac{dy}{dt} = \dfrac{1}{T}(y_e - y)$ wird integriert und an mehreren Beispielen das häufige Auftreten derselben bei physikalischen Vorgängen angedeutet. Als anschauliches Beispiel wird die Erwärmung homogener Körper herausgegriffen und hierfür die theoretische Grundlage zur Aufstellung der Erwärmungsgleichungen entwickelt. Hierauf wird die gebräuchliche Darstellung mittels Kurven gestreift. Es folgt die Transformation von Millimeterpapier in Exponentialpapier, dessen Berechnung und Konstruktion gezeigt wird[1]). Einige ausgeführte Beispiele, die sich auf die Ermittlung der Zeitkonstanten aus Versuchen sowie auf die Erwärmung von elektrischen Maschinen im aussetzenden Betriebe beziehen, erläutern die mannigfache Anwendbarkeit des nomographischen Verfahrens bei wärmetechnischen Aufgaben. Ein weiteres Beispiel, die Darstellung einer gedämpften Schwingung auf Exponentialpapier, beschließt die Abhandlung.

---

[1]) Diese Transformation ist die einzig mögliche, um die unter der Voraussetzung $y_e \gtreqqless 0$ sechs denkbaren Fälle:

$$y_e > y_0 \gtreqqless 0,$$
$$y_0 > y_e \gtreqqless 0,$$
$$y_0 = y_e > 0,$$

durch welche das Gesetz $\dfrac{y_e - y}{y_e - y_0} = e^{-\frac{t}{T}}$ geometrisch scheinbar verschiedenen Charakter erhält (vgl. die konvexen und konkaven Kurven in Abb. 1÷5) stets auf Gerade zurückführen zu können. Bei anderen Transformationen geht dies nicht ohne weiteres. Naheliegend ist die Wahl einer logarithmischen Teilung für y und einer arithmetischen für t. Die Umwandlung der Kurven in Gerade ist jedoch in diesem Falle nur dann möglich, wenn als Ordinate $\pm\,(y_e - y)$, nicht aber wie beim Exponentialpapier y aufgetragen wird. Hierdurch wird die Anwendung der logarithmischen Teilung unübersichtlich und umständlich. Außerdem würden sich hier für verschiedene T Geradescharen ergeben, denen bei Exponentialpapier vorteilhaft eine einzige Gerade gegenübersteht. Als weiterer Vorteil gegenüber den anderen Darstellungsarten sei genannt, daß der Verlauf der ganzen Kurve $y = f(t)$ für $t = 0$ bis $t = \infty$ auf einen endlichen Bereich zusammengedrängt wird.

Die Ortskurven und Zustandsdiagramme eines Wechselstromkreises, angewandt auf die Fahrtregulierung bei Wechselstrom-Lokomotiven.

Von **Theodor Kopczynski.**

Mit 7 Textabbildungen.

Mitteilung aus dem Dynamowerk der Siemens-Schuckertwerke G. m. b. H.

Eingegangen am 22. Dezember 1922.

Das Anfahren bei Fahrzeugen, angetrieben durch Einphasen-Kollektormotoren, erfolgt in der Weise, daß man die Motoren im Verlaufe des Anfahrens nach und nach an immer höhere Spannungen legt, bis die erwünschte Fahrgeschwindigkeit erreicht ist. Die Änderung der Spannung erfolgt entweder allmählich, z. B. mit Hilfe eines Drehtransformators, oder sprungweise durch Anzapfungen des Haupttransformators. Beide Regulierungsarten können auch kombiniert werden. In der letzten Zeit ist man jedoch von der Verwendung des Drehtransformators immer mehr und mehr abgekommen. Um jedoch die Spannungsänderung ohne Leistungsunterbrechung zu bewirken,

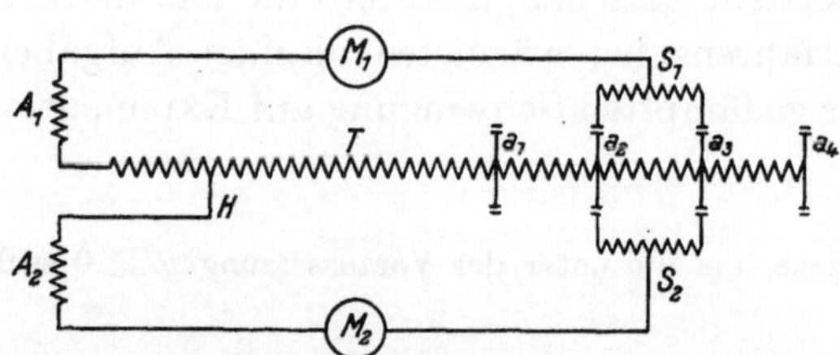

Abb. 1. Schaltbild des Haupttransformators mit Ausgleichtransformator und der Triebmotoren.

werden Schaltspulen verwendet, die auch die Aufgabe haben, die Leistung auf zwei oder mehrere Anzapfungen mehr oder weniger gleichmäßig zu verteilen.

Die Anzahl der Stufen oder vielmehr die Spannungssprünge sind gegeben durch die höchst zulässigen Zugkraftsprünge, die man in Rücksicht auf die Festigkeit der Wagenkupplungen oder auch aus anderen Gesichtspunkten, nicht zuletzt in Rücksicht auf die Motoren selbst, noch zulassen will. Im allgemeinen erfordern kleine Zugkraftsprünge viel Anzapfungen am Haupttransformator, was andererseits viel Schaltapparate erfordert. Es ist eine Reihe Schaltungen angegeben worden, die bezwecken, die Anzahl der Anzapfungen möglichst zu verringern. Es seien hier nur beispielsweise die Schaltungen nach DRP. 271 990 und 286 613 erwähnt. Diese Schaltungen erreichen ihren Zweck, jedoch wird die Anzahl und auch das Gewicht der Schaltspulen wieder größer.

Der Gegenstand der vorliegenden Untersuchung ist eine von Herrn Obering. Kann, Dynamowerk, vorgeschlagene und zum DRP. angemeldete Schaltung. Die Schaltung selbst ist in Abb. 1 schematisch dargestellt.

In der Abb. 1 bedeuten:

T die Sekundärwicklung des Haupttransformators.

(Die Primärwicklung ist in dem Bilde der Deutlichkeit halber weggelassen).

H ist eine Hilfsanzapfung der Sekundärwicklung.

a_1, a_2, a_3, a_4 sind die Spannungsstufen des Haupttransformators, an die die Fahrmotoren M_1 und M_2 nach und nach gelegt werden.

S_1, S_2 sind die Schaltspulen, die erlauben, daß der Strom den Fahrmotoren durch je 2 Anzapfungen zugeführt wird und beim Weiterschalten niemals unterbrochen wird.

A_1, A_2 sind die beiden Wicklungen eines Ausgleichstransformators.

Der Vorteil der Schaltung liegt hauptsächlich darin, daß die Anzahl der Anzapfungen a auf die Hälfte herabgesetzt werden kann, ohne daß die Zugkraftssprünge das zulässige Maß überschreiten (Abb. 7).

Der Zweck der vorliegenden Arbeit ist, die Spannungs- und Stromdiagramme aufzustellen, den geometrischen Ort der Zeitvektoren der Motorspannungen sowie des Ausgleichstransformatorfeldes zu ermitteln und daraus die Wirkungs-

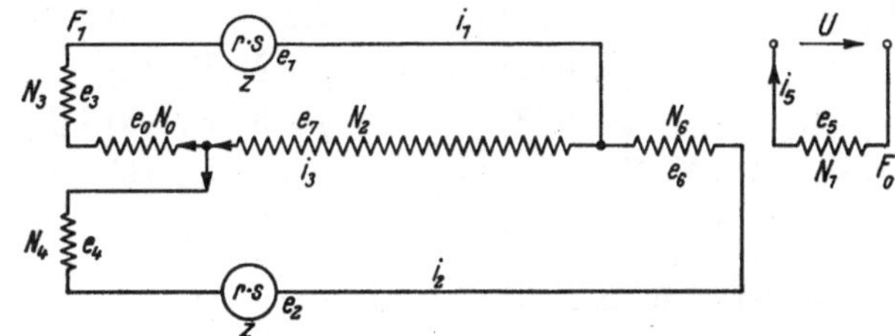

Abb. 2. Vereinfachtes Ersatzbild für die Abb. 1.

weise der Schaltung zu beurteilen und Unterlagen für die Bemessung des Ausgleichstransformators zu gewinnen. Zu diesem Zweck ist die Abb. 1 als vereinfachtes Ersatzschema in Abb. 2 dargestellt worden.

In diesem Ersatzschema Abb. 2 bedeuten:

N_1 die Primärwindungen des Haupttransformators.

U die Klemmenspannung, die als gegeben und unveränderlich anzusehen ist.

i_5 der Primärstrom.

F_0 das Feld des Haupttransformators.

e_5 die EMK, die von F_0 in N_1 induziert wird.

z sind die die Motoren ersetzenden Impedanzen mit dem Ohmschen Widerstand r und der Reaktanz ωs .

e_1 und e_2 sind die EMKK, die von den Motorströmen i_1 und i_2 in den Impedanzen z erzeugt werden.

N_3, N_4 sind die beiden Windungszahlen des Ausgleichstransformators und e_3, e_4 die entsprechenden EMKK .

F_1 ist das Feld des Ausgleichstransformators, das von den $A W = N_3 \cdot i_1$ und $N_4 \cdot i_2$ erzeugt wird.

N_0 sind die Windungszahlen des Haupttransformators bis zum Hilfsanschluß.

e_0 ist die EMK , die das Feld F_0 in den Windungen N_0 induziert.

Die Pfeile sind Zählpfeile und deuten darauf, in welcher Richtung die elektrischen Größen e , i , F , N als positiv gerechnet werden sollen[1]).

Um den Kern der Frage zu treffen, sollen alle störenden Nebenerscheinungen, wie Streuungs- und Kupferverluste sowie Eisensättigungen, vernachlässigt werden.

Aus der Abb. 2 ist sofort zu ersehen, daß e_6 einer Spannung zwischen 2 benachbarten Anzapfungen des Transformators entspricht und daß der Beginn des Fortschaltens in der der Abb. 2 entsprechenden Anschlußstellung der Motoren erfolgt. Die zweite Stufe ist die, wo der obere Motor an dieselbe Anzapfung wie der untere gelegt

---

[1]) Siehe auch O. Bloch: Die Ortskurven der graphischen Wechselstromtechnik. Zürich: O. Rascher & Co. 1917.

wird, die weitere Stufe ist die, wo der untere Motor an die nächste Anzapfung gelegt wird, dann die nächste Stufe, wo der obere Motor dem unteren gefolgt ist usw. Es gibt also zwei ausgezeichnete Stellungen. Die eine, wo die Motoren so angeschlossen sind, wie es in Abb. 2 dargestellt ist, und die zweite, wo die beiden Motoren an eine und dieselbe Anzapfung angeschlossen sind, in dem letzten Falle ist $e_6 = 0$.

Die Abb. 2 liefert auf Grund der Kirchhoffschen Regeln und der Grundgesetze des Elektromagnetismus und der Induktion 15 Gleichungen, in denen nur die primäre Klemmenspannung und die konstanten Windungszahlen und die Impedanzen der Motoren als gegeben zu betrachten sind.

$$U_1 + e_5 = 0 \qquad (1) \qquad e_2 = - i_2 z \qquad (6) \qquad e_0 = - j\omega N_0 F_0 \qquad (11)$$

$$e_7 + e_0 + e_3 + e_1 = 0 \ (2) \qquad e_3 = - j\omega N_3 F_1 \ (7) \qquad z = r + j\omega s \qquad (12)$$

$$e_7 + e_4 + e_2 + e_6 = 0 \ (3) \qquad e_4 = - j\omega N_4 F_1 \ (8) \qquad F_0 = p(i_1 N_0 + i_3 N_2 + i_2 N_6 + i_5 N_1) \ (13)$$

$$e_5 = - j\omega N_1 F_0 \qquad (4) \qquad e_6 = - j\omega N_6 F_0 \ (9) \qquad F_1 = q(i_1 N_3 + i_2 N_4) \qquad (14)$$

$$e_1 = - i_1 z \qquad (5) \qquad e_7 = - j\omega N_2 F_0 \ (10) \qquad i_3 - i_2 - i_1 = 0 \qquad (15)$$

ω ist eine Konstante, die die Frequenz enthält, p und q sind Konstanten, die die magnetische Leitfähigkeit des Haupt- und des Ausgleichstransformators enthalten.

Wenn ferner angenommen wird, daß der Ausgleichstransformator in seinen beiden Wicklungen gleiche Windungszahlen enthält, die jedoch gegeneinandergeschaltet sind, so kann gesetzt werden:

$$N_3 = - N_4 = N \tag{16}$$

Da die Gleichungen (1) bis (16) in bezug auf die Zeitvektoren sämtlich ersten Grades sind, so läßt sich das System mit Hilfe von Determinanten leicht auflösen, und man erhält für das Feld des Ausgleichstransformators folgende Beziehung:

$$\frac{F_1}{U} = - \frac{N_0}{N_1} \frac{1 - \dfrac{N_6}{N_0}}{\dfrac{z}{qN} + j\omega\, 2N} \tag{17}$$

und für die Motorspannungen e_1 und e_2:

$$\frac{e_1}{U} = \frac{N_0}{N_1} \frac{j\omega N\left(1 + 2\dfrac{N_2}{N_0} + \dfrac{N_6}{N_0}\right) + \dfrac{z}{qN}\left(1 + \dfrac{N_2}{N_6}\right)}{\dfrac{z}{qN} + j\omega\, 2N}, \tag{18}$$

$$\frac{e_2}{U} = \frac{N_0}{N_1}\left(\frac{N_2}{N_0} + \frac{N_6}{N_0} + j\omega N \frac{1 - \dfrac{N_6}{N_0}}{\dfrac{z}{qN} + j\omega\, 2N}\right). \tag{19}$$

Die Differenz von e_1 und e_2, genauer die Komponente der Differenz, die mit U in Gegenphase ist, ergibt sich aus der Gleichung

$$\frac{e_1}{U} - \frac{e_2}{U} = \frac{N_0}{N_1}\left(1 - \frac{N_6}{N_0}\right)K, \tag{20}$$

wobei K Zusammenfassung von Konstanten ist, die sich aus den Motordaten ergeben.

Für $\dfrac{N_6}{N_0} = 0$ ergibt sich aus Gleichung (20)

$$\frac{e_1}{U} - \frac{e_2}{U} = \frac{N_0}{N_1}K. \tag{21}$$

Es ist zweckmäßig $\dfrac{N_6}{N_0}$ so einzurichten, daß

$$\frac{N_0}{N_1}\left(1 - \frac{N_6}{N_0}\right) K = - \frac{N_0}{N_1} K \tag{22}$$

wird, weil in diesem Falle die Motorspannungen beim Fortschalten um einen, der Schaltstufe entsprechenden Spannungswert symmetrisch schwanken werden.

Aus Gleichung (22) ergibt sich der Wert für $\dfrac{N_6}{N_0}$ zu

$$\frac{N_6}{N_0} = 2 \tag{23}$$

Die Windungszahl bis zur Hilfsanzapfung muß nach Gleichung (23) halb so groß sein wie die Windungszahl zwischen 2 Anzapfungen. Die Gleichungen (18) und (19) zeigen, daß mit Fortschreiten des Schaltens, also wenn N_2 immer höhere Werte erreicht, der geometrische Ort für die Motorspannungen e_1 und e_2 eine Gerade mit linearer Skala ist. Das bedeutet, wenn die Spannungssprünge konstant werden sollen, so müssen die Anzapfungen in gleichen Abständen angebracht werden. Die Gleichung (17) zeigt gleichzeitig, daß die Feldstärke des Ausgleichstransformators davon unabhängig ist, welchen Wert N_2 annimmt. Bei konstanter Impedanz der Motoren ($z = \text{const}$) schwankt das Feld des Ausgleichstransformators zwischen den Werten, s. Gleichung (17):

$$\frac{F_1}{U} = \mp \frac{N_0}{N_1} \frac{1}{\dfrac{z}{q\,N} + j\,\omega\,2\,N}, \tag{24}$$

wobei das $(-)$ Vorzeichen für den Fall gilt, daß die Motoren auf eine und dieselbe Anzapfung geschaltet sind und das $(+)$ Zeichen, wenn der eine Motor um eine Stufe vorgeschritten ist. Die Gleichung (24) gibt den Wert des Feldes des Ausgleichstransformators bei der Impedanz z der Motoren an.

Auch der Wert der EMK e_3 am Ausgleichstransformator, die in den Windungen N_3 induziert wird, läßt sich leicht anschreiben

$$\frac{e_3}{e_6} = \frac{1 - \dfrac{N_0}{N_6}}{\dfrac{z}{j\,\omega\,q\,N^2} + 2}. \tag{25}$$

Für den Fall, daß die beiden Motoranschlüsse nicht auf einer Anzapfung stehen, also $\dfrac{N_0}{N_6} = \dfrac{1}{2}$ ist, und daß die Reaktanz der Motoren z klein ist gegen die Reaktanz des Ausgleichstransformators $\omega\,q\,N^2$, so erhalten wir

$$\frac{e_3}{e_6} = \frac{1}{4}. \tag{26}$$

Die Spannung am Ausgleichstransformator ist also $^1/_4$ der Stufenspannung am Haupttransformator. Wenn man bedenkt, daß durch jede Wicklung des Ausgleichstransformators der Motorstrom fließt, so gibt die Gleichung (26) direkt die scheinbare Leistung in kVA des Ausgleichstransformators an.

In Abb. 3 ist der geometrische Ort für e_1 und e_2 für verschiedene Verhältnisse von $\dfrac{N_2}{N_0}$ dargestellt, wobei die Lage von e_1 und e_2 zu der Primärspannung U und dem Zeitvektor des Feldes F_1 des Ausgleichstransformators zu ersehen ist.

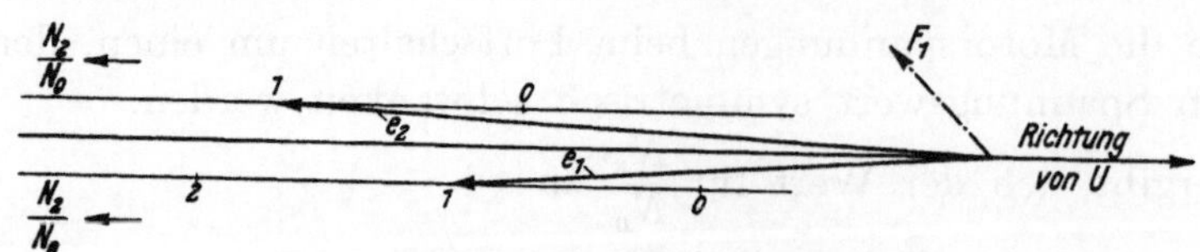

Abb. 3. Der geometrische Ort von e_1 und e_2 als Funktion von $\dfrac{N_2}{N_0}$. F_1 ist von $\dfrac{N_2}{N_0}$ unabhängig.

Das Diagramm ist für folgende Werte gezeichnet:

$$\frac{N_6}{N_0} = 2; \qquad \frac{s}{qN} = 0,1;$$

$$\frac{r}{qN} = 2,4; \qquad \omega = 10;$$

$$N = 0,07; \qquad \frac{N_1}{N_0} = -1.$$

Auch der geometrische Ort für die Motorspannung e_1 und e_2 in Abhängigkeit von der Stufenspannung e_6 am Haupttransformator ist eine Gerade mit linearer Skala, wobei aus der Gleichung (17) zu ersehen ist, daß in diesem Falle der Vektor F_1 sich linear

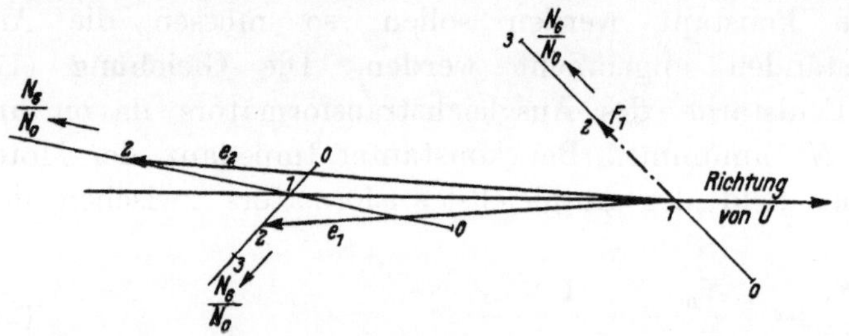

Abb. 4. Der geometrische Ort von e_1, e_2 und F_1 als Funktion von $\dfrac{N_6}{N_0}$.

mit N_6 ändert, freilich ohne seine Richtung zu verändern.

In der Abb. 4 ist dies für folgende Konstanten dargestellt:

$$\frac{N_2}{N_0} = 1; \qquad \frac{s}{qN} = 0,1;$$

$$\frac{r}{qN} = 2,4; \qquad \omega = 10;$$

$$N = 0,07; \qquad \frac{N_1}{N_0} = -1.$$

Es bleibt nur noch zu untersuchen, was der geometrische Ort ist, wenn die Drehzahl der Motoren geändert wird.

In diesem Falle wird r der Drehzahl proportional, und aus den Gleichungen (17), (18) und (19) ist zu ersehen,

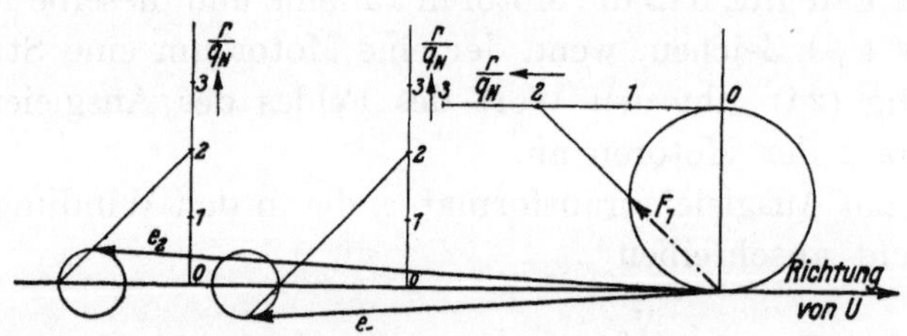

Abb. 5. Der geometrische Ort von e_1, e_2 und F_1 als Funktion von $\dfrac{r}{q_N}$.

daß der geometrische Ort für F_1, e_1 und e_2 Kreise sind.

Dies ist in der Abb. 5 dargestellt.

Aus der Abb. 5 ist zu ersehen, daß die Klemmenspannung der Motoren mit der Drehzahl sich nur wenig ändert, dagegen wird der Ausgleichstransformator bei geringer Drehzahl magnetisch am höchsten beansprucht.

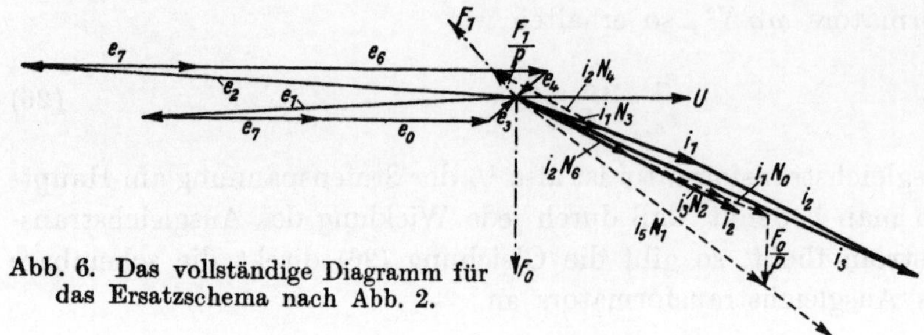

Abb. 6. Das vollständige Diagramm für das Ersatzschema nach Abb. 2.

Es ist also das Eisen des Ausgleichstransformators nach den Anfahrverhältnissen zu bemessen.

Das vollständige Diagramm der Schaltung für die Werte

$$\frac{N_6}{N_0} = 2; \qquad \frac{s}{qN} = 0,1;$$

$$\frac{r}{qN} = 2,4; \qquad \omega = 10;$$

$$N = 0,07; \qquad \frac{N_1}{N_0} = -1;$$

$$\frac{N_2}{N_0} = 1$$

ist in der Abb. 6 dargestellt.

Endlich ist aus der Abb. 7 zu ersehen, wie die Spannungssprünge an den Motoren ohne und mit Ausgleichstransformator ausfallen. Man sieht, daß die Spannungssprünge mit Ausgleichstransformator nur halb so groß sind wie ohne ihn.

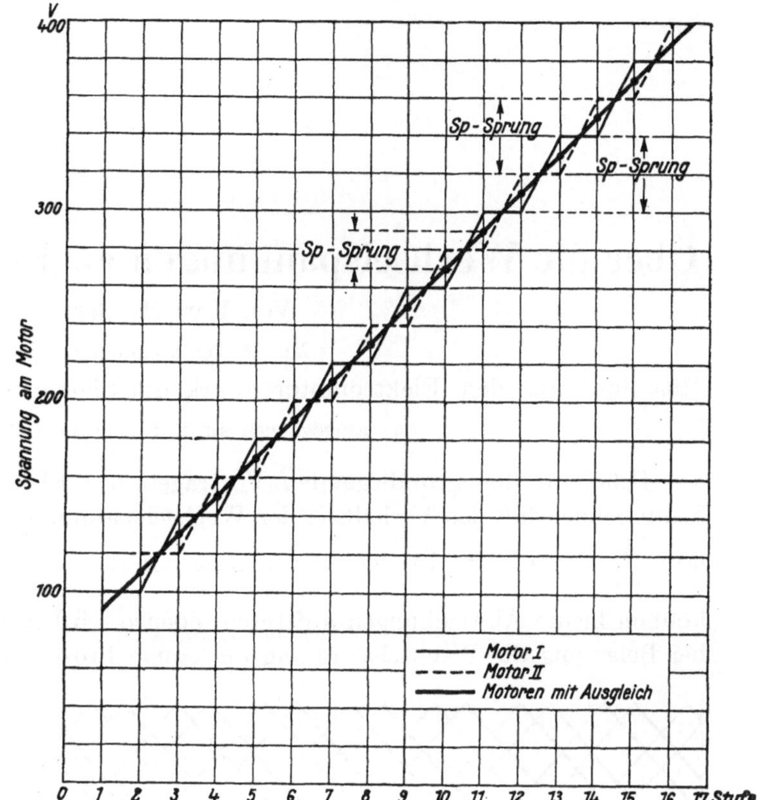

Abb. 7. Die Spannungssprünge an den Klemmen der Triebmotoren beim Fortschalten mit und ohne Ausgleichstransformator.

Zusammenfassung.

Vorstehend wird gezeigt, wie in das Verhalten von neuartigen komplizierten Wechselstromkreisen, hier eine Fahrtregelvorrichtung einer Lokomotive, bestehend aus einem Stufentransformator in Verbindung mit einem Ausgleichstransformator, durch Anwendung von Ortskurven der graphischen Wechselstromtechnik besonders klar hineingeleuchtet werden kann. In dem vorliegenden Beispiel sind die Wechselstromkreise, bestehend aus Motoren und Transformatoren, durch ein Ersatzschema dargestellt, auf das dann die Kirchhoffschen Regeln angewendet werden, die eine Reihe, in bezug auf die Zeitvektoren, linearer Gleichungen ergeben. Die Lösungen dieser Gleichungen sind als Ortskurven in der Gaussschen Ebene dargestellt, wodurch das Zusammenarbeiten der Maschinen und Apparate besonders anschaulich wird.

Über die Wechselspannungen an Einankerumformern.

Von **Karl Metzler**.

Mit 16 Textabbildungen.

Mitteilung aus dem Elektromotorenwerk der Siemens-Schuckertwerke G. m. b. H.

Eingegangen am 2. November 1922.

Schon in den grundlegenden Vorträgen des Elektromaschinenbaues hört der Studierende, daß das Verhältnis der Wechselspannung zur Gleichspannung im Leerlauf $\frac{1}{\sqrt{2}} = 0{,}707$ ist. Infolge Abweichung von der Sinuslinie, für die obige Zahl gilt, können kleine Abweichungen auftreten, ebenso wird infolge des Spannungsverlustes bei Belastung die Wechselspannung um einige Prozent kleiner sein. Wesentlich ist,

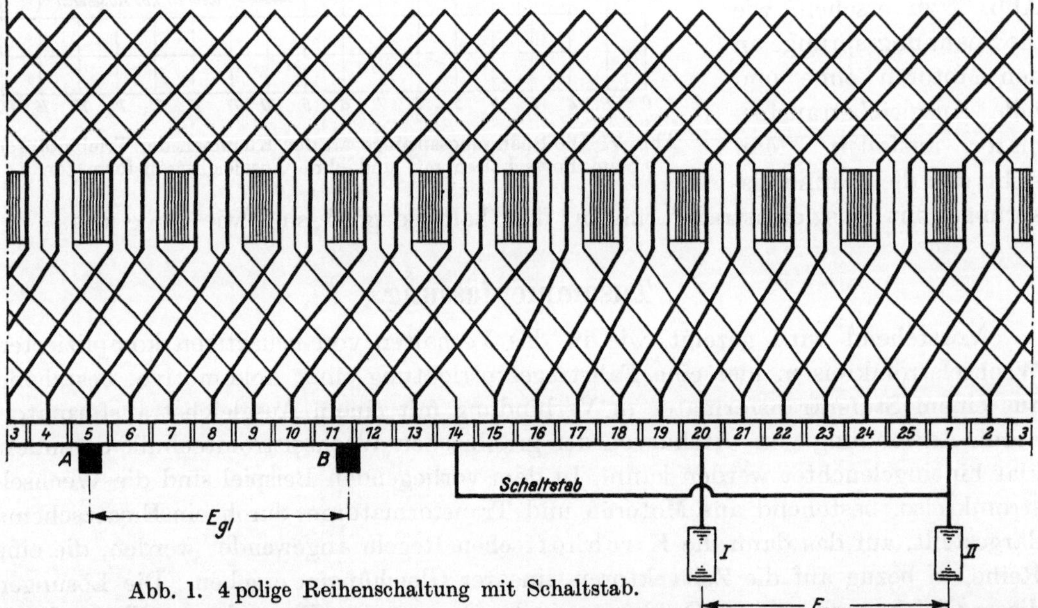

Abb. 1. 4 polige Reihenschaltung mit Schaltstab.

daß die Wechselspannung kleiner ist als die Gleichspannung, denn die Gleichspannung entspricht dem Maximalwert, dagegen die Wechselspannung dem Effektivwert.

Für den mit diesen an und für sich richtigen Kenntnissen Ausgestatteten wird es daher etwas überraschend und zunächst unerklärlich sein, wenn ich behaupte, daß die Wechselspannung auch 2 oder 3 oder noch mehr mal so groß sein kann als die Gleichspannung. Hinzugefügt muß werden, daß dieser „anormale" Wert erhalten wird, ohne daß an der Maschine irgend etwas zu ändern ist. Als Versuchsmaschine nehmen wir einen normalen Regelmotor mit einer Regelung der Drehzahl im Verhältnis 1 : 3

und bringen 2 Schleifringe an, die in geeigneter Weise mit der Ankerwicklung verbunden sind. Bei Reihenschaltung und einem 4 poligen Motor sind die Schleifringe an 2 Kollektorsegmente, die um 90° räumlich gegeneinander verschoben sind, anzuschließen. Damit die beiden parallel liegenden Wicklungshälften gleich werden, ist der eine Schleifring im besonderen Falle auf der dem Kollektor gegenüber liegenden Stirnseite anzuschließen. Abb. 1 zeigt eine 4 polige Reihenschaltung mit Schaltstab nebst den beiden Schleifringen, die hier auf ein und derselben Stirnseite anzuschließen sind. Ring I kommt an Segment 1, Ring II an Segment 20. Segment 1 ist durch den Schaltstab mit Segment 14 verbunden.

Es bezeichne:

$\Phi =$ Kraftfluß jedes Poles,

$z =$ Gesamtleiterzahl des Ankers,

$n =$ Drehzahl in der Minute,

$2\,p =$ Polzahl,

$2\,a =$ Zahl paralleler Ankerzweige,

$b_p =$ Polbogen,

$\tau =$ Polteilung,

$\alpha = \dfrac{b_p}{\tau}$,

$l =$ axiale Länge des Ankereisens,

$l' = \dfrac{z}{2\,a} \cdot l =$ Länge der im Eisen liegenden, hintereinander geschalteten Leiter einer Ankerabteilung,

$v =$ Geschwindigkeit, mit der die Ankerleiter durch die Linien des Kraftflusses schneiden,

$T =$ Zeitdauer einer Periode,

$f = \dfrac{1}{T} =$ Zahl der Perioden in der Sekunde $= \dfrac{p\,n}{60}$,

$Z =$ Zähler,

$N =$ Nenner.

Im Schnitt senkrecht zur Achse hat der Fluß annähernd trapezförmige Gestalt. Es ist dann

$$\mathfrak{B}_{max} = \frac{\Phi}{\dfrac{b_p + \tau}{2} \cdot l} = \frac{\Phi}{\tau \cdot l} \frac{2}{1 + \alpha} ,$$

$$v = \frac{\text{Weg}}{\text{Zeit}} = \frac{2\,\tau}{T} = 2\,\tau \cdot f \ \text{cm/sec} .$$

Würden alle $\dfrac{z}{2\,a}$ Leiter in einer Nut liegen, so ergäbe sich die maximale EMK aus

$$E_{max} = \mathfrak{B}_{max} \cdot l' \cdot v \cdot 10^{-8}$$

zu

$$E_{max} = \frac{\Phi}{\tau \cdot l} \cdot \frac{2}{1 + \alpha} \cdot \frac{z}{2\,a} \cdot l \cdot 2\,\tau \cdot f\, 10^{-8} ,$$

oder

$$E_{max} = \frac{2}{1 + \alpha} \cdot \frac{z}{a} \cdot f \cdot \Phi \cdot 10^{-8} . \tag{1a}$$

Die $\dfrac{z}{2\,a}$ Leiter sind aber gleichmäßig verteilt, daher liegen die einzelnen Leiter an Stellen verschiedener Dichte des Kraftflusses. Obige Gleichung (1a) ist daher mit einem Faktor k_s zu multiplizieren, der sich errechnet aus

$$k_s = \frac{\sum\limits_1^n (\mathfrak{B})}{n \cdot \mathfrak{B}_{max}} = \frac{\dfrac{b_p + \tau}{2}\,\mathfrak{B}_{max}}{\tau \cdot \mathfrak{B}_{max}} = \frac{\text{Mittelwert}}{\text{Maximalwert}},$$

$$k_s = \frac{1 + \alpha}{2}\,.$$

Damit wird

$$E_{max} = \frac{z}{a} \cdot f \cdot \Phi \cdot 10^{-8}\,. \tag{1}$$

Setzt man noch $\dfrac{\text{Effektivwert}}{\text{Maximalwert}} = \sigma$, bekannt als „Scheitelfaktor", so wird

$$E_\sim = \sigma \cdot \frac{z}{a} \cdot f \cdot \Phi \cdot 10^{-8}\,. \tag{2}$$

Die EMK einer Gleichstrommaschine ist

$$E_{gl} = z \cdot \Phi \cdot \frac{n}{60} \cdot \frac{p}{a} \cdot 10^{-8}\,. \tag{3}$$

oder mit $f = \dfrac{n}{60} \cdot p$ auch

$$E_{gl} = \frac{z}{a} \cdot f \cdot \Phi \cdot 10^{-8}\,. \tag{3}$$

Dividiert man Gleichung (2) durch (3), so wird

$$\frac{E_\sim}{E_{gl}} = \sigma\,. \tag{4}$$

In Abb. 2 ist der Fluß für $\alpha = 0$, 2, 4, 6, 8 und 10 Zehntel aufgezeichnet.

$\alpha = 0$ ergibt die dreieckige, $\alpha = 1$ die rechteckige Flußform. Bildet man die Integralkurve von $\mathfrak{B}$, so ergibt sich die Kurve der EMK E. Diese 6 Kurven sind in

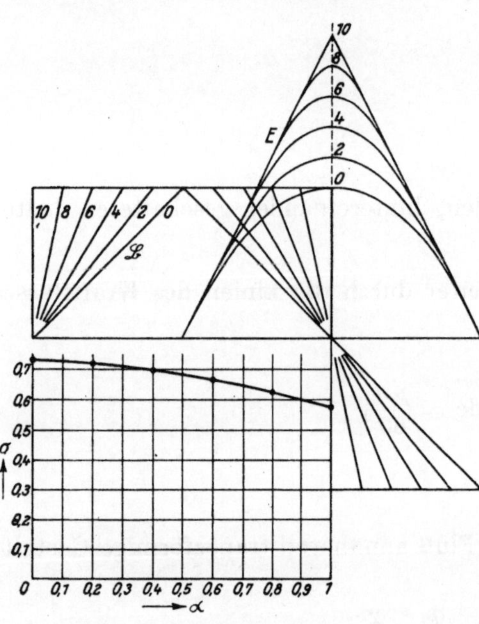

Abb. 2. Kurven der Flußverteilung und der EMK für verschiedene Werte von α.

Abb. 2 ebenfalls eingetragen. Für die rechteckige $\mathfrak{B}$-Kurve ergibt sich die dreieckige E-Kurve, alle anderen E-Kurven sind stumpfer, und zwar desto mehr, je kleiner α wird.

Je stumpfer die Kurve, desto größer wird das Verhältnis

$$\sigma = \frac{\text{Effektivwert}}{\text{Maximalwert}}\,.$$

Es ist der Effektivwert

$$E\,eff = \sqrt{\frac{1}{\tau} \int\limits_0^\tau E^2 \cdot dx}\,. \tag{5}$$

Die Integration ist einfach, wenn man die Kurven aus Trapezen zusammensetzt, wie Abb. 3 zeigt. Eine einfache Rechnung ergibt dann

$$\int_{x_1}^{x_2} y^2 \cdot dx = \frac{x_2 - x_1}{3} (y_1^2 + y_1 \cdot y_2 + y_2^2). \tag{6}$$

Für das Dreieck ABC geht die Gleichung über in

$$\int_{OA}^{OC} y^2 \cdot dx = \frac{AC}{3} AB^2. \tag{7}$$

Ermittelt man auf diese Weise $E\,eff$ und damit σ, so ergibt sich folgende Tabelle:

$\alpha =$	0	0,2	0,4	0,6	0,8	1
$\sigma =$	0,73	0,72	0,7	0,67	0,627	0,575
$k =$	1,46	1,44	1,4	1,34	1,25	1,15

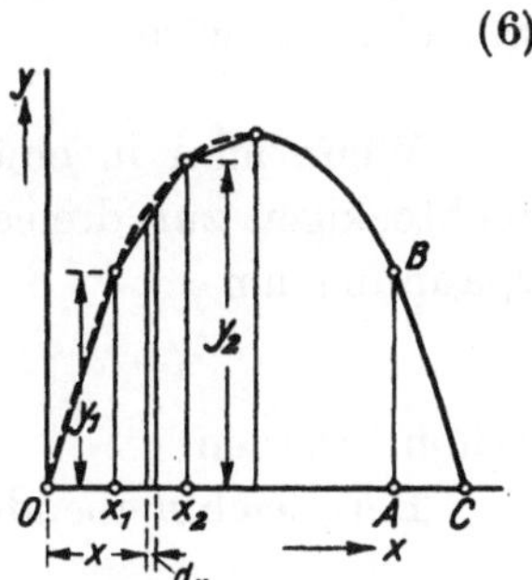

Abb. 3. Integration durch Zerlegung in Trapeze.

Die Kurve $\sigma = f(\alpha)$ ist in Abb. 2 ebenfalls eingetragen. Der Kappsche Faktor ist

$$k = 2\,\sigma,$$

wenn man setzt $E = k \cdot f \cdot z_1 \cdot \Phi \cdot 10^{-8}$,

wobei $z_1 = \dfrac{z}{2a}$ die in Reihe geschaltete Leiterzahl.

In seinem Bändchen „Wechselstromerzeuger" [Sammlung Göschen, Leipzig 1911 Gleichung (10)] schreibt Pichelmayer

$$k = \frac{\pi}{\sqrt{2}} \cdot f_{w_1} \cdot k_f,$$

wobei

$$f_{w_1} = \text{Wickelfaktor} = \frac{2}{\pi} \text{ für verteilte Wicklung},$$

$$k_f = 1{,}032\,\frac{\cos\left(\alpha\,\dfrac{2}{\pi}\right)}{1 - \alpha^2}$$

nach Gleichung (9) für Trapezfelder.

Aus dieser Formel ergeben sich genau die gleichen Werte für k, wie sie in vorstehender Tabelle eingetragen sind.

Für $\alpha = 1$ wird

$$\frac{\cos\left(\alpha\,\dfrac{\pi}{2}\right)}{1 - \alpha^2} = \frac{0}{0},$$

daher

$$\frac{dZ}{d\alpha} = -\frac{\pi}{2}\sin\left(\frac{\pi}{2}\,\alpha\right),$$

$$\frac{dN}{d\alpha} = -2\,\alpha,$$

und

$$\left(\frac{\dfrac{dZ}{d\alpha}}{\dfrac{dN}{d\alpha}}\right)_{\alpha=1} = \frac{\dfrac{\pi}{2}}{2} = \frac{\pi}{4},$$

$$k_{(\alpha=1)} = \frac{\pi}{\sqrt{2}} \cdot \frac{2}{\pi} \cdot \frac{\pi}{4} \cdot 1{,}032 = \sqrt{2} \cdot \frac{\pi}{4} \cdot 1{,}032 = 1{,}15.$$

In Abb. 4 ist eine angenommene Verteilung des Flusses gezeichnet, die innerhalb der Polteilung 2 dreieckige Erhebungen zeigt. Die E-Kurve als Integralkurve ist in Abb. 4 ebenfalls eingetragen und auf die angegebene Art der Scheitelfaktor ermittelt. Es wird

$$\sigma = 0,695 \, .$$

Wenn man in einer Maschine bei gleichbleibender Flußlinienzahl von der rechteckigen zur dreieckigen Flußform übergehen würde, so könnte die Wechselspannung um

$$\frac{\sigma_0}{\sigma_1} = \frac{0,73}{0,575}\,100 = 27\% \quad \text{(s. Tabelle)}$$

erhöht werden.

Bei gleichbleibender Maximaldichte sinkt der Fluß aber auf die Hälfte, daher nimmt die EMK nach der Gleichung (2) auf die Hälfte ab.

Die EMK würde also bei $\alpha = 0$ noch

$$50 \cdot 1,27 = 63,5\%$$

derjenigen bei $\alpha = 1$ betragen.

In Abb. 4 sind nun die beiden Gleichstromabnahmestellen A und B eingetragen. Für die Gleichspannung kommt damit eine Flußlinienzahl in Betracht, die dargestellt ist durch die Differenz der Flächen

$$\Phi_{gl} \equiv a - b \, ,$$

wogegen für die Wechselspannung die Summe

$$\Phi_{\sim} \equiv a + b$$

in Frage kommt.

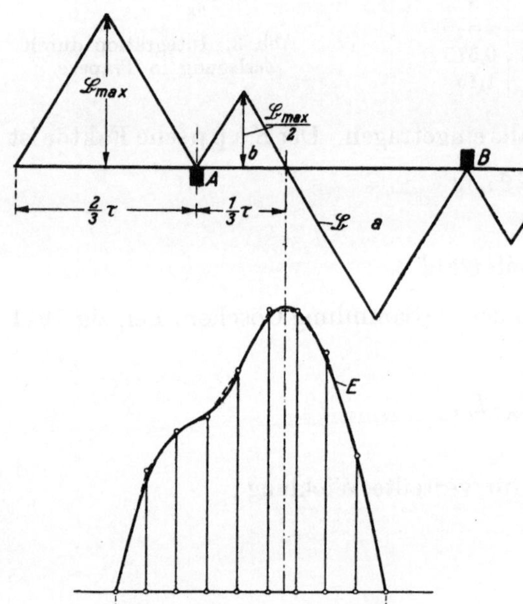

Abb. 4. Flußverteilung mit 2 Erhebungen innerhalb der Polteilung und zugehörige EMK.

Wenn es mithin gelingt, bei einer Maschine verschiedene Flußformen einzustellen, derart, daß für die Gleichspannung eine andere Linienzahl als für die Wechselspannung in Frage kommt, so müssen wir schreiben

$$E_{\sim} = \sigma \cdot \frac{z}{a} \cdot f \cdot \Phi_{\sim} \cdot 10^{-8} \, , \tag{8}$$

$$E_{gl} = \frac{z}{a} \cdot f \cdot \Phi_{gl} \cdot 10^{-8} \, . \tag{9}$$

Das Verhältnis beider wird

$$\frac{E_{\sim}}{E_{gl}} = \sigma\,\frac{\Phi_{\sim}}{\Phi_{gl}} \tag{10}$$

Für Abb. 4 ist

$$\Phi_{\sim} \equiv a + b = 15 + 3,75 = 18,75 \, ,$$

$$\Phi_{gl} \equiv a - b = 15 - 3,75 = 11,25$$

also mit $\sigma = 0,695$

$$\frac{E_{\sim}}{E_{gl}} = 0,695\,\frac{18,75}{11,25} = 1,16 \, .$$

Um über die Größe von σ genügend Aufschluß zu erhalten, werde noch der äußerste Fall untersucht, wenn $a = b$ wird. In Abb. 5 ist die E-Kurve konstruiert und auf die bekannte Art

$$\sigma = 0{,}616$$

gefunden.

Hat die Flußlinienverteilung die Form von Abb. 5 und stehen die Gleichstrombürsten an den Stellen A und B, so wird

$$\frac{E_\sim}{E_{gl}} = 0{,}616 \,\frac{2\,a}{0} = \infty\,.$$

Die Abb. 6—13 zeigen oszillographische Aufnahmen der Flußform für einen Regelmotor.

Nach Abb. 6 ist im Leerlauf die Fluß-

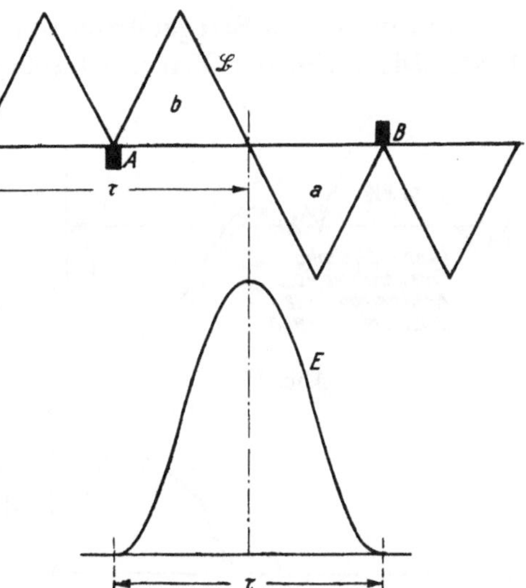

Abb. 5. Flußverteilung und EMK für $a = b$.

kurve sehr annähernd ein Trapez mit $\alpha \simeq 0{,}5$ daher nach Abb. 2 $\sigma = 0{,}68$. Im Leerlauf ist also bei der vorliegenden Maschine die Wechselspannung 68 vH der Gleichspannung. Die Periodenzahl ist

$$f = \frac{p \cdot n}{60} = \frac{2 \cdot 600}{60} = 20/\mathrm{sec}\,.$$

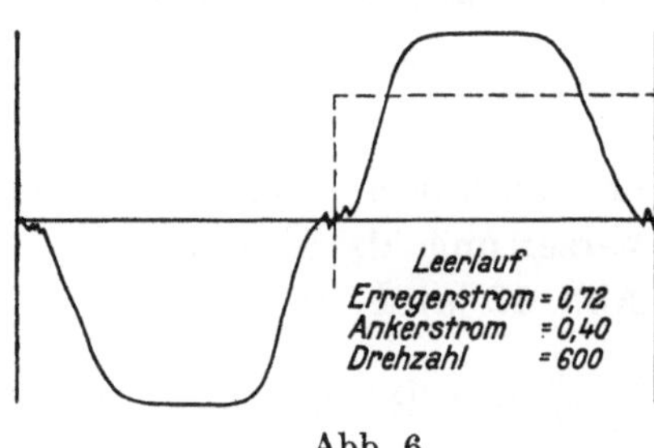

Abb. 6.

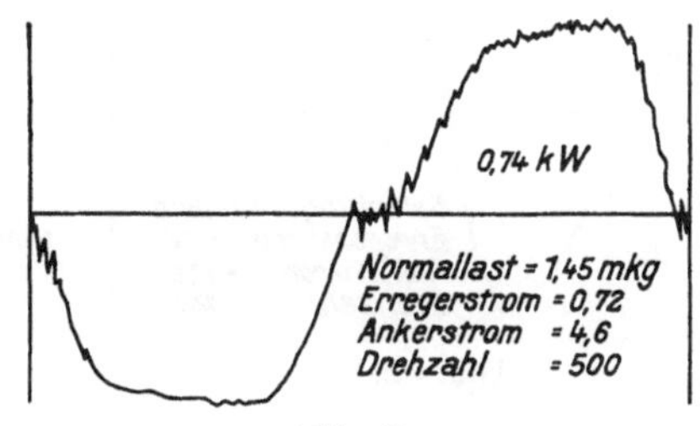

Abb. 7.

Für volle Erregung und Normallast ist nach Abb. 7 das Verhältnis $\dfrac{E_\sim}{E_{gl}}$ dasselbe, daher entspricht einer $E_{gl} = 220$ Volt

$$E_\sim = 220 \cdot 0{,}68 = 150\ \mathrm{V}\,.$$

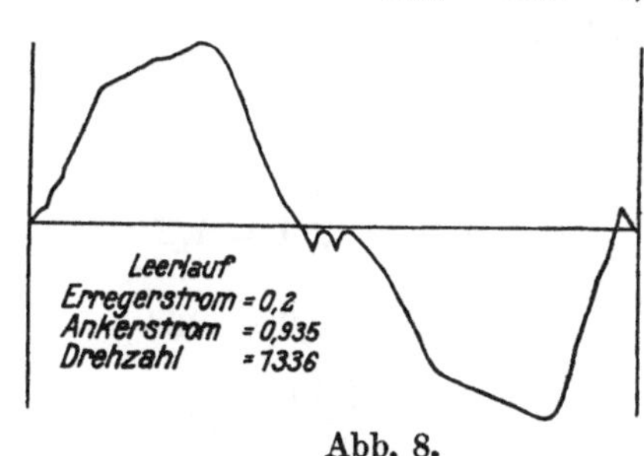

Abb. 8.

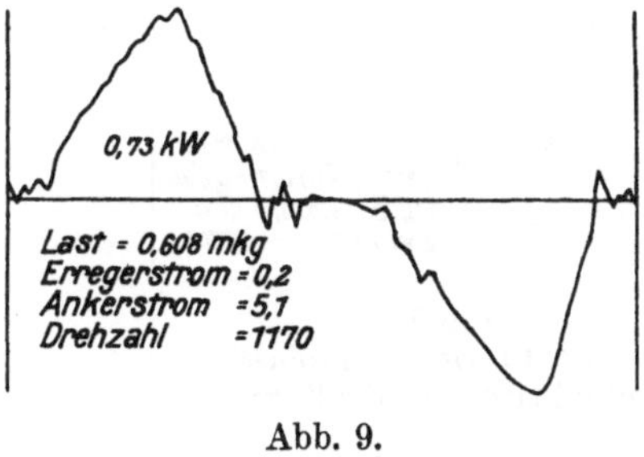

Abb. 9.

Abb. 8 zeigt Leerlauf bei Feldschwächung. Das Ankerfeld ist schon so stark, daß eine stärkere Flußverzerrung entsteht, als bei voller Erregung und normaler Last, Abb. 7. Auch hier ist noch

$$\frac{E_\sim}{E_{gl}} \simeq 0{,}68\,.$$

Für denselben Erregerstrom wie in Abb. 8 gibt Abb. 9 die Feldkurve bei normaler Last. Die Form der Kurve ist schon zum Dreieck geworden und daher

$$\frac{E_{\sim}}{E_{gl}} \cong 0,73 \,.$$

Für $E_{gl} = 220$ ist jetzt

$$E_{\sim} = 0,73 \cdot 220 = 160 \text{ V} \,,$$

die Periodenzahl

$$f = \frac{2 \cdot 1170}{60} = 39 \,.$$

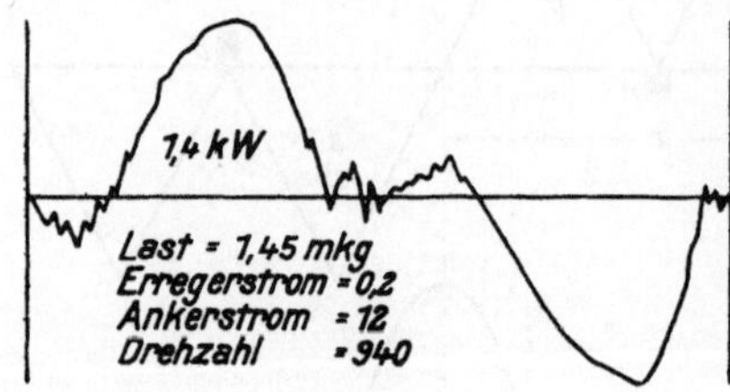

Abb. 10.

In Abb. 10 ist schon der Fluß für die Gleich- und Wechselspannung verschieden, denn zwischen den Gleichstrombürsten liegen positive und negative Flächen. Es ist ungefähr

$$\frac{a + b}{a - b} = 1,17 \,.$$

Mit $\sigma = 0,7$ wird

$$\frac{E_{\sim}}{E_{gl}} = 0,7 \cdot 1,17 = 0,82 \,,$$

$$E_{\sim} = 220 \cdot 0,82 = 180 \text{ V} \,,$$

$$f = \frac{2 \cdot 940}{60} = 31,3 \,.$$

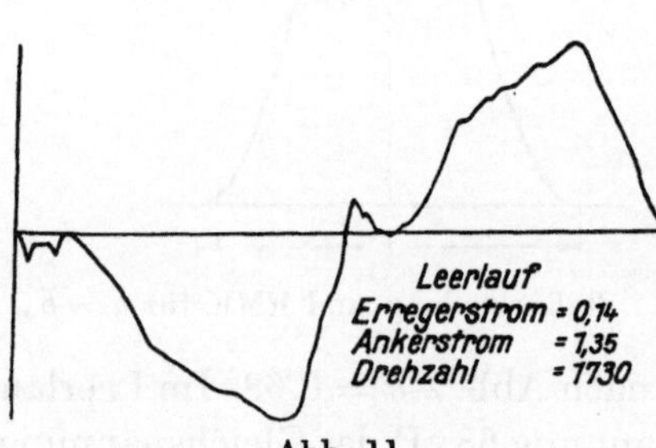

Abb. 11.

Die Leerlaufkurve Abb. 11 zeigt eine noch stärkere Verzerrung als Abb. 8.

Für Abb. 12 wird

$$\frac{a + b}{a - b} = 1,33 \,, \text{ also mit } \sigma = 0,7 \,,$$

$$\frac{E_{\sim}}{E_{gl}} = 0,7 \cdot 1,33 = 0,93 \,,$$

$$E_{\sim} = 220 \cdot 0,93 = 205 \,.$$

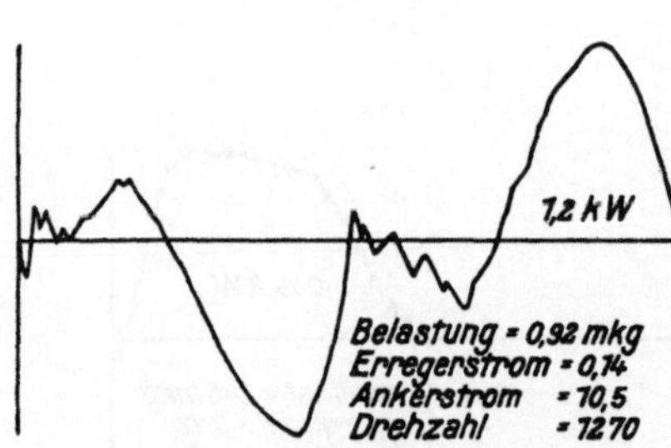

Abb. 12.

Abb. 13 ergibt

$$\frac{a + b}{a - b} = 1,71 \,,$$

$$\frac{E_{\sim}}{E_{gl}} = 0,7 \cdot 1,71 = 1,2 \,,$$

$$E_{\sim} = 220 \cdot 1,2 = 264 \,,$$

$$f = \frac{2 \cdot 1700}{60} = 56,7 \,.$$

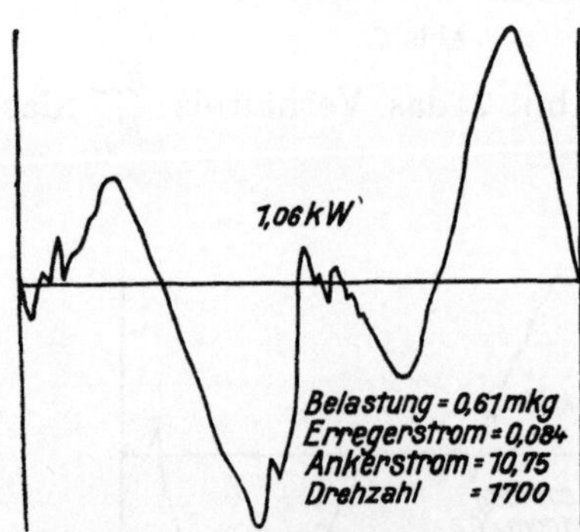

Abb. 13.
Abb. 6 ÷ 13. Oszillographische Aufnahmen der Flußform.

Für einen zweiten größeren Regelmotor zeigt Abb. 14 die Flußverteilung bei 225 V — 85,5 A — 1370 Umdrehungen und einem Erregerstrom von 0,155 A. Hierfür wird

$$\frac{a + b}{a - b} = 3,5 \,.$$

Mit $\sigma = 0,63$ wird

$$\frac{E_\sim}{E_{gl}} = 0,63 \cdot 3,5 = 2,2 \,,$$

$$E_\sim = 225 \cdot 2,2 = 495 \text{ V} \,,$$

$$f = \frac{2 \cdot 1370}{60} = 46 \,.$$

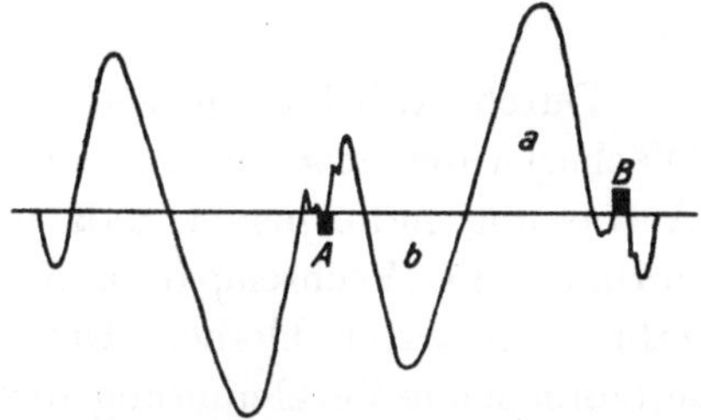

Abb. 14. Flußform für einen Motor bei 225 Volt — 85,5 Amp., 1370 Umdr. Erregerstrom = 0,155 A.

Die direkte Messung der Gleich- und Wechselspannung wurde an einer kleinen Maschine für 12 V bei $500 \div 4000$ Umdrehungen vorgenommen. Das Schaltbild zeigt Abb. 15.

Für $J_a = 0$ und $n = 3200$ ergab sich $E_{AB} = 12$, $E_{CD} = 0,44$, $i_m = 0,0675$, $E_\sim = 9$, also

$$\frac{E_\sim}{E_{gl}} = \frac{9}{12} = 0,75 \,.$$

Mit dem nahezu vollen Laststrom von $J_a = 7,5$ A ergab sich folgende Versuchsreihe:

Nr.	E_{AB}	E_{CD}	i_m	J_a	$E_\sim$	n	E_{gl}	$\dfrac{E_\sim}{E_{gl}}$
1	12	23,5	3,3	7,5	13,5	750	18,4	0,735
2	12	10,1	1,42	7,5	16,0	1050	18,4	0,87
3	12	8,3	1,15	7,5	17,3	1250	18,4	0,94
4	12	6,15	0,885	7,5	19,8	1500	18,4	1,075
5	12	5,3	0,745	7,5	22,5	1750	18,4	1,22
6	12	4,3	0,615	7,5	25,0	2000	18,4	1,36
7	12	3,5	0,5	7,5	28,4	2400	18,4	1,54
8	12	3,35	0,48	7,5	31,6	2800	18,4	1,72
9	12	2,7	0,385	7,5	36,0	3200	18,4	1,96

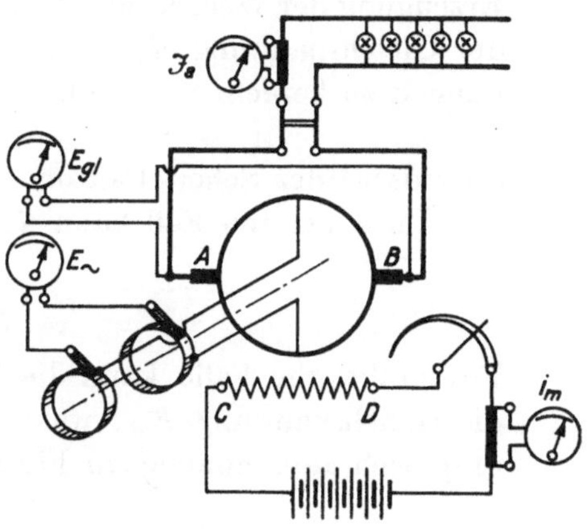

Abb. 15. Schaltbild für die Messung der Gleich- und Wechselspannung.

Der Widerstand des Ankers ist $R_a = 0,85\,\Omega$, daher der Spannungsverlust

$$\varepsilon_a = J_a \cdot R_a = 7,5 \cdot 0,85 = 6,4 \text{ V} \,.$$

Damit die EMK

$$E_{gl} = E_{AB} + \varepsilon_a = 12 + 6,4 = 18,4 \text{ V} \,.$$

Trägt man $\dfrac{E_\sim}{E_{gl}} = \varphi\,(f)$ in einem Achsenkreuz auf, so ergibt sich für die untersuchte Maschine eine Gerade, Abb. 16.

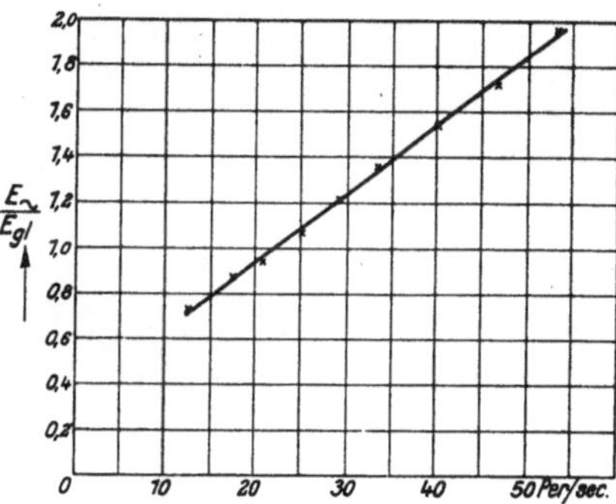

Abb. 16. Abhängigkeit des Verhältnisses $\dfrac{E_\sim}{E_{gl}}$ von der Periodenzahl.

Nach den Ergebnissen dieser Abhandlung kann man in einfacher Weise mit einem Gleichstrom-Regelmotor Wechselspannung erzeugen, die kleiner ist als die Gleichspannung, aber auch einigemal größer sein kann als diese. Von besonderem Wert sind die Feststellungen dieser Arbeit für den Laboratoriums- oder Versuchsfeld-Ingenieur, der aus irgendeinem Grunde Messungen mit der Schaltung 15 vornehmen muß. Er wird vorsichtig sein, wenn er weiß, daß für 220 V Gleichspannung zwischen den Schleifringen 500 und mehr Volt auftreten können.

Zusammenfassung.

Durch Anbringung von 2 Schleifringen kann jedem Gleichstromanker auch Wechselstrom entnommen werden. Benutzt man einen Regelmotor, so könnte die Auffassung nahe liegen, daß für eine bestimmte Belastung des Motors etwa die normale, die Wechselspannung bei Änderung der Drehzahl und damit der Periodenzahl **konstant** bleibe. Die Erhöhung der Periodenzahl wird ja durch eine entsprechende Verkleinerung des Flusses erzielt. Es müßte demnach das Verhältnis $\dfrac{E_\infty}{E_{gl}}$ ungefähr den Wert 0,7 für alle Periodenzahlen beibehalten. Bei dieser Auffassung wird keine Rücksicht darauf genommen, daß die Flußlinienzahl Φ_∞ zur Erzeugung der Wechselspannung eine ganz andere sein kann als die zur Erzeugung der Gleichspannung Φ_{gl}. Es wird nachgewiesen, daß das Verhältnis der Spannungen zu berechnen ist aus

$$\frac{E_\infty}{E_{gl}} = \sigma\,\frac{\Phi_\infty}{\Phi_{gl}}\;;$$

σ ist dabei der Scheitelfaktor.

Im äußersten Fall kann $\Phi_{gl} = 0$ werden, wobei $\sigma = 0{,}616$ ist und

$$\frac{E_\infty}{E_{gl}} = 0{,}616\,\frac{\Phi_\infty}{0} = \infty.$$

Für praktische Fälle kann die Wechselspannung E_∞ einigemal so groß werden als die Gleichspannung E_{gl}, was durch direkte Messung und mit Hilfe von oszillographisch aufgenommenen Flußlinienverteilungen nachgewiesen wird.

Die Ausbildung von dauernden Sinusschwingungen in einem langen homogenen Kabel.

Von **Fritz Lüschen** und **Karl Küpfmüller**.

Mit 34 Textabbildungen.

Mitteilung aus dem Zentrallaboratorium des Wernerwerkes der Siemens & Halske A.-G.

Eingegangen am 7. März 1923.

1. Allgemeines.

Die Theorie der elektromagnetischen Ausgleichsvorgänge in Fernleitungen ist in den letzten Jahren zur vollständigen Klärung gekommen. In der Fernmeldetechnik waren es hauptsächlich Fragen der Telegraphie, die zu einem eingehenderen Studium dieser Erscheinungen Anlaß gaben; hingegen ließen sich die elektrischen Vorgänge bei der Sprachübertragung befriedigend durch Überlagerung von Teilerscheinungen darstellen, die man einfachen und andauernden Schwingungen der elektrischen Größen zuordnete. Da die Telegraphie bis in die neueste Zeit nahezu ausschließlich mit Gleichstromstößen arbeitete, hat man nur diejenigen Ausgleichsvorgänge besonders beachtet, die als Auswirkung einer plötzlichen Zustandsänderung erscheinen. So haben auch die für die Theorie der Leitungstelegraphie klassischen Untersuchungen von O. Heaviside, H. Poincaré und K. W. Wagner die Ausbreitung von Gleichstromzeichen zum Gegenstand.

Die neuere Entwicklung der Fernmeldetechnik bringt hier eine Wandlung mit sich. Die technischen Aussichten der Leitungstelegraphie mit Trägerschwingungen[1]) und die Möglichkeit, mit Hilfe der Elektronenröhrenverstärker immer weitere Entfernungen der telephonischen Verständigung zu erschließen, rücken gerade das Problem der Ausbreitung von Wechselstromzeichen in den Vordergrund. Denn ähnlich wie bei der Gleichstromtelegraphie wird in beiden Fällen die Reichweite der Übertragung von der Verzerrung abhängen, die die Ströme beim Fortschreiten über die Leitung erfahren.

Die Frage nach den Aussichten der Wechselstromtelegraphie über große Entfernungen ist bereits vor mehreren Jahren aufgeworfen worden. Während von verschiedener Seite, besonders von Bela Gati[2]), die Ansicht vertreten wurde, daß man durch die Verwendung von Wechselstromzeichen in langen Kabeln eine Erhöhung der Telegraphiergeschwindigkeit erzielen könne, hat K. W. Wagner auf Grund theoretischer Überlegungen[3]) geschlossen, daß bei Kabeln größerer Länge, wie sie die Ozeankabel bilden, die Wechselstromtelegraphie keinen Vorteil gegenüber dem üblichen Gleichstromtelegraphierverfahren brächte. Eine genaue Darstellung der

---

[1]) F. Lüschen: ETZ 1923, S. 1; S. 28.
[2]) Siehe: E. u. M. 1909, S. 847; 1911, S. 851; S. 107, 1017. ETZ 1913, S. 604.
[3]) ETZ 1910, S. 163.

elektrischen Verhältnisse beim Fortschreiten eines Wechselstromzeichens über eine Leitung ist indessen noch nicht gegeben worden. Wir werden im folgenden versuchen, diese Lücke auszufüllen. Dabei werden sich neue und bemerkenswerte Gesichtspunkte herausstellen, die zum Teil in Widerspruch mit den bisherigen Anschauungen stehen, zum Teil eine strenge Formulierung an sich bekannter Erscheinungen erlauben.

2. Eine allgemeine Beziehung zwischen Ausgleichsvorgängen in einem linearen System.

In einem beliebigen elektrischen oder mechanischen System hat eine zur Zeit $t = 0$ erfolgende plötzliche Änderung einer Systemgröße P um den Betrag P_0 eine Änderung aller übrigen Systemgrößen zur Folge. Diese Änderung ist eine bestimmte Funktion der Zeit derart, daß wegen der Linearität der zugrunde liegenden Gesetze die Änderung S_0 einer solchen von P abhängigen Größe S durch eine Beziehung von der Form

$$S_0 = P_0\, \Phi_{(t)} \tag{1}$$

darstellbar ist. Dabei bedeutet $\Phi_{(t)}$ eine von dem Betrag P_0 unabhängige Funktion der Zeit, die natürlich für negative t gleich Null ist. Wir nennen diese Funktion im folgenden Übergangsfunktion, da sie den Übergang zwischen zwei voneinander verschiedenen Zuständen des Systems, die beide durch zeitlich unabhängige Werte aller Systemgrößen gekennzeichnet sind, vermittelt. Die Übergangsfunktion nähert sich im Unendlichen daher einem festen Grenzwerte, der natürlich auch Null sein kann.

Für den Fall, daß die Größe P sich nicht sprunghaft, sondern in beliebiger, durch eine willkürliche Funktion $f_{(t)}$ darstellbarer Weise mit der Zeit ändert, kann man mit Hilfe der Übergangsfunktion den zugehörigen Verlauf der Systemgröße S finden. Zu diesem Zwecke machen wir von der Fourierschen Darstellung der willkürlichen Funktion f in folgender Form Gebrauch:

$$f_{(t)} = \frac{1}{2\pi} \int\limits_{-\infty}^{+\infty} d\,p \int\limits_{-\infty}^{+\infty} f_{(\lambda)}\, e^{j\,p\,(t-\lambda)}\, d\,\lambda .$$

Unter Einführung einer von den näheren Eigenschaften des Systems abhängigen Größe $Z_{(p)}$ erhält man dann den Verlauf der Größe S aus

$$S_{(t)} = \frac{1}{2\pi} \int\limits_{-\infty}^{+\infty} \frac{d\,p}{Z_{(p)}} \int\limits_{-\infty}^{+\infty} f_{(\lambda)}\, e^{j\,p\,(t-\lambda)}\, d\,\lambda . \tag{2}$$

Diese Beziehung liefert zunächst die Übergangsfunktion Φ, wenn man setzt

$$f_{(\lambda)} = 0 \quad \text{für} \ -\infty < \lambda < 0 ,$$
$$f_{(\lambda)} = P_0 \quad \text{für} \quad 0 < \lambda < \infty .$$

Die Ausführung der Integration über λ ergibt dann

$$S_0 = P_0\, \Phi_{(t)} = \frac{P_0}{2\pi j} \int\limits_{-\infty}^{+\infty} \frac{d\,p}{p\,Z}\, e^{j\,p\,t} . \tag{3}$$

Dies ist diejenige Beziehung, die gewöhnlich der Berechnung von Φ zugrunde gelegt wird; wir betrachten indessen Φ als gegeben und eliminieren Z aus Gleichung (2) mit Hilfe des Ausdruckes (3), um die Funktion $S_{(t)}$ im allgemeinen Fall, also für beliebige $f_{(t)}$, darzustellen. Zunächst erhält man durch Integration nach t aus Gleichung (2)

$$\int\limits_0^t S_{(t)}\,dt = \frac{1}{2\pi}\int\limits_{-\infty}^{+\infty}\frac{dp}{Z}\int\limits_{-\infty}^{+\infty} f_{(\lambda)}\,\frac{e^{jp(t-\lambda)} - e^{-jp\lambda}}{jp}\,d\lambda ,$$

oder

$$\int\limits_0^t S_{(t)}\,dt = \frac{1}{2\pi j}\int\limits_{-\infty}^{+\infty}\frac{dp}{pZ}\int\limits_{-\infty}^{+\infty} f_{(\lambda)}\,e^{jp(t-\lambda)}\,d\lambda - \frac{1}{2\pi j}\int\limits_{-\infty}^{+\infty}\frac{dp}{pZ}\int\limits_{-\infty}^{+\infty} f_{(\lambda)}\,e^{jp\lambda}\,d\lambda .$$

Da hier der letzte Integralausdruck von t unabhängig ist, liefert die Differentiation nach der Zeit

$$S_{(t)} = \frac{1}{2\pi j}\frac{d}{dt}\int\limits_{-\infty}^{+\infty}\frac{dp}{pZ}\int\limits_{-\infty}^{+\infty} f_{(\lambda)}\,e^{jp(t-\lambda)}\,d\lambda . \qquad (4)$$

Berücksichtigt man Gleichung (3), so folgt

$$S_{(t)} = \frac{d}{dt}\int\limits_{-\infty}^{+\infty} f_{(\lambda)}\,\Phi_{(t-\lambda)}\,d\lambda .$$

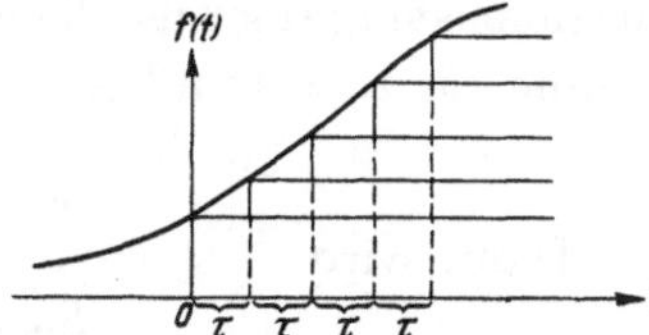
Abb. 1. Darstellung der eingeprägten Kraft durch eine Treppenlinie.

Hier ist zu beachten, daß nach dem am Anfang Gesagten $\Phi_{(t-\lambda)} = 0$ ist, wenn $t - \lambda < 0$ oder λ größer als t ist. Der Beitrag des Integrals von $\lambda = t$ bis $\lambda = \infty$ ist also Null, so daß man schreiben kann

$$S_{(t)} = \frac{d}{dt}\int\limits_{-\infty}^t f_{(\lambda)}\,\Phi_{(t-\lambda)}\,d\lambda . \qquad (5)$$

Dies ist diejenige Beziehung, mit deren Hilfe aus der bekannten Übergangsfunktion der zu einer beliebigen eingeprägten Kraft $f_{(t)}$ gehörige Ausgleichsvorgang berechnet werden kann. Auf die Nützlichkeit der Formel (5) ist bereits von R. Carson[1]) hingewiesen worden. Carson hat diese Beziehung jedoch auf einem Umwege abgeleitet für den besonderen Fall, daß die Übergangsfunktion durch die Heavisidesche Formel[2]) dargestellt werden kann und nur für solche Vorgänge, bei denen $f_{(t)}$ für negative t Null ist. Der hier geführte Beweis ist daher allgemeiner und streng.

Man kann die Formel (5) noch auf einem anderen Weg gewinnen, der den Vorzug größerer Anschaulichkeit hat. Aus diesem Grunde werde jener Weg kurz angedeutet. Die Funktion $f_{(t)}$, die die Änderung der Systemgröße P mit der Zeit darstellt, läßt sich durch einen treppenförmigen Linienzug approximieren, wie es Abb. 1 zeigt[3]). Auf diese Weise wird die Wirkung der Funktion $f_{(t)}$ zerlegt in die einzelner in Zeitabständen τ plötzlich auftretender Änderungen. Jede solche plötzliche Änderung zieht nach Gleichung (1) den durch die Übergangsfunktion darstellbaren Verlauf der Systemgröße S nach sich. Es ist daher für die Treppenkurve

$$S_{(t)} = f_{(0)}\,\Phi_{(t)} + [f_{(\tau)} - f_{(0)}]\,\Phi_{(t-\tau)} + [f_{(2\tau)} - f_{(\tau)}]\,\Phi_{(t-2\tau)} + \cdots$$

Da die Funktion $f_{(t)}$ im allgemeinen Fall für negative Werte von t endlich sein kann, muß sich die Summe auch über negative ν erstrecken:

$$S_{(t)} = f_{[(-A-1)\tau]}\,\Phi_{[t+(A+1)\tau]} + \sum_{\nu=-A}^{\nu=+A}[f_{(\nu\tau)} - f_{[(\nu-1)\tau]}]\,\Phi_{(t-\nu\tau)} .$$

[1]) Proc. of the Amer. Inst. of Electr. Eng. 1919.
[2]) Siehe K. W. Wagner: Arch. f. Elektrot. Bd. IV, S. 159.   [3]) Arch. f. Elektrot. Bd. VII, S. 274.

Die Summierung ist dabei zwischen den zunächst beliebigen aber sehr großen Zahlen A vorgenommen. Über die Funktion $f_{(t)}$ kann man nun für hinreichend weit zurückliegende Zeiten beliebige Annahmen machen, weil der hierzu gehörige Ausgleichsvorgang zum Zeitpunkt $t = 0$ bereits hinreichend abgeklungen ist. Wir setzen daher

$$f_{[(-A-1)\,\tau]} = 0,$$

also

$$S_{(t)} = \sum_{\nu=-A}^{\nu=+A} [f_{(\nu\tau)} - f_{[(\nu-1)\tau]}]\, \Phi_{(t-\nu\tau)}. \tag{6}$$

Läßt man τ kleiner und kleiner werden, so nähert sich die Treppenlinie enger und enger dem Verlauf der vorgegebenen Funktion $f_{(t)}$. Daher ergibt sich der zu $f_{(t)}$ gehörige Ausgleichsvorgang aus Gleichung (6) als derjenige Grenzwert, den die rechtsstehende Summe für $\tau = 0$ und $A = \infty$ annimmt. Um diesen Grenzwert zu bestimmen, setze man

$$\nu\,\tau = \lambda, \qquad \tau = \triangle\lambda, \qquad A\,\tau = M.$$

Dann wird

$$S_{(t)} = \sum_{\lambda=-M}^{\lambda=+M} f_{(\lambda)}\, \Phi_{(t-\lambda)} - \sum_{\lambda=-M}^{\lambda=+M} f_{(\lambda-\triangle\lambda)}\, \Phi_{(t-\lambda)}. \tag{7}$$

Auch hier ist unter der Summierungsgrenze M eine sehr große, aber endliche Zahl zu verstehen. Da aus diesem Grunde mit beliebiger Genauigkeit

$$\sum_{-M}^{+M} f_{(\lambda-\triangle\lambda)}\, \Phi_{(t-\lambda)} = \sum_{-M}^{+M} f_{(\lambda)}\, \Phi_{(t-\triangle\lambda-\lambda)}$$

ist, läßt sich Gleichung (7) bei verschwindendem $\triangle\lambda$ in der Form schreiben

$$S_{(t)} = \varphi_{M(t)} - \varphi_{M(t-\triangle\lambda)}, \tag{8}$$

wobei

$$\varphi_{M(t)} = \sum_{-M}^{+M} f_{(\lambda)}\, \Phi_{(t-\lambda)}.$$

Wenn $\triangle\lambda$ gegen Null konvergiert, dann wird aber aus Gleichung (8)

$$S_{(t)} = \frac{d}{dt}\,\varphi_{M(t)}\,\triangle\lambda,$$

oder

$$S_{(t)} = \frac{d}{dt}\,(\varphi_{M(t)}\,\triangle\lambda) = \frac{d}{dt}\left[\sum_{-M}^{+M} f_{(\lambda)}\, \Phi_{(t-\lambda)}\,\triangle\lambda\right].$$

Hier kann man die Grenzübergänge $\triangle\lambda \to d\lambda$ und $M \to \infty$ ausführen, womit die Formel (5) hervorgeht.

Zur Erläuterung dieser Formel berechnen wir mit ihrer Hilfe den Stromverlauf in einer Drosselspule, wenn diese plötzlich an eine Wechselspannung $E \sin \omega t$ gelegt wird. Die Drosselspule habe eine Induktivität von der Größe L und den Ohmschen Widerstand R. Dann ist bekanntlich der durch eine plötzlich angelegte Gleichspannung E_0 hervorgerufene Strom I_0 darstellbar durch

$$I_0 = \frac{E_0}{R}\left(1 - e^{-\frac{R}{L}t}\right).$$

Setzt man daher für $t < 0$

$$\Phi_{(t)} = 0$$

für $t > 0$

$$\Phi_{(t)} = \frac{1}{R}\left(1 - e^{-\frac{R}{L}t}\right), \tag{9}$$

so folgt mit Formel (5)

$$I = \frac{d}{dt} \int_{-\infty}^{t} f(\lambda) \frac{1}{R} \left(1 - e^{-\frac{R}{L}(t-\lambda)} \right) d\lambda .$$

Für $f_{(\lambda)}$ ist hier einzuführen

$$f_{(\lambda)} = 0 \quad \text{für} \quad -\infty < \lambda < 0 ,$$
$$f_{(\lambda)} = E \sin \omega \lambda \quad \text{für} \quad 0 < \lambda < \infty .$$

Dann wird also

$$I = \frac{E}{R} \frac{d}{dt} \int_{0}^{t} \sin \omega \lambda \left[1 - e^{-\frac{R}{L}(t-\lambda)} \right] d\lambda .$$

Hieraus ergibt sich sofort durch Ausführung der Integration und Differentiation

$$I = E \frac{\omega L}{R^2 + (\omega L)^2} e^{-\frac{R}{L}} + E \frac{R \sin \omega t - \omega L \cos \omega t}{R^2 + (\omega L)^2} .$$

Unter Einführung der Abkürzungen

$$\omega t = T , \qquad \frac{R}{\omega L} = \vartheta , \qquad \frac{R^2 + (\omega L)^2}{\omega L} = Z$$

wird schließlich

$$I = \frac{E}{Z} e^{-\vartheta T} + \frac{E}{Z} [\vartheta \sin T - \cos T] . \tag{10}$$

Der letzte Summand stellt hier den Strom im „eingeschwungenen Zustand", der erste den flüchtigen Strom dar, und man erhält so den bekannten Stromverlauf beim

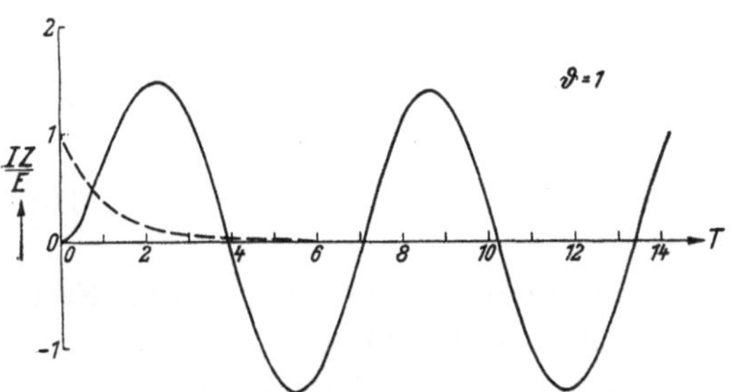

Abb. 2.   Ausbildung des stationären Wechsel-stromes in einer Spule mit der Dämpfung $\vartheta = 1$.

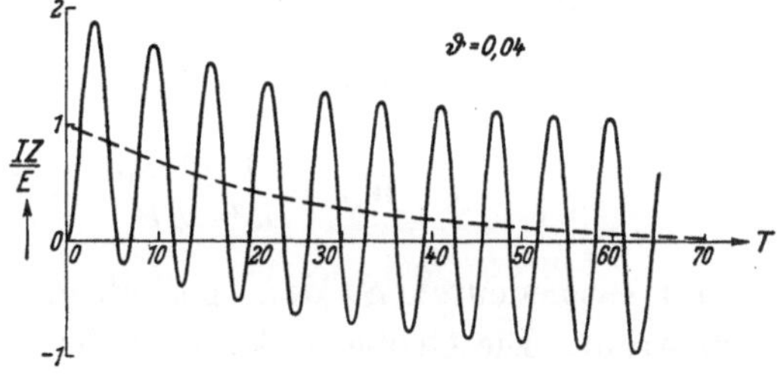

Abb. 3.   Ausbildung des stationären Wechsel-stromes in einer Spule mit der Dämpfung $\vartheta = 0,04$.

Einschalten einer Drosselspule mit Wechselstrom.   Die Abb. 2 und 3 zeigen diesen Stromverlauf bei großer und bei kleiner Dämpfung ϑ; die flüchtige Komponente des Stromes ist gestrichelt angedeutet.

Die Zerlegung des wirklichen Stromes in eine flüchtige Komponente und den stationären Endstrom läßt sich viel allgemeiner ausführen, worauf Carson ebenfalls hingewiesen hat. Sie kann aus der Formel (5) abgeleitet werden. Setzt man dort

$$f_{(\lambda)} = 0 \quad \text{für} \quad -\infty < \lambda < 0 ,$$
$$f_{(\lambda)} = A \sin \omega \lambda + B \cos \omega \lambda \quad \text{für} \quad \lambda > 0 ,$$

so erhält man den auf das plötzliche Anlegen der einfachperiodischen Kraft

$$P = A \sin \omega t + B \cos \omega t \tag{11}$$

folgenden Ausgleichsvorgang; es wird

$$S = A \frac{d}{dt} \int_{0}^{t} \sin \omega \lambda \, \Phi_{(t-\lambda)} d\lambda + B \frac{d}{dt} \int_{0}^{t} \cos \omega \lambda \, \Phi_{(t-\lambda)} d\lambda . \tag{12}$$

Die beiden hier auftretenden Integrale

$$F_1 = \int_0^t \sin \omega\lambda\; \Phi_{(t-\lambda)}\, d\lambda$$

und

$$F_2 = \int_0^t \cos \omega\lambda\; \Phi_{(t-\lambda)}\, d\lambda$$

kann man in das komplexe Integral

$$\mathfrak{F} = j F_1 + F_2 = \int_0^t e^{j\omega\lambda}\, \Phi_{(t-\lambda)}\, d\lambda$$

zusammenfassen. Hieraus gewinnt man durch fortgesetzte partielle Integration unter der Voraussetzung, daß $\Phi_{(t)}$ für Werte von t, die größer sind als eine bestimmte positive Zeit t_0, mit allen Ableitungen stetig ist, für Werte, die kleiner als t_0 sind, dagegen verschwindet, leicht die Reihe

$$\mathfrak{F} = \frac{1}{j\omega}\, e^{j\omega(t-t_0)} \left[\Phi_{(t_0)} + \frac{1}{j\omega}\, \Phi'_{(t_0)} + \left(\frac{1}{j\omega}\right)^2 \Phi''_{(t_0)} + \dots \right]$$
$$- \frac{1}{j\omega} \left[\Phi_{(t)} + \frac{1}{j\omega}\, \Phi'_{(t)} + \left(\frac{1}{j\omega}\right)^2 \Phi''_{(t)} + \dots \right]. \tag{13}$$

Durch Trennung des Reellen vom Imaginären und Einsetzen in Gleichung (12) erhält man folgende Darstellung der Größe S für $t > t_0$:

$$S_{(t)} = A U_{(t)} + B W_{(t)} + S_{e\,(t)}. \tag{14}$$

Dabei ist

$$U_{(t)} = \frac{1}{\omega}\, \frac{d\,\Phi_{(t)}}{d\,t} - \frac{1}{\omega^3}\, \frac{d^3\,\Phi_{(t)}}{d\,t^3} + \frac{1}{\omega^5}\, \frac{d^5\,\Phi_{(t)}}{d\,t^5} - \dots, \tag{15}$$

$$W_{(t)} = \frac{1}{\omega^2}\, \frac{d^2\,\Phi_{(t)}}{d\,t^2} - \frac{1}{\omega^4}\, \frac{d^4\,\Phi_{(t)}}{d\,t^4} + \dots, \tag{16}$$

und es bedeutet S_e den periodischen Endzustand, dem S mit wachsender Zeit zustrebt. Die Größe S_e kann in der bekannten Weise aus der Theorie der Wechselstromvorgänge ermittelt werden. Die Reihen (15) und (16) sind gleichmäßig konvergent, wenn der Ausdruck

$$\left(\frac{1}{\omega}\right)^n \int_{t_0}^t e^{-j\omega q}\, \Phi^{(n)}_{(q)}\, d q$$

mit wachsendem n gegen Null geht. In allen übrigen Fällen bilden diese Reihen eine asymptotische Darstellung der flüchtigen Komponente, weshalb sie zur zahlenmäßigen Berechnung für große Werte von t immer geeignet sind.

Das vorhin behandelte Beispiel des Einschaltens einer Drosselspule mit Wechselstrom würde sich bei Benutzung der eben gewonnenen Zusammenhänge in folgender Weise darstellen. Es ist

$$P = E \sin \omega t, \quad \text{also} \quad A = E, \quad B = 0,$$

daher nach den Gleichungen (14) und (15) die flüchtige Komponente von I

$$I_f = \frac{E}{R} \left[\frac{R}{\omega L}\, e^{-\frac{R}{L}t} - \left(\frac{R}{\omega L}\right)^3 e^{-\frac{R}{L}t} + \left(\frac{R}{\omega L}\right)^5 e^{-\frac{R}{L}t} - \dots \right],$$

$$I_f = \frac{E}{\omega L}\, e^{-\frac{R}{L}t} \left[1 - \left(\frac{R}{\omega L}\right)^2 + \left(\frac{R}{\omega L}\right)^4 - \dots \right].$$

Die geometrische Reihe in der Klammer kann sofort summiert werden, und es folgt

$$I_f = E\,\frac{\omega L}{R^2 + \omega^2 L^2}\,e^{-\frac{R}{L}t} = \frac{E}{Z}\,e^{-\frac{R}{L}t}\,,$$

jene Beziehung, die auch in Gleichung (10) enthalten ist.

Von Interesse ist es noch, in gleicher Weise das plötzliche Verschwinden einer einfachperiodischen Kraft zu verfolgen. Es soll also sein

$$f_{(\lambda)} = A \sin \omega\,\lambda + B \cos \omega\,\lambda \qquad \text{für } \lambda < 0\,,$$
$$f_{(\lambda)} = 0 \qquad\qquad\qquad\qquad\quad \text{für } \lambda > 0\,.$$

Nach Formel (5) folgt hierfür

$$S_{(t)} = \frac{d}{dt}\int_{-\infty}^{0} (A \sin \omega\,\lambda + B \cos \omega\,\lambda)\,\Phi_{(t-\lambda)}\,d\lambda\,.$$

Hieraus ergibt sich für $t > t_0$ in ähnlicher Weise wie Gleichung (14)

$$S_{(t)} = - A U_{(t)} - B W_{(t)}\,. \tag{17}$$

Der auf das plötzliche Verschwinden einer periodischen Kraft folgende Ausgleichsvorgang ist also gleich und entgegengesetzt der flüchtigen Komponente des Einschaltvorganges, wenn in diesem Zeitpunkt die Größe und Phase der Kraft die gleiche wie im Einschaltmoment war. Dies kann man physikalisch dadurch veranschaulichen, daß man vom Zeitpunkt des Verschwindens der periodischen Kraft ab dieser eine

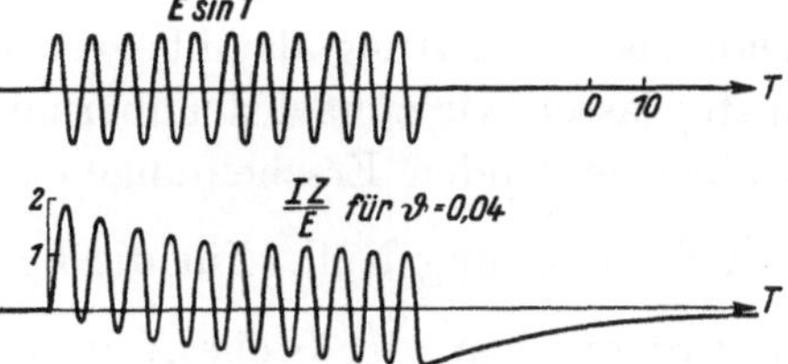

Abb. 4. Zeitlicher Verlauf des Wechselstromzeichens in der Spule.

um 180° phasenverschobene überlagert, so daß sich die periodischen Komponenten aufheben. Der Verlauf eines Wechselstromzeichens begrenzter Dauer in einer Drosselspule würde sich demnach so, wie es in Abb. 4 gezeigt ist, darstellen.

Wir bemerken ferner noch eine zweite Darstellung der Funktion S, die ebenfalls durch partielle Auswertung des komplexen Integrales $\mathfrak{F}$ folgt. Es ist nämlich

$$\mathfrak{F} = \Phi_{-1\,(t)} + j\,\omega\,\Phi_{-2\,(t)} + (j\,\omega)^2\,\Phi_{-3\,(t)} + \cdots$$

Dabei bedeutet

$$\Phi_{-1\,(t)} = \int_{t_0}^{t} \Phi_{(\lambda)}\,d\lambda\,, \tag{18}$$

$$\Phi_{-\nu-1\,(t)} = \int_{t_0}^{t} \Phi_{-\nu\,(\lambda)}\,d\lambda\,. \tag{19}$$

Wiederum unter der Voraussetzung, daß die Reihe für $\mathfrak{F}$ gliedweise differentiert werden kann, wird also

$$S_{(t)} = A\,[\Phi_{(t)} - \Phi_{(t_0)} - \omega^2\,\Phi_{-2\,(t)} + \omega^4\,\Phi_{-4\,(t)} - \cdots]$$
$$+ B\,[\omega\,\Phi_{-1\,(t)} - \omega^3\,\Phi_{-3\,(t)} + \omega^5\,\Phi_{-5\,(t)} - \cdots]\,. \tag{20}$$

Diese Reihen sind konvergent, wenn

$$\omega^n\,\Phi_{-n\,(t)}$$

mit wachsendem n unter jeden endlichen Wert sinkt. Diese hinreichende Konvergenzbedingung ist besonders bei denjenigen Funktionen Φ, die den zeitlichen Verlauf des elektrischen Stromes in einem homogenen Kabel darstellen, erfüllt, so daß dann die Reihe (20) gleichmäßig konvergiert. Sie ist zur zahlenmäßigen Berechnung der Größe S gerade für kleine Werte von t gut geeignet.

3. Die Ausbreitung eines Wechselstromzeichens in einem unendlich langen homogenen Kabel.

Die Ergebnisse der im Abschnitt 2 dargelegten Berechnungen verwenden wir nun zur Untersuchung unseres eigentlichen Problems. Die Übergangsfunktion für die homogene Leitung können wir als bekannt voraussetzen. Sie wurde zuerst von O. Heaviside[1]) berechnet. Bezeichnet man die Werte der Induktivität, Kapazität und des Widerstandes für die Längeneinheit mit L, C und R und führt man in der üblichen Weise an Stelle der Zeit t das Zeitmaß $T = \dfrac{R}{2L} t$, an Stelle der Entfernung x zwischen einem Aufpunkte und der Ursprungsstelle das Längenmaß $X = \dfrac{2}{R} \sqrt{\dfrac{C}{L}}\, x$ ein, so läßt sich der Strom I im Punkte X nach dem Anlegen einer konstanten Spannung E zur Zeit $T = 0$ darstellen durch

$$\left.\begin{aligned} I &= 0 \qquad \text{für} \qquad T < X \\ I &= E\,\frac{2X}{Rx}\,e^{-T} J_0\,(j\sqrt{T^2-X}) \qquad \text{für} \qquad T > X. \end{aligned}\right\}^{2)} \tag{21}$$

Dabei ist die Leitung als unbegrenzt vorausgesetzt. Die Ableitung (dielektrische Verluste) lassen wir zunächst unberücksichtig, da sie ohne wesentlichen Einfluß auf die zu betrachtenden Erscheinungen ist. J_0 bedeutet die Besselsche Funktion erster Art der Ordnung Null. Für die beiden Systemgrößen (Spannung am Anfang) $E\,\dfrac{2X}{Rx}$ und Strom I an der Stelle X ist also die Übergangsfunktion für $T > X$

$$\Phi_{(T)} = e^{-T} J_0\,(j\sqrt{T^2-X^2}). \tag{22}$$

Sie genügt in diesem Bereich den Voraussetzungen des vorigen Abschnittes. Die Operationen $\mathfrak{U}$ und $\mathfrak{W}$, die aus dieser Funktion die flüchtigen Komponenten U und W bilden, lassen sich nach Gleichung (15) und (16) symbolisch mit

$$\mathfrak{U} = \frac{\dfrac{1}{\omega}\dfrac{d}{dt}}{1 + \left(\dfrac{1}{\omega}\dfrac{d}{dt}\right)^2}, \tag{23}$$

$$\mathfrak{W} = \frac{\left(\dfrac{1}{\omega}\dfrac{d}{dt}\right)^2}{1 + \left(\dfrac{1}{\omega}\dfrac{d}{dt}\right)^2} \tag{24}$$

darstellen, wobei gesetzt ist

$$\mathfrak{U}\,[\Phi_{(t)}] = U_{(t)}\,; \qquad \mathfrak{W}\,[\Phi_{(t)}] = W_{(t)}.$$

Im vorliegenden Falle ist Φ als Funktion des Zeitmaßes $T = \dfrac{R}{2L}\,t$ gegeben. Daher ist

$$\frac{d}{dt} = \frac{dT}{dt}\,\frac{d}{dT} = \frac{R}{2L}\,\frac{d}{dT}.$$

Hieraus geht hervor, daß es nicht so sehr auf die Frequenz ω, sondern viel mehr auf ein Frequenzmaß

$$\Omega = \omega \cdot \frac{2L}{R} \tag{25}$$

ankommt. Durch die Einführung dieses Frequenzmaßes wird der Ähnlichkeitssatz,

---

[1]) Electrom. Theorie, London.   [2]) Siehe auch K. W. Wagner: ETZ 1910, S. 163.

der die Zurückführbarkeit aller Leitungen auf eine Normalleitung ausdrückt, vervollständigt. Die Operationen $\mathfrak{U}$ und $\mathfrak{W}$ sind dann darzustellen durch

$$\mathfrak{U} = \frac{\dfrac{1}{\Omega} \dfrac{d}{d\,T}}{1 + \left(\dfrac{1}{\Omega} \dfrac{d}{d\,T}\right)^2}\,, \tag{26}$$

$$\mathfrak{W} = \frac{\left(\dfrac{1}{\Omega} \dfrac{d}{d\,T}\right)^2}{1 + \left(\dfrac{1}{\Omega} \dfrac{d}{d\,T}\right)^2}\,, \tag{27}$$

und es ist zu setzen

$$\mathfrak{U}\,[\Phi_{(T)}] = U_{(T)}\,; \quad \mathfrak{W}\,[\Phi_{(T)}] = W_{(T)}\,.$$

Das Problem wäre damit formal gelöst. Die Ausführung der Operationen $\mathfrak{U}$ und $\mathfrak{W}$ kann mit Hilfe der bekannten Differentiationsregeln für die Besselschen Funktionen erfolgen. Für die praktisch interessierenden Frequenzen konvergieren die auf diese Weise entstehenden Reihen im allgemeinen so rasch, daß man die zahlenmäßige Ausrechnung zumeist auf das erste Glied beschränken kann. Es ist also näherungsweise

$$U_{(T)} = \frac{1}{\Omega}\,\Phi'_{(T)}\,, \tag{28}$$

$$W_{(T)} = \left(\frac{1}{\Omega}\right)^2 \Phi''_{(T)}\,. \tag{29}$$

Für die Werte $X = 0,\ 1,\ 2,\ 4,\ 6,\ 10$ haben wir die Funktionen Φ, Φ' und Φ'' in Abhängigkeit von T berechnet. Sie sind in den folgenden Tafeln zusammengestellt.

Tafel 1 $(X = 0)$.

T	$\Phi_{(T)}$	$\Phi'_{(T)}$	$\Phi''_{(T)}$
0	1,000	$-$1,000	1,500
0,2	0,828	$-$0,744	1,05
0,4	0,698	$-$0,559	0,725
0,6	0,600	$-$0,428	0,590
0,8	0,525	$-$0,329	0,428
1,0	0,466	$-$0,258	0,291
1,6	0,3533	$-$0,134	0,122
2,6	0,264	$-$0,0592	0,040
3,6	0,2193	$-$0,0338	0,017
5,0	0,1836	$-$0,0196	0,007
7,0	0,1536	$-$0,0114	0,004

Tafel 2 $(X = 1)$.

T	$\Phi_{(T)}$	$\Phi'_{(T)}$	T	$\Phi''_{(T)}$
1	0,368	$-$0,184	1	0,23
1,414	0,3079	$-$0,1133	1,5	0,101
1,803	0,2714	$-$0,0771	2,0	0,53
2,236	0,2437	$-$0,05355	2,5	0,279
3,162	0,2067	$-$0,03037	3,0	0,1853
4,123	0,1830	$-$0,02002	4,0	0,087
5,099	0,1662	$-$0,0148	5,0	0,0462
6,083	0,1534	$-$0,01154	8,0	0,0011
7,071	0,1432	$-$0,00927		
8,062	0,1348	$-$0,00765		
9,055	0,1216	$-$0,000684		

Tafel 3 $(X = 2)$.

T	$\Phi_{(T)}$	$\Phi'_{(T)}$	T	$\Phi''_{(T)}$
2	0,1354	0	2,0	0
2,236	0,1353	$-$0,000346	2,5	$-$0,0026
2,561	0,1351	$-$0,001042	3,0	$-$0,00257
2,828	0,1347	$-$0,001785	4,0	$-$0,001073
3,606	0,1326	$-$0,003516	5,0	$-$0,00025
5,385	0,1249	$-$0,004720	6,0	$+$0,000143
7,280	0,1162	$-$0,004349	8,0	$+$0,00332
9,220	0,1084	$-$0,003719	12,0	$+$0,00278
11,18	0,1016	$-$0,003147		
13,0	0,09628	$-$0,002596		

Tafel 4 $(X = 4)$.

T	$\Phi_{(T)}$	$\Phi'_{(T)}$	T	$\Phi''_{(T)}$
4	0,0184	0,0184	4	$-$0,0092
4,12	0,0207	0,0173	5	$-$0,00494
4,24	0,0224	0,0163	6	$-$0,00289
4,47	0,02625	0,0147	7	$-$0,00192
4,47	0,0304	0,0128	8	$-$0,00130
5,39	0,0366	0,0097	9	$-$0,00088
6,41	0,0453	0,00655	10	$-$0,000646
8,06	0,0533	0,0035	12	$-$0,000377
10,47	0,0583	0,0014	15	$-$0,00018
15,53	0,0606	0,00006		
20,4	0,0599	$-$0,0003		

Tafel 5 $(X = 6)$.

T	$\Phi_{(T)}$	$\Phi'_{(T)}$	T	$\Phi''_{(T)}$
6	0,00248	0,00496	6	0
6,3246	0,004084	0,00493	6,5	$- 2,32 \cdot 10^{-4}$
6,708	0,005959	0,004835	7	$- 3,91 \cdot 10^{-4}$
8,485	0,01388	0,004033	8	$- 5,00 \cdot 10^{-4}$
9,22	0,01671	0,003658	10	$- 4,63 \cdot 10^{-4}$
10,00	0,01941	0,003282	12	$- 3,41 \cdot 10^{-4}$
11,66	0,02426	0,002576	14	$- 2,54 \cdot 10^{-4}$
14	0,02934	0,001862	18	$- 1,57 \cdot 10^{-4}$
18	0,03485	0,0010328	23	$- 0,81 \cdot 10^{-4}$
20	0,03659	0,0007681		
26	0,03951	0,0002974		

Tafel 6 $(X = 10)$.

T	$\Phi_{(T)}$	$\Phi'_{(T)}$	T	$\Phi''_{(T)}$
10	$4,53 \cdot 10^{-5}$	$1,812 \cdot 10^{-4}$	10	$1,812 \cdot 10^{-4}$
11,66	$5,8 \cdot 10^{-4}$	$4,48 \cdot 10^{-4}$	12	$1,17 \cdot 10^{-4}$
14,14	$2,036 \cdot 10^{-3}$	$6,99 \cdot 10^{-4}$	14	$0,775 \cdot 10^{-4}$
17,33	$6,67 \cdot 10^{-3}$	$8,14 \cdot 10^{-4}$	16	$0,25 \cdot 10^{-4}$
22,93	0,01053	$7,06 \cdot 10^{-4}$	18,2	0
28,28	0,01346	$5,70 \cdot 10^{-4}$	20	$- 0,144 \cdot 10^{-4}$
38,73	0,0180	$3,53 \cdot 10^{-4}$	25	$- 0,265 \cdot 10^{-4}$
48,99	0,0208	$2,133 \cdot 10^{-4}$	30	$- 0,246 \cdot 10^{-4}$
59,16	0,0224	$1,258 \cdot 10^{-4}$	40	$- 0,178 \cdot 10^{-4}$
79,37	0,0239	$3,8 \cdot 10^{-5}$	50	$- 0,108 \cdot 10^{-4}$
99,5	0,02422		60	$- 0,061 \cdot 10^{-4}$
			80	$- 0,020 \cdot 10^{-4}$

Im eingeschwungenen Zustand läßt sich der durch die Spannung am Anfang $E = A \sin \omega t + B \cos \omega t$ an der Stelle x hervorgerufene Strom bekanntermaßen darstellen durch

$$I = \frac{A}{Z} e^{-\beta x} \sin (\omega t - \alpha x - \varphi) + \frac{B}{Z} e^{-\beta x} \cos (\omega t - \alpha x - \varphi) .$$

Dabei ist

$$Z e^{j \varphi} = \sqrt{\frac{R + j \omega L}{j \omega C}} ,$$

$$\beta + j \alpha = \sqrt{(R + j \omega L) j \omega C} .$$

Unter Einführung von Zeit-, Längen- und Frequenzmaß kann man diese Beziehungen auch schreiben

$$I = A \frac{2X}{Rx} \frac{e^{-bx}}{\sqrt{1 + \left(\frac{2}{\Omega}\right)^2}} \sin \left(\Omega T - a X - \frac{1}{2} \operatorname{arctg} \frac{2}{\Omega} \right)$$

$$+ B \frac{2X}{Rx} \frac{e^{-bx}}{\sqrt{1 + \left(\frac{2}{\Omega}\right)^2}} \cos \left(\Omega T - a X - \frac{1}{2} \operatorname{arctg} \frac{2}{\Omega} \right) , \qquad (30)$$

wobei die reduzierte Dämpfung

$$b = \sqrt{- \frac{\Omega^2}{2} + \sqrt{\frac{\Omega^4}{4} + \Omega^2}} , \qquad (31 \text{ a})$$

und das reduzierte Winkelmaß

$$a = \sqrt{\frac{\Omega^2}{2} + \sqrt{\frac{\Omega^4}{4} + \Omega^2}} \qquad (31 \text{ b})$$

ist. Damit sind alle Gleichungen zur Berechnung des Stromverlaufes in einem beliebigen Punkte der Leitung entwickelt. Die folgenden Abbildungen sind auf dieser Grundlage konstruiert und sollen ein Bild davon geben, wie sich ein Wechselstromstoß über die Leitung hin ausbreitet.

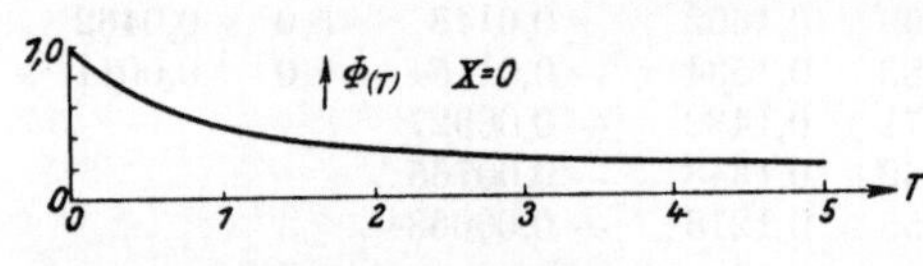

Abb. 5.
Strom im Kabel bei $X = 0$, $\Omega = 10$.

Abb. 5 veranschaulicht das Eintreten des Wechselstromes der Form $A \sin \Omega T$ vom Frequenzmaß $\Omega = 10$ in die Leitung; als Ordinaten sind die Werte von

$\dfrac{IRx}{2AX}$ aufgetragen, die im weiteren mit S bezeichnet werden. Für niedrigere Schwingungszahlen tritt die flüchtige Komponente mehr hervor, wie es Abb. 6 zeigt, wo $\Omega = 3$ gesetzt ist. Die obere Kurve entspricht der elektromotorischen Kraft $A \sin \Omega T$,

für die untere ist der Spannungsverlauf zu $B \cos \Omega T$ angenommen. Man bemerkt, daß während der ersten Halbperiode die Stromstärke im ersten Falle kleiner, im zweiten größer ist, als dem stationären Wert entspricht. Beim Fortschreiten über die Leitung wird zunächst die flüchtige Komponente in ihrer Amplitude gegenüber dem stationären Wechselstrom immer kleiner, wie das aus den Abb. 7 und 8 zu ersehen ist, wo der Verlauf der Größe S im Abstande $X = 1$ vom Sender mit der EMK $A \sin \Omega T$ für $\Omega = 10$ und $\Omega = 3$ aufgezeichnet ist. Die Tafeln zeigen ferner, daß die flüchtige Komponente ihre relativ

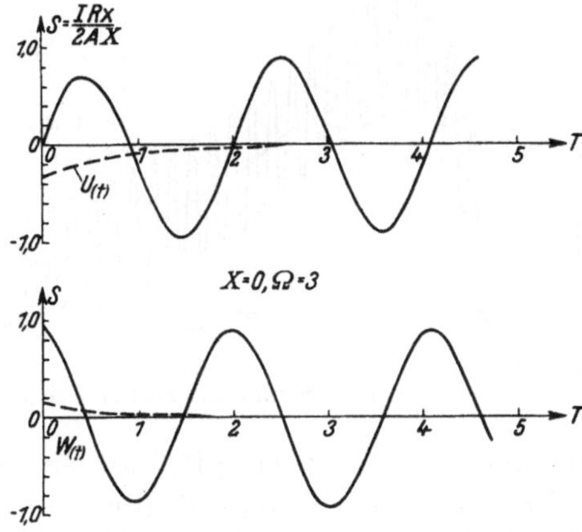

Abb. 6. Strom im Kabel bei $X = 0$, $\Omega = 3$.

kleinsten Werte etwa bei $X = 2$ aufweist. Von hier ab wird sie für die Sinusspannung positiv, d. h. die erste eintreffende Halbwelle ist größer als die der stationären Amplitude. Bei $X = 4$ ist dies bereits deutlich zu erkennen, Abb. 9.

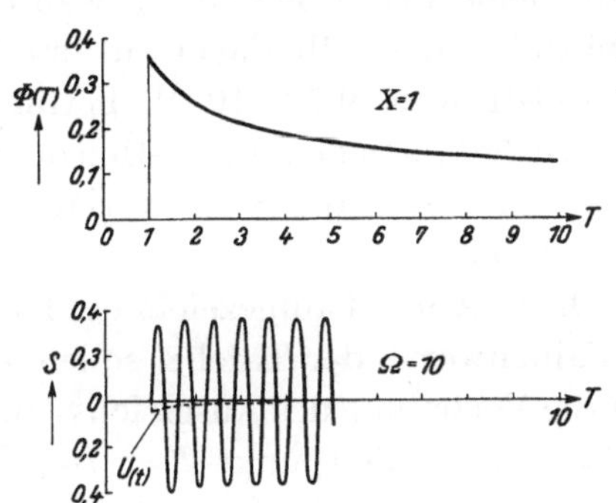

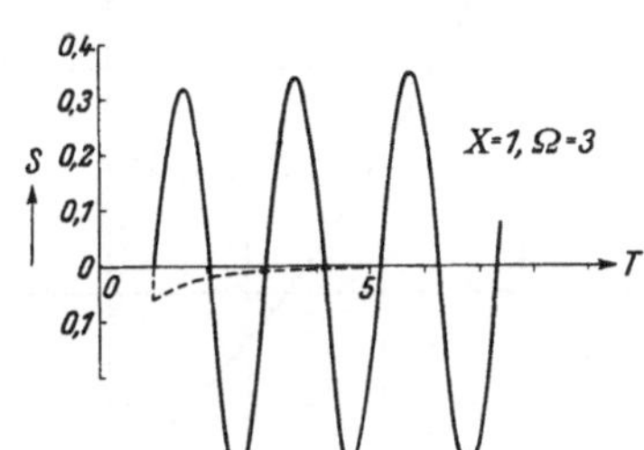

Abb. 7. Strom im Kabel bei $X = 1$, $\Omega = 10$.

Abb. 8. Strom im Kabel bei $X = 1$, $\Omega = 3$.

Mit dem weiteren Fortschreiten verbreitert sich die flüchtige Komponente mehr und mehr, ihre Amplitude nimmt langsamer ab als der übergelagerte Wechselstrom. So ergibt sich bereits für $X = 10$, Abb. 10, eine über viele Perioden laufende Krümmung

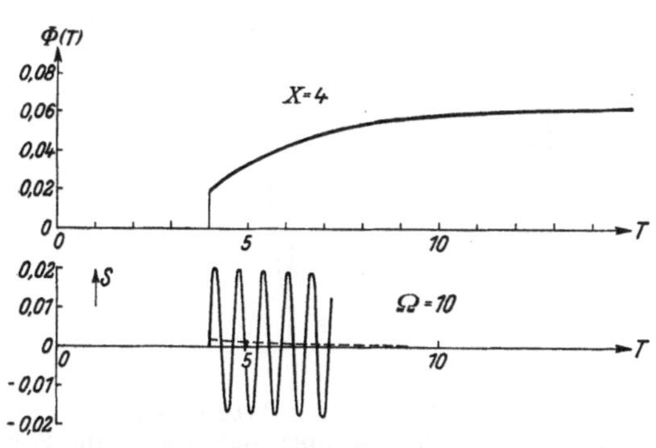

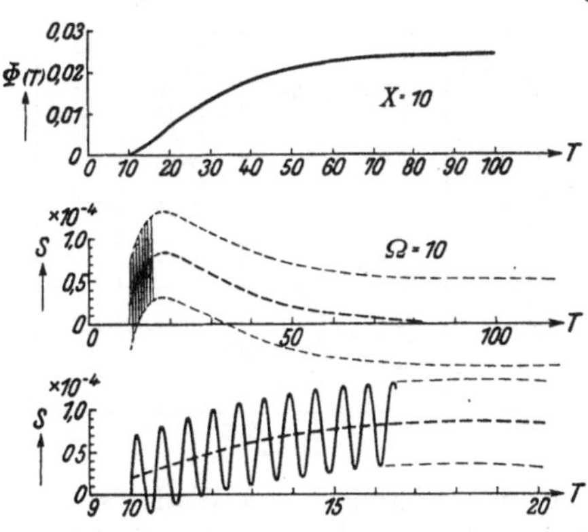

Abb. 9. Strom im Kabel bei $X = 4$, $\Omega = 10$.

Abb. 10. Strom im Kabel bei $X = 10$, $\Omega = 10$.

der Schwingungsmittellinie. Die untere Kurve der Abb. 10 zeigt das Eintreffen der Welle in vergrößertem Zeitmaßstabe, und zwar für die Frequenz $\Omega = 10$. Für niedrigere Frequenzwerte überwiegt hier die flüchtige Komponente des Stromes bei weitem

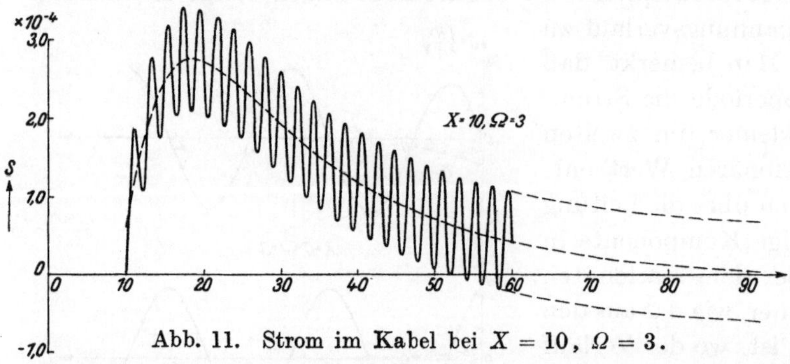

Abb. 11. Strom im Kabel bei $X = 10$, $\Omega = 3$.

den stationären Wechselstromwert. Dies geht deutlich aus Abb. 11 hervor; dort ist der zur Spannung $A \sin 3\,T$ gehörige Strom im Punkte $X = 10$ dargestellt. In noch größerer Entfernung vom Sender wird die stationäre Komponente so gedämpft, daß sie verschwindend klein gegen die Ausgleichsströme ankommt. So ergeben sich für $X = 30$ die Werte der Tafel 7 für die Übergangsfunktion und ihren ersten Differentialquotienten. In Abb. 12 ist die hieraus ermittelte flüchtige Komponente für eine Sinusspannung vom Frequenzmaß $\Omega = 20$ aufgezeichnet. Der Maximalwert dieser Komponente liegt bei $1{,}36 \cdot 10^{-6}$, während die Amplitude des überlagerten stationären Wechselstromes $9{,}72 \cdot 10^{-14}$ beträgt. Für die erste Zeit nach dem Eintreffen des Wellenzuges ergibt sich der Stromverlauf, wie ihn Abb. 13 zeigt.

Die in Abb. 14 aufgezeichnete Kurve und die Zahlenwerte der Tafel 8 sollen ein Bild über die Verteilung des Ausgleichsstromes auf der Leitung im Zeitpunkt $T = 10$ geben. Zu dieser Zeit ist der Kopf der Welle gerade im Punkte $X = 10$ angelangt. Die Wechselstromwelle selbst ist nach der Exponential-

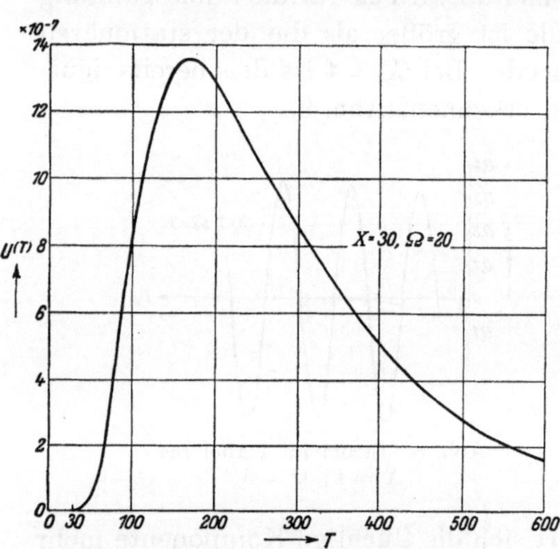

Abb. 12. Flüchtige Stromkomponente für $X = 30$, $\Omega = 20$.

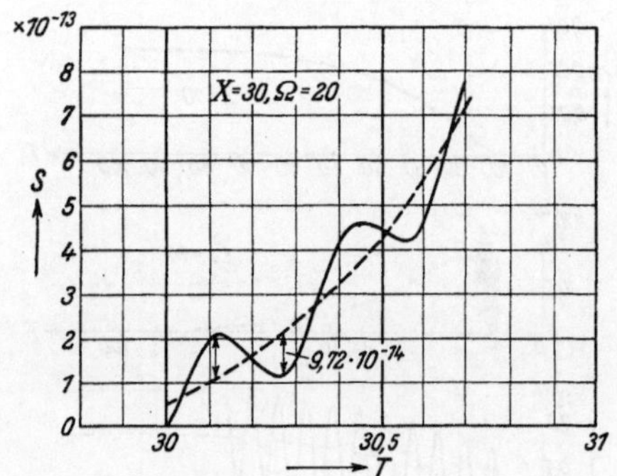

Abb. 13. Eintreffen des Wechselstromes vom Frequenzmaß $\Omega = 20$ im Punkte $X = 30$.

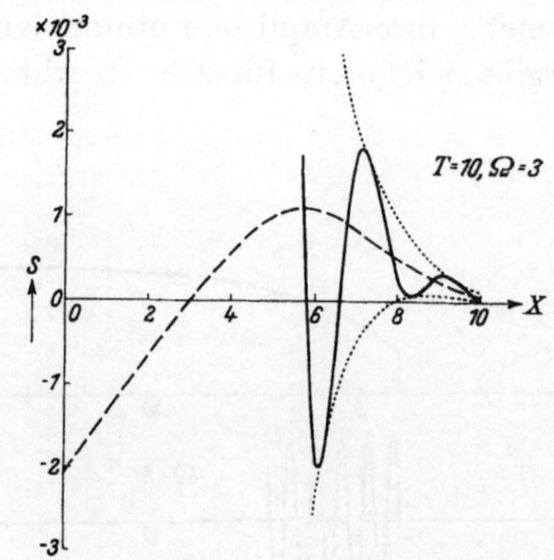

Abb. 14. Verteilung des Wechselstromes vom Frequenzmaß $\Omega = 3$ über das Kabel im Zeitpunkt $T = 10$.

funktion e^{-X} längs der Leitung gedämpft und einer breiten Ausgleichswelle überlagert, die in Abb. 14 gestrichelt gezeichnet ist. Die Ausgleichswelle nimmt mit wachsender Zeit an Amplitude ab, bis schließlich die Berandungskurven der Dauerschwingung symmetrisch zur Abszissenachse liegen.

<table>
<tr><td colspan="3" align="center">Tafel 7 ($X = 30$).</td><td colspan="2" align="center">Tafel 8 ($T = 10$).</td></tr>
<tr><td align="center">T</td><td align="center">$\Phi_{(T)}$</td><td align="center">$\Phi'_{(T)}$</td><td align="center">X</td><td align="center">$\Phi'_{(T)}$</td></tr>
<tr><td align="center">30</td><td align="center">$9{,}35 \cdot 10^{-14}$</td><td align="center">$1{,}31 \cdot 10^{-12}$</td><td align="center">0</td><td align="center">$-\,65{,}8 \quad \cdot 10^{-4}$</td></tr>
<tr><td align="center">40</td><td align="center">$1{,}008 \cdot 10^{-7}$</td><td align="center">$3{,}16 \cdot 10^{-8}$</td><td align="center">4,36</td><td align="center">$+\,23{,}7 \quad \cdot 10^{-4}$</td></tr>
<tr><td align="center">50</td><td align="center">$2{,}86 \cdot 10^{-6}$</td><td align="center">$5{,}29 \cdot 10^{-7}$</td><td align="center">6,00</td><td align="center">$32{,}1 \quad \cdot 10^{-4}$</td></tr>
<tr><td align="center">60</td><td align="center">$1{,}86 \cdot 10^{-5}$</td><td align="center">$2{,}27 \cdot 10^{-6}$</td><td align="center">7,15</td><td align="center">$23{,}9 \quad \cdot 10^{-4}$</td></tr>
<tr><td align="center">80</td><td align="center">$1{,}36 \cdot 10^{-4}$</td><td align="center">$8{,}96 \cdot 10^{-6}$</td><td align="center">8,0</td><td align="center">$15{,}43 \cdot 10^{-4}$</td></tr>
<tr><td align="center">100</td><td align="center">$4{,}12 \cdot 10^{-4}$</td><td align="center">$1{,}68 \cdot 10^{-5}$</td><td align="center">8,67</td><td align="center">$9{,}73 \cdot 10^{-4}$</td></tr>
<tr><td align="center">120</td><td align="center">$8{,}09 \cdot 10^{-4}$</td><td align="center">$2{,}21 \cdot 10^{-5}$</td><td align="center">9,17</td><td align="center">$5{,}93 \cdot 10^{-4}$</td></tr>
<tr><td align="center">150</td><td align="center">$15{,}9 \cdot 10^{-4}$</td><td align="center">$2{,}66 \cdot 10^{-5}$</td><td align="center">9,54</td><td align="center">$3{,}76 \cdot 10^{-4}$</td></tr>
<tr><td align="center">200</td><td align="center">$29{,}7 \cdot 10^{-4}$</td><td align="center">$2{,}60 \cdot 10^{-5}$</td><td align="center">9,80</td><td align="center">$2{,}575 \cdot 10^{-4}$</td></tr>
<tr><td align="center">300</td><td align="center">$51{,}4 \cdot 10^{-4}$</td><td align="center">$1{,}71 \cdot 10^{-5}$</td><td align="center">9,95</td><td align="center">$1{,}99 \cdot 10^{-4}$</td></tr>
<tr><td align="center">400</td><td align="center">$64{,}9 \cdot 10^{-4}$</td><td align="center">$1{,}01 \cdot 10^{-5}$</td><td align="center">10,0</td><td align="center">$1{,}775 \cdot 10^{-4}$</td></tr>
<tr><td align="center">600</td><td align="center">$77{,}0 \cdot 10^{-4}$</td><td align="center">$0{,}32 \cdot 10^{-5}$</td><td align="center"></td><td align="center"></td></tr>
</table>

Legt man für ein Ozeankabel mit 4 mm Kupferleiterdurchmesser und Guttaperchaisolation die Leitungskonstanten $R = 1$ Ohm/km , $L = 0{,}003$ H/km , $C = 0{,}25\,\mu$F zugrunde, so erhält man für die hier betrachteten Werte des Längenmaßes X die in folgender Tabelle 9 gegebenen wirklichen Längen l in km . Dem Frequenzmaß $\Omega = 10$ entspricht dann die Kreisfrequenz $\omega = 1667$.

Von dem Vorgange der Fortpflanzung des Wechselstromes über die Leitung erhalten wir also folgendes allgemeine Bild. Nach einer Zeit $T = X$, die der Fortpflanzungsgeschwindigkeit $v = \dfrac{1}{\sqrt{LC}}$ entspricht, trifft der Wellenzug an dem betrachteten Punkte der Leitung ein.

Tafel 9.

$X =$	1	2	4	6	10	30
$l =$	220	440	880	1300	2190	6580

Den wirklichen Stromverlauf in diesem Punkte kann man zerlegen in einen dauernden Wechselstrom und einen flüchtigen Anteil, der mit wachsender Zeit verschwindet. Der Wechselstrom setzt zur Zeit $T = X$ mit seiner vollen Amplitude ein, gleichgültig wie groß seine Schwingungszahl ist; von der Frequenz hängen indessen Amplitude und Verlauf der flüchtigen Stromkomponente ab. Mit wachsender Frequenz verkleinert sich der flüchtige Stromanteil und nähert sich in seinem zeitlichen Verlauf einer Summe aus dem ersten und zweiten Differentialquotienten der Übergangsfunktion. Die Zeit, in welcher der Ausgleichstrom verklingt, ist daher angenähert gleich derjenigen, die der Strom im Falle des Anlegens einer Gleichspannung benötigt, um auf seinen Endwert zu kommen. Flüchtige Komponente und Wechselstrom unterscheiden sich also wesentlich durch die Schnelligkeit ihres zeitlichen Verlaufes.

Diese Erkenntnis ist nicht so naheliegend, wie es auf den ersten Blick scheinen könnte. So hat sich K. W. Wagner gegen das Verfahren gewendet, auf Wechselstromzeichen in langen Kabeln die Theorie der stationären Vorgänge, also die symbolische Rechnungsweise, anzuwenden, weil die Amplitude des Wechselstromes erst allmählich ihren Endwert erreiche[1]). Unsere Überlegungen zeigen, daß dieses Vorgehen doch bis zu einem hohen Grade zulässig ist und gerade bei sehr großen Schwingungszahlen eine vollkommen zuverlässige Auskunft über die interessierenden Verhältnisse liefert. Auf die praktische Bedeutung dieses Umstandes werden wir in Abschnitt 5 zurückkommen. Auf einen Punkt ist hier indessen noch hinzuweisen. Es sind in der neueren Literatur Bemerkungen über das Einschwingen langer Leitungen zu finden, die an Überlegungen ähnlicher Natur geknüpft sind, wie sie W. Thomson zur Berechnung der Übergangsfunktion angestellt hat. Malcolm behandelt in seinem vorzüglichen Buche „The Theory of the Submarine Telegraph a. Telephone Cable" die Ausbreitung von Sinusströmen in einem Kabel mit der stillschweigenden Voraussetzung, daß die Induktivität der Leitung in ihrer Wirkung vernachlässigbar sei. Dies würde bedingen, daß etwa $\omega L < \tfrac{1}{20} R$ ist, oder in unserer Bezeichnungsweise, daß Ω kleiner als 0,1 sein muß. Nicht nur deshalb jedoch, weil die praktisch interessierenden Schwingungszahlen meist weit über diesem Werte liegen, ist diese Vernachlässigung nur mit Vorsicht hinzunehmen, sie ist vor allem vollkommen unzulässig für die Berechnung der Vorgänge zur Zeit des Eintreffens der Welle.

4. Das homogene Kabel endlicher Länge.

Ist die Leitung nicht unendlich lang, sondern begrenzt, etwa bei $X = 0$ und $X = \Lambda$, so stellt sich bekanntlich der Endzustand im allgemeinen erst nach einer unendlich großen Zahl von Reflexionen an den Begrenzungspunkten ein. Die Übergangsfunktion kann dann Unstetigkeitspunkte aufweisen, genügt also nicht den Voraussetzungen, die in Abschnitt 2 gemacht wurden. Diese Unstetigkeitsstellen treten um so mehr hervor, je mehr die bei $X = 0$ und $X = \Lambda$ angeschlossenen Apparate in ihrem Scheinwiderstande vom Wellenwiderstand der Leitung abweichen. Eine übersichtliche Darstellung dieser Erscheinung liefert das von Maxwell herrührende Spiegelungsverfahren der Potentialtheorie[2]).

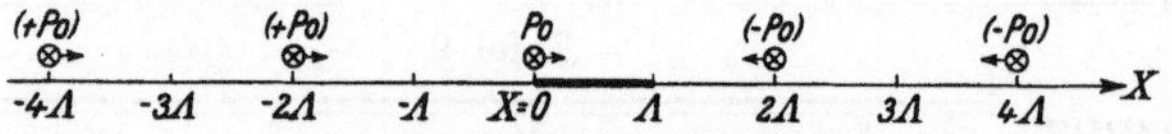

Abb. 15. Die Spiegelbilder für die kurzgeschlossene Leitung.

Als einfachsten und zugleich prägnantesten Fall wählen wir den Fall des Kurzschlusses in den beiden Begrenzungspunkten; praktisch würde dies bedeuten, daß der innere Widerstand der Stromquelle sowohl als auch der Widerstand des Empfangsapparates klein sein sollen gegen den Wellenwiderstand des betrachteten Kabels. Dann liegen die Spiegelbilder so, wie es in Abb. 15 angedeutet ist, und es stellt sich die Übergangsfunktion dar durch

$$\Phi_A = 2 \sum_{\nu=0}^{\nu=\infty} \Phi_{[(2\nu+1)\,A,\,T]} \,. \tag{32}$$

Hiermit ergibt sich ähnlich wie Gleichung (14) als Auswirkung des im Punkte $X = 0$ erfolgenden Wechselstromstoßes $A \sin \Omega\,T + B \cos \Omega\,T$

$$S_{(T)} = 2A \sum_{\nu} U_{[(2\nu+1)A,\,T]} + 2B \sum_{\nu} W_{[(2\nu+1)\,A,\,T]} + 2 \sum_{\nu} S_{e[(2\nu+1)A,\,T]} \,. \tag{33}$$

Diese Gleichung sagt folgendes aus: Zur Zeit $T = A$ trifft ein Wellenzug ein, der so aufgebaut ist, wie wenn die Leitung unendlich lang wäre, und zwar von doppelt so großer Amplitude wie in den Fällen, die im vorigen Abschnitt betrachtet wurden. Diesem Strome überlagert sich jedoch zur Zeit $T = 3A$ ein zweiter Wellenzug, der durch die

---

[1]) ETZ 1910, S. 163 u. 654.   [2]) Siehe auch K. W. Wagner: ETZ 1910, S. 163.

an beiden Enden einmal reflektierten Ströme gebildet wird und daher nach Amplitude und Verlauf dem Strom im Punkte $3\varLambda$ des unendlich langen Kabels entspricht. Im Zeitpunkt $T = 5\varLambda$ gelangt die zweifach reflektierte Welle in den Empfänger. Sie hat bereits die Strecke $5\varLambda$ durchlaufen und dementsprechend an Amplitude verloren. Die folgenden Wellenzüge sind mehr und mehr gedämpft, so daß nach einer bestimmten, von $\varLambda$ abhängigen Zeit der Endzustand praktisch erreicht ist. Da die Dämpfung geometrisch erfolgt, werden die reflektierten Wellenzüge um so mehr gegen die erste Welle zurücktreten, je größer $\varLambda$ ist; bei langen Kabeln setzt also der stationäre Wechselstrom auch im Falle des Abschlusses durch irgendwelche Widerstände sogleich mit seiner endgültigen Amplitude ein. Genaueren Aufschluß hierüber liefert die folgende Betrachtung.

Die Gleichung (30) gibt für die Amplitude des Wechselstromes im Punkte $\varLambda$ den Ausdruck

$$S_\varLambda = \frac{e^{-b\varLambda}}{\sqrt{1 + \left(\dfrac{2}{\varOmega}\right)^2}}\,.$$

Nach Gleichung (31) ist ferner

$$b = \sqrt{-\frac{\varOmega^2}{2} + \sqrt{\frac{\varOmega^4}{4} + \varOmega^2}}\,.$$

Daher ist

$$S_\varLambda = \frac{e^{-\varLambda\sqrt{-\frac{\varOmega^2}{2} + \sqrt{\frac{\varOmega^4}{4} + \varOmega^2}}}}{\sqrt{1 + \left(\dfrac{2}{\varOmega}\right)^2}}\,.$$

Die erste reflektierte Welle hat die Amplitude

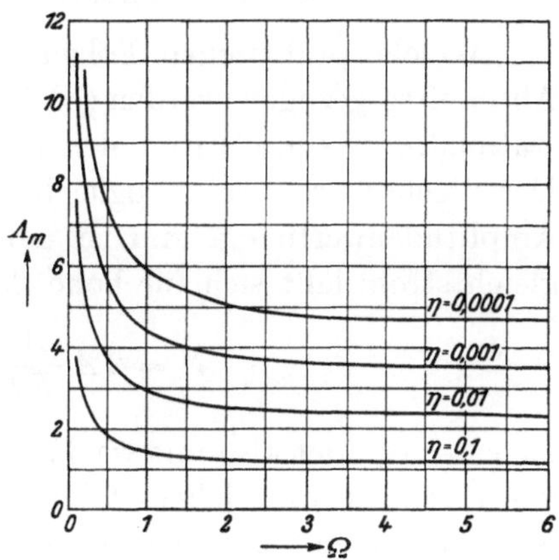

Abb. 16. Zur Untersuchung der reflektierten Welle.

$$S_{3\varLambda} = \frac{e^{-3\varLambda\sqrt{-\frac{\varOmega^2}{2} + \sqrt{\frac{\varOmega^4}{4} + \varOmega^2}}}}{\sqrt{1 + \left(\dfrac{2}{\varOmega}\right)^2}}\,.$$

Für das Verhältnis von reflektierter Welle zur Hauptwelle erhält man somit

$$\eta = \frac{S_{3\varLambda}}{S_\varLambda} = e^{-2\varLambda\sqrt{-\frac{\varOmega^2}{2} + \sqrt{\frac{\varOmega^4}{4} + \varOmega^2}}}\,. \tag{34}$$

Dieses Verhältnis ist also eine Funktion von Längen- und Frequenzmaß. Erteilt man η bestimmte Werte, so kann man aus der Gleichung (34) dasjenige Höchstlängenmaß ermitteln, für welches der Wert η noch nicht überschritten wird. Dieses Längenmaß hat die Größe

$$\varLambda_m = \frac{\ln\eta}{2\sqrt{-\frac{\varOmega^2}{2} + \sqrt{\frac{\varOmega^4}{4} + \varOmega^2}}}\,.$$

In der Abb. 16 ist $\varLambda_m$ in Abhängigkeit vom Frequenzmaß $\varOmega$ für die Werte $\eta = 0,1,\ 0,01,\ 0,001$ und $0,0001$ aufgetragen; die Zahlenwerte selbst finden sich in der Tafel 10. Man ersieht daraus, daß schon für Frequenzen $\varOmega > 1$ und Längen $\varLambda > 3$ der Amplitudenzuwachs durch die reflektierte Welle praktisch bedeutungslos ist. **Am Ende eines homogenen Kabels, dessen Längenmaß größer als 3 ist, wird also der stationäre Wert des Wechselstromes schon während der ersten Halbperiode erreicht.**

Tafel 10.

$\Omega =$		0,1	0,2	0,4	0,6	1,0	2,0	4,0	6,0	8,0	10,0
$\eta = 0,1$	$\Lambda_m =$	3,73	2,7	2,01	1,73	1,47	1,27	1,19	1,17	1,16	1,16
$\eta = 0,01$	$\Lambda_m =$	7,45	5,4	4,02	3,45	2,93	2,53	2,37	2,34	2,32	2,31
$\eta = 0\,001$	$\Lambda_m =$	11,2	8,15	6,04	5,17	4,41	3,80	3,56	3,51	3,48	3,48
$\eta = 0,0001$	$\Lambda_m =$	14,9	10,8	8,05	6,90	5,86	5,06	4,74	4,68	4,63	4,62

5. Wechselstromtelegraphie über lange Kabel.

Welche praktischen Folgerungen dürfen nun aus den Ergebnissen der letzten Abschnitte gezogen werden? Wir haben dort festgestellt, daß Ausgleichswelle und stationärer Wechselstrom sich in ihrem zeitlichen Ablauf wesentlich unterscheiden. Der Wechselstrom setzt sogleich nach dem Eintreffen der Welle mit seinem richtigen Amplitudenwerte ein und ist einem langsamen Stromstoß überlagert. Dieser Ausgleichsstrom läßt sich für hohe Schwingungszahlen näherungsweise darstellen durch

$$S = 2 A \frac{\Lambda}{Rl} \frac{1}{\Omega} \frac{d\,\Phi}{d\,T} + 2 B \frac{\Lambda}{Rl} \frac{1}{\Omega^2} \frac{d^2\,\Phi}{d\,T^2} \,. \tag{35}$$

Er verschwindet also mit wachsender Frequenz mehr und mehr. Nach dem Aufhören des Wechselstromzeichens folgt ein Stromstoß, der diesem flüchtigen Impuls ähnlich ist und sich mit der gleichen Geschwindigkeit fortpflanzt. Grundsätzlich ist daher Telegraphie mit Wechselstrom auf Leitungen beliebiger Länge möglich. Die erreichbare Telegraphiergeschwindigkeit ist dabei unabhängig von der Länge der Leitung. Um dies deutlicher zu erkennen, betrachten wir ein Kabel mit vernachlässigbarer Ableitung. Nach den Gleichungen (30) und (31) strebt in diesem Falle die Amplitude der Wechselstromzeichen mit wachsender Frequenz dem Grenzwerte

$$S_e = 2 A \frac{\Lambda}{Rl} e^{-\Lambda} \tag{36}$$

zu. Die flüchtige Komponente wird durch Gleichung (35) bestimmt. Der Quotient von Ausgleichsstrom und Wechselstrom ist im Maximum gegeben durch

$$\frac{1}{\Omega} e^{\Lambda} \frac{d\,\Phi}{d\,T} \,.$$

Man sieht, daß dieser Quotient durch passende Wahl der Schwingungszahl Ω beliebig klein gemacht werden kann. Dann wird am Empfangsende praktisch nur das Wechselstromzeichen eintreffen, für welches überdies alle diejenigen Überlegungen zulässig sind, die für Wechselströme im eingeschwungenen Zustande gelten. Das Wechselstromzeichen hat im Empfänger die gleiche Dauer wie am Senderende, so daß keinerlei Verzerrung der Buchstabenelemente eintritt, die Telegraphiergeschwindigkeit also durch die elektrischen Eigenschaften der Leitung nicht begrenzt wird.

Der praktischen Ausführung einer Wechselstromtelegraphie über Ozeankabel steht nur eine einzige Schwierigkeit entgegen. Sie liegt in der Wirkung der bisher vernachlässigten dielektrischen Verluste im Kabel. Diese äußert sich so, daß auch die Wechselstromamplitude mit wachsender Frequenz mehr und mehr abnimmt, schließlich sogar im höheren Grade wie die flüchtige Stromkomponente. Für höhere Frequenzen läßt sich die Dämpfung für die Längeneinheit bekanntlich darstellen durch

$$\beta = \frac{R}{2}\sqrt{\frac{C}{L}} + \frac{G}{2}\sqrt{\frac{L}{C}},$$

wobei G die Ableitung bedeutet. In dem interessierenden Frequenzbereich wächst die Ableitung angenähert proportional mit der Frequenz, es ist

$$G = \delta C \omega,$$

wenn man mit δ den dielektrischen Leistungsfaktor einführt. Dann wird also

$$\beta = \frac{R}{2}\sqrt{\frac{C}{L}} + \frac{C\delta\omega}{2}\sqrt{\frac{L}{C}}. \tag{37}$$

Mit den bereits benützten Leitungsdaten $R = 1$ Ohm, $L = 0{,}003\,H$, $C = 0{,}25\,\mu$F und dem Verlustwinkel $\delta = 0{,}024$ für Guttapercha ergibt sich beispielsweise

$$\beta = 0{,}004565 + 3{,}29 \cdot 10^{-7} \cdot \omega.$$

Die Amplitude des Wechselstromes erscheint durch das Dasein der Ableitung also dividiert mit der Zahl $e^{3{,}29\cdot 10^{-7}\omega l}$. Diese Zahl nimmt bei längeren Kabeln beträchtliche Werte an. So hat sie für die Kreisfrequenz $\omega = 5000$ und die Länge $1 = 4000$ km bereits die Größe 695. Durch Vergrößern der Frequenz kann man daher hier nicht erreichen, daß die Amplitude des flüchtigen Stromes mehr und mehr unter die des Wechselstromes sinkt. Allenfalls könnte man die Frequenz so wählen, daß das Verhältnis dieser beiden Amplituden ein Minimum wird. Da nämlich nach Gleichung (37)

$$\beta l = \Lambda + \frac{\delta\Omega\Lambda}{2}$$

ist, wird dieser Quotient nach früherem gleich

$$\frac{1}{\Omega}\,e^{\Lambda + \frac{\delta\Omega\Lambda}{2}}\frac{d\Phi}{dT}.$$

Der von Ω abhängige Faktor ist hier $\dfrac{1}{\Omega}\,e^{\frac{\delta\Omega\Lambda}{2}}$. Diese Funktion, $\dfrac{1}{x}\,e^x$, Abb. 17, hat für $x = 1$, also für

$$\Omega = \frac{2}{\delta\Lambda} \tag{38}$$

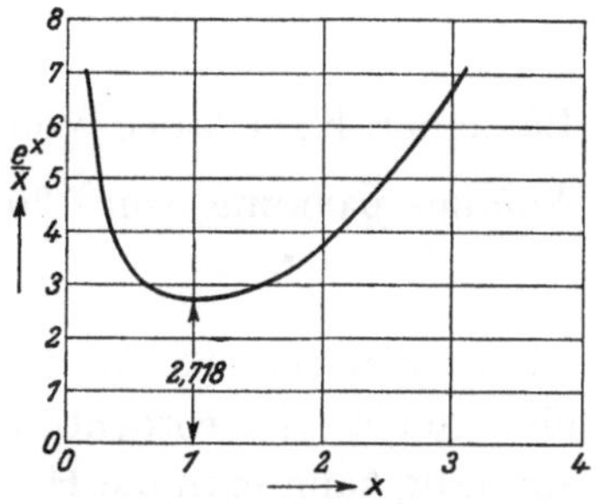

Abb. 17. Die Funktion $\dfrac{1}{x}\,e^x$.

ein Minimum. Die Beziehung (38) liefert demnach diejenige Frequenz, die für die Wechselstromtelegraphie das günstigste Verhältnis zwischen Ausgleichsstrom und Zeichenstrom bedeuten würde; sie läßt sich auch schreiben

$$\omega = \frac{2}{\delta\sqrt{LC}\,l}. \tag{39}$$

Für das obige Beispiel wäre also die günstigste Trägerfrequenz

$$\omega = \frac{2}{0{,}024\,\sqrt{0{,}003 \cdot 0{,}25 \cdot 10^{-6} \cdot 4000}} = 760.$$

Für diese niedrigere Frequenz gilt die Beziehung (37) allerdings nur noch sehr angenähert, doch ist das Minimum in Abb. 17 so flach, daß geringe Abweichungen von dem durch Gleichung (38) bestimmten Werte ohne praktische Bedeutung bleiben.

Aus dem flachen Verlauf der betrachteten Funktion folgt ferner, daß für die Wahl
der Trägerfrequenz ein ganzer Bereich zur Verfügung steht. Es sind nämlich für Werte
von x zwischen 0,4 und 2 die Funktionswerte nur wenig voneinander verschieden.
Daher kann man ω zwischen

$$\frac{0,8}{\delta\,\sqrt{LC}\,l} \quad \text{und} \quad \frac{4}{\delta\,\sqrt{LC}\,l}$$

wählen, in dem angeführten Beispiele also zwischen 300 und 1500. Nehmen wir etwa
$\omega = 1000$ an, so ist hierfür nach Gleichung (37) $\beta = 0,004\,894$. Dies würde bei 4000 km
Länge eine Dämpfung von $\beta\,l = 19,576$ bedeuten. Eine an den Anfang gelegte
Wechselspannung von 100 Volt und dieser Frequenz wird daher am offenen Ende
auf den Betrag $200 \cdot e^{-19,576} = 6,306 \cdot 10^{-7}$ Volt herabgesunken sein.

Soweit man indessen hiernach noch von der Möglichkeit der praktischen Ausführung entfernt zu sein scheint, wird das Bild doch erheblich günstiger, wenn man
eine künstliche Erhöhung der Induktivität in Betracht zieht. Nehmen wir z. B. an,
die Induktivität L sei durch irgendwelche Mittel, z. B. durch eine Krarupbespinnung
der Ader oder durch Spulen nach Pupin auf den Wert 0,02 H/km erhöht worden, auf
eine Größe also, die heute, wo magnetisch hochwertige Materialien zur Verfügung
stehen, durchaus nicht außerhalb der technischen Ausführbarkeit steht. Es sei ferner
die Guttaperchaisolation von solcher Dicke gewählt worden, daß die Kapazität
für 1 km Länge $C = 0,2\,\mu$F beträgt. Wir nehmen ferner an, die Ader bestehe aus
Kupferdraht mit einem Gleichstromwiderstand von 1 Ohm/km; durch geeignete
Mittel sei dafür gesorgt worden, daß bei der Frequenz $\omega = 1000$ der Wirkwiderstand
nicht über 1,2 Ohm ansteigt. Für diese Frequenz ist dann nach Gleichung (37)

$$\beta = 0,001898 + 0,00076 = 0,002658\,.$$

Bei einer Kabellänge von 4000 km wird daher die Dämpfung $\beta\,l = 10,632$. Die
Anfangsspannung von 100 V sinkt hier auf den Betrag

$$V_e = 200 \cdot e^{-10,632} = 0,0048 \text{ Volt}$$

am offenen Ende herab. Diese Zahl zeigt, daß die Aussichten für die Schnelltelegraphie
hier schon außerordentlich günstig sind. Bei Gleichstromtelegraphie mit Relais-
empfang kann man die Höchsttelegraphiergeschwindigkeit nach einer von E. Wollin
angegebenen Formel berechnen[1]). Der kürzeste Stromschritt folgt hiernach aus

$$t = C\,R\,l^2 \left(0,173 - \frac{1}{2\,\varLambda}\right) + 0,002\,.$$

Mit den von uns zugrunde gelegten Daten wird $t = 0,346$ sec. Bei Verwendung eines
nach dem Fünferalphabet arbeitenden Drucktelegraphen würden sich so $n = \dfrac{12}{0,346}$
$= 34$ Zeichen pro Minute übermitteln lassen. Selbst bei Einschaltung von Neben-
schlußspule und Maxwell-Erde wird die Leistung nur auf etwa 100 Zeichen pro Minute
zu bringen sein. Mit der Trägerfrequenz $\omega = 1000$ hingegen läßt sich eine Folge von
600 Zeichen pro Minute an sich noch gut übertragen. Hier wäre also die Verwendung
der Wechselstromtelegraphie von wirklichem Nutzen.

Es ist von Interesse, die flüchtige Stromkomponente im Kabel für diesen Fall
noch etwas näher zu betrachten. Das Längenmaß hat für die zugrunde gelegten

---

[1]) Telegraphen- und Fernsprechtechnik 1921, S. 49.

Kabeleigenschaften die Größe 7,6. Für $X = 7,6$ ergibt sich der Maximalwert von Φ' zu 0,0016. Der Ausgleichsstrom am kurzgeschlossenen Ende beträgt daher im ungünstigsten Falle

$$I_e = 4 \cdot 200 \cdot \frac{\Lambda}{Rl} \frac{1}{\Omega} 0,0016 = 6,08 \cdot 10^{-5} A .$$

Dieser Ausgleichsstrom kann dadurch unschädlich gemacht werden, daß man das Kabel am Empfangsende durch eine Drosselspule abschließt, von deren Enden die Spannung für den Empfangsapparat abgenommen wird. Hat diese Spule beispielsweise eine Induktivität von 0,2 H und einen Widerstand von 5 Ohm, so stehen Ausgleichsspannung und Wechselspannung am Empfänger bereits im Verhältnis 1 : 10, da die Spule für die Ausgleichsströme nahezu als Kurzschluß wirkt, für den stationären Wechselstrom dagegen bereits eine Impedanz von 200 Ohm aufweist.

Zusammenfassend kann man also sagen, daß die Verwendung von Wechselstrom als Träger der Telegraphierzeichen für die Kabeltelegraphie dann Vorteile bietet, wenn es gelingt, die Kabel so herzustellen, daß die Gesamtdämpfung durch Verstärkung am Ende aufgehoben werden kann und die ankommenden Wechselströme noch solche Stärke besitzen, daß Fremdströme ferngehalten werden können. Da die Anwendung hoher Frequenzen vorteilhaft ist, spielt die Ableitung eine wesentliche Rolle für die Güte des Kabels. Der dem Zeichenstrom überlagerte Ausgleichsstrom kann durch geeignete Schaltmittel am Ende, dank seines langsamen zeitlichen Verlaufes, so reduziert werden, daß er unschädlich ist.

6. Die pupinisierte Leitung.

Die Ausbreitung eines Wechselstromzeichens auf einer pupinisierten Leitung ist ungleich schwieriger zu verfolgen wie der hier behandelte Fall der homogenen Leitung. Einige allgemeine Bemerkungen, die wir hierüber anschließen, sollen das abweichende Verhalten der Pupinleitung in den wesentlichen Punkten erläutern.

Streng genommen ist die Fortpflanzungsgeschwindigkeit für eine elektromagnetische Welle auf einer pupinisierten Leitung nur bestimmt durch die Eigenschaften der Leitungszwischenstücke, sie ist gleich der Fortpflanzungsgeschwindigkeit in der spulenlosen Leitung. Die mit dieser Geschwindigkeit an das Ende gelangenden Wellenzüge haben jedoch wenig praktisches Interesse, da sie um ein Vielfaches stärker gedämpft werden wie die nachfolgenden Wellenenden. Für langsam ablaufende Vorgänge kann man die Induktivität der Spulen als gleichmäßig über die Leitung verteilt ansehen und diese Ersatzleitung so behandeln wie eine homogene. Eine noch bessere Näherung erhält man, wenn man die Pupinleitung als Kettenleiter auffaßt. In dieser Weise haben R. Holm[1]), F. Breisig[2]) und R. Carson[3]) die Ausbreitung eines Gleichstromstoßes theoretisch untersucht. Diese Betrachtungen zeigen, daß der Strom am fernen Ende praktisch nur wenig früher einsetzt als auf der homogenen Ersatzleitung; er erreicht ferner nicht monoton seinen Endwert, sondern vollführt um diesen Schwankungen nach Art einer gedämpften Schwingung, deren Frequenz etwas kleiner ist als die der Eigenschwingung der Spulenleitung. Für die Ausbreitung von Wechselstrom einer Frequenz, die in der Nähe dieser Eigenfrequenz liegt, gelten die für die homogene

---

[1]) Arch. f. Elektrotechnik. Bd. VII, S. 263.   [2]) Zeitschr. f. Fernmeldetechnik 1920. S. 146 u. 161.
[3]) Proc. of the Am. Inst. El. E. 1919.

Leitung gemachten Überlegungen daher nicht mehr. Es erfolgt in diesem Falle ein allmähliches Aufschaukeln des Wechselstromes zu seiner Endamplitude. Genaueren Aufschluß hierüber kann man auf dem gleichen Wege wie bei der homogenen Leitung erhalten. Für die unendlich lange Spulenleitung ist die Übergangsfunktion für den Strom im ν-ten Spulenfelde nach Carson darstellbar durch

$$\Phi_{(T)} = e^{-T} \int_0^T J_{2\nu(q)} J_0 \left(j\sqrt{T^2 - q^2}\right) dq . \tag{40}$$

$J_{2\nu}$ bedeutet in üblicher Weise die Besselsche Funktion erster Art der Ordnung 2ν. Die Auswertung dieses und der bei der weiteren Berechnung auftretenden Integrale muß graphisch erfolgen. Wir beschränken uns hier auf die Wiedergabe einiger Oszillogramme, die wir an einer besonders hochbelasteten Leitung aufgenommen haben, um den Effekt der Spulenreflektionen deutlich hervortreten zu lassen. Die Leitung bestand aus einem Papierluftraumkabel mit 0,8 mm Kupferleitern und 116 km Länge. In Abständen von 2 km waren Pupinspulen mit einer Induktivität von 1 H und einem Wirkwiderstand von etwa 35 Ohm eingeschaltet. Die Eigenfrequenz dieser Leitung ist $\omega_0 = 7200$.

Abb. 18 zeigt die Übergangsfunktion für das am Ende kurzgeschlossene Kabel. Durch die Induktivität der Spulen wird das Eintreffen der Welle von a bis zum Punkte b verzögert. Aus der Umlaufzeit der Oszillographentrommel ergab sich hierfür die Zeit $t_0 = 0{,}016$ sec, die auch aus der Beziehung $t_0 = \dfrac{2\,n}{\omega_0}$ folgt, wo n die Anzahl der Spulen (hier 58) bezeichnet. Im Punkte c ist das Eintreffen der einfach reflektierten Welle zu erkennen, es ist der Zeitraum zwischen a und c dreimal so groß wie $a\,b$. Schließt man das Kabel durch einen Widerstand, so vermindert sich die Größe dieser reflektierten Welle. Bei Anpassung (im vorliegenden Falle 4000 Ohm) verschwindet sie praktisch völlig, Abb. 19. Die folgenden Abbildungen zeigen in der oberen Kurve das Eintreffen von Wechselstrom mit verschiedenen Schwingungszahlen zwischen $\omega = 1000$ und $\omega = 10\,000$; die untere Kurve gibt den Spannungsverlauf am Anfang des Kabels wieder.

Schon von der Frequenz $\omega = 3000$ ab beginnt ein deutliches Einschwingen auf den Endwert bemerkbar zu werden. Zu diesem Einschwingen tritt mit wachsender Frequenz eine Ausgleichsschwingung, die mit der aufgedrückten Schwebungen bildet. Dies ist bereits bei $\omega = 5000$ zu erkennen. Bei höheren Schwingungszahlen erstrecken sich die Schwebungen über einen großen Zeitraum, das Wechselstromzeichen erscheint verbreitert. Je mehr man sich der Grenzfrequenz nähert, um so mehr erscheint dabei die eigentliche Schwingung unterdrückt, bis schließlich jenseits des Durchlässigkeitsbereiches die Frequenz des ankommenden Zeichens praktisch nur noch durch die Leitungseigenschaften bestimmt ist.

Wenn diese Verzerrung der Wechselstromzeichen hier auch durch eine außergewöhnlich hohe Pupinisierung der Leitung besonders deutlich gemacht worden ist, so kann sie, hinreichend große Entfernungen vorausgesetzt, doch bei der Sprachübertragung merklich und störend werden. Hierauf ist kürzlich von A. Clark[1]) hingewiesen worden. Für ganz große Entfernungen kann es daher zweckmäßig werden, höhere Grenzfrequenz, als es sonst wirtschaftlich ist, zu wählen.

---

[1]) Journ. of the Amer. Inst. of El. Eng. 1923, S. 1.

Additional information of this book

*Wissenschaftliche Veröffentlichungen aus dem Siemens-Konzern;
978-3-642-98848-6)* is provided:

http://Extras.Springer.com

7. Zusammenfassung.

Es wird mit Hilfe eines allgemeinen Transformationssatzes für Ausgleichsvorgänge, der in speziellerer Form von R. Carson herrührt, untersucht, wie sich ein Wechselstromstoß beim Fortschreiten über eine lange homogene Leitung verändert. Dabei zeigt sich, daß man bei höheren Schwingungszahlen den Stromverlauf in irgendeinem Punkte der Leitung zerlegen kann in den stationären Wechselstrom, der nach einer der Fortpflanzungsgeschwindigkeit entsprechenden Zeit sogleich mit seiner endgültigen Amplitude einsetzt, und eine flüchtige Komponente; die flüchtige Komponente besteht aus einem zeitlich langsam verlaufenden Stromimpuls. An die nähere Beschreibung dieser Erscheinung werden Erörterungen über die Möglichkeit von Wechselstromschnelltelegraphie über Ozeankabel geknüpft. Gelingt es, solche Kabel so herzustellen, daß die Dämpfung der Wechselströme auf der Leitung durch Verstärker am Ende aufgehoben werden kann, dann ist eine solche Telegraphie praktisch durchführbar. Durch geeignete Schaltmittel muß der flüchtige Anteil des Stromes unterdrückt werden gegenüber dem Arbeitsstrom; für ein Ozeankabel von 4000 km Länge wird dies näher auseinandergesetzt. Es ergibt sich ferner, daß die günstigste Trägerfrequenz in einem endlichen Bereiche liegt, das in der Hauptsache durch die dielektrischen Verluste im Kabel bestimmt ist. Aus diesem und ähnlichen Gründen ist geringe Ableitung auch bei Ozeankabeln ein wesentliches Erfordernis. Zum Schluß werden einige Bemerkungen über das Verhalten von pupinisierten Leitungen angefügt, aus denen hervorgeht, daß solche Leitungen sich hinsichtlich der Ausgleichsvorgänge bei Wechselstrom nur für im Vergleich zur Grenzfrequenz niedrige Schwingungszahlen so verhalten wie eine homogene Leitung. Für höhere Frequenzen erreicht hier der Wechselstrom am fernen Ende nur allmählich seinen Endwert. Dies kann bei sehr großen Entfernungen selbst für die Telephonie von Bedeutung werden.

Über einen Umwandlungssatz zur Theorie der linearen Netze.

Von **Karl Küpfmüller.**

Mit 18 Textabbildungen.

Mitteilung aus dem Zentrallaboratorium des Wernerwerkes der Siemens & Halske A.-G.

Eingegangen am 11. Januar 1923.

In der Lehre von der Berechnung linearer Stromverzweigungen ist eine Methode als die der „Netztransfiguration" bekannt. Diese Methode bedient sich des Satzes von der umkehrbaren Abbildung eines Widerstandsdreieckes durch einen Stern. Ich habe verschiedentlich darauf aufmerksam gemacht, wie die Anwendung dieses Satzes durchweg zu einer erheblichen Vereinfachung verwickelterer Berechnungen führt[1]), so daß dieses Verfahren, dessen Mitteilung wir J. Herzog und Cl. Feldmann verdanken[2]), ein vorzügliches Hilfsmittel bei der Lösung von Verzweigungsaufgaben bildet. Es wird in der Weise angewendet, daß man in dem betreffenden Netze Dreiecke oder dreischenklige Sterne so heraussucht, daß die Verzweigungen bei der Umwandlung dieser Figuren immer einfachere werden. In Abb. 1 ist beispielsweise angedeutet, wie eine Brücke $a\,b\,c\,d$ nach Ersatz des Dreiecks $a\,c\,d$ durch einen Stern in eine einfache Parallelschaltung übergeht. Die beiden genannten Autoren haben gezeigt[3]), daß diese Umwandlungsmöglichkeit auf Dreiecke beschränkt ist, sofern man ihre Umkehrbarkeit verlangt. Die Forderung dieser Umkehrbarkeit war dann wohl auch die Ursache dafür, daß bislang nur der Satz von der Umbildung des Dreiecks bekanntgeworden ist. Der im folgenden mitgeteilte Umwandlungssatz, der den vom Dreieck als Sonderfall enthält, vermittelt die im allgemeinen nicht umkehrbare Abbildung vielstrahliger Sterne in vollständige Vielecke. Einige Anwendungen sollen die Nützlichkeit dieser Sätze veranschaulichen.

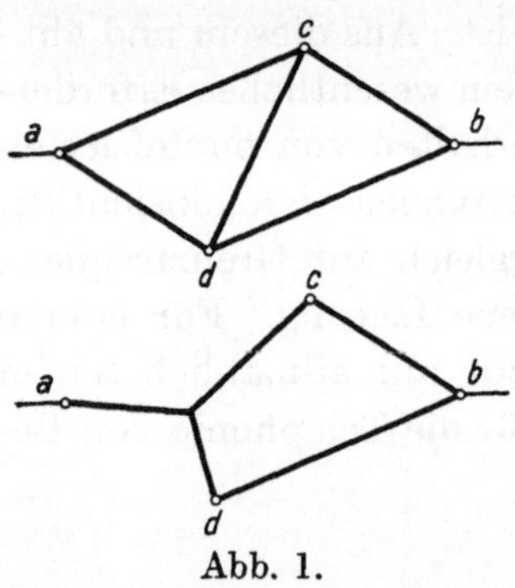

Abb. 1.

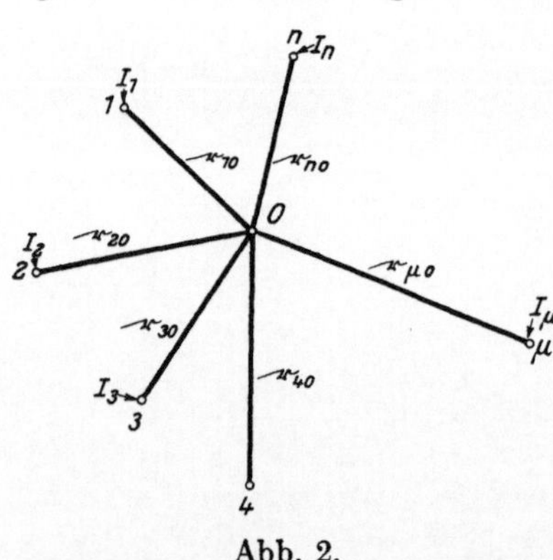

Abb. 2.

Aus einem beliebigen Netze sei der n-strahlige Stern, Abb. 2, mit den Knotenpunkten 0, 1, 2, 3, ... μ, ... n herausgegriffen; die (komplexen) Widerstandswertzahlen zwischen je zwei Knoten und 0 sollen mit $\mathfrak{r}_{10}$, $\mathfrak{r}_{20}$, $\mathfrak{r}_{30}$, ... $\mathfrak{r}_{\mu 0}$, ... $\mathfrak{r}_{n0}$ bezeichnet werden. Durch die

[1]) ETZ 1920, S. 850; ETZ 1921, S. 1482; Wiss. Ver. a. d. Siemens-Konzern Bd. 1, H. 3, S. 18, 1922.
[2]) Die Berechnung elektrischer Leitungsnetze, Berlin 1903, S. 205.
[3]) Ströme und Spannungen in Starkstromnetzen. Leipzig: Sammlung Göschen.

Angabe der n in den Punkten 1, 2, 3, ... μ, ... n bestehenden Potentiale V_1, V_2, V_3, ... V_μ, ... V_n ist der elektrische Zustand innerhalb des Sternes vollständig bestimmt. Im besonderen ergeben sich dann die in die Sternschenkel eintretenden Ströme I_1, I_2, I_3, ... I_μ, ... I_n aus der Beziehung

$$I_\mu = \frac{V_\mu - V_0}{\mathfrak{r}_{\mu 0}}, \tag{1}$$

wobei das noch unbekannte Potential V_0 des Knotenpunktes 0 nach dem ersten Kirchhoffschen Satze bestimmt werden kann; es muß nämlich

$$\sum_{\mu=1}^{\mu=n} I_\mu = 0$$

sein oder bei Benutzung der Beziehung (1)

$$\sum_{\mu=1}^{\mu=n} \frac{V_\mu}{\mathfrak{r}_{\mu 0}} = V_0 \sum_{\mu=1}^{\mu=n} \frac{1}{\mathfrak{r}_{\mu 0}}. \tag{2}$$

Hier führen wir eine Abkürzung ein; die Summe der $\dfrac{1}{\mathfrak{r}_{\mu 0}}$ stellt den Leitwert zwischen den zusammengefaßten Knoten 1 bis n und dem Mittelpunkte 0 dar. Dieser Leitwert werde Sternleitwert genannt und mit $\mathfrak{g}_0$ bezeichnet. Es sei also

$$\mathfrak{g}_0 = \sum_{\mu=1}^{\mu=n} \frac{1}{\mathfrak{r}_{\mu 0}}. \tag{3}$$

Damit wird aus Gleichung (2) die Beziehung erhalten

$$V_0 = \frac{1}{\mathfrak{g}_0} \sum_{\mu=1}^{\mu=n} \frac{V_\mu}{\mathfrak{r}_{\mu 0}},$$

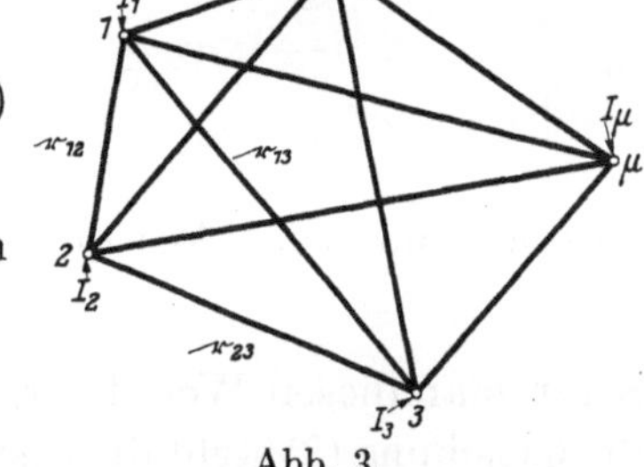

Abb. 3.

die in (1) einzusetzen ist. Dann folgt, wenn der Übersichtlichkeit halber der Summationsparameter μ mit dem Zeichen ν vertauscht wird, für die Schenkelströme:

$$I_\mu = \frac{V_\mu}{\mathfrak{r}_{\mu 0}} - \frac{1}{\mathfrak{g}_0 \mathfrak{r}_{\mu 0}} \sum_{\nu=1}^{\nu=n} \frac{V_\nu}{\mathfrak{r}_{\nu 0}}.$$

Da unter der Summe auch der Wert V_μ enthalten ist, werde diese Gleichung in der Form geschrieben

$$I_\mu = V_\mu \left(\frac{1}{\mathfrak{r}_{\mu 0}} - \frac{1}{\mathfrak{g}_0 \mathfrak{r}_{\mu 0}^2} \right) - \frac{1}{\mathfrak{g}_0 \mathfrak{r}_{\mu 0}} \sum_\nu {}' \frac{V_\nu}{\mathfrak{r}_{\nu 0}}. \tag{4}$$

Der Strich am Summenzeichen soll dabei andeuten, daß die Summierung sich nur auf diejenigen ν beziehen soll, die von μ verschieden sind.

Ersetzt man den Stern durch irgendein anderes n-poliges System, bei dem zwischen den eintretenden Strömen und den Eckpunktspotentialen V_μ ebenfalls die Beziehungen (4) bestehen, so ändert sich naturgemäß an der Strom- und Spannungsverteilung im übrigen Netze nichts. Es läßt sich nun leicht zeigen, daß diese Bedingung durch ein vollständiges n-Eck erfüllt werden kann.

Das vollständige n-Eck, Abb. 3, besteht aus $\frac{1}{2} n (n-1)$ Seitenlinien, deren Widerstandswerte mit $\mathfrak{r}_{12}$, $\mathfrak{r}_{13}$, $\mathfrak{r}_{23}$ usw. bezeichnet werden sollen. Die Potentiale

$V_1, V_2, V_3, \ldots V_n$ rufen dann wiederum Ströme $I_1, I_2, I_3, \ldots I_n$ hervor, die sich aus den in den Seitenwiderständen des n-Eckes fließenden Teilströmen zusammensetzen. So ist z. B.

$$I_1 = \frac{V_1 - V_2}{\mathfrak{r}_{12}} + \frac{V_1 - V_3}{\mathfrak{r}_{13}} + \frac{V_1 - V_4}{\mathfrak{r}_{14}} + \cdots + \frac{V_1 - V_n}{\mathfrak{r}_{1n}},$$

oder

$$I_1 = \sum_{\nu=2}^{\nu=n} \frac{V_1 - V_\nu}{\mathfrak{r}_{1\nu}}.$$

Allgemein wird daher

$$I_\mu = {\sum_\nu}' \frac{V_\mu - V_\nu}{\mathfrak{r}_{\mu\nu}}.$$

Auch hier bedeutet der Strich am Summenzeichen, daß der Ausdruck für $\nu = \mu$ von der Summierung ausgeschlossen ist. Es ist also

$$I_\mu = V_\mu {\sum_\nu}' \frac{1}{\mathfrak{r}_{\mu\nu}} - {\sum_\nu}' \frac{V_\nu}{\mathfrak{r}_{\mu\nu}}. \tag{5}$$

Der Vergleich mit Gleichung (4) zeigt, daß zur geforderten Umwandlung die Beziehungen

$${\sum_\nu}' \frac{1}{\mathfrak{r}_{\mu\nu}} = \frac{1}{\mathfrak{r}_{\mu 0}} - \frac{1}{\mathfrak{g}_0 \, \mathfrak{r}_{\mu 0}^2} \tag{6}$$

und

$$\frac{1}{\mathfrak{r}_{\mu\nu}} = \frac{1}{\mathfrak{g}_0 \, \mathfrak{r}_{\mu 0} \, \mathfrak{r}_{\nu 0}} \tag{7}$$

bestehen müssen. Aus der letzten dieser beiden Beziehungen folgt

$$\mathfrak{r}_{\mu\nu} = \mathfrak{r}_{\mu 0} \, \mathfrak{r}_{\nu 0} \, \mathfrak{g}_0 . \tag{8}$$

Setzt man diesen Wert für $\mathfrak{r}_{\mu\nu}$ in Gleichung (6) ein, so wird diese zur Identität, d. h. die Gleichung (8) stellt die gesuchte Umwandlungsbeziehung dar. Sie drückt folgenden Satz aus:

„Ein n-strahliger Stern läßt sich durch ein vollständiges n-Eck nachbilden, dessen Seitenwiderstände sich sämtlich als Produkt der beiden anliegenden Sternschenkelwiderstände mit dem Sternleitwert ergeben."

Die einfache Form dieses Umwandlungssatzes ist bemerkenswert; daß er im allgemeinen nicht umkehrbar sein kann, ersieht man daraus, daß die Beziehung (8) $\frac{1}{2} n (n - 1)$ Gleichungen für die n Unbekannten $\mathfrak{r}_{\mu 0}$ liefert, die Unbekannten also überbestimmt sind. Nur für den Fall, daß die Zahl der Unbekannten mit derjenigen der Bedingungsgleichungen übereinstimmt, daß also

$$n = \tfrac{1}{2} n (n - 1),$$

wird die Umwandlung in beiden Richtungen möglich. Diese Gleichung liefert aber, abgesehen von der trivialen Lösung $n = 0$, den Wert $n = 3$, also die bekannte Dreieck-Sternumwandlung. Außerdem wären noch Fälle denkbar, in denen die gegebenen Seitenwiderstände des n-Ecks untereinander in gewissen Beziehungen stehen, die die Umbildung in einen Stern erlauben. Solche Beziehungen wären z. B. die, welche die Gleichung

$$\frac{\mathfrak{r}_{\mu\nu}}{\mathfrak{r}_{\mu\,\nu+1}} = \frac{\mathfrak{r}_{\nu 0}}{\mathfrak{r}_{\nu+1\,0}}$$

für alle μ befriedigen. Es kommt diesen Fällen jedoch kaum praktische Bedeutung zu, so daß die Abbildungsmöglichkeit auf den Ersatz des Sternes durch das Vieleck beschränkt ist. Von dieser Möglichkeit haben wir kürzlich bei der Berechnung der elektrostatischen Koppelungen zwischen zwei Doppelleitungen Gebrauch gemacht[1]. Der hier behandelte Umwandlungssatz wurde dabei für den Fall $n = 4$ in besonderer Form abgeleitet. Für die Umwandlung eines solchen 4strahligen Sternes mit den

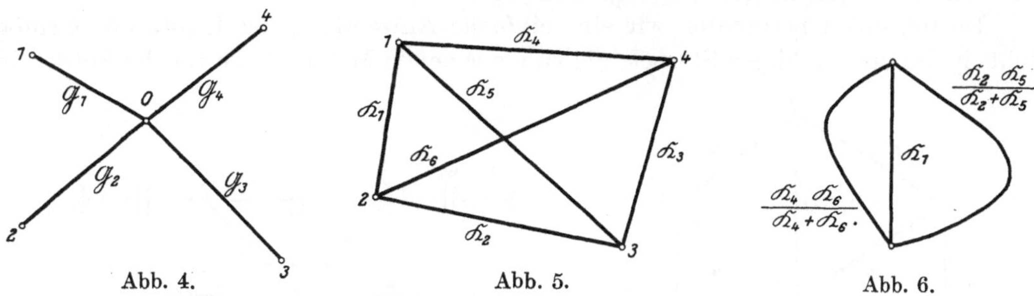

Abb. 4.   Abb. 5.   Abb. 6.

Schenkelleitwerten $\mathfrak{G}_1$, $\mathfrak{G}_2$, $\mathfrak{G}_3$, $\mathfrak{G}_4$, Abb. 4, in das gleichwertige Viereck, Abb. 5, mit den Seitenleitwerten $\mathfrak{K}_1$ bis $\mathfrak{K}_6$ ergeben sich mittels der Gleichung (8) sofort die Beziehungen

$$\left.\begin{aligned}
\mathfrak{K}_1 &= \frac{\mathfrak{G}_1\,\mathfrak{G}_2}{\mathfrak{G}_1 + \mathfrak{G}_2 + \mathfrak{G}_3 + \mathfrak{G}_4}, \\[1mm]
\mathfrak{K}_2 &= \frac{\mathfrak{G}_2\,\mathfrak{G}_3}{\mathfrak{G}_1 + \mathfrak{G}_2 + \mathfrak{G}_3 + \mathfrak{G}_4}, \\[1mm]
\mathfrak{K}_3 &= \frac{\mathfrak{G}_3\,\mathfrak{G}_4}{\mathfrak{G}_1 + \mathfrak{G}_2 + \mathfrak{G}_3 + \mathfrak{G}_4}, \\[1mm]
\mathfrak{K}_4 &= \frac{\mathfrak{G}_1\,\mathfrak{G}_4}{\mathfrak{G}_1 + \mathfrak{G}_2 + \mathfrak{G}_3 + \mathfrak{G}_4}, \\[1mm]
\mathfrak{K}_5 &= \frac{\mathfrak{G}_1\,\mathfrak{G}_3}{\mathfrak{G}_1 + \mathfrak{G}_2 + \mathfrak{G}_3 + \mathfrak{G}_4}, \\[1mm]
\mathfrak{K}_6 &= \frac{\mathfrak{G}_2\,\mathfrak{G}_4}{\mathfrak{G}_1 + \mathfrak{G}_2 + \mathfrak{G}_3 + \mathfrak{G}_4}.
\end{aligned}\right\} \tag{9}$$

Von der Richtigkeit der Umwandlung kann man sich hier überzeugen, wenn man beispielsweise den Scheinwiderstand zwischen den Punkten 1 und 2 berechnet. Für den Stern hat er den Wert $\frac{1}{\mathfrak{G}_1} + \frac{1}{\mathfrak{G}_2}$; für das Viereck gilt das Schema der Abb. 6, wonach dieser Kombinationswiderstand die Größe

$$\frac{1}{\mathfrak{K}_1 + \dfrac{\mathfrak{K}_2\,\mathfrak{K}_5}{\mathfrak{K}_2 + \mathfrak{K}_5} + \dfrac{\mathfrak{K}_4\,\mathfrak{K}_6}{\mathfrak{K}_4 + \mathfrak{K}_6}}$$

besitzt. Setzt man hier die Umwandlungsbeziehungen (9) ein, so folgt, wie es sein muß, der Wert $\frac{1}{\mathfrak{G}_1} + \frac{1}{\mathfrak{G}_2}$; entsprechendes gilt für die anderen Scheinwiderstände. Eine an die Sternpunkte 1 2 gelegte Stromquelle kann in den beiden anderen Knotenpunkten 3 und 4 keine Spannungsdifferenz hervorrufen. Soll das Viereck, Abb. 5, daher den Stern richtig ersetzen, so darf auch hier eine zwischen 1 und 2 bestehende Spannungsdifferenz keinen Strom in K_3 zur Folge haben. Das Viereck kann nun so gezeichnet

[1] K. Küpfmüller: Arch. f. Elektrot. 1923, S. 160.

134 Karl Küpfmüller.

werden, wie es Abb. 7 zeigt, und hieraus ist ersichtlich, daß die eben ausgesprochene
Forderung identisch ist mit der Gleichgewichtsbedingung der Wheatstoneschen
Brücke, nach welcher

$$\frac{\Re_5}{\Re_2} = \frac{\Re_4}{\Re_6}$$

sein muß, eine Bedingung, die in der Tat erfüllt ist, wenn man den Werten $\Re$ die
Umwandlungsbeziehungen (9) zugrunde legt.

Im folgenden betrachten wir eine einfache Anwendung der Umwandlungsmöglichkeit des vierstrahligen Sternes, die zu einer neuen Meßmethode für die Stärke des

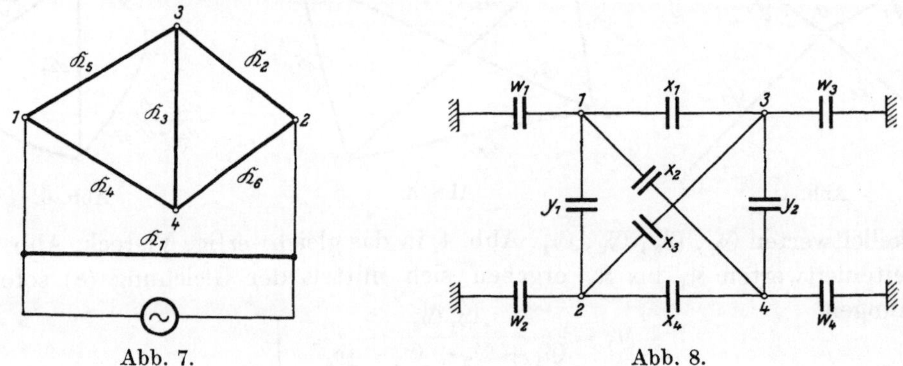

Abb. 7.   Abb. 8.

Nebensprechens in kombinierten Fernsprechleitungen führt. In Abb. 8 sind die bekannten zehn Teilkapazitäten, die die elektrostatische Abhängigkeit der vier Adern
1, 2, 3, 4 zweier Doppelleitungen eines Kabels veranschaulichen, dargestellt. Die vier
mit w und die mit x bezeichneten Teilkapazitäten werden durch geeignetes Verdrillen
der Adern bei der Fabrikation und durch andere bei der Verlegung des Kabels anzuwen-
dende Mittel einander möglichst gleich gemacht[1]), und zwar deswegen, weil Unterschiede
zwischen diesen Werten Induktionserscheinungen, besonders das Nebensprechen, die
Induktion zwischen den Sprechkreisen, zur Folge haben. Den Teilkapazitäten entsprechen am Anfang einer längeren Leitung komplexe Leitwerte, wie es Abb. 9 zeigt.
Man kann demnach das Zustandekommen des Nebensprechens durch eine Verschieden
heit der Leitwerte $\mathfrak{W}$ bzw. $\mathfrak{X}$ am Anfang der Leitung erklären. Die nähere Untersuchung
dieser Zusammenhänge wird nun wesentlich erleichtert, wenn man den durch die Leit-
werte $\mathfrak{W}_1$ bis $\mathfrak{W}_4$ gebildeten Stern in das vollständige Viereck umwandelt. Es geht dann
aus dem Schema der Abb. 9 das der Abb. 10 hervor, wobei mit den Gleichungen (9)

$$\mathfrak{G}_1 = \mathfrak{X}_1 + \frac{\mathfrak{W}_1\,\mathfrak{W}_3}{\mathfrak{W}_1 + \mathfrak{W}_2 + \mathfrak{W}_3 + \mathfrak{W}_4},$$

$$\mathfrak{G}_2 = \mathfrak{X}_2 + \frac{\mathfrak{W}_1\,\mathfrak{W}_4}{\mathfrak{W}_1 + \mathfrak{W}_2 + \mathfrak{W}_3 + \mathfrak{W}_4},$$

$$\mathfrak{G}_3 = \mathfrak{X}_3 + \frac{\mathfrak{W}_2\,\mathfrak{W}_3}{\mathfrak{W}_1 + \mathfrak{W}_2 + \mathfrak{W}_3 + \mathfrak{W}_4},$$

$$\mathfrak{G}_4 = \mathfrak{X}_4 + \frac{\mathfrak{W}_2\,\mathfrak{W}_4}{\mathfrak{W}_1 + \mathfrak{W}_2 + \mathfrak{W}_3 + \mathfrak{W}_4},$$

$$\mathfrak{G}_5 = \mathfrak{Y}_1 + \frac{\mathfrak{W}_1\,\mathfrak{W}_2}{\mathfrak{W}_1 + \mathfrak{W}_2 + \mathfrak{W}_3 + \mathfrak{W}_4},$$

$$\mathfrak{G}_6 = \mathfrak{Y}_2 + \frac{\mathfrak{W}_3\,\mathfrak{W}_4}{\mathfrak{W}_1 + \mathfrak{W}_2 + \mathfrak{W}_3 + \mathfrak{W}_4}.$$

---

[1]) Näheres hierüber ETZ, 1923. S. 377.

Da die Werte $\mathfrak{X}_1$ bis $\mathfrak{X}_4$ und die Werte $\mathfrak{W}_1$ bis $\mathfrak{W}_4$ untereinander nur wenig verschieden sind, haben auch die Leitwerte $\mathfrak{G}_1$ bis $\mathfrak{G}_4$ nahezu gleiche Größe. Das Zustandekommen des Nebensprechens hängt hier nur noch von der Verschiedenheit der Wertzahlen $\mathfrak{G}_1$ bis $\mathfrak{G}_4$ ab. In dieser Form sind aber die Zusammenhänge zwischen den Differenzen der Leitwerte und den induzierten Spannungen die gleichen wie die durch die Kapazitätsdifferenzen in kurzen Kabelabschnitten bestimmten. Wir haben kürzlich gezeigt[1]), daß man zur Veranschaulichung dieser Zusammenhänge ein Ersatzbild aufstellen kann, das in Abb. 11 sogleich für den hier betrachteten Fall

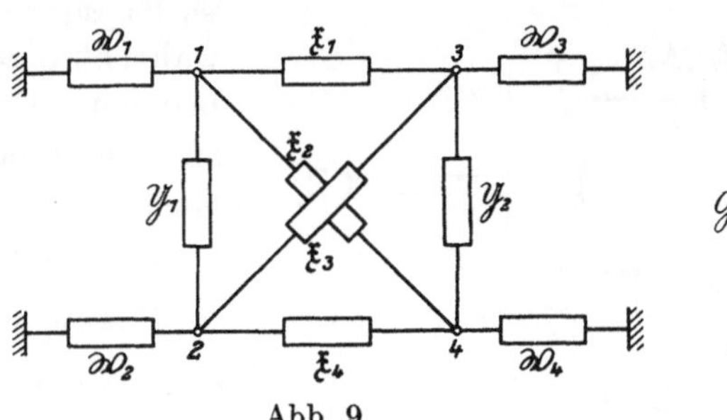

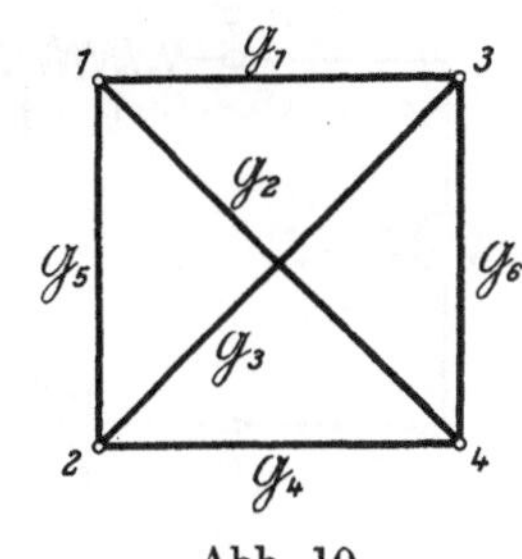

Abb. 9.   Abb. 10.

wiedergegeben ist. Dabei bedeuten $\mathfrak{Z}_1$ den Scheinwiderstand der induzierenden Leitung (z. B. der Doppelleitung 1/2), $\mathfrak{Z}_2$ den der induzierten Leitung (z. B. des Vierers 12/34), V_a die induzierende Spannung, I_n den in einem Empfangsapparat mit dem Scheinwiderstand $\mathfrak{R}$ induzierten Strom, und es hat der Koppelungsleitwert $\mathfrak{K}$ die Größe

$$\mathfrak{K} = \tfrac{1}{4}(\mathfrak{G}_1 - \mathfrak{G}_2 - \mathfrak{G}_3 + \mathfrak{G}_4) \tag{10}$$

im Falle des Übersprechens (Induktion zwischen Leitung 12 und 34),

$$\mathfrak{K} = \tfrac{1}{2}(\mathfrak{G}_1 + \mathfrak{G}_2 - \mathfrak{G}_3 - \mathfrak{G}_4) \tag{11}$$

im Falle des Mitsprechens zwischen Doppelleitung 12 und Vierer,

$$\mathfrak{K} = \tfrac{1}{2}(\mathfrak{G}_1 - \mathfrak{G}_2 + \mathfrak{G}_3 - \mathfrak{G}_4) \tag{12}$$

im Falle des Mitsprechens zwischen Doppelleitung 34 und Vierer. Da $\mathfrak{K}$ immer klein ist, ergibt sich die Größe des induzierten Stromes nach Abb. 11 mit praktisch genügender Genauigkeit zu

$$I_n = V_a \frac{\mathfrak{K}\,\mathfrak{Z}_2}{\mathfrak{K} + \mathfrak{Z}_2}. \tag{13}$$

Die am Widerstand $\mathfrak{R}$ induzierte Spannung folgt daher aus

$$V_n = I_n \mathfrak{R} = V_a \frac{\mathfrak{R}\,\mathfrak{K}\,\mathfrak{Z}_2}{\mathfrak{K} + \mathfrak{Z}_2},$$

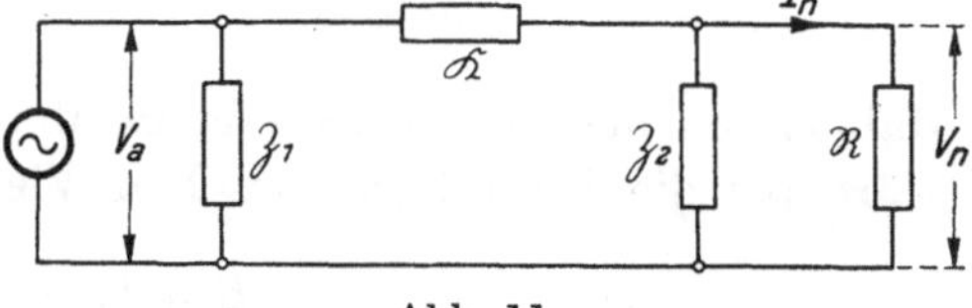

Abb. 11.

und es ist das Verhältnis von induzierender zu induzierter Spannung, das als maßgebend für die Stärke des Nebensprechens betrachtet werden kann, gegeben durch

$$\frac{V_a}{V_n} = \frac{1}{\mathfrak{K}\,\mathfrak{Z}_2} + \frac{1}{\mathfrak{K}\,\mathfrak{R}}. \tag{14}$$

Dieses Verhältnis mißt man üblicherweise durch einen Exponenten von $e = 2{,}718\ldots$, den man wie bei der Übertragung durch eine Leitung als Dämpfungszahl bezeichnet, und man definiert diese Dämpfungszahl B durch

$$\frac{1}{2}\,e^B = \frac{|V_a|}{|V_n|} \quad \text{für} \quad \mathfrak{R} = \infty.$$

Gemäß Gleichung (14) ist daher

$$e^B = \frac{2}{|\mathfrak{K}\,\mathfrak{Z}_2|}. \tag{15}$$

---

[1]) K. Küpfmüller: Arch. f. Elekt. a. a. O.

Die Größe $\mathfrak{K}$ kann man nun leicht durch Messung bestimmen. Legt man z. B. für den Fall des Übersprechens an die Doppelleitung 12 eine Wechselstromquelle derjenigen Frequenz ω, bei der man die Dämpfungszahl B kennenlernen will, ferner an die Adern 34 einen Fernhörer, so kann man durch Parallelschalten eines nach Betrag und Phase veränderlichen Scheinwiderstandes zu einem der vier Leitwerte $\mathfrak{G}_1$ bis $\mathfrak{G}_4$, etwa zu $\mathfrak{G}_2$, den im Fernhörer wahrnehmbaren Ton zum Verschwinden bringen. Der Leitwert Γ dieser parallel zu schaltenden Anordnung folgt aus Gleichung (10) für $\mathfrak{K} = 0$:

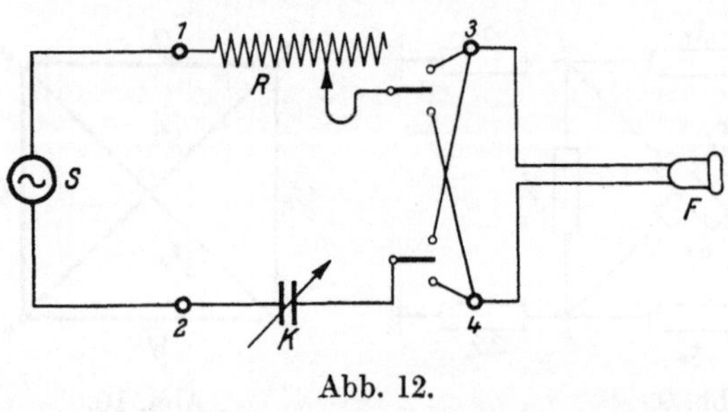

Abb. 12.

$$0 = \tfrac{1}{4}(\mathfrak{G}_1 - \mathfrak{G}_2 - \Gamma - \mathfrak{G}_3 + \mathfrak{G}_4),$$
$$\Gamma = \mathfrak{G}_1 - \mathfrak{G}_2 - \mathfrak{G}_3 + \mathfrak{G}_4,$$

oder, wenn andererseits Γ bekannt ist,

$$\mathfrak{K} = \tfrac{1}{4}\Gamma. \tag{16}$$

Mit diesem Wert $\mathfrak{K}$ liefert Gleichung (15) die gesuchte Dämpfungszahl B für das Übersprechen. Die hierzu notwendige Meßeinrichtung wäre also etwa nach Abb. 12 herzustellen. Man verändert den induktionsfreien Widerstand R und den Kondensator K so lange, bis der Ton im Fernhörer F verschwindet. Dann ist

$$\Gamma = \pm \frac{1}{R} \pm j\omega K, \tag{17}$$

und es folgt aus den Gleichungen (15) und (16)

$$B = \ln \frac{8}{|\mathfrak{Z}_2|\sqrt{\dfrac{1}{R^2} + \omega^2 K^2}}. \tag{18}$$

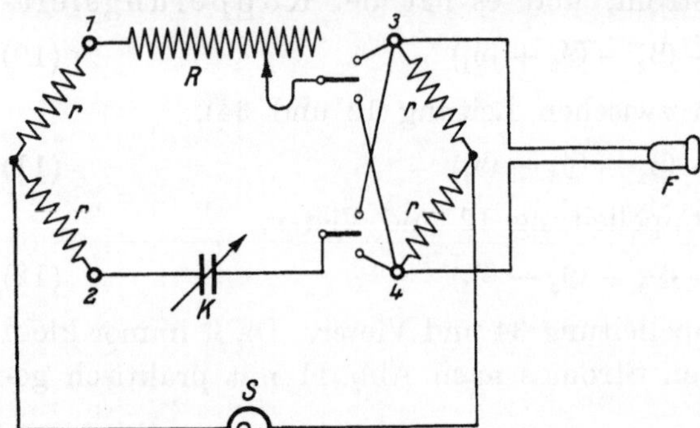

Abb. 13.

Entsprechendes gilt für die Bestimmung des Mitsprechens. Abb. 13 zeigt die dabei zweckmäßig zu verwendende Meßschaltung. Nach den Gleichungen (12) und (15) wäre für die Induktion zwischen Vierer und der Doppelleitung 34

$$B = \ln \frac{4}{|\mathfrak{Z}_2|\sqrt{\dfrac{1}{R^2} + \omega^2 K^2}}. \tag{19}$$

Für $\mathfrak{Z}_2$ ist hier bei einer langen Leitung der Wellenwiderstand des Vierers, $\mathfrak{Z}_v$, oder der des Stammes 34, $\mathfrak{Z}_s$, einzusetzen, je nachdem man ein Maß für das Mitsprechen vom Stamm- auf den Viererkreis oder vom Vierer auf die Stammleitung haben will. Es empfiehlt sich jedoch, allgemein das arithmetische Mittel[1] aus diesen beiden Zahlen zu nehmen; dann ist also die Dämpfungszahl des Mitsprechens gegeben durch

$$B = \ln \frac{4}{\sqrt{|\mathfrak{Z}_v \mathfrak{Z}_s|}\sqrt{\dfrac{1}{R^2} + \omega^2 K^2}}. \tag{20}$$

Für eine genaue Bestimmung von B wäre, wie man aus den Gleichungen (18) und (20) ersieht, noch die Messung der Scheinwiderstände $\mathfrak{Z}_2$ erforderlich; da man sich

---

[1] Wiss. Ver. a. d. Siemenskonz. Bd. I, H. 3, S. 18, 1921.

praktisch meist damit begnügt, die Werte B mit einer absoluten Genauigkeit von $\pm\,0{,}1$ anzugeben, kann man jedoch im allgemeinen hierfür bekannte Mittelwerte einsetzen.

Im Zusammenhang damit möchte ich noch zwei Anwendungen des auf das Dreieck beschränkten Satzes anfügen, die von Interesse sein dürften. Die Theorie der Kettenleiter[1]) unterscheidet bekanntlich zwei Formen, solche erster und solche zweiter Art, je nachdem die einzelnen Glieder nach Abb. 14 oder nach Abb. 15 gebildet sind. Da man das Glied erster Art als Dreieck, das der zweiten Art als dreistrahligen Stern auffassen kann, lassen sich mit Hilfe der Gleichung (8) einfache Umwandlungsbeziehungen zwischen den beiden Formen finden. Es ist nämlich

und
also

$$\Re' = \frac{\Re}{1 + \tfrac{1}{4}\Re\,\mathfrak{G}}\,,$$

$$\mathfrak{G}' = \mathfrak{G}\left(1 + \tfrac{1}{4}\Re\,\mathfrak{G}\right),$$

$$\Re = \Re'\left(1 + \tfrac{1}{4}\Re'\,\mathfrak{G}'\right),$$

$$\mathfrak{G} = \frac{\mathfrak{G}'}{1 + \tfrac{1}{4}\Re'\,\mathfrak{G}'}\,. \qquad \left.\right\} \quad (21)$$

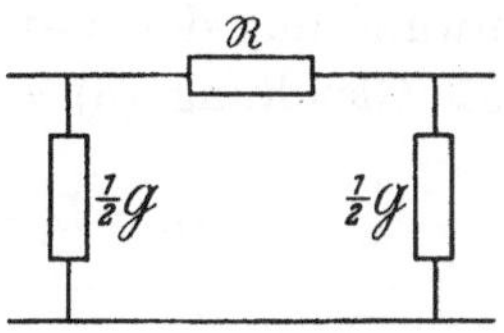

Abb. 14. 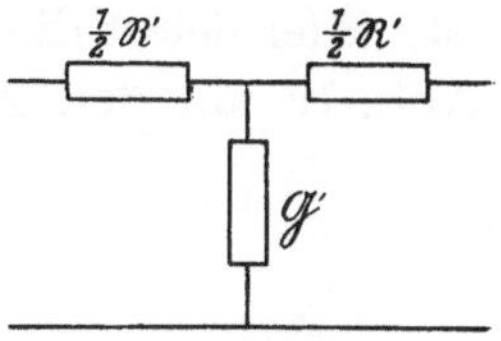   Abb. 15.

Vermöge der Substitutionen (21) müssen also alle für den Kettenleiter erster Art gültigen Beziehungen in die des Kettenleiters zweiter Art übergeführt werden können. Daß dies in der Tat der Fall ist, ersieht man z. B. aus dem Wellenwiderstand, der für den Kettenleiter erster Art darstellbar ist durch

$$W = \sqrt{\frac{\Re}{\mathfrak{G}}}\,\frac{1}{\sqrt{1 + \tfrac{1}{4}\Re\,\mathfrak{G}}}\,.$$

Berücksichtigt man hier die Umwandlungsbeziehungen (21), so folgt für Glieder zweiter Art

$$W' = \sqrt{\frac{\Re'}{\mathfrak{G}'}}\,\sqrt{1 + \tfrac{1}{4}\Re'\,\mathfrak{G}'}\,,$$

diejenige Beziehung, welche auch die Theorie der Kettenleiter liefert. So wird also durch die Dreieck-Sternumwandlung ein einfacher Zusammenhang zwischen den beiden Formen dieser Theorie hergestellt.

Eine weitere nützliche Anwendung des Umwandlungssatzes kann bei Kettenleitern mit komplizierteren Gliedern gemacht werden. In gewissen Fällen ist es z. B. notwendig, Kettenleiter aus Elementen, wie sie Abb. 16 zeigt, zu bilden. Durch Ersatz des aus $\Re$ und $\mathfrak{G}\,\mathfrak{G}$ bestehenden Dreiecks kann man diese Elemente sofort auf die Form zweiter Art, Abb. 15, zurückführen. Die Umwandlungsbeziehungen lauten dann

$$\Re' = 2\mathfrak{r} + \frac{\Re}{1 + \tfrac{1}{2}\Re\,\mathfrak{G}}\,;$$

$$\mathfrak{G}' = \mathfrak{G}\left(2 + \Re\,\mathfrak{G}\right).$$

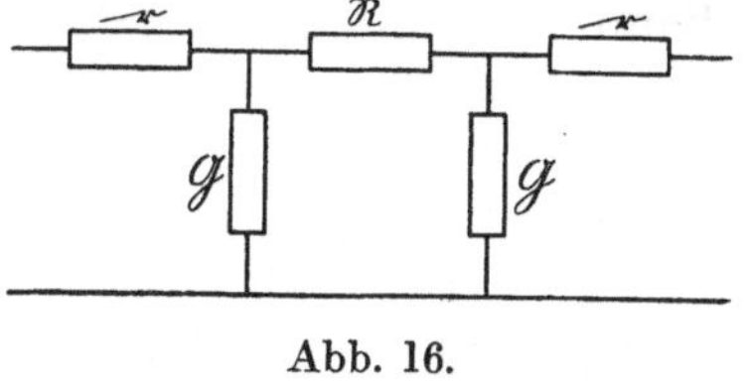

Abb. 16.

Hieraus folgt beispielsweise für die Fortpflanzungsgröße γ_0 eines nach Abb. 16 gebildeten Kettenleiters

$$\mathfrak{Cof}\,\gamma_0 = 1 + \tfrac{1}{2}\Re'\,\mathfrak{G}' = 1 + \mathfrak{G}\left(\Re + 2\mathfrak{r} + \Re\,\mathfrak{G}\,\mathfrak{r}\right), \qquad (22)$$

eine Beziehung, die für $\mathfrak{r} = 0$ in die für den Kettenleiter erster Art gültige übergeht und für $\Re = 0$ die Fortpflanzungsgröße für den Kettenleiter mit Gliedern zweiter Art liefert.

---

[1]) K. W. Wagner: Arch. f. Elektr. 1915, S. 315.

Schließlich bemerken wir noch eine Anwendung auf das bekannte von Steinmetz herrührende Ersatzbild für den Transformator, das durch Abb. 17 veranschaulicht

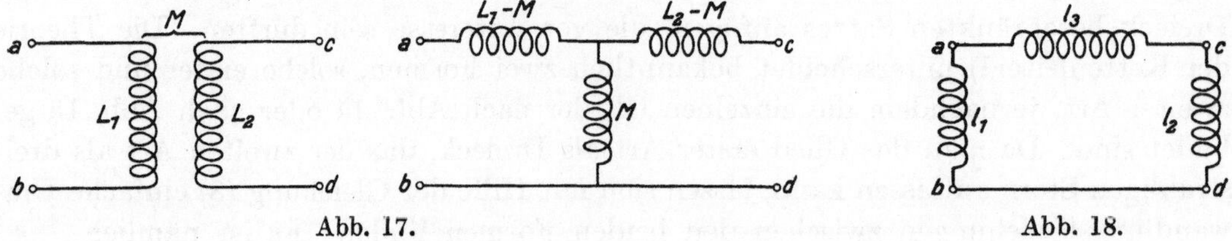

Abb. 17.   Abb. 18.

ist. Hier liefert die Umwandlung des Sternes in das äquivalente Dreieck das Schema Abb. 18 mit den gemäß Gleichung (8) zu ermittelnden Seiteninduktivitäten

$$\left.\begin{aligned}
l_1 &= L_1 \frac{1 - x^2}{1 - x\,n}, \\
l_2 &= L_2 \frac{1 - x^2}{1 - \dfrac{x}{n}}, \\
l_3 &= L_2 \frac{1 - x^2}{x}\,n,
\end{aligned}\right\} \tag{23}$$

wobei

$$x = \frac{M}{\sqrt{L_1 L_2}} \quad \text{den Streufaktor und}$$

$$n = \sqrt{\frac{L_1}{L_2}} \quad \text{das Übersetzungsverhältnis}$$

bedeuten. Diese Darstellung ist zuweilen zweckmäßiger zu verwenden als das bekannte Sternschema; sie läßt natürlich ohne weiteres auch die Berücksichtigung der Verluste zu.

Zusammenfassung.

Bei der Berechnung von verwickelteren Stromverzweigungen erzielt man oft dadurch eine erhebliche Vereinfachung, daß man einen bekannten Satz über die Umwandlungsmöglichkeit von Widerstandsdreiecken in Sterne in Anwendung bringt. Es wird gezeigt, daß man diesen Satz auf Sterne mit beliebiger Strahlenzahl erweitern kann.

Messung von Schall-Druckamplituden.

Von **Erwin Gerlach**.

Mit 3 Textabbildungen.

Mitteilung aus dem Zentrallaboratorium des Wernerwerkes der Siemens & Halske A.-G.

Eingegangen am 2. Februar 1923.

Läßt man Schallwellen auf eine Membran fallen, so wird sie in Bewegung versetzt und man kann aus der Größe der Membranbewegung die Intensität der auffallenden Schallwellen berechnen. Diese Methode besitzt indessen u. a. folgende Nachteile.

1. Da die Membran während der Messung in Bewegung ist, so übt sie auf das Schallfeld eine Rückwirkung aus, deren Einfluß den Einblick in die Verhältnisse erschwert.

2. Bei sehr schwachen Schallintensitäten fällt die Bewegung der Membran so klein aus, daß die Messung der Amplituden Schwierigkeiten bereitet.

3. Die Dämpfung und die Eigenschwingung der Membran spielen bei der Messung eine wesentliche Rolle. Dieser Umstand macht die genaue Bestimmung der beiden Größen erforderlich, was sich als Komplikation besonders bemerkbar macht, wenn man die Messung über ein größeres Frequenzgebiet erstrecken will.

4. Arbeitet man genau in der Resonanzlage der Membran (evtl. unter Zuhilfenahme von Helmholtzschen Resonatoren), so erhält man zwar größere Empfindlichkeit, aber zugleich größere Gebundenheit an eine bestimmte Frequenz und größere Fehler bei kleinen Frequenzabweichungen, wie sie z. B. durch thermische Einflüsse leicht eintreten.

Im folgenden soll nun eine Meßmethode beschrieben werden, die von den eben erwähnten Mängeln frei ist. Das Verfahren ist zunächst ausgebildet worden, um die akustisch-elektrischen Verhältnisse in Telephonen möglichst genau messend zu verfolgen, und die weiter unten beschriebene Anordnung ist für diesen Zweck spezialisiert. Indessen ist die Anwendungsmöglichkeit des Verfahrens überall da gegeben, wo man einen Wechselstrom zur Verfügung hat (oder herstellen kann), dessen Frequenz übereinstimmt mit der Frequenz des zu messenden Schalles und dessen Stärke und Phase meßbar verändert werden kann.

Der Grundgedanke des Meßprinzips läßt sich folgendermaßen charakterisieren: Der zu messende Schall fällt auf eine Aluminiummembran von einer Dicke von einigen μ. Im allgemeinen wird die Membran in Schwingungen versetzt werden. Die eigentliche Messung, ein Kompensationsverfahren, besteht nun darin, daß man in jedem Flächenelement der Membran in jedem Augenblick eine Kraft wirken läßt, die genau so groß, aber von entgegengesetzter Richtung ist wie die Schallkräfte, so daß die Membranbewegung unterdrückt wird. Wie weiter unten beschrieben wird, lassen sich diese Gegenkräfte verhältnismäßig einfach und leicht meßbar herstellen, und die

Vorteile, die sich aus diesem Verfahren ergeben, sind in Anlehnung an die oben erwähnten vier Punkte folgende:

Zu 1. Die Membran befindet sich bei der Messung in Ruhe. Dies bewirkt einfachere, genau definierte und unveränderte Verhältnisse.

Zu 2. Als Kontrolle der erfolgten Kompensation der Membranbewegung dient in einfacher Weise u. a. das direkte Abhören mit dem Ohr. Ist die Membran in Ruhe, so ist auch hinter der Membran (in einem Hörschlauch) kein Schall mehr vernehmbar. Die geringste eben noch meßbare Schallintensität braucht mithin nur um eine Größenordnung höher zu liegen als die Schwellwertsintensität, wenn man zur ungefähren Kennzeichnung der Empfindlichkeit zunächst absieht von der verhältnismäßig geringen Dämpfung beim Schalldurchgang durch die sehr dünne Membran. (Über eine Anordnung mit Verstärkung vgl. weiter unten.)

Zu 3 und 4. Die Dämpfung, die Eigenschwingung, die Größe der Fläche der Membran, die Art der Umrandung dieser Fläche, die Materialkonstanten der Membran usw. spielen keine Rolle, und infolgedessen sind auch etwaige Veränderungen dieser Größen ohne Belang, auch können die Messungen über den ganzen Hörbarkeitsbereich ohne Schwierigkeiten erstreckt werden. Resonanzstellen der Membran oder Resonanzen des Raumes vor oder hinter der Membran erhöhen lediglich die Genauigkeit. Diesen Umstand kann man sich gegebenenfalls zunutze machen.

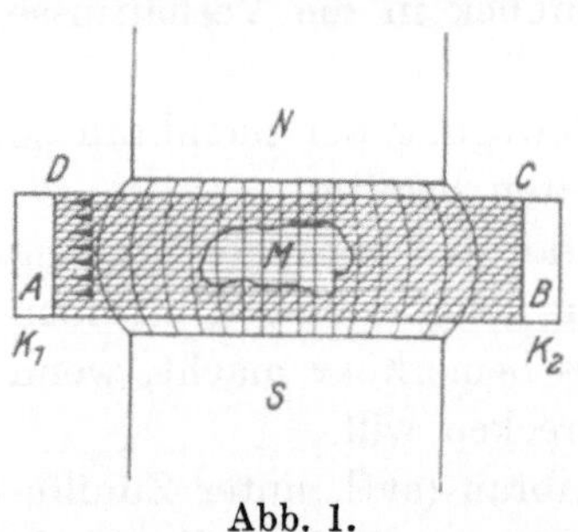

Abb. 1.

Die Herstellung der schallkompensierenden Gegenkräfte in der Membran geschieht auf folgende Weise (vgl. Abb. 1). Die Membran ist als rechteckiges Aluminiumband $ABCD$ ausgebildet. Der schräg schraffierte Teil der Bandfläche ist durch Aufkleben auf ein Hartgummistück unbeweglich festgelegt. Akustisch benützt wird nur ein kleines zentrales Flächenstück, das, wie in der Abbildung angedeutet, beliebig umrandet sein kann. Das Band befindet sich in dem homogenen Feld des Permanentmagneten NS, dessen Kraftlinien parallel zu der Membranebene und senkrecht zur Längsrichtung des Bandes verlaufen. Schickt man durch die Klemmklötze $K_1 K_2$ einen Strom in der Längsrichtung des Bandes durch das Band hindurch, so werden elektrodynamische Kräfte auf das Band ausgeübt, deren Richtung senkrecht zur Membran steht. In dem zentralen Teil des Bandes, wo sowohl die Kraftlinien wie auch die Stromfäden gleichmäßig verteilt sind, kommt somit ein bestimmter Druck, d. h. eine bestimmte Kraft pro Flächeneinheit, zustande von der Größe

$$p = \frac{\mathfrak{B}\,I}{b} = 10^{-1}\,\frac{\mathfrak{H}}{\text{Gauß}}\,\frac{I}{\text{Amp}}\,\frac{\text{cm}}{b}\,\frac{\text{dyn}}{\text{cm}^2} = 7{,}5\,\frac{\mathfrak{H}}{\text{Gauß}}\,\frac{I}{\text{Amp}}\,\frac{\text{cm}}{b}\,10^{-5}\,\text{mm Hg}\,,$$

wobei $\mathfrak{B}$ die Induktion, $\mathfrak{H}$ die Feldstärke, I die Stromstärke und b die Breite des Bandes bedeuten[1]). Diese drei Größen sind der Messung ohne weiteres zugänglich. Ist der hindurchgeschickte Strom ein Wechselstrom, so gelten die obigen Beziehungen für jeden Momentanwert des Stromes, da die Selbstinduktion des Bandes und die Wirbelströme bei den in Betracht kommenden Frequenzen keine Rolle spielen. (Bei sehr hohen Frequenzen dürfte vielleicht der Einfluß der Stromverdrängung merklich

---

[1]) Die Gleichung ist eine Größengleichung im Sinne von J. Wallot: Elektrot. Zeitschr. 1922. Heft 44 und 46.

werden und eine kleine Korrektur erforderlich machen.) Es ist somit immer möglich, durch Einregulieren der Phase und Stärke eines sinusförmigen Wechselstromes, der die Membran durchfließt, der also sinusförmige Druckschwankungen an der Membran hervorbringt, die sinuförmigen Druckschwankungen, die der zu messende (sinuförmige) Schall ausübt, zu kompensieren. Ist die ankommende Schallwelle nicht sinusförmig, so kann die Intensität der Komponenten einzeln bestimmt werden.

Zur weiteren Erläuterung der Methode soll im besonderen der Apparat genauer beschrieben werden, der speziell für Telephonuntersuchungen gebaut und verwendet wurde. Hier lag die Notwendigkeit vor, die Telephone nach Möglichkeit betriebsmäßig zu messen. Betriebsmäßig ist bei dem normalen Kopfhörer der Schallraum vor dem Telephon durch das Anlegen an den Kopf ganz oder teilweise abgeschlossen, der erzeugte Schall wird durch den äußeren Gehörgang auf das Trommelfell geleitet, welches im wesentlichen auf Druckschwankungen reagiert. Diese Verhältnisse wurden, wie in der Abb. 2 dargestellt ist, auf folgende Weise nachgebildet. Das zu untersuchende Telephon T wird auf ein rechteckiges Plattenpaket, bestehend aus den Platten P_1 (Eisen), P_2 (Filz) und P_3 (Messing) unter Zuhilfenahme eines Gummiringes G aufgesetzt. Der Gummiring bewirkt einen luftdichten Abschluß, man kann

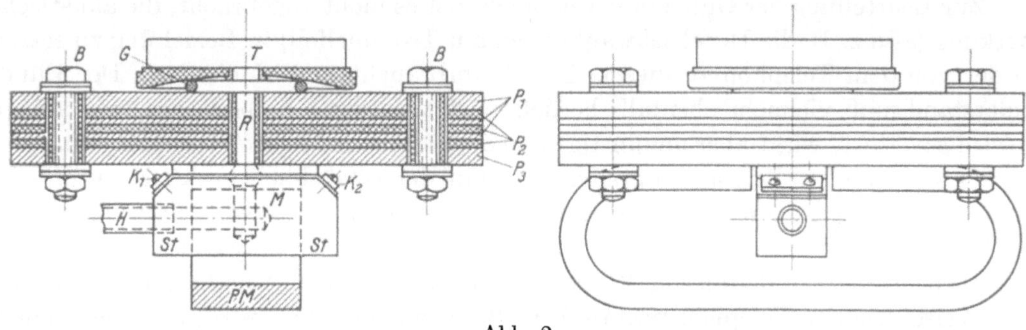

Abb. 2.

aber auch so vorgehen, daß man das Telephon nicht luftdicht abschließt, sondern unter Verwendung von Distanzstückchen so aufsetzt, daß rings am Umfang des Telephons ein Luftspalt von bestimmter Größe, z. B. 1 mm, hergestellt wird. Diese beiden verschiedenen Stellungen entsprechen etwa den betriebsmäßig vorkommenden Grenzfällen. Eine nicht eingezeichnete Zentriervorrichtung ermöglicht bequem das Befestigen des Telephones so, daß die Schallöffnung genau über dem Gummirohrstück R liegt. Dieses Rohrstück R entspricht in seinen Abmessungen dem äußeren Gehörgang. Es führt durch das Plattenpaket hindurch auf die Membran M (Trommelfell), die an dem Hartgummistück St befestigt ist und deren wirksamer Teil sich in dem homogenen Teil des Feldes des Permanentmagneten PM befindet. K_1 und K_2 sind die Klemmen, durch die der Wechselstrom der Membran zugeführt wird. Das Plattenpaket wird durch die schallisolierten Bolzen B zusammengehalten. Es bietet in dieser Form einen sicheren Schutz vor magnetischen und induktiven Störungen und unterbricht außerdem eine etwaige direkte Schalleitung (als Leitung in festen Körpern) vom Telephon nach der Membran. Hinter der Membran ist luftdicht ein Hörrohr H angeschlossen, durch das unmittelbar abgehört werden kann, ob noch Schall durch die Membran hindurchtritt oder nicht. Der ganze Apparat befindet sich in einem geräumigen, mit Filz ausgekleideten Kasten, aus dem nur das Hörrohr und die Zuführungen nach außen heraustreten.

Die eigentliche Messung geht in folgender Weise vor sich. Als Stromquelle dient die Frankesche Maschine. (Doppelgenerator für Tonfrequenzen mit 2 voneinander unabhängigen Ankern, deren Phasenverschiebung während des Betriebes meßbar veränderlich ist.) Der eine Anker der Maschine speist das zu messende Telephon T. Der Strom im Telephon wird auf den gewünschten Wert gebracht, die Klemmenspannung und die Phasenverschiebung werden gemessen. Dann wird durch die Membran M von dem zweiten Anker aus ein Strom geschickt und dessen Stärke und Phase so lange verändert, bis in dem Hörrohr kein Ton mehr zu vernehmen ist. (Durch Interpolation läßt sich die Nulleinstellung erheblich verfeinern.) Der Scheitelwert dieses Stromes wird gemessen, dann läßt sich die Druckschwankung an der Membran (Trommelfell) nach der obigen Formel sofort bestimmen. Die Apparatkonstanten ($\mathfrak{H}$ und B) werden ein für allemal bestimmt. Die Feldstärke $\mathfrak{H}$ läßt sich beispielsweise leicht durch Wägung der Kraft, die auf einen hindurchgeführten Leiter, der von einem gemessenen Strom durchflossen wird, berechnen. Durch geeignete Ausgestaltung der Polschuhe ist eine hinreichende Homogenität des Magnetfeldes zu erzielen. Will man nur relative Messungen machen, so braucht man diese Eichungen nicht auszuführen.

Zur Beurteilung der Güte eines Telephones ist es nicht angebracht, die akustische Wirkung (also z. B. die Druckschwankungen am Trommelfell) in Beziehung zu setzen zu der von dem Telephon zu diesem Zweck verbrauchten Wirkleistung. Der Blindwiderstand muß vielmehr ebenfalls berücksichtigt werden. Er bedeutet zwar keinen Leistungsverlust, wirkt aber ungünstig, weil er drosselt und so die Stromaufnahme des Hörers vermindert. Strenggenommen ist somit der tatsächlich praktisch interessierende Wirkungsgrad des Telephones nicht unabhängig von der Schaltung, in der sich das Telephon gerade befindet. Um einen einfachen Vergleich verschiedener Hörertypen in genau definierter Weise und in hinreichender Annäherung an die Art und Weise, wie das Telephon praktisch in Betrieb genommen wird, zu ermöglichen, dürfte es zweckmäßig sein, folgendermaßen vorzugehen: Denkt man sich das zu beurteilende Telephon T_1 gespeist von einem Generator mit der EMK E_1 und dem rein Ohmschen Widerstand W_1, so wird für den günstigsten Fall, nämlich den der Anpassung des Telephons an seinen Generator, der innere Widerstand des Generators gleich dem Betrage des Scheinwiderstandes des Telephones zu wählen sein. Es fließt dann der maximal mögliche Strom im Telephon, wobei das Telephon eine bestimmte Wirkleistung N_{W_1} aufnimmt, die kleiner ist als die Leistung $N_1 = \dfrac{E_1^2}{4\,W_1}$, die der Generator maximal abgeben kann. Für die Beurteilung des Telephons maßgebend ist nun offenbar nicht die Wirkleistung N_{W_1}, die es tatsächlich verbraucht, um bei einer bestimmten Frequenz ω eine bestimmte Schalleistung L hervorzubringen, sondern die Generatorleistung N_1, die man unter allen Umständen mindestens zu diesem Zweck bereit halten muß. Ist e_1 die zu der Schalleistung L des Telephons T_1 gehörige Klemmenspannung am Telephon T_1, i_1 der Strom und $\cos \varphi$ der Leistungsfaktor, so ist die bereitzustellende Leistung

$$N_1 = \tfrac{1}{2}\,e_1\,i_1 + \tfrac{1}{2}\,e_1\,i_1 \cos \varphi_1,$$

d. h. gleich der Summe aus der halben scheinbaren Leistung plus der halben Wirkleistung. Hat das Telephon den Leistungsfaktor $\cos \varphi = 1$, so ist, wie man sieht, die bereitzustellende Leistung gleich der aufgenommenen Leistung. Für verschiedene zu vergleichende Telephone T_1, T_2 usw. erhält man bei derselben Schalleistung L auf diese Weise in den zugehörigen Werten N_1, N_2 usw. Vergleichszahlen für die Güte der Telephone. Gegegebenenfalls kann man diese Vergleichszahlen auch umrechnen in die in der Fernsprechtechnik üblichen Werte der Dämpfung.

Eine Verbesserungsmöglichkeit des Schallmeßapparates ergibt sich durch Anwendung einer Brückenschaltung.

In Abb. 3 ist die Membran M als Zweig in einer einfachen Brücke ausgebildet. Die Brücke ist abgeglichen, wenn die Membran in Ruhe ist. Alle vier Zweige der Brücke sind dann Ohmsche Widerstände. Fällt Schall auf die Membran, so ist die Brücke nicht mehr im Gleichgewicht, weil durch die Membranbewegung im Zweig CD eine EMK besteht. Nun verändert man den Brückenspeisestrom in der Stärke und Phase so lange, bis die Membranbewegungen kompensiert werden, dann ist gleichzeitig die Brücke wieder abgeglichen und der Strom durch die Membran gleich dem halben Brückenspeisestrom und in Phase mit ihm. Zur Erhöhung der Genauigkeit kann man bei dieser Schaltung ohne weiteres einen Röhrenverstärker V anwenden, und man

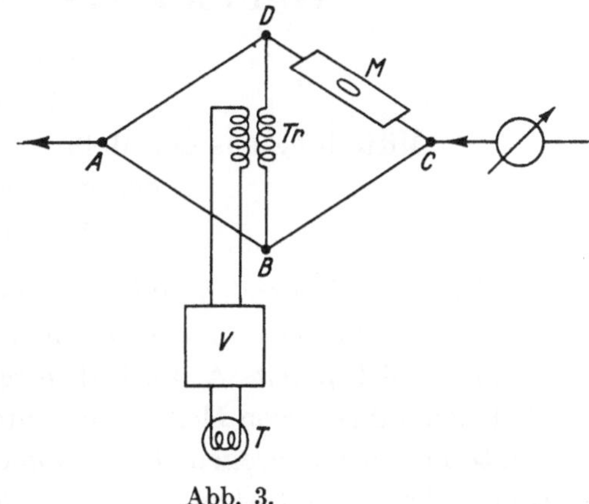

Abb. 3.

erzielt neben großer Empfindlichkeit noch den weiteren Vorteil, daß der Schallmesser und der Beobachter beliebig räumlich getrennt sein können.

Auch für Unterwasserschallmessungen dürfte sich die Methode verwenden lassen. Die Membran braucht dann nicht so dünn zu sein und kann mit einem isolierenden Anstrich versehen werden.

Zusammenfassung.

Es wird eine Anordnung beschrieben, mit der sich die Druckamplituden eines Schallvorganges mittels einer Nullmethode auch bei sehr kleinen Schallintensitäten in absolutem Maß messen lassen.

Untersuchungen über die Gleichgewichtslagen von elektrischen Meßinstrumenten.

Von **Heinrich Kafka**.

Mit 10 Textabbildungen.

Mitteilung aus der Meßinstrumentenabteilung des Wernerwerks M
der Siemens & Halske A.-G.

Eingegangen am 9. Mai 1923.

Im folgenden sollen einige allgemeine Untersuchungen über die Gleichgewichtslagen von elektrischen Meßinstrumenten angestellt werden. Mit dem gleichen Gegenstand hat sich bereits A. I m h o f in seiner Arbeit „Über Mittel zur Beeinflussung des Skalencharakters von Meßinstrumenten"[1]) beschäftigt, doch hat I m h o f nur Instrumente mit mechanischem Richtmoment in den Kreis seiner Betrachtungen gezogen. Hier sollen auch Instrumente mit elektromagnetisch erzeugtem Richtmoment und Kreuzspulinstrumente von gemeinsamen Gesichtspunkten behandelt werden.

Die besondere Aufgabe, die sich der Verfasser gestellt hat, ist aber die klare Herausarbeitung des Begriffs „spezifisches Einstellmoment", dessen Bedeutung im Meßinstrumentenbau noch vielfach nicht genügend gewürdigt wird. Um den Umfang der Arbeit zu beschränken, soll auf die Vorgänge bei der Einstellung des beweglichen Organs in seine Gleichgewichtslage nicht eingegangen werden.

Auf das bewegliche Organ eines Meßinstruments wirken zwei Drehmomente D_1 und D_2, die im allgemeinen Funktionen der Meßgröße x und des Ausschlagswinkels α sind:

$$\left. \begin{aligned} D_1 &= f_1(x, \alpha), \\ D_2 &= f_2(x, \alpha). \end{aligned} \right\} \tag{1}$$

Die Gleichgewichtslagen des Instruments sind dadurch gekennzeichnet, daß das resultierende Drehmoment zu Null wird:

$$D = D_1 + D_2 = 0 \tag{2}$$

oder

$$f_1(x, \alpha) + f_2(x, \alpha) = 0. \tag{2a}$$

Aus dieser Bedingungsgleichung für die Gleichgewichtslagen ergibt sich die Beziehung

$$\alpha = \varphi(x), \tag{3}$$

durch die der Zusammenhang des Ausschlagswinkels α mit der Meßgröße x ausgedrückt wird. Diese Beziehung wird als Skalencharakteristik bezeichnet. Die Gleichung (2a) kann unter Umständen auch zwei Lösungen ergeben, die also zwei Gleichgewichtslagen entsprechen; eine nähere Untersuchung zeigt aber, daß nur die eine Gleichgewichtslage stabil ist.

---

[1]) Bull. S. E. V. 1921, S. 117.

In sehr vielen Fällen ist nur eines der auf das bewegliche Organ wirkenden Drehmomente von der Meßgröße x abhängig, während das zweite nur vom Ausschlagswinkel α abhängt. Das ist z. B. der Fall, wenn das zweite Drehmoment durch Federn erzeugt wird. In diesen Fällen können wir im Anschluß an I m h o f

$$D_1 = f_1\,(x\,,\,\alpha)$$

als Meßmoment und

$$D_2 = f_2\,(\alpha)$$

als Richtmoment bezeichnen.

Die Bedingungsgleichung (2 a) für die Gleichgewichtslage beantwortet die Frage: **Wo** stellt sich das bewegliche Organ und damit der Zeiger des Meßinstruments ein? Nicht minder wichtig ist die Frage: **Wie** ist die Einstellung beschaffen?

Ein einfaches Mittel, um die Güte der Einstellung in den Gleichgewichtslagen zu kontrollieren, besteht darin, daß man den Zeiger durch eine äußere Kraft (z. B. von Hand aus) aus seiner Gleichgewichtslage herausdreht und beobachtet, wie sich der Zeiger wieder in die Gleichgewichtslage einstellt. Als gut ist die Einstellung zu bezeichnen, wenn der Zeiger bei wiederholten Ablenkungen immer wieder auf die gleiche Stelle einspielt und auch ein Klopfen am Instrument die Einstellung nicht ändert. Eine solche Einstellung wird selbstverständlich angestrebt. Stellt sich dagegen der Zeiger bei wiederholten Ablenkungen nicht immer auf die gleiche Stelle ein und wird die Einstellung durch Klopfen am Instrument geändert, so ist dieselbe als mehr oder weniger schlecht zu bezeichnen. Eine schlechte Einstellung ist (wenn das Instrument sonst in Ordnung ist) auf die Reibung des beweglichen Organs in seiner Lagerung zurückzuführen, die sich unter sonst gleichen Umständen um so stärker bemerkbar macht, je kleiner das spezifische Einstellmoment ist.

Die oben geschilderte mechanische Untersuchung der Einstellung eines Instruments läßt sich in sehr einfacher Weise rechnerisch erfassen. Zu diesem Zweck müssen wir zunächst eine Festsetzung über das Vorzeichen von Drehmomenten und Ausschlägen treffen. Wir wollen Drehmomente, die $\dfrac{\text{entgegen dem}}{\text{im}}$ Uhrzeigersinn auf das bewegliche Organ wirken, und Ausschläge $\dfrac{\text{entgegen dem}}{\text{im}}$ Uhrzeigersinn als $\dfrac{\text{positiv}}{\text{negativ}}$ bezeichnen.

Beim Herausdrehen des Zeigers aus seiner Gleichgewichtslage wird die Gleichgewichtsbedingung $D = D_1 + D_2 = 0$ gestört, d. h. das auf das bewegliche Organ wirkende resultierende Drehmoment D ist dann von Null verschieden. Soll die Gleichgewichtslage stabil sein, so muß das auftretende Drehmoment das Bestreben haben, den Zeiger in seine Gleichgewichtslage zurückzuführen; bei einer unstabilen (labilen) Gleichgewichtslage schlägt dagegen der Zeiger im Sinn der Verdrehung um.

Es ist leicht einzusehen, daß die Einstellung des Zeigers in die Gleichgewichtslage um so sicherer ist, je größer das beim Herausdrehen des Zeigers aus seiner Gleichgewichtslage auftretende Drehmoment im Verhältnis zum Reibungsmoment ist. Um Vergleichswerte zu gewinnen, müssen wir dabei stets die gleiche Verdrehung des Zeigers voraussetzen, also das auftretende Drehmoment auf eine Winkeleinheit beziehen. Wir gewinnen auf diese Weise ein wichtiges Maß für die Güte der Einstellung eines Instruments, nämlich das Drehmoment pro Winkeleinheit, das beim Herausdrehen des Zeigers aus seiner Gleichgewichtslage auftritt. Der Verfasser bringt für diese Größe die Bezeichnung: „spezifisches Einstellmoment" in Vorschlag. Das spezifische Einstellmoment darf nicht mit dem Richtmoment verwechselt werden.

Das beim Herausdrehen des Zeigers aus seiner Gleichgewichtslage auftretende spezifische Einstellmoment läßt sich graphisch durch die Steigung (Tangente des Neigungswinkels) darstellen, mit der die resultierenden Drehtmomentkurven in den Gleichgewichtslagen durch 0 durchgehen. Bei den festgesetzten Vorzeichen von Drehmomenten und Ausschlägen muß in stabilen Gleichgewichtslagen einer Verdrehung des Zeigers im positiven Sinn (entgegen dem Uhrzeiger) ein negatives Drehmoment (im Uhrzeigersinn) entsprechen. In der graphischen Darstellung muß die resultierende Drehmomentkurve für positive Ausschlagsänderungen negative Werte annehmen, also von positiven zu negativen Werten durch 0 gehen. In einer unstabilen Gleichgewichtslage entspricht einer positiven Ausschlagsänderung ein positives Drehmoment und geht in diesem Fall die resultierende Drehmomentkurve von negativen zu positiven Werten durch 0 durch.

Aus der Definition des spezifischen Einstellmoments folgt seine mathematische Formulierung:

$$M_{\text{spez}} = \frac{\partial}{\partial \alpha}(D_1 + D_2) \text{ für } x = \text{const und } D_1 + D_2 = 0 \, .$$

Ist

$$M_{\text{spez}} \lesseqgtr 0 \, , \text{ so ist die Gleichgewichtslage } \begin{matrix} \text{stabil} \\ \text{indifferent} \\ \text{unstabil.} \end{matrix} \tag{4}$$

Mathematisch ausgedrückt stellt das spezifische Einstellmoment den partiellen Differentialquotienten des resultierenden Drehmoments nach dem Ausschlagswinkel α bei konstanter Meßgröße in den Gleichgewichtslagen dar.

Praktisch wird das spezifische Einstellmoment meist nicht auf die Winkeleinheit bezogen, sondern auf einen Winkel von 90° umgerechnet. Wenn das spezifische Einstellmoment auf einen Winkelgrad bezogen ist, so ist das auf 90° bezogene Einstellmoment

$$M_{90} = M_{\text{spez}} \, 90 \, . \tag{5}$$

Es sei ausdrücklich bemerkt, daß die Umrechnung des spezifischen Einstellmoments auf 90° im allgemeinen nur rechnerische Bedeutung hat und nicht so aufgefaßt werden darf, daß man auf irgendeine Weise das zur Ablenkung des Zeigers um 90° erforderliche Drehmoment bestimmt. Diese Methode ist nur bei Instrumenten zulässig, bei denen die resultierenden Drehmomentkurven in den Gleichgewichtslagen durch Gerade dargestellt werden.

Zur experimentellen Bestimmung des spezifischen Einstellmoments empfiehlt sich die Verwendung eines Drehmomentmessers[1]). Mit Hilfe dieser Einrichtung kann das zu einer Verdrehung des Zeigers erforderliche Drehmoment unmittelbar an einer Skala abgelesen werden. Wenn die resultierenden Drehmomentkurven keine Geraden sind, so darf das bewegliche Organ nur um kleine Winkel (5 bis 10°) aus seiner Gleichgewichtslage abgelenkt werden. Zweckmäßig wird die Ablenkung nach beiden Seiten vorgenommen und das Mittel der abgelesenen Werte des Drehmoments genommen. Wurde der Zeiger z. B. um 5° abgelenkt, so ist

$$M_{90} = M_5 \, \frac{90}{5} \, .$$

Die Gleichungen (2a) und (4) bilden die Grundlage für die Untersuchung der Gleichgewichtslagen eines Meßinstruments. Die Gleichung (2a) bestimmt die Skalencharakteristik, während aus (4) das spezifische Einstellmoment ermittelt werden

---

[1]) Nähere Beschreibung s. Gg. Keinath: Die Technik der elektrischen Meßgeräte. 2. Aufl., S. 9.

kann. Diese Gleichungen ermöglichen auch die Untersuchung des Einflusses der verschiedenen im Einzelfall in Betracht kommenden Größen auf den Skalenverlauf und das spezifische Einstellmoment. Die Auswertung der Beziehungen (2a) und (4) kann auf rechnerischem oder graphischem Wege erfolgen. In den folgenden Beispielen soll dies für einige Instrumenttypen gezeigt werden.

A) Instrumente mit mechanischem Richtmoment.

1. Gleichstrom - Drehspulinstrumente. In der normalen Ausführungsform bestehen diese Instrumente aus einem permanenten Magnetsystem mit zylindrisch ausgedrehten Polschuhen; in der Bohrung sitzt ein gleichfalls zylindrischer Eisenkern. In dem Luftraum zwischen Polschuhen und Kern bewegt sich die rechteckige Drehspule, die von dem zu messenden Strom J durchflossen wird[1]). Ist der Luftspalt konstant, so besteht innerhalb des verwendeten Ausschlagbereichs ein Magnetfeld mit der konstanten Induktion B. Nach dem Biot - Savartschen Gesetz wird ein Drehmoment auf die Drehspule ausgeübt, dessen Größe bei einem gegebenen Instrument nur vom Strom J abhängt. Das zweite Drehmoment wird durch eine Feder erzeugt und ist nur vom Ausschlagwinkel α abhängig. In diesem Fall vereinfachen sich demnach die Gleichungen (1) zu

$$D_1 = k_1 I \tag{6}$$

und

$$D_2 = - k_2 \alpha \tag{7}$$

(k_2 ist das Federdrehmoment pro Winkeleinheit).

Dabei ist angenommen, daß D_1 im positiven Sinn und D_2 im negativen Sinn wirkt. Nach der Bemerkung auf S. 145 können wir hier D_1 als Meßmoment und D_2 als Richtmoment bezeichnen.

In der graphischen Darstellung (s. Abb. 1) sind die Drehmomente D_1 und D_2 in Abhängigkeit von α eingetragen. Da D_1 von α unabhängig ist, werden

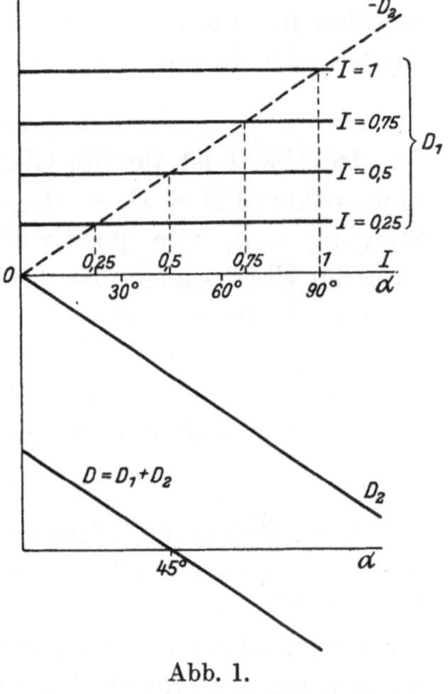

Abb. 1.

die Meßmomente für linear aufeinanderfolgende Stromwerte durch äquidistante Parallele zur Abszissenachse dargestellt. Für das Richtmoment D_2 ergibt sich eine Gerade durch den Ursprung 0, deren Steigung gegen die Abszissenachse durch $- k_2$ bestimmt ist.

In den Gleichgewichtslagen ist nach (2a)

$$k_1 I - k_2 \alpha = 0;$$

daraus ergibt sich

$$\alpha = \frac{k_1}{k_2} I \,. \tag{8}$$

Der Ausschlagswinkel α wächst linear mit dem Strom, d. h. wir erhalten unter den gemachten Voraussetzungen eine lineare Skala.

In der graphischen Darstellung der Abb. 1 werden die den einzelnen Stromwerten entsprechenden Ausschlagswinkel α für die Gleichgewichtslagen gefunden, indem die

---

[1]) Näheres über die Ausführung der verschiedenen Instrumententypen s. Gg. Keinath: a. a. O.

10*

Gerade $-D_2$, die durch Spiegelung der D_2-Geraden an der Abszissenachse entsteht, mit den parallel zur Abszissenachse verlaufenden D_1-Geraden zum Schnitt gebracht wird. In den Schnittpunkten ist ja $D_1 = -D_2$, also $D_1 + D_2 = 0$.

Eine Beeinflussung des Skalencharakters kann entweder dadurch erfolgen, daß man den Luftspalt ungleichförmig macht (um eine nach oben zusammengedrängte Skala zu erzielen, kann man z. B. den Luftspalt am Ende des Ausschlagbereichs vergrößern) oder daß man durch besondere Federanordnungen[1]) den Zusammenhang zwischen mechanischem Richtmoment und Ausschlagswinkel verändert.

Für das spezifische Einstellmoment ergibt sich nach (4)

$$M_{\text{spez}} = \frac{\partial}{\partial \alpha} (D_1 + D_2) = -k_2 . \qquad (9)$$
$$I = \text{const}$$

Das spezifische Einstellmoment ist konstant und durch die Federkonstante k_2 bestimmt. Das ist bei allen Instrumenten der Fall, bei denen das Meßmoment D_1 unabhängig von α ist und das Richtmoment D_2 linear mit dem Ausschlagswinkel α wächst. Ist k_2 auf einen Winkelgrad bezogen, so ist

$$M_{90} = -90\,k_2 . \qquad (10)$$

In Abb. 1 ist für die Gleichgewichtslage $\alpha = 45°$ auch die resultierende Drehmomentkurve $D = D_1 + D_2$ gezeichnet. Hierfür ergibt sich eine Gerade, die mit der Steigung $-k_2$ von positiven zu negativen Werten durch Null geht. Nach den früheren Überlegungen ist das spezifische Einstellmoment durch die Steigung dieser Geraden bestimmt. Den gleichen Winkel schließen die D_1-Geraden mit der $-D_2$-Geraden ein, so daß durch die Tangenten dieser Winkel auch die spezifischen Einstellmomente dargestellt werden können.

Die Multiplikation der Gleichungen (8) und (9) ergibt

$$\alpha\,M_{\text{spez}} = -k_1\,I = -D_1 . \qquad (11)$$

Diese Gleichung drückt aus, daß für einen gegebenen Stromwert das Produkt des Ausschlagswinkels und des spezifischen Einstellmoments eine Konstante ist. Mit anderen Worten: Eine Vergrößerung des Ausschlagswinkels für einen gegebenen Stromwert (also eine Erhöhung der Empfindlichkeit) kann unter sonst gleichen Umständen nur auf Kosten des spezifischen Einstellmoments erzielt werden. Bei einem gegebenen Instrument und gegebenen Induktionswerten ist das Produkt $\alpha\,M_{\text{spez}}$ durch die AW-Zahl $I\,w$ bestimmt:

$$\alpha\,M_{\text{spez}} = -k_1'\,I\,w . \qquad (11\,\text{a})$$

Die zu erzielende AW-Zahl hängt von der zur Verfügung stehenden Leistung

$$N = I^2\,r \qquad (12)$$

ab, die bei der Erhaltung der Gleichgewichtslage der Spule in Wärme umgesetzt wird.

Bei einer gegebenen Spule [mittlerer Umfang u_m und Wickelraum $(q\,w)$ gegeben] ist

$$r = \varrho\,\frac{u_m\,w^2}{(q\,w)}$$

und daher

$$I^2\,r = I^2\,w^2\,\frac{\varrho\,u_m}{(q\,w)} = N ;$$

____

[1]) Näheres s. Gg. Keinath: a. a. O., S. 17.

daraus ergibt sich

$$I\,w = \sqrt{\frac{N\,(q\,w)}{\varrho\,u_m}} \qquad (13)$$

und schließlich

$$\alpha\,M_{\text{spez}} = -\,k_1'\,\sqrt{\frac{N\,(q\,w)}{\varrho\,u_m}}\,. \qquad (14)$$

2. **Dreheiseninstrumente.** Man unterscheidet bei diesen Instrumenten den Flachspul- und den Rundspultyp. Beim Flachspultyp wird ein nierenförmiger Eisenkern in eine stromdurchflossene Spule hineingezogen. Beim Rundspultyp sind meist zwei Eisenkerne vorhanden, von denen der eine fest und der zweite beweglich angeordnet ist. Das Richtmoment kann durch Federn oder durch Gewichte erzeugt werden.

Für die Untersuchung der Gleichgewichtslagen bei Dreheiseninstrumenten empfiehlt sich das graphische Verfahren, da sich die auf das bewegliche Eisen ausgeübten Drehmomente rechnerisch schwer erfassen lassen. Das Meßmoment D_1 ist in erster Annäherung dem Quadrat des Stroms proportional, außerdem ist aber D_1 vom Auschlagswinkel α abhängig (s. Abb. 2). Wir können demnach schreiben

$$D_1 = k_1\,I^2\,f\,(\alpha)\,. \qquad (15)$$

Wenn das Richtmoment durch eine gewöhnliche Feder erzeugt wird, so ist

$$D_2 = -\,k_2\,\alpha\,. \qquad (16)$$

Die den verschiedenen Stromwerten entsprechenden Gleichgewichtslagen ergeben sich im Schnitt der $-D_2$-Geraden mit den D_1-Kurven.

Zur Ermittlung des spezifischen Einstellmoments müssen wir die Steigungen der resultierenden Drehmomentkurven in den Gleichgewichtslagen bestimmen. In Abb. 2 ist die resultierende Drehmomentkurve für $\alpha = 90°$ gezeichnet, deren Verlauf sehr wesentlich von einer Geraden abweicht. Bei der Bestimmung des spezifischen Einstellmoments mit einem Drehmomentmesser darf daher der Zeiger nur um kleine Winkel abgelenkt werden, um die Steigung der Tangente an die resultierende Drehmomentkurve mit genügender Genauigkeit zu erhalten. Eine einfache Überlegung ergibt, daß das spezifische Einstellmoment den Ordinatenabschnitten proportional ist, die von den in den Gleichgewichtslagen an die D_1-Kurven gezogenen Tangenten und der $-D_2$-Geraden begrenzt werden. In Abb. 2 ist der Ordinatenabschnitt eingetragen, der dem Einstellmoment M_{10} ($M_{90} = 9 \cdot M_{10}$) entspricht. Die genannten Ordinatenabschnitte liegen bei positiven Ausschlagsänderungen für stabile Gleichgewichtslagen unterhalb der $-D_2$-Geraden.

Aus Abb. 2 ist zu ersehen, daß bei Dreheiseninstrumenten das spezifische Einstellmoment nicht konstant ist, sondern sich mit dem Ausschlagswinkel ändert. Es hat daher bei solchen Instrumenten keinen Sinn, vom spezifischen Einstellmoment schlechtweg zu sprechen, sondern es müssen die Werte dieser Größe für verschiedene Punkte des Ausschlagsbereichs angegeben werden.

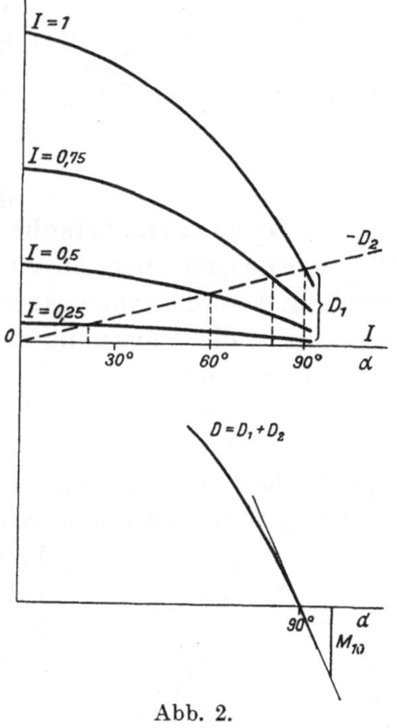

Abb. 2.

Eine Beeinflussung des Skalencharakters kann durch Änderung des Verlaufs der D_1-Kurven und der Größe des Richtmoments (Steigung der $- D_2$-Geraden) erfolgen. Einzelheiten darüber finden sich in dem eingangs erwähnten Aufsatz von Imhof. Bei einer linearen Skala müßten die Projektionen der Schnittpunkte der D_1-Kurven für linear aufeinanderfolgende Stromwerte mit der $- D_2$-Geraden auf der Abszissenachse gleiche Abstände haben.

Bei Verwendung von Gewichten für die Erzeugung des Richtmoments ergibt sich für die $- D_2$-Kurve eine Sinuslinie (s. Abb. 3). Wird der Ausschlagsbereich zu groß gewählt, so kann es vorkommen, daß sich für höhere Stromwerte innerhalb des Ausschlagbereichs zwei Schnittpunkte der D_1-Kurven mit der $- D_2$-Kurve ergeben, die also zwei Gleichgewichtslagen entsprechen. In Abb. 3 ist ein derartiger Fall übertrieben dargestellt. Aus dem Verlauf der eingezeichneten resultierenden Drehmomentkurve $D = D_1 + D_2$ ist zu ersehen, daß diese die Abszissenachse zweimal schneidet. Der erste Schnittpunkt entspricht nach den Überlegungen auf S. 145 einer stabilen, der zweite Schnittpunkt einer unstabilen Gleichgewichtslage.

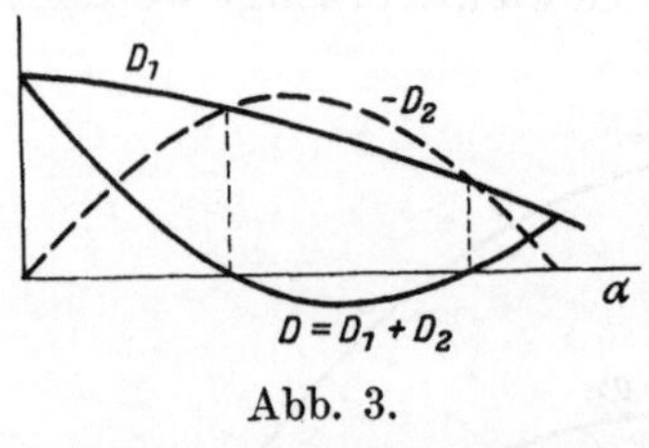

Abb. 3.

3. Dynamometrische Instrumente. Diese Instrumente beruhen auf den Kraftwirkungen zwischen einer festen und einer beweglichen stromdurchflossenen Spule und werden vorzugsweise für Leistungsmessungen verwendet. Bei Leistungsmessern ist die Anordnung meist so getroffen, daß die feste Spule vom Strom durchflossen wird, während die bewegliche Spule an der Spannung liegt. Für Schalttafelinstrumente und tragbare Betriebsmeßgeräte verwenden die Siemens & Halske A.-G. und andere Firmen eisengeschlossene dynamometrische Instrumente, die ein größeres spezifisches Einstellmoment als die eisenlosen Laboratoriumsinstrumente besitzen und von Fremdfeldern praktisch kaum beeinflußt werden. Um eine proportionale Leistungsskala zu erzielen, muß die Induktion in dem Feldbereich, in dem sich die Spulenseiten der Drehspule bewegen, konstant sein. Bei eisengeschlossenen Instrumenten wird dies dadurch erzielt, daß der Luftspalt zwischen dem Feld- und Kerneisen konstant gehalten wird (s. Abb. 4).

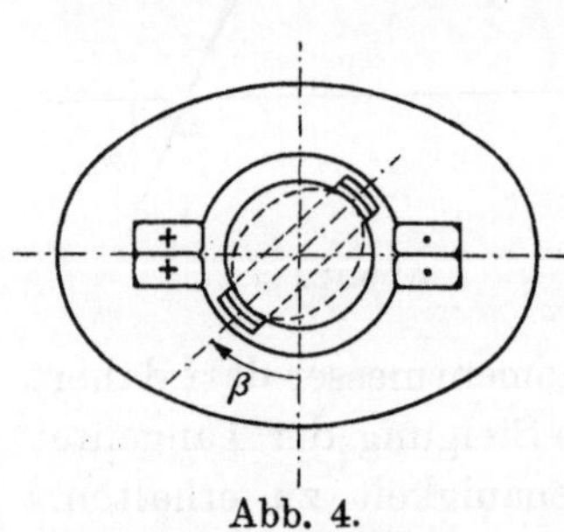

Abb. 4.

Bei konstanter Induktion innerhalb des Ausschlagsbereichs der Spule ist das Meßmoment D_1 bei gegebenen Windungszahlen nur vom Produkt des Feldstroms I_f und des Drehspulstroms I_b und dem cos der zeitlichen Phasenverschiebung dieser Ströme (die durch den Winkel bestimmt wird, den die Vektoren $\mathfrak{J}_f$ und $\mathfrak{J}_b$ im Zeitdiagramm einschließen) abhängig:

$$D_1 = k_1 I_f I_b \cos (\mathfrak{J}_f, \mathfrak{J}_b) . \tag{17}$$

In der Ausdrucksweise der Vektorrechnung stellt die Bildung $I_f I_b \cos (\mathfrak{J}_f, \mathfrak{J}_b)$ das skalare Produkt der Vektoren $\mathfrak{J}_f$ und $\mathfrak{J}_b$ dar, das mit $\mathfrak{J}_f \cdot \mathfrak{J}_b$ bezeichnet werden soll; es ist daher auch

$$D_1 = k_1 \mathfrak{J}_f \cdot \mathfrak{J}_b . \tag{17a}$$

Bei einem durch gewöhnliche Federn erzeugten Richtmoment

$$D_2 = -k_2 \alpha \tag{18}$$

ergibt sich aus der Bedingungsgleichung für die Gleichgewichtslagen die Skalencharakteristik

$$\alpha = \frac{k_1}{k_2}\, \mathfrak{J}_f \cdot \mathfrak{J}_b \, .\tag{19}$$

Der Ausschlagswinkel ist dem skalaren Produkt der die beiden Spulensysteme durchfließenden Ströme linear proportional. Auf diesem Umstand beruht die Verwendbarkeit des dynamometrischen Instruments für Leistungsmessungen bei Wechselstrom. Beispiel: Die Wirkleistung bei Wechselstrom ist durch das skalare Produkt der Spannung $\mathfrak{E}$ und des Stromes $\mathfrak{J}$ bestimmt. Wird $\mathfrak{J}_b$ gleichphasig mit $\mathfrak{E}$ und dieser Spannung linear proportional gemacht, so sind die Ausschläge des Instruments dem skalaren Produkt $\mathfrak{E} \cdot \mathfrak{J}$, also der Wirkleistung proportional.

Für das spezifische Einstellmoment ergibt sich

$$M_{\mathrm{spez}} = \frac{\partial}{\partial \alpha}\,(D_1 + D_2) = -\,k_2 \, .$$
$$\scriptstyle (\mathfrak{J}_f \cdot \mathfrak{J}_b \,=\, \mathrm{const})$$

Die graphische Darstellung der Drehmomentverhältnisse beim dynamometrischen Leistungsmesser würde ein ganz ähnliches Bild ergeben wie bei den Gleichstrom-Drehspulinstrumenten.

Die dynamometrischen Instrumente können auch als Strom- und Spannungsmesser verwendet werden. Werden die beiden Spulensysteme hintereinandergeschaltet, so ist

$$\mathfrak{J}_f = \mathfrak{J}_b = \mathfrak{J}$$

und

$$D_1 = k_1 I^2 \, .\tag{21}$$

Für ein Richtmoment

$$D_2 = -\,k_2 \alpha \tag{22}$$

ergibt sich die Skalencharakteristik

$$a = \frac{k_1}{k_2}\, I^2 \, .\tag{23}$$

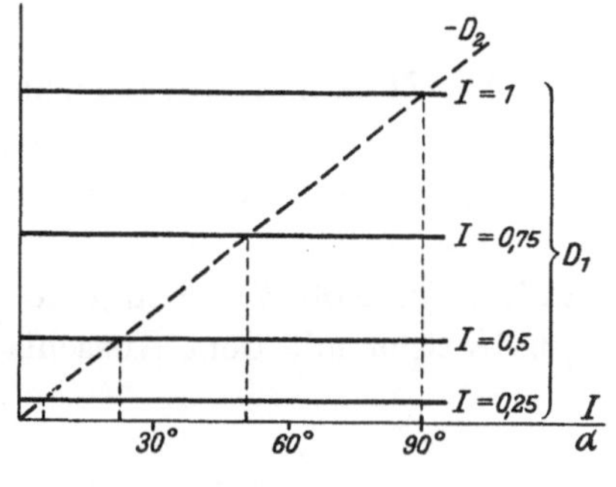

Abb. 5.

Bei der vorausgesetzten Schaltung ist der Ausschlag den Stromquadraten proportional, wir erhalten also eine rein quadratische Skala. In Abb. 5 sind die Drehmomentverhältnisse graphisch dargestellt. Die Drehmomente D_1 erscheinen als Parallele zur Abszissenachse, deren Abstände von dieser quadratisch mit den Stromwerten wachsen. Die Schnittpunkte der genannten Parallelen mit der $-\,D_2$-Geraden bestimmen die Ausschläge für die verschiedenen Stromwerte.

Das spezifische Einstellmoment ist, da D_1 unabhängig von α, wieder nur durch die Federkonstante bestimmt:

$$M_{\mathrm{spez}} = -\,k_2 \, .\tag{24}$$

Aus (23) und (24) ergibt sich

$$\alpha\, M_{\mathrm{spez}} = -\,k_1 I^2 = -\,D_1 \, .\tag{25}$$

Ein quadratischer Skalencharakter ist im allgemeinen nicht erwünscht, da die Ablesungen am Anfang der Skala zu ungenau werden. Eine Veränderung des Skalencharakters ist prinzipiell durch Änderung des Verlaufs der Drehmomente D_1 und D_2 möglich.

a) Man kann den Skalencharakter dadurch verbessern, daß D_1 mit wachsendem Ausschlagswinkel verkleinert wird. Bei eisengeschlossenen Instrumenten wird zu diesem Zweck der Luftspalt mit wachsendem Ausschlagswinkel vergrößert (s. Abb. 4). Es ergibt sich dann der in Abb. 6 dargestellte Verlauf der D_1-Kurven. Aus dieser Abbildung ist auch zu ersehen, daß das spezifische Einstellmoment (das nach früherem den Ordinatenabschnitten proportional ist, die von den in den Gleichgewichtslagen an die D_1-Kurven gezogenen Tangenten und der $-D_2$-Geraden begrenzt werden) mit wachsendem Ausschlagswinkel zunimmt.

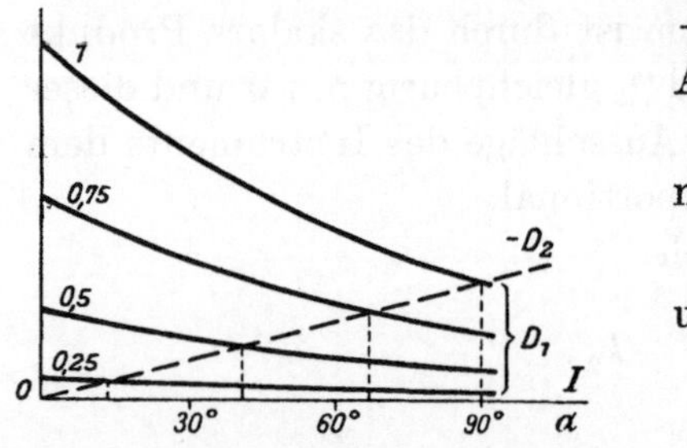

Theoretisch ließe sich sogar eine lineare Skala nach folgender Überlegung erzielen: Es sei

$$D_1 = k_1 I^2 f(\alpha)$$

und

$$D_2 = -k_2 \alpha .$$

Wenn

$$f(\alpha) = k_3 \frac{1}{\alpha} , \tag{26}$$

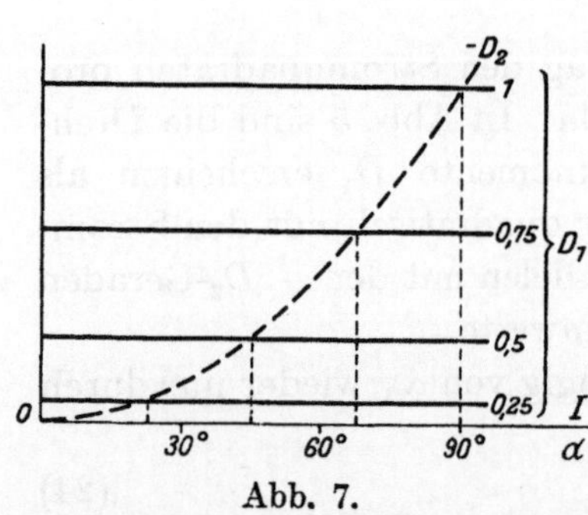

Abb. 6.

ergibt sich für die Skalencharakteristik die Gleichung

$$\alpha = \sqrt{\frac{k_1 k_3}{k_2}} I .$$

Die D_1-Kurven für verschiedene Stromwerte stellen in diesem Fall Hyperbeln dar, welcher Verlauf aber praktisch nur annähernd verwirklicht werden kann.

b) Ein anderes Mittel, um den Skalencharakter zu verbessern, besteht darin, daß man durch besondere Federanordnungen den Verlauf des Richtmoments D_2 verändert (s. Abb. 7). Um eine lineare Skala zu erzielen, müßte das Richtmoment quadratisch mit dem Ausschlagswinkel zunehmen:

$$D_2 = -k_2 \alpha^2 . \tag{27}$$

Der Nachteil dieser Anordnung ist, daß das spezifische Einstellmoment

$$M_{\text{spez}} = \frac{\partial}{\partial \alpha}(D_1 + D_2) = -2 k_2 \alpha \tag{28}$$
$$(I = \text{const})$$

für $\alpha = 0$ zu 0 wird (s. auch Abb. 7). Es würde sich also eine unsichere Einstellung in der Nullage ergeben.

Aus (23) und (28) ergibt sich

$$\alpha\, M_{\text{spez}} = -2 k_1 I^2 = -2 D_1 . \tag{29}$$

Abb. 7.

Selbstverständlich kann man auch beide Verfahren kombinieren. Um eine lineare Skala zu erzielen, müssen die Projektionen der Schnittpunkte der D_1-Kurven für linear aufeinanderfolgende Stromwerte mit der $-D_2$-Kurve auf der Abszissenachse gleiche Abstände haben.

In der gleichen Weise lassen sich auch die anderen in Verwendung stehenden Instrumententypen behandeln, wobei nach den jeweiligen Umständen ein rechnerischer oder graphischer Weg für die Untersuchung der Gleichgewichtslagen einzuschlagen sein wird.

B) Instrumente mit elektromagnetisch erzeugtem Richtmoment.

Bei Wechselstrominstrumenten kann das Richtmoment D_2 auch auf elektromagnetischem Weg erzeugt werden. Denken wir uns z. B. ein Instrument mit eisengeschlossenem System nach Abb. 4; die feststehende Feldwickung sei von einem Strom $\mathfrak{J}_f$ durchflossen und die Drehspule über einen äußeren Widerstand kurzgeschlossen. Wenn der Winkel β, den die Spulenebene mit der Vertikalen einschließt, von Null verschieden ist, so wird im Kurzschlußkreis ein elektrischer Umlauf

$$\mathfrak{U}_k = - j\,\mathfrak{J}_f\,\omega\,M_{fk} \qquad (30)$$

erzeugt.

Der gegenseitige Induktionskoeffizient zwischen Feldspule und Kurzschlußspule M_{fk} ist von dem Winkel β abhängig. Bei konstantem Luftspalt ist M_{fk} dem Winkel β linear proportional, d. h.

$$M_{fk} = m_{fk}\,\beta\,. \qquad (31)$$

Wir wollen β von dem nach abwärts gerichteten vertikalen Halbstrahl aus $\dfrac{\text{entgegen dem}}{\text{im}}$ Uhrzeigersinn $\dfrac{\text{positiv}}{\text{negativ}}$ zählen. Für einen Spulenausschlagsbereich von $\beta = -45°$ bis $\beta = +45°$ ändert sich dann M_{fk} von einem negativen Wert durch 0 bis zu einem positiven Wert. Es eilt daher bei dieser Festsetzung der Umlauf $\mathfrak{U}_k$ für $\dfrac{\text{negative}}{\text{positive}}$ Winkel β im Zeitdiagramm (s. Abb. 8) dem Strom $\mathfrak{J}_f$ um $90°$ $\dfrac{\text{vor}}{\text{nach}}$.

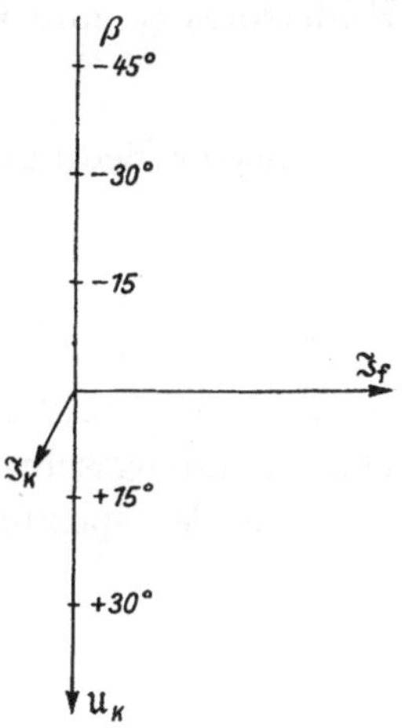

Der Umlauf $\mathfrak{U}_k$ erzeugt in dem Kurzschlußkreis den Strom

$$\mathfrak{J}_k = \frac{\mathfrak{U}_k}{r_k + j_k}\,. \qquad (32)$$

Zwischen der Feldspule mit dem Strom $\mathfrak{J}_f$ und der Drehspule mit dem auf induktivem Weg erzeugten Strom $\mathfrak{J}_k$ entsteht nun ein Drehmoment, das bei konstantem Luftspalt und gegebenen Windungszahlen dem skalaren Produkt der beiden Ströme proportional ist:

$$D_2 = k\,\mathfrak{J}_f \cdot \mathfrak{J}_k\,. \qquad (33)$$

Abb. 8.

Bei konstantem Feldstrom $\mathfrak{J}_f$ ist also das Drehmoment der Projektion des Kurzschlußstroms auf den Feldstrom im Zeitdiagramm proportional. Die Einsetzung von (32), (30) und (31) ergibt

$$D_2 = - k\,\mathfrak{J}_f \cdot \frac{j\,\mathfrak{J}_f\,\omega\,m_{fk}\,\beta}{r_k + j\,x_k} = - k\,I_f^2\,\frac{\omega\,m_{fk}\,x_k}{r_k^2 + x_k^2}\,\beta\,. \qquad (33\,\text{a})$$

In der vorstehenden Gleichung stellt der Ausdruck

$$\frac{x_k}{r_k^2 + x_k^2} = b_k \qquad (34)$$

den Blindleitwert des Kurzschlußkreises dar. Bei konstantem Feldstrom, konstanter Frequenz und konstantem Blindleitwert ist

wobei
$$\left.\begin{aligned} D_2 &= - k_2\,\beta\,, \\ k_2 &= k\,I_f^2\,\omega\,m_{fk}\,b_k\,. \end{aligned}\right\} \qquad (33\,\text{b})$$

Unter den gemachten Voraussetzungen wirkt also die kurzgeschlossene Drehspule wie eine Feder. Der besondere Vorteil dieser „elektrischen" Feder besteht darin, daß ihr Drehmoment in einfacher Weise durch Veränderung des Blindleitwerts b_k des Kurzschlußkreises verändert werden kann. Ein Nachteil der Anordnung ist die Frequenzabhängigkeit, die aber durch besondere Wahl der Widerstandsverhältnisse, auf die hier nicht näher eingegangen werden soll, in praktisch zulässigen Grenzen gehalten werden kann.

Für die Erzeugung des Meßmoments D_1 sind verschiedene Anordnungen denkbar. Im allgemeinsten Fall kann D_1 in einem elektrisch und magnetisch vollkommen getrennten Meßwerk erzeugt werden.

Eine besondere Ausführungsform eines Instruments mit elektromagnetischem Richtmoment ist dadurch gekennzeichnet, daß der von der Meßgröße abhängige Strom $\mathfrak{J}_x$ durch eine zweite Spule geschickt wird, die gleichachsig mit der Kurzschlußspule gewickelt ist. Ein derartiges „Doppelspulinstrument" wird neuerdings auf Vorschlag des Verfassers bei der Siemens & Halske A.-G. für Wechselstrombrücken verwendet.

Beim Doppelspulinstrument ist das Meßmoment dem skalaren Produkt des Feldstroms $\mathfrak{J}_f$ und des Stroms $\mathfrak{J}_x$ proportional:

$$D_1 = k\,\mathfrak{J}_f \cdot \mathfrak{J}_x. \tag{35}$$

Aus der Bedingung für die Gleichgewichtslage ergibt sich die Skalencharakteristik

$$\beta = \frac{\mathfrak{J}_f \cdot \mathfrak{J}_x}{I_f^2\,\omega\,m_{fk}\,b_k}. \tag{36}$$

In der Brückenschaltung werden die Ströme $\mathfrak{J}_f$ und $\mathfrak{J}_x$ von der gleichen Spannung erzeugt. Aus (36) folgt, daß der Winkel β (und damit der Zeigerausschlag) unabhängig von Spannungsschwankungen ist.

Für das spezifische Einstellmoment ergibt sich

$$M_{\mathrm{spez}} = \frac{\partial}{\partial\beta}\,(D_1 + D_2) = -\,k\,I_f^2\,\omega\,m_{fk}\,b_k. \tag{37}$$
$$\scriptstyle (\mathfrak{J}_f \cdot \mathfrak{J}_x\,=\,\mathrm{const})$$

Aus dieser Formel, die eine wichtige Berechnungsgrundlage darstellt, ist der Einfluß der verschiedenen Größen auf das spezifische Einstellmoment zu ersehen.

Durch Multiplikation von (36) und (37) ergibt sich

$$\beta\,M_{\mathrm{spez}} = -\,k\,\mathfrak{J}_f \cdot \mathfrak{J}_x = -\,D_1. \tag{38}$$

Auch bei diesem Instrument ist das Produkt $\beta\,M_{\mathrm{spez}}$ für einen gegebenen Wert von $\mathfrak{J}_f \cdot \mathfrak{J}_x$ eine Konstante.

Einen besonderen Fall eines Instruments mit elektromagnetischem Richtmoment stellt das Brückeninstrument von Täuber-Gretler[1]) dar. Bei diesem Instrument ist nur eine Drehspule vorhanden, die sich in einem eisengeschlossenen System mit konstantem Luftspalt bewegt. Diese Spule liegt in der Brückendiagonale einer Wechselstrombrücke. Ist das Brückengleichgewicht gestört, so fließt ein Strom $\mathfrak{J}_x$ durch die Spule, der im Verein mit dem Feldstrom $\mathfrak{J}_f$ das Meßmoment $D_1 = k\,\mathfrak{J}_f \cdot \mathfrak{J}_x$ erzeugt. Außerdem wird in der Spule durch die Wechselinduktion vom Feldstrom $\mathfrak{J}_f$ ein elektrischer Umlauf erzeugt, der von der relativen Lage der Drehspule in bezug

---

[1]) Siehe Bull. S. E. V. 1922.

auf die Feldspule abhängt. Der diesem Umlauf entsprechende Strom erzeugt im Verein mit dem Feldstrom $\mathfrak{J}_f$ das Drehmoment D_2. Ein Nachteil dieser sonst sehr originellen Anordnung besteht darin, daß die Drehmomente D_1 und D_2 nicht unabhängig voneinander geändert werden können.

Ein Meßwerk mit zwei gleichachsigen Spulen wird auch bei dem von Georg Keinath angegebenen Zeigerfrequenzmesser verwendet[1]). Bei diesem Instrument ist das mit Hilfe einer Kurzschlußspule elektromagnetisch erzeugte Drehmoment D_2 nicht als Richtmoment anzusprechen, da es gleichfalls von der Meßgröße, nämlich der Frequenz, abhängt.

C) Kreuzspulinstrumente.

Unter dieser Bezeichnung versteht man gewöhnlich Instrumente mit zwei unter einem Winkel gegeneinander geneigten Drehspulen (s. Abb. 9), die sich in einem magnetischen Feld bewegen, dessen Induktionsverlauf am Ort der Spulenseiten gewisse Bedingungen erfüllen muß. Das Magnetfeld wird bei Gleichstrominstrumenten durch permanente Magnete, bei Wechselstrominstrumenten durch eine besondere Feldspule erzeugt. Die räumliche Anordnung von festem und beweglichem System kann auch umgekehrt werden. Die Erklärung der Wirkungsweise von Wechselstrominstrumenten nach der letzteren Anordnung kann auch auf Grund der Drehfeldtheorie erfolgen[2]).

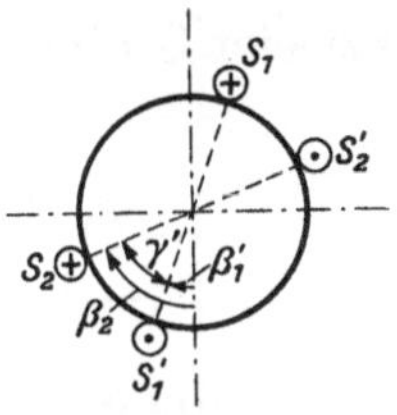

Den folgenden Betrachtungen soll ein Wechselstrominstrument mit eisengeschlossenem System[3]) zugrunde gelegt werden. Der Einfachheit wegen sei eine zur Vertikalen symmetrische Induktionsverteilung angenommen, und zwar sollen Induktionslinien in der oberen Hälfte in den Kern eintreten [Induktion $B(\beta)$ dabei als räumlich positive festgesetzt] und in der unteren Hälfte aus dem Kern austreten

Abb. 9.

$[B(\beta)$ räumlich negativ]. Bei den in Abb. 9 eingetragenen Stromrichtungen ist vorausgesetzt, daß die Ströme $\mathfrak{J}_1$ und $\mathfrak{J}_2$ im Zeitdiagramm Komponenten besitzen, die in Phase mit dem Feldstrom sind, d. h. es ist $\cos(\mathfrak{J}_f, \mathfrak{J}_1)$ und $\cos(\mathfrak{J}_f, \mathfrak{J}_2)$ positiv. Wenn wir die räumliche Richtung von Strömen, die in die Zeichenebene $\frac{\text{ein-}}{\text{aus-}}$ treten durch ein $\frac{\text{positives}}{\text{negatives}}$ Vorzeichen unterscheiden, so bestimmt das Produkt $B(\beta)(\pm I)$ mit Berücksichtigung der räumlichen Vorzeichen auch das Vorzeichen des auf die Drehspule ausgeübten Drehmoments. Bei gleichen Windungszahlen der Drehspulen gelten für die Drehmomente folgende Ausdrücke:

$$\left.\begin{aligned} D_1 &= -\,k\,B(\beta_1')\,I_1 \cos(\mathfrak{J}_f,\,\mathfrak{J}_1)\,, \\ D_2 &= k\,B(\beta_2)\,I_2 \cos(\mathfrak{J}_f,\,\mathfrak{J}_2)\,. \end{aligned}\right\} \tag{39}$$

Wenn wir mit $B^\circ(\beta)$ die von der Feldspule bei 1 Amp. Feldstrom erzeugte Induktion bezeichnen, so können die Drehmomente auch durch die skalaren Produkte $\mathfrak{J}_f \cdot \mathfrak{J} = I_f\,I \cos(\mathfrak{J}_f,\,\mathfrak{J})$ ausgedrückt werden.

$$\left.\begin{aligned} D_1 &= -\,k\,B^\circ(\beta_1')\,(\mathfrak{J}_f \cdot \mathfrak{J}_1)\,, \\ D_2 &= k\,B^\circ(\beta_2)\,(\mathfrak{J}_f \cdot \mathfrak{J}_2)\,. \end{aligned}\right\} \tag{39a}$$

---

[1]) Siehe Gg. Keinath ETZ: 1916, Heft 21. [2]) Siehe Fr. Voller, ETZ: 1923, S. 312 ff.
[3]) Siehe auch H. Kafka: E. u. M. 1922, S. 421 ff.

$B^\circ(\beta)$ ist dabei mit dem Vorzeichen einzusetzen, das die Induktion am jeweiligen Ort der betrachteten Spulenseite nach den früheren Festsetzungen besitzt.

Werden die Drehmomente D_1 und D_2 in Abhängigkeit von β aufgetragen, so ergeben sich zwei Kurvenscharen entsprechend den Parametern $\mathfrak{F}_f \cdot \mathfrak{F}_1$ und $\mathfrak{F}_f \cdot \mathfrak{F}_2$. Diese Art der Darstellung ist aber sehr unübersichtlich und daher soll hier ein anderes Verfahren verwendet werden.

In den Gleichgewichtslagen muß wieder $D_1 + D_2 = 0$ sein. Aus dieser Bedingung ergibt sich

$$v_x = \frac{\mathfrak{F}_f \cdot \mathfrak{F}_2}{\mathfrak{F}_f \cdot \mathfrak{F}_1} = \frac{B^\circ(\beta_1')}{B^\circ(\beta_2)}. \tag{40}$$

Die Gleichgewichtslagen werden demnach durch das Verhältnis der skalaren Produkte des Feldstroms und der Kreuzspulströme bestimmt. Bei Gleichstrom reduziert sich die Beziehung (40) zu

$$v_x = \frac{I_2}{I_1} = \frac{B^\circ(\beta_1')}{B^\circ(\beta_2)}. \tag{41}$$

Mit einem Kreuzspulinstrument für Gleichstrom läßt sich also das Verhältnis zweier Ströme messen. Der Meßbereich für das Stromverhältnis hängt vom Spulenwinkel γ' ab. Dieser Zusammenhang läßt sich wie folgt graphisch darstellen (s. Abb. 10). Wir denken uns zu diesem Behuf den Umfang des Kreises, den die Spulenseiten bei ihrer Bewegung beschreiben, aufgerollt und in jedem Punkt die räumlichen Induktionswerte mit ihrem richtigen Vorzeichen eingetragen. Aus Abb. 10 ist zu ersehen, daß die Werte von v_x nach (40) durch das Verhältnis der Ordinaten der $B^\circ(\beta)$-Kurve dargestellt werden, die um den Winkel γ' auseinanderliegen. Wird die Zeigerachse in der Mitte zwischen den Spulenseiten S_2 und S_1' angenommen und die Zeigerausschlagswinkel α gleichfalls von der Vertikalen aus gezählt, so ist bei symmetrischem Induktionsverlauf für $\alpha = 0$ das Verhältnis $v_x = 1$. Ist für $\alpha = -45^\circ \; v_x = a$, so

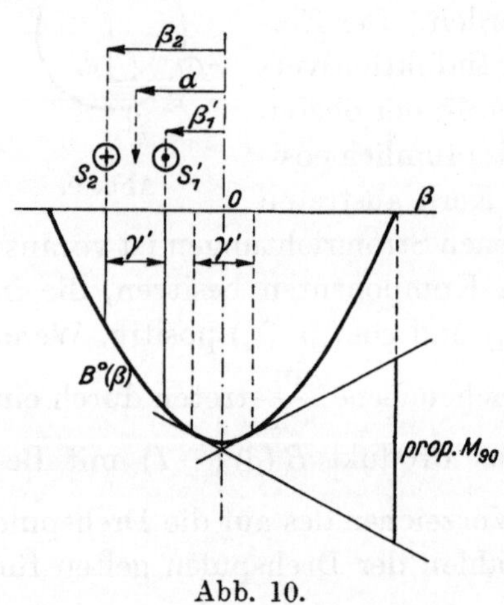

Abb. 10.

ist für $\alpha = +45^\circ \; v_x = \dfrac{1}{a}$. Der Meßbereich erstreckt sich also von a über 1 bis zu $\dfrac{1}{a}$. Je kleiner γ' gewählt wird, um so weniger weicht a und $\dfrac{1}{a}$ von 1 ab und um so kleinere Änderungen von v_x können gemessen werden. Eine Steigerung der Empfindlichkeit kann auch dadurch erzielt werden, daß der räumliche Verlauf der Induktion innerhalb des Ausschlagbereichs verflacht wird.

Ermittlung des spezifischen Einstellmoments. Das spezifische Einstellmoment ist nach (4)

$$M_{\text{spez}} = -k\left[(\mathfrak{F}_f \cdot \mathfrak{F}_1)\frac{\partial B^\circ(\beta_1')}{\partial \beta} - (\mathfrak{F}_f \cdot \mathfrak{F}_2)\frac{\partial B^\circ(\beta_2)}{\partial \beta}\right], \tag{42}$$

wobei zu beachten ist, daß in die eckige Klammer die der betrachteten Gleichgewichtslage entsprechenden Werte einzusetzen sind, die in der durch (40) ausgedrückten Beziehung stehen. Mit Einführung von v_x ergibt sich

$$M_{\text{spez}} = - k\,(\mathfrak{J}_f \cdot \mathfrak{J}_1) \left[\frac{\partial B^\circ(\beta_1')}{\partial \beta} - v_x \frac{\partial B^\circ(\beta_2)}{\partial \beta} \right]. \tag{42a}$$

Nehmen wir wieder an, daß die Zeigerachse in der Mitte zwischen den Spulenseiten S_2 und S_1' liegt, so ergeben sich z. B. für $v_x = 1$ die folgenden Winkelwerte: $\alpha = 0$, $\beta_1' = \dfrac{\gamma'}{2}$, $\beta_2 = - \dfrac{\gamma'}{2}$. $\dfrac{\partial B^\circ(\beta_1')}{\partial \beta}$ stellt die Steigung der Tangente an die Induktionskurve im Punkt $\beta_1' = \dfrac{\gamma'}{2}$ (positiver Wert), $\dfrac{\partial B^\circ(\beta_2)}{\partial \beta}$ die Steigung im Punkt $\beta_2 = - \dfrac{\gamma'}{2}$ (negativer Wert) dar. Die Differenz dieser beiden Steigungen ist den Abschnitten proportional, den die positiven Richtungen der Tangenten auf den Ordinaten begrenzen. Aus Abb. 10 ist zu ersehen, daß das spezifische Einstellmoment um so kleiner wird, je kleiner γ' gewählt wird.

In ähnlicher Weise läßt sich das spezifische Einstellmoment auch für die anderen Gleichgewichtslagen bestimmen. Eine nähere Untersuchung zeigt, daß der Verlauf des spezifischen Einstellmoments über den Ausschlagsbereich der Spulen sehr wesentlich von der Krümmung der Induktionskurve abhängt, welcher Umstand bei der Ausbildung dieser Instrumente berücksichtigt werden muß.

Wird ein räumlich sinusförmiger Induktionsverlauf

$$B^\circ(\beta) = - B_{\text{max}}^\circ \cos\beta$$

vorausgesetzt, so läßt sich die Skalencharakteristik und das spezifische Einstellmoment auch rechnerisch erfassen. Für die Skalencharakteristik ergibt sich die Gleichung

$$\alpha = \operatorname{arc\,tg} \left[\frac{1 - v_x}{1 + v_x} \operatorname{tg} \frac{\gamma'}{2} \right]; \tag{43}$$

das spezifische Einstellmoment wird

$$M_{\text{spez}} = - k\, B_{\text{max}}^\circ (\mathfrak{J}_f \cdot \mathfrak{J}_1) \frac{\sin\gamma'}{\cos\left(\alpha - \dfrac{\gamma'}{2}\right)}. \tag{44}$$

Die vorstehenden Untersuchungen weisen auch den Weg für die Vorausberechnung von Meßinstrumenten, soweit es sich um den stationären Zustand in den Gleichgewichtslagen handelt. Im Meßinstrumentenbau ist vielfach noch das Probieren üblich, das auch die Anfänge des Elektromaschinenbaus kennzeichnete. So wie sich dort im Lauf der Zeit immer bessere Methoden für die Vorausberechnung entwickelt haben, so wird auch in der weiteren Entwicklung des Meßinstrumentenbaus die Rechnung einen wichtigen Platz einnehmen. Bei der Ausbildung neuer Instrumententypen müssen auch die Vorgänge bei der Einstellung in die Gleichgewichtslagen untersucht werden, die auf Schwingungsprobleme führen. Praktisch spielt dabei die Dämpfung des beweglichen Organs die größte Rolle.

Zusammenfassung.

In der Arbeit werden allgemeine Untersuchungen über die Gleichgewichtslagen von elektrischen Meßinstrumenten angestellt. Die besondere Aufgabe, die sich der Verfasser gestellt hat, ist die klare Herausarbeitung des Begriffs „spezifisches Einstellmoment", welche Größe für die Güte der Einstellung von Meßinstrumenten von größter Bedeutung ist. Aus den Grundgleichungen für die Gleichgewichtslagen werden allgemeine Formeln für die Skalencharakteristik und das spezifische Einstellmoment abgeleitet, die die Grundlagen für die Vorausberechnung von Meßinstrumenten darstellen, soweit es sich um den stationären Zustand in den Gleichgewichtslagen handelt. Die entwickelten Beziehungen werden auf eine Reihe von Instrumententypen, und zwar auf Instrumente mit mechanischem Richtmoment, Instrumente mit elektromagnetisch erzeugtem Richtmoment und auf Kreuzspulinstrumente angewendet.

Zur Theorie des Glimmstromes.

Von **Ragnar Holm**.

Mit 16 Textabbildungen.

Mitteilung aus dem Forschungslaboratorium Siemensstadt[1]).

Eingegangen am 10. April 1923.

§ 1. Die Ähnlichkeitsgesetze.

Eine Glimmstromtheorie, die jetzt aufgestellt wird, kann einige beträchtliche Lücken nicht vermeiden, weil viele mitspielende Elementarphänomene, z. B. die Erregung durch Stöße, noch nicht genügend erforscht sind. Sie kann aber für spätere Bearbeitung recht weitgehend zurechtgelegt werden. Dabei leisten die von mir 1914[2]) aufgestellten Ähnlichkeitsgesetze eine wesentliche Hilfe, indem sie teils die Reduktion der Vorgänge auf normalisierende Koordinaten gestatten, wodurch an Übersichtlichkeit viel gewonnen wird, teils schon dank ihrer Gültigkeit gewisse wertvolle Schlußfolgerungen über die Stromvorgänge zulassen. Frühere Beobachtungsresultate verlieren manchmal sehr viel an Wert, teils dadurch, daß sie mit unzweckmäßigen Grundvariabeln dargestellt wurden, teils, weil wichtige Variabeln, z. B. die Temperatur, unberücksichtigt blieben. Ich gebe hier eine wesentlich mit Hilfe der Ähnlichkeitsgesetze durchgeführte Bearbeitung eines großen Beobachtungsmaterials, dessen Hauptteil von Messungen stammt, die ich im Sommer 1922 im Forschungslaboratorium des Siemenskonzerns, Berlin-Siemensstadt, ausführen konnte.

Die Ähnlichkeitsgesetze und ihre Herleitung werden hier in ein wenig verbesserter Form dargestellt. Dabei halte ich mich im wesentlichen an meine früheren Bezeichnungen dieser Gesetze.

Wir denken uns eine durch Stoßionisierung vermittelte Entladung durch ein gasgefülltes Gefäß: der Fall A. Das Gefäß sei dann a-fach ähnlich vergrößert: der Fall B. Wir werden die Bedingungen einer gewissen Ähnlichkeit auch zwischen den Entladungsvorgängen A und B untersuchen. Dabei mögen die Ladungen der einzelnen Ionen und alle beweglichen Massen ihre Werte behalten. Das elektrische Feld soll auch, sich selbst ähnlich, so vergrößert werden, daß die Potentialdifferenz zwischen homologen Punkten dieselbe bleibt in beiden Fällen. Die Gastemperatur möge in allen Punkten bei der Vergrößerung unverändert bleiben. Es interessiert uns besonders, ob die Ähnlichkeit dann möglich ist, wenn das elektrische Feld wesentlich von den Raumladungen, die vom Strom im Gase unterhalten werden, bedingt ist. Es wird sich zeigen, daß eine weitgehende solche Ähnlichkeit unter gewissen Bedingungen theoretisch möglich ist und tatsächlich auch existiert. Sie erstreckt sich aber nicht so weit, daß die Anzahl Moleküle und Ionen in homologen Entladungsteilen der Vorgänge A und B (vgl. Tabelle I a) gleich wird.

---

[1]) Der Autor hat während des Sommers 1922 im Forschungslaboratorium Siemensstadt als Gast gearbeitet.

[2]) R. Holm: Phys. Zeitschr. Bd. 15, S. 289. 1914.

Wir denken uns zwei geometrisch ähnliche Entladungsröhren I und II, von denen I a mal größere lineare Dimensionen als II hat. Wir suchen die Bedingungen dafür, daß während der Entladung die elektrischen Felder ähnlich sind, so daß homologe Punkte in beiden Röhren gleiche Potentiale besitzen, während die freie Weglänge λ in I a mal größer als in II ist. Erfüllt seien dabei die Voraussetzungen W, X und Y.

Voraussetzung W: Die Gastemperatur sei in allen Punkten der beiden Röhren dieselbe. (Die Reduktion der Entladungsvorgänge auf gleichmäßige Temperatur zeigt sich in den folgenden Paragraphen als weitgehend möglich.)

Voraussetzung X: Der Entladungsvorgang sei von der Ähnlichkeit der Felder und der Elektronenwege, aber sonst nicht von der Molekül- oder Ionenzahl pro Volumeneinheit bzw. von den Molekül- oder Ionenabständen abhängig.

Voraussetzung Y: Der Entladungsvorgang sei bei Ähnlichkeit der Felder und der Elektronenwege von dem Absolutwert der Feldstärke unabhängig.

Die Indizes 1 und 2 mögen auf die Vorgänge in den betreffenden Röhren I und II hinweisen.

In homologen Punkten der beiden Röhren haben offenbar die Elektronen gleiche Geschwindigkeiten. Da herrschen also gleiche Ionisations- oder Erregungszustände. Anschließend an die obigen Überlegungen versteht man dann das

Gesetz A: Sowohl die Felder wie die sichtbaren Schichten sind ähnlich.

Wir bezeichnen als

Gesetz B die Voraussetzung $\lambda_1 = a\,\lambda_2$ oder, wenn $\mathfrak{B} = $ Gasdruck ist: $\mathfrak{B}_2 = a\,\mathfrak{B}_1$.

Aus A und B folgt das

Gesetz C: Der Weglängegradient[1]) ist in beiden Röhren derselbe.

Bedeutet nun ϱ Ladungsdichte, r Entfernung vom Aufpunkt, $d\tau$ Volumenelement und V elektrisches Potential, so ist

$$V_1 = \int \frac{\varrho}{r_1}\, d\tau_1 = V_2 = \int \frac{\varrho_2}{r_2}\, d\tau_2,$$

wo
$$r_1 = a\,r_2 \quad \text{und} \quad d\tau_1 = a^3\, d\tau_2.$$

Durch Substitution folgt:

$$\int \frac{a^2\,\varrho_1}{r_2}\, d\tau_2 \equiv \int \frac{\varrho_2}{r_2}\, d\tau_2,$$

d. h. es gilt das

Gesetz D: $a^2\,\varrho_1 = \varrho_2$.

Infolge der Ähnlichkeit der Ionisationsvorgänge gilt

Gesetz E: In homologen Punkten sind die relativen Anzahlen verschiedener Ionengattungen gleich.

Ionen und Elektronen in homologen Punkten haben in den beiden Röhren natürlich dieselbe Geschwindigkeit, da sie auf homologen Weglängen von gleich großen Potentialdifferenzen in Bewegung gesetzt worden sind. Demnach kann die Stromdichte j proportional zu ϱ gesetzt werden, und aus dem Gesetz D folgern wir das

Gesetz F: $a^2\,j_1 = j_2$

und daraus, da ja der Querschnitt vom Rohr I a^2 mal größer als derjenige des Rohres II ist, das

---

[1]) Weglängegradient = Spannungsfall pro freie Weglänge, eine von Gehlhoff: Verh. d. Dtsch. Phys. Ges., Bd. 21, S. 352. 1919 eingeführte Bezeichnung.

Gesetz G: Die Stromstärken sind in den Röhren I und II gleich:

$$J_1 = J_2.$$

Schließlich sei ein die positive Säule betreffendes Gesetz angeführt. Die positive Säule ist ein sehr selbständiges Gebilde. Sie erhält zwar Elektronen von den Kathodenschichten und positive Ionen von der Anodenschicht geliefert. In dem größten Teil einer langen Säule bestimmen aber die in ihr und an ihren Rändern erzeugten Ladungen den Gradienten[1]). Diese Ladungen variieren in einer geschichteten Säule prozentuell recht wenig mit der Länge der Säule. Darum gilt folgendes Gesetz:

Gesetz H: Für ähnliche Teile zweier geschichteten positiven Säulen, deren Längen im Rohrdurchmesser gemessen gleich sind oder kein großes Verhältnis haben, gelten die Gesetze A bis G unabhängig davon, wie die Anoden- und Kathodenabteilungen der Röhre gestaltet sind, wenn nur diese Teile genügend entfernt liegen, damit ihre statischen Ladungen keinen nennenswerten direkten Einfluß auf das Feld der besagten Säulenteile ausüben.

Wir werden im folgenden sehr weitgehende experimentelle Bestätigungen der Gesetze A bis H kennenlernen. A posteriori schließen wir auf die Erfüllung der Voraussetzungen W, X und Y. In einigen Fällen, bei denen die Entladungsbahn große Temperaturerhöhungen aufzeigt, wird, wie zu erwarten, die Übereinstimmung mit den Gesetzen A bis H erst nach einer Reduktion auf gleiche Temperaturen gewonnen.

Schließlich treten in einigen Fällen deutliche, aber verhältnismäßig kleine Abweichungen von den Ähnlichkeitsgesetzen auf. Es zeigt sich, daß sie durch einen gewissen Verstoß gegen die Voraussetzung X erklärt werden können. Des näheren siehe § 5.

Ich füge hier die Tabelle 1 a ein, welche in leicht begreiflicher Darstellung Quotienten zwischen homologen Größen oder zwischen Anzahlen von Ionen und dergleichen in homologen Teilen der Röhren I und II gibt, unter der Voraussetzung, daß die Ähnlichkeit laut der Gesetze A bis H gilt.

Zum Schluß sei eine Regel angeführt, nach der wir im folgenden oft auf die Gültigkeit der Ähnlichkeitsgesetze schließen werden:

Tabelle 1 a.

	I	II
Durchmesser	a	1
Druck	1	a
Feldstärke	1	a
Freie Weglänge, λ	a	1
Weglängegradient, g	1	1
Ladungsdichte	1	a^2
Anzahl Moleküle	a^2	1
Anzahl Ionen bzw. Elektronen	a	1
Ionen- bzw. Elektronengeschwindigkeit .	1	1
Stromstärke	1	1
Ganze Anzahl Elektronenstöße	1	1
Elektronenstöße pro Molekül	1	a^2
Molekülstöße pro Molekül	1	a

Regel (1 b): Wenn eine von dem Rohrdurchmesser D abhängige Größe durch Multiplikation mit a-Dignitäten in Übereinstimmung mit 1 a (vgl. Tabelle 2 d) auf eine gewisse Rohrweite reduziert wird und sich dann von D unabhängig zeigt, so gelten mit Bezug auf die betreffende Größe die Ähnlichkeitsgesetze.

---

[1]) Dies zeigt sich in der großen Gleichmäßigkeit des Gradienten, der Schichteneinteilung usw. längs der positiven Säule. Diese Gleichmäßigkeit ist, wie ich früher (Phys. Zeitschr. Bd. 15, S. 242. 1914) gezeigt habe, manchmal sogar wesentlich unabhängig von allmählich verlaufenden Krümmungen des Entladungsrohres. Zwei Messungen an einer ungeschichteten Säule in einem 8 mm weiten Rohr gaben den Gradienten 44,2 bzw. 79,5 Volt cm in einem geraden Rohrteil, während gleichzeitig in einem Zentimeterteil des Rohres, wo dessen Krümmungsradius 6 cm betrug, die Werte 43 bzw. 76,2 gefunden wurden. In dieser Hinsicht ähnelt der Stromvorgang in der Säule dem Vorgang in einem Leitungsdraht.

§ 2. Im folgenden benutzte Messungen und Bezeichnungen.

In der Hauptsache benutze ich eigene Messungen. Ein Teil davon wurde in einigen meiner Abhandlungen über den Glimmstrom veröffentlicht, für welche Abhandlungen ich die in einer Note[1]) angegebenen Bezeichnungen verwende. Umfassende Messungen an der positiven Säule in N_1 und H_2 führte ich, wie oben erwähnt, im Sommer 1922 im Forschungslaboratorium des Siemenskonzerns aus. Dabei wurden drei miteinander verbundene Entladungsröhren I, II, III verwendet. Zwei früher gebrauchte Röhren bezeichne ich mit IV und V. Die Röhren I, II, III hatten die in der Abb. 2a dargestellte Form. A ist eine stiftförmige Anode, S_1 und S_2 Sonden mit gegen die Rohrachse senkrechten Platinösen als Auffänger, K ist die aus einem offenen Metallzylinder bestehende Kathode, welche sich in einer Gefäßerweiterung — groß genug, um dem vorkommenden Dunkelraum Platz darzubieten — befindet. Die betreffenden Rohrdimensionen sind in der Tabelle 2b angegeben.

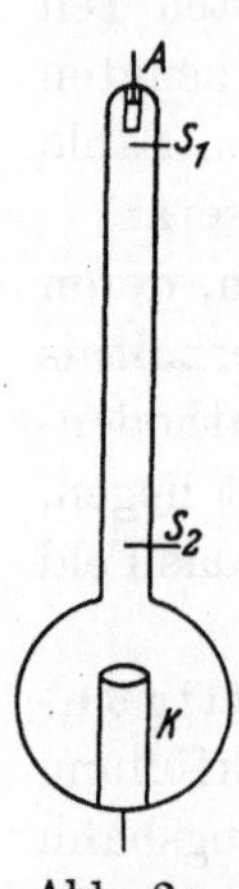

Abb. 2a.

Tabelle 2b.

Rohr, Nummer	I	II	III	IV	V
Durchmesser, cm	4,65	2,8	1,55	4,0	2,03
Abstand zwischen den Sonden. S_1 und S_2, cm	64	41	22,9		

Die Messungen im Sommer 1922 umfaßten: Den Gasdruck — an einem genau geeichten McLeod abgelesen — bei tiefen Drucken für die Hg-Dampfspannung korrigiert; die Stromstärke und die Potentialdifferenz zwischen S_1 und S_2. Diese wurde an einem Zweifadenelektrometer mit Gegenspannungsbatterien gemessen. Um störende Erwärmung des Gases zu vermeiden, machte ich die Ablesungen sehr schnell und ließ jede Entladung nur wenige Sekunden dauern. Bei größeren Stromstärken konnte eine störende Erwärmung doch nicht ganz vermieden werden. Sie wurde teils mit Hilfe der entstehenden Außentemperatur des Rohres, teils an Druckveränderungen geschätzt (s. Tabelle 2e!). Mit Exponierungszeiten unter 1 Sekunde wurden von den Entladungen photographische Aufnahmen gemacht, an denen nachher die Schichtlänge und Schichtart bestimmt wurden.

Die Beobachtungsröhren wurden zur Reinigung im evakuierten Zustande tagelang auf mindestens 300° erhitzt und nachher tagelang, unter wiederholter Spülung mit dem betreffenden Füllgas, mit den stärksten Strömen getrieben, welche sie noch aushielten. An der Seite der Gaszuführung und ebenso an der Seite nach dem McLeod und der Pumpe waren sie durch in flüssige Luft dauernd tauchende Kühlröhren gegen Dämpfe geschützt.

Das H_2-Gas ließ ich aus einem Behälter durch ein elektrisch geheiztes Pd-Rohr in die Entladungsröhre hineindiffundieren.

Das N_2-Gas bekam ich dank der Freundlichkeit des Herrn Dr. H. Kreusler von der Osram G. m. b. H.-Fabrik S in Sprengflaschen von der in Abb. 2b dargestellten Form geliefert. Mit der Mündung a wurde die Flasche an das Füllrohr angeschmolzen. Nachdem alle Leitungen dann (durch Erhitzen usw.)

Abb. 2b.

[1]) R. Holm: Gött. Abh. N. F., Bd. 4, Nr. 2. 1908, bezeichnet als RHG. — R. Holm: Zur Theorie des Glimmstroms. Phys. Zeitschr.: I mit §§ 1, 2, 3, in Bd. 15, S. 241—248. 1914; II mit §§ 4, 5 in Bd. 15, S. 289—293. 1914; III mit § 6 in Bd. 15, S. 782—785. 1914; I mit §§ 7, 8, 9 in Bd. 16, S. 20—30. 1915; V mit §§ 10, 11, 12, 13 in Bd. 16, S. 70—81. 1915; VI in Bd. 17, S. 402—405. 1916; VII mit §§ 1—10 in Bd. 19, S. 548—556. 1918, bezeichnet als bzw. RH I bis RH VII.

genügend gereinigt waren, wurde mittels eines magnetisch bewegten Eisenstückes die Spitze b gesprengt. Der Stickstoff dürfte, abgesehen von Spuren Ne und He, ganz rein gewesen sein. Feuchter Phosphor machte in ihm keinen Nebel. Er war also z. B. O_2-frei.

Mit Messungen von P. Neubert[1]) und F. Wehner[2]) habe ich Vergleiche gemacht.

Tabelle (2 d).   Definitionen und Bezeichnungen.

I, II ...V = Beobachtungsröhre, siehe Tabelle (2 b).

D = Rohrdurchmesser in cm. Das Rohr II mit $D = 2,8$ wird als eine Art Normalrohr benutzt.

a = Dimensionsverhältnis = $\dfrac{D}{2,8}$.

$\mathfrak{B}$ = gemessener Gasdruck in mm - Hg.

B = reduzierter Druck. Bei $20\degree$ C ist $B = a\,\mathfrak{B}$. Bei einer anderen Temperatur kommt bei meinen Messungen noch eine kleine Reduktion auf $20\degree$ hinzu, in dem gesetzt wird:
$B = a\,\theta\,\mathfrak{B}$, wo θ für I, II und III aus der Tabelle (2 e) entnommen wird.

Man beachte, daß $B = \text{const}\,\dfrac{D}{\lambda}$, besonders für H_2: $B = 2 \cdot 0,0158\,\dfrac{D}{\lambda}$,

für N_2: $B = \quad 0,0148\,\dfrac{D}{\lambda}$.

λ = wirkliche, mittlere, freie Weglänge eines schnellen Elektrons. Für $\mathfrak{B} = 1$ und $20\degree$ C wurde angesetzt, in H_2 $\lambda = 0,0825$; in N_2 $\lambda = 0,044$ cm.

J = Stromstärke mA.

V = Potential (Volt) von der Kathode aus gemessen.

V_s = Potentialdifferenz zwischen den Sonden S_1 und S_2.

n = Anzahl Schichten zwischen S_1 und S_2.

p = Schichtpotentialdifferenz $p = \dfrac{V_s}{n} = \mathfrak{G}\,\mathfrak{l} = G\,l$.

$\mathfrak{G}$ = wirklicher mittlerer Potentialgradient, in $\dfrac{V}{\mathrm{cm}}$. $\mathfrak{G} = \dfrac{dV}{ds}$.

G = reduzierter Potentialgradient. $G = a\,\mathfrak{G}$ bzw. $G = a\,\theta\,\mathfrak{G}$.

g = Weglängegradient = $\lambda\,\mathfrak{G}$. Wenn g bekannt ist, wird $\mathfrak{G}$ berechnet als $\mathfrak{G} = \dfrac{g}{\lambda}$. Vgl. § 5.

$\mathfrak{l}$ = wirklicher Schichtabstand, cm, in der positiven Säule (von einer Schicht zur folgenden).

l = reduzierter Schichtabstand $\cdot l = \dfrac{1}{a}\,\mathfrak{l}$.

$\varLambda$ = Länge einer positiven Säule, in cm.

Zu beachten: Sätze, Formeln und Abbildungen werden in §§ 2—10 in einer Reihe numeriert. In 4c z. B. weist 4 auf den § 4, während der Buchstabe c die Stellnummer innerhalb des Paragraphen ersetzt.

Was B anbelangt, so ist zu bemerken, daß es, wie in der Tabelle 2 d angedeutet, nicht nur auf den Normaldurchmesser 2,8 reduziert werden muß, sondern auch auf die Normaltemperatur $20\degree$ C. Das bei den Messungen von 1922 benutzte B kann folgendermaßen definiert werden. Wenn die freie Weglänge in einem Rohr mit dem Durchmesser D in

Tabelle (2 e). θ-Werte.

$B =$		.2		1		0,25	
Rohr		I	III	I	III	I	III
$J = 20$	N_2	0,99	0,94	1,00	0,97	1,00	1,00
	H_2	1,00	1,00	1,00	1,00	1,00	1,00
50	N_2	0,94	0,88	0,97	0,93	1,00	0,99
	H_2	1,00	1,00	1,00	1,00	1,00	1,00
150	N_2	0,86	0,74	0,90	0,80	0,97	0,90
	H_2	0,94	0,88	0,97	0,93	1,00	0,99

Wirklichkeit λ_0 war, so ist B derjenige Druck, dem bei $20\degree$ C ein $\lambda = \lambda_0 \cdot \dfrac{2,8}{D}\,\theta$ entspricht. Um eine Vorstellung von der Größe dieser Reduktion auf $20\degree$ zu geben, seien einige Reduktionsfaktoren θ in der Tabelle 2 e zusammengestellt.

---

[1]) P. Neubert: Dissertation, Leipzig 1913, auch Ann. d. Phys. Bd. 42, S. 1454. 1913.
[2]) F. Wehner: Ann. d. Phys. Bd. 32, S. 49. 1910.

§ 3. Übersicht über die Theorie der positiven Säule.

Wie oben im § 1 hervorgehoben (vgl. RH I, § 1) ist die positive Säule ein sehr
selbständiges Gebilde, dessen Feld wesentlich von den eigenen Raumladungen herrührt. Schon in kleinen Teilen der Säule, z. B. innerhalb einer Schicht, heben sich
Ionisation und Wiedervereinigung auf.

Die Abb. 3a veranschaulicht die Größe der Raumladungen in einer kontinuierlichen Säule[1]). In einer geschichteten Säule müssen die Ladungen stellenweise dichter
sein. In 3a bezeichnet x die Entfernung von der den Rohrquerschnitt ausfüllenden
Anode. Vorausgesetzt ist, daß in dem 2 cm weiten Rohr eine 12 cm lange pos. Säule
existiert, daß der Gradient in der Rohrachse gleichmäßig gleich 30 Volt/cm ist und

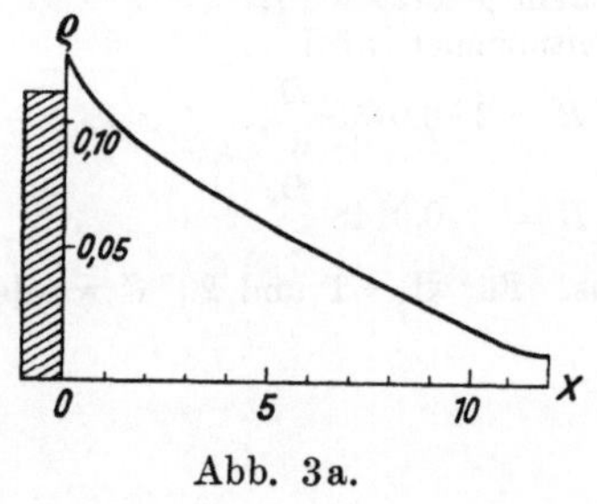

Abb. 3a.

daß die Raumladungen innerhalb eines jeden Querschnittes gleichmäßig verteilt sind. Außerdem ist vorausgesetzt, daß die Ladungen auf der Kathodenseite in
der Säule kein Feld geben[2]).

Die Ordinaten geben die Raumladungsdichten in
statischen Einheiten. Die schraffierte Fläche gibt die
wirksame Flächenladungsdichte der Anode an. Nach der
Abbildung beträgt die wirksame Anodenladung etwa 0,35
stat. Einheiten und die ganze Ladung in der betreffenden
Säule etwa 2 stat. Einheiten. Über die Ausführung der Berechnungen s. RH III, § 6.

Der Gradient in der Säule dient dazu, den strombildenden Elektronen die nötige
Energie zur Überwindung gewisser Energieverluste zu geben. Die Verluste finden
statt bei Stößen gegen Moleküle, viel seltener gegen Ionen. Die verlorene kinetische
Elektronenenergie wird teils dazu verwendet, gebundene Elektronen von inneren zu
äußeren stabilen Bahnen zu versetzen, d. h. Anregung, teils zum Losreißen von
Elektronen, d. h. Ionisierung. Durch die Ionisierung wird die Wiedervereinigung
kompensiert, vgl. oben. Über die Energieumsetzung beim Kleben vgl. § 10.

Die Anregungsenergie wird als Licht ausgestrahlt, wenn das versetzte Elektron
wieder in die innere Bahn zurückfällt. Es dürfte aber auch vorkommen, daß angeregte
Moleküle wieder von Elektronen gestoßen werden und dabei mit weniger Arbeitsverwendung als bei Unangeregten ionisiert werden. In solchen Fällen kommt auch die
Anregungsarbeit der Ionisation zugute. Dieses Phänomen nenne ich zweistufige
Ionisation.

Es muß wohl auch diskutiert werden, ob nicht eine Art zweistufige Ionisation
in der Weise entsteht, daß ein angeregtes Atom einem anderen beim Kontakt
Energie abgibt, wobei das zweite ionisiert wird.

Wie ich schon 1914 gezeigt habe (RH I § 2 und III § 6), muß man sich denken,
daß in der positiven Säule die Wiedervereinigung in zwei Stufen erfolgt. Die Lehre
von der zweistufigen Wiedervereinigung nenne ich im folgenden den Satz 3b.

---

[1]) Man beachte, daß die in den Lehrbüchern gewöhnlich gebrauchte, die Streuung der Kraftlinien
nicht berücksichtigende Rechnungsweise $\left(\text{wo gesetzt wird } 4\pi\varrho = \dfrac{d^2 V}{d x^2}\right)$ für die lange positive Säule zu
gänzlich falschen Resultaten führt.

[2]) Die kräftigen Ladungen auf und vor der Kathode heben ihre Wirkungen nach der Anodenseite
fast vollständig auf, so daß ihr im Gebiet der positiven Säule resultierendes Feld vernachlässigt werden
kann. Auch vor der Anode liegt eine für den Anodenfall verantwortliche negative Ladung, welche das
Anodenfeld nach außen wesentlich abschirmt. Die in der Abb. (3a) eingetragene Anodenladung ist etwa
als ein Überschuß zu betrachten.

Satz 3b. In einem schwachen Feld ist die Häufigkeit der Wiedervereinigung (vgl. Thomson - Marx, Elektrizitätsdurchgang in Gasen 1906, S. 16) proportional zu dem Produkt der Zahl der positiven und negativen Ionen. Wenn es sich so in der positiven Säule verhielte und die freien Elektronen auch als negative Ionen gezählt würden, so würde der Elektronenverlust infolge Wiedervereinigung etwa proportional zu J^2 sein. Er würde bei wachsendem J für die Stromführung immer belästigender werden. Es müßte g mit J wachsen[1]). Das stimmt nun keinesfalls mit der Wirklichkeit. Nach dem Satz 3b spielt sich das Phänomen folgendermaßen ab: Die erste Stufe der Wiedervereinigung besteht darin, daß ein Elektron gebremst und von einem Molekül aufgefangen wird. Ich sprach früher im Anschluß an J. Frank von einem „Kleben" der Elektronen an Moleküle. Nach der Bohrschen Theorie müßte man sich wohl denken, daß das betreffende Elektron unter Energieverlust sozusagen von einer stabilen Bahn des Moleküls eingefangen wird. Das Resultat der Klebung ist in jedem Fall die Bildung eines negativen Ions. Es existieren Gründe für die Annahme, daß die Vergrößerung des g über eine gewisse Grenze dem Kleben entgegenwirkt.

Die zweite Stufe ist die eigentliche „Wiedervereinigung" eines solchen lose gebundenen Elektrons mit einem positiven Ion. Es muß sich dabei um den Sprung des Elektrons von einer äußeren Bahn eines Moleküls zu einer tieferen Bahn eines positiven Ions handeln.

Es ist plausibel, daß die aufgefangenen Elektronen meistens mal Gelegenheit zur Wiedervereinigung erhalten und daß die Größe des Elektronenverlustes des Stromes wesentlich durch das „Kleben" bestimmt ist. Die Wahrscheinlichkeit, daß ein Elektron in einem bestimmten Gase klebt, ist eine Funktion des g allein. Pro freies Elektron und pro λ entsteht also eine Ionisierungspflicht, die von J und $\mathfrak{B}$ unabhängig ist, und, wenn keine anderen störenden Phänomene [z. B. der Zwang[2]), gewisse Raumladungen aufrecht zu erhalten, Elektronenverlust nach den Wänden und zweistufige Ionisation] hinzutreten, nur von der Gasart abhängt. Diese Pflicht bestimmt ein $g = g_\infty$, welches eine Materialkonstante wird. Es gilt also:

Satz 3c: Bei parallelen Stromlinien $\left(\text{breite Säule: } \dfrac{D}{\lambda} \text{ groß}\right)$ bei leichter Bildung der Raumladungen, d. h. bei großem J und bei Abwesenheit zweistufiger Ionisation ist g eine Materialkonstante $= g_\infty$.

Die zwischen großen parallelen Platten gemessene sog. „dielektrische Festigkeit" eines Gases muß, wenn der Abstand der Platten groß genug ist (vgl. § 9), gerade durch das g_∞ gemessen werden. Denn die Festigkeitsgrenze ist erreicht, nicht gerade sobald einige Stöße ionisieren können, aber wenn ein Elektronenstrom (nicht Ionenstrom) durch das Gas fortgesetzt werden kann, ohne von der Absorption und Wiedervereinigung verzehrt zu werden. Ein solcher Strom ist, wenn seine Bahn genügend lang ist, von Ionisation begleitet. Die dielektrische Festigkeit wird also gleich 0, wenn in dem Gas keine negative Ionenbildung, d. h. Absorption vorkommt. E. Bouty[3]) hat umfassende Messungen der dielektrischen Festigkeit von Gasen ausgeführt. Seine Messung für N_2 verwende ich im nächsten Paragraphen. In Edelgasen fand er beim Verbessern des Reinheitsgrades keine

---

[1]) Die beschriebene falsche Annahme über die Wiedervereinigung benutzt J. J. Thomson in einer unlängst erschienenen Abhandlung (Phil. Mag. Bd. 42, S. 981. 1921). Er gelangt auch zu einem mit J wachsenden g. Seine Resultate dürften wenig mit der Wirklichkeit zu tun haben.

[2]) Der weniger stört, je größer J ist.   [3]) E. Bouty: Ann. de phys. Bd. 16, S. 5. 1921.

bestimmte untere Grenze der dielektrischen Festigkeit, was gut damit zusammenpaßt, daß die Edelgase keine negativen Ionen bilden.

Der Satz 3c ist mit den Beobachtungsresultaten vereinbar. Man findet allerdings meistens andere g-Werte als g_∞. Sie lassen sich aber ungezwungen erklären. Geht man zu engeren Säulen $\left(\dfrac{D}{\lambda}\ \text{klein}\right)$, so wächst g. Das dürfte (vgl. RH III § 6 und RH VII § 4) darauf beruhen, daß die Randgebiete (bzw. Wände) der Säule Elektronen verzehren, ohne an die Ionisation beizutragen. In den zitierten Abhandlungen habe ich geschildert, wie man sich denken muß, daß die Elektronen infolge elastischer Reflexion nach den Randgebieten auch gegen gewisse Felder diffundieren. Gleichzeitig verlieren sie infolge der Feldrichtung an Geschwindigkeit. Sie werden leicht gebremst und wiedervereinigt, ionisieren aber nicht. Die Elektronenverluste im Randgebiet müssen durch vergrößerte Ionisation im Innern der Säule ersetzt werden. Zu dem Zwecke muß g wachsen.

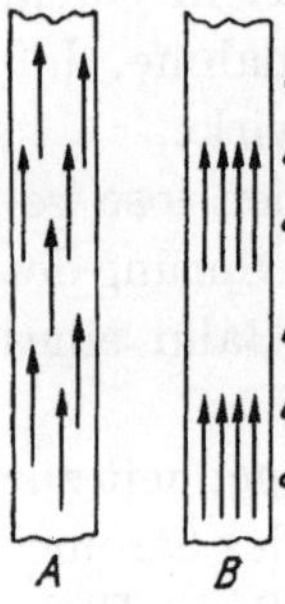

Eine Abnahme des g wird durch die zweistufige Ionisation bedingt. Sie bedeutet nämlich eine Erleichterung der Ionisation und gestattet darum eine Verkleinerung des g (vgl. § 5).

Eine andere, sehr wichtige Abnahme des g, wenn $g > g_\infty$, wird durch etwas bedingt, das ich die Raumladungsverbesserung nenne. Diese besteht darin, daß bei wachsendem J die nötigen Raumladungen vom Strom immer leichter unterhalten werden, und daß sie gleichzeitig eine etwas geänderte Verteilung bekommen, welche dahin wirkt, daß die eigentliche Strombahn breiter und die Stromlinien besser parallel (vgl. RH III § 6 und RH VII § 4) werden. Wenn die Raumladungsverbesserung ihr Maximum erreicht hat, ist $g = g_\infty$. Wenn der Strom durch den Zwang, Raumladungen zu bilden, so belästigt wird, daß g deswegen steigt, spreche ich von einer „Raumladungslast".

Da mit wachsendem J g abnimmt, müssen die g bedingenden Raumladungen (abgesehen von den erwähnten Dichteverschiebungen) auch abnehmen. Da die Ionisation annähernd proportional dem Produkt $J \cdot g^1$) (also bei großem J nahe proportional zu J) steigt, werden mit wachsendem J immer mehr positive Ionen erzeugt. Trotzdem nimmt das Feld ab. Dies muß darauf beruhen, daß die positiven Raumladungen immer vollständiger durch negative Ionenwolken neutralisiert werden. Wir sehen hier einen meiner Gründe für die Behauptung, daß es auch in H_2 negative Ionen gibt. In jeder positiven Säule muß es negative Ionen geben. Ganz besonders muß es der Fall sein, wenn scharfe Schichten (wie in H_2) vorkommen. Denn die scharfen Schichten verlangen abwechselnd verhältnismäßig starke positive und negative Raumladungen. Zu den letztgenannten können die leichtbeweglichen freien Elektronen nicht wesentlich beitragen.

Hinweisend auf die Abb. 3d und anschließend an RH I § 3 schildere ich jetzt das Zustandekommen der positiven Schichten. In Abb. 3d möge A ein Stück der ungeschichteten Säule darstellen. Die Pfeile deuten die Wege an, die einzelne Elektronen von einem Punkt, wo sie etwa gaskinetische Geschwindigkeit besaßen, nach einem Punkt, wo sie ionisieren, durchlaufen müssen. Die Wege sind der Einfachheit

---

1) Dank der Abnahme des g werden natürlich einige weitere Weglängen nötig, ehe ein Elektron Ionisationsgeschwindigkeit erreicht. Etwas, aber nicht viel langsamer als $J \cdot g$, muß die Ionisation wachsen.

halber gleich lang und geradlinig gezeichnet. Sie können mehrere λ, sagen wir $n\lambda$, betragen. Der Potentialfall muß auf einem solchen Weg $n\lambda$ einen Wert ng besitzen, der je nach den wahrscheinlichen Energieverlusten unterwegs um einen größeren oder kleineren Betrag größer als die Ionisierungsspannung ist. Wir betrachten nun das Bild B. Dort sind die Elektronen in Reihen ausgerichtet, sonst aber ebenso zahlreich wie in A. An den Stellen a_1 und a_2 können wir uns eine erste Anregung von Molekülen denken, und an b_1 und b_2 Ionisation nebst Anregung. Wie auf der Abbildung ersichtlich, ist die Dichte der anregenden bzw. ionisierenden Stöße bei a und b größer als im Mittel in A. Es ist demnach möglich, daß der Vorteil der zweistufigen Ionisation in B mehr ausgenützt wird als in A. Oberhalb der Gebiete b_1 und b_2 müssen recht viele Elektronen dem Stromvorgang zur Verfügung stehen. Dort wird also ein schwächeres Feld nötig. Ein solches stellt sich auch ein, weil das Gebiet c_1 bzw. c_2 schnell von Elektronen (bzw. negativen Ionen) gefüllt wird, die hinter sich das Feld schwächen. Zwischen ihnen und der in b_1 und b_2 erzeugten positiven Ionenwolke entstehen wieder kräftige Felder, in denen von neuem Ionisierungsgeschwindigkeit geholt wird.

Ich vermute, daß die bessere Ordnung und verdichtete Ionisation und Anregung an gewissen Stellen es mit sich bringt, daß der mittlere Gradient in B etwas kleiner sein kann als in A. Darum bildet sich der Vorgang B aus, sobald seine sonstigen Bedingungen vorliegen. Der Gradientenunterschied dürfte meistens sehr klein sein. Für seine Existenz sprechen einige in § 4 erwähnte Beobachtungen.

Die Stromstärke muß eine gewisse untere Grenze übersteigen, um die für deutliche Schichtung nötigen Raumladungen unterhalten zu können. Die Unterhaltung dieser Ladungen ist schwieriger, je enger die Schichtung ist und je größer das Verhältnis des Säuledurchmessers zum Schichtabstand. Damit hängt zusammen, daß enge Schichten erst bei höheren Stromstärken erzeugt werden. Das oben genannte n darf offenbar nicht beliebig groß werden. Deswegen vermindert sich der Schichtabstand meistens bei steigendem $\mathfrak{B}$. Deswegen hört auch die Schichtung oberhalb eines gewissen $\mathfrak{B}$ auf. Je kleiner die Stoßverluste auf einem Weg $n\lambda$ ist, desto größer kann n sein.

Eine eigentümliche Erscheinung bilden die Schichtpaaren in H_2. Ihre vollständige Erklärung steht noch aus. Im § 7 stelle ich einige Umstände zusammen, die für diese Erklärung, wenn sie einmal gelingt, meines Erachtens ausschlaggebend werden dürften.

§ 4. Der Gradient in der positiven Säule, I.

Zur Untersuchung des Gradienten in der positiven Säule habe ich Messungen an den Röhren I bis V benutzt. Es handelt sich um 168 Meßpunkte vom Jahre 1908 und 561 vom Jahre 1922. Im letzten Jahr wurde mit 5 gänzlich verschiedenen N_2-Füllungen gearbeitet, wovon 2 mit anderer Darstellungsweise (nicht von der Osram-Gesellschaft geliefert) als die übrigen. Bei den **3** zuerst geprüften Füllungen dürfte etwas H_2 (vielleicht $1/_{1000}$ Teil) infolge einer Undichtigkeit sich zum N_2 gemischt haben. Die zwei letzten Füllungen bestanden aus sehr reinem N_2 (vgl. § 2!). Es ist nun sehr bemerkenswert, daß in den **Gradienten- und Schichtabstand-messungen keine Unterschiede** zwischen den verschiedenen Füllungen auftraten. Die hier angegebenen Gradienten- und Schichtabstandswerte sind demnach für ein **endliches Reinheitsgebiet** des N_2 charakteristisch. Möglich ist, daß das absolut reine N_2 dazu gehört. Allerdings wäre in bezug darauf eine neue Messung wünschenswert, weil gewisse Beobachtungen von Gehlhoff an vermutlich sehr reinem N_2 mit den meinigen nicht übereinstimmen. An der Schichtform wurden kleine Differenzen der N_2-Füllungen beobachtet. In den letzten, reinsten waren die Schichten verwaschener und das Gebiet der deutlichsten Schichten kleiner (vgl. Diagramm 6h).

Bei den Untersuchungen an H_2 im Jahre 1922 verwandte ich 4 verschiedene Füllungen. Diese dürften alle äußerst rein gewesen sein. Sie zeigten alle n ur die „weite rote Schichtung", die Neubert (l. c.) beschrieben hat, und welche er erst nach sehr eingehender Reinigung erhielt.

Es würde zu viel Platz hier in Anspruch nehmen, wenn ich das große Zahlenmaterial der Beobachtungen hier tabellarisch darstellen würde. Ich muß es in der

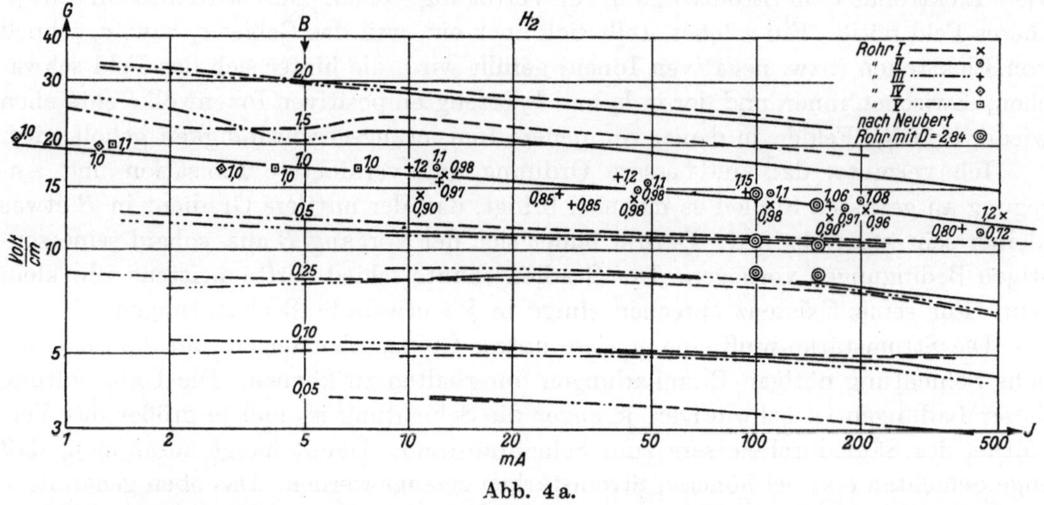

Abb. 4a.

Form von Diagrammen vorführen, in welchen einige durch graphische Interpolation erhaltene Kurven das sonst unübersichtlich große Material einzelner Beobachtungspunkte repräsentieren.

In Diagrammen von der Art (4a) und (4b) wurden einzelne Punkte (J, G) eingetragen. Neben jedem Punkt wurde die zugehörige Rohrnummer und das betreffende B vermerkt. Dann wurden für jedes Rohr Kurven $B =$ Const. gezogen. In jedem der Diagramme 4a und 4b sind einige der einzelnen Punkte vermerkt, um eine Vorstellung davon zu geben, wie die Beobachtungspunkte im allgemeinen im Verhältnis zu den interpolierenden und etwas ausgleichenden Kurven liegen.

Wir werden nun die Kurven der Diagramme (4a) und (4b) studieren. Nach den Ähnlichkeitsgesetzen sollten die zu verschiedenem D aber zu demselben B gehörigen Kurven zusammenfallen. Sie tun es in (4a) so gut, wie es überhaupt erwartet werden könnte. In (4b), d. h. für N_2, fallen sie nur für kleinem J zusammen und gehen sonst deutlich gesetzmäßig auseinander.

In dem urspsünglichen, hier nicht wiedergegebenen H_2-Diagramm kamen einige Punktpaare vor, bei denen der eine Punkt zu einer normalen, der andere zu einer etwas engeren, schärferen Schichtung gehört. Der letzte fällt etwas zu tief für das Diagramm. In (4a) ist ein derartiges zum Rohr III und $B = 0{,}85$ gehöriges Punktpaar eingetragen. Diese Beobachtungsresultate sind leider die einzigen deutlichen, die ich anführen könnte zur Bestätigung meiner im § 3 ausgesprochenen Vermutung, daß die Schichtung überhaupt und besonders eine scharfe den Gradienten herabsetzt.

In das Diagramm (4a) sind eingetragen (doppelte Kreise) einige Punkte, die ich aus den Tafeln III und VI in Neuberts Dissertation (s. § 2) für $D = 2,84$ und für $B = 1$; $B = 0,5$ und $B = 0,25$ berechnet habe. Sie passen ausgezeichnet in (4a) hinein.

Ein Ergebnis von Wichtigkeit ist, daß die Verlängerung der Kurven nach kleinem J, welche zum Teil mit Hilfe älterer Beobachtungen bei meistens schlechterem Reinheitsgrad geschah, sich restlos an den sonstigen Kurvenverlauf anpaßt. Hierdurch bestätigt sich ein schon von Neubert[1]) für H_2 gefundenes Resultat, daß

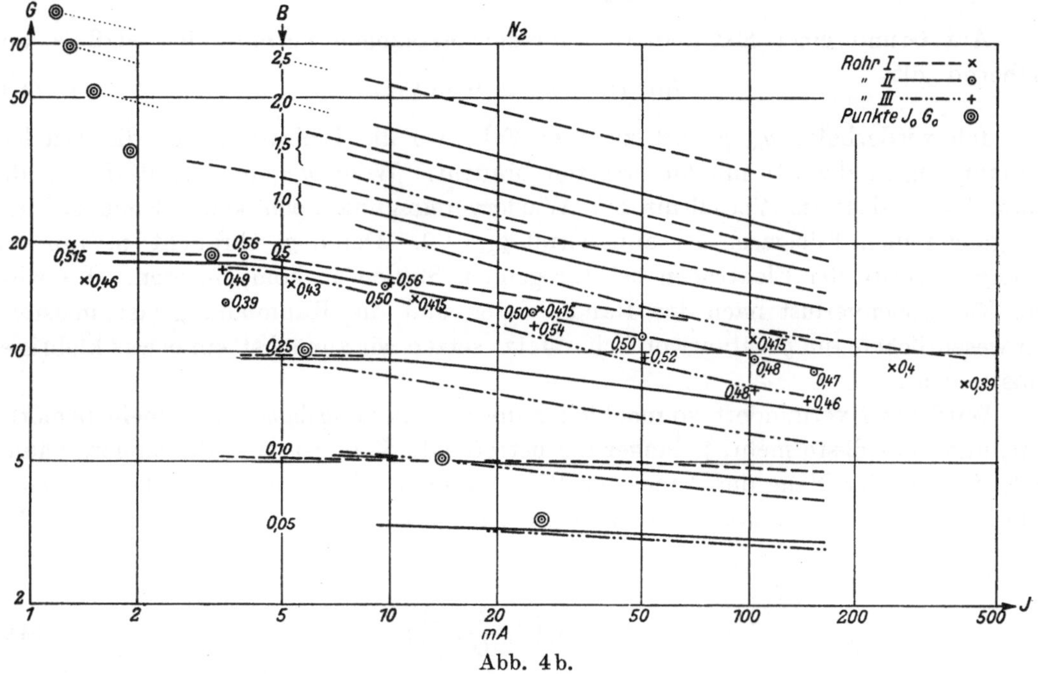

Abb. 4b.

nämlich der Potentialgradient in der positiven Säule sehr unempfindlich gegen Verunreinigungen des betreffenden Gases ist. Er ist sogar nahezu derselbe für H_2 mit „weiten roten" und H_2 mit „engen blauen" Schichten[2]).

Ein kleiner Einfluß der Schichtung ist aus oben erwähnten Gründen allerdings zu erwarten und ist nach Neuberts Beobachtungen auch wahrscheinlich, obwohl nicht deutlich. Der unregelmäßige Verlauf meiner Kurven für $B = 1,5$ bei $J < 10$ und für $B = 0,25$ in (4a) ist wahrscheinlich auf Eigenheiten der Schichtung zurückzuführen. Das Auseinanderlaufen einiger B-Kurven für größtes J dürfte auf ungenügender Temperaturreduktion beruhen.

Der Verlauf der Beobachtungskurven in (4b) ist etwas schöner als in (4a). Zum Teil möge das darauf beruhen, daß eine bedeutend größere Anzahl Beobachtungspunkte für (4b) als für (4a) gebraucht wurde. Mitgewirkt hat wohl auch, daß die Schichtung in N_2 schlecht ausgeprägt war und darum vermutlich einen geringen Einfluß auf G ausgeübt hat.

Die Form der Kurven der Diagramme (4a) und (4b) läßt sich theoretisch erklären, allerdings nicht so, daß die G-Werte quantitativ berechnet werden können. Den

---

[1]) Neubert: Dissertation, Leipzig 1913, Tabelle IX, S. 65.
[2]) Neubert: loc. cit., hat die Bezeichnungen „weite rote" und „enge blaue" Schichten eingeführt.

theoretischen Sätzen gebe ich immerhin eine mathematische Form, auch wenn diese zum Teil empirisch wird, was dann immer aus der Deduktion hervorgeht. Dies geschieht, weil sich so besser als nur mit Worten die Resultate darstellen lassen. Schließlich werden die Formeln in den Tabellen (5 m) und (5 n) mit den Beobachtungen verglichen.

Laut (3c) ist $g = g_\infty$, wenn $\frac{D}{\lambda}$ und J genügend groß sind. Aus B o u t y s Bestimmung seiner Konstante a für N_2 (l. c.) berechnet sich

$$\text{für } N_2\colon \quad g_\infty = 0{,}96 \text{ Volt} . \tag{4c}$$

Auf Grund einer Extrapolation meiner Messungen vermute ich, daß es annähernd gilt

$$\text{für } H_2\colon \quad g_\infty = 0{,}90 \text{ Volt} . \tag{4d}$$

Ich wiederhole: g_∞ gehört zu dem Fall, wo die Ionisation nur die Wiedervereinigung in der Strombahn ersetzen braucht. Wenn $g = g_\infty$ ist, darf also die Raumladungslast im Verhältnis zur Wiedervereinigung noch keine Rolle spielen. In ganz reinen Edelgasen ist annähernd $g_\infty = 0$. Deren g_∞ braucht ja nur die Energieverluste der Elektronen bei anregenden Stößen zu kompensieren. Da wird der Elektronenverlust nach den Randgebieten und die Raumladungslast meistens im wesentlichen für g verantwortlich. Jetzt setzen wir zunächst ein etwas klebriges Gas voraus.

Wird das J vermindert, so macht sich die Raumladungslast immer mehr bemerkbar, und zwar desto mehr, je länger die betreffende Säule ist, weil die längere Säule, jedenfalls in der Nähe der Anode, größere Ladungen braucht als die kürzere (vgl. Abb. 3a und den Text dazu). Demzufolge steigt g, d. h. g bekommt einen Zusatz $\varDelta_1$, der von J, $\frac{\lambda}{D}$ und $\frac{\varDelta}{D}$ abhängt. Es ist also

$$\varDelta_1 = \varDelta_1\left(J, \frac{\lambda}{D}, \frac{\varDelta}{D}\right) . \tag{4e}$$

Bei den hier unten behandelten Beobachtungen war $\frac{\varDelta}{D}$ fast konstant gleich 15.

Laut (3c) ist

$$\varDelta_1\left(\infty, 0, \frac{\varDelta}{D}\right) = 0 , \tag{4f}$$

für nicht allzu großes $\frac{\varDelta}{D}$.

Vermutlich gilt auch:

$$\varDelta_1\left(\infty, \frac{\lambda}{D}, \frac{\varDelta}{D}\right) = 0 . \tag{4g}$$

Leider gibt es keine genügend genaue und genügend ausgedehnte Messungen des Einflusses des $\frac{\varDelta}{D}$. Aus der Übereinstimmung mehrerer Messungen mit verschiedenem $\frac{\varDelta}{D}$ läßt sich immerhin der Schluß ziehen, daß die Abhängigkeit des $\varDelta_1$ von $\frac{\varDelta}{D}$ bei einer geschichteten Säule unbedeutend ist. Bei einer ungeschichteten Säule würde ich, besonders im Falle eines kleinen B, eine deutliche Abhängigkeit von $\frac{\varDelta}{D}$ erwarten. Im folgenden handelt es sich um Säulen, die wenigstens eine Andeutung einer Schichtung am unteren Ende besitzen. Ich lasse aus den Formeln meistens $\frac{\varDelta}{D}$ weg.

Die Beobachtungen an N_2 zeigen, daß Δ_1, bei abnehmendem J nur bis zu einem gewissen Maximum $\Delta_{max}\left(\dfrac{\lambda}{D}, \dfrac{\Lambda}{D}\right)$ steigt. Dieses Maximum wird bei einem $J = J_0$ erreicht, wo J_0 mit $\dfrac{\lambda}{D}$ steigt. Innerhalb eines Bereiches mit $J < J_0$ bleibt $\Delta_1 = \Delta_{max}$. Nach unten ist dieser Bereich von einem J begrenzt, wo der Strom aufhört konstant zu fließen und wellenförmig oder intermittent wird.

Dieses Konstantbleiben des g bei kleinem J in einer langen positiven N_2-Säule folgt unzweideutig aus den Beobachtungen in R H G (Tabellen 4 und 5). Es steht im gewissen Widerspruch zu der üblichen Vorstellung einer beim kleinsten J immer äußerst stark fallenden Charakteristik der positiven Säule[1]). Weitere Messungen über diesen Gegenstand wären natürlich wünschenswert. Inzwischen lasse ich das Phänomen für die folgende Darstellung eine recht beträchtliche Rolle spielen.

Durch eine Überschlagsrechnung von derselben Art, wie ich in RHI, § 2 ausgeführt habe, findet man für $D = 2$, $\mathfrak{G} = 30$, $\mathfrak{B} = 1$, $J = 0,5$, und wenn der Stromanteil der positiven Ionen $= 0,1 \cdot J$ gesetzt wird, daß die positiven Ionen Raumladungen von etwa $0,75$ stat. Einheiten pro cm Rohrlänge geben würden, falls sie durch keine negative Ladung kompensiert würden. Ladungen von der Größenordnung $0,5$ stat. Einheiten sind nach der Abb. 3a gerade in der Säule erforderlich. Es ist also begreiflich, daß das betreffende J hier etwa die untere Grenze eines kontinuierlichen Stromgebietes bedeutet.

Es ist nun wichtig sich davon zu überzeugen, ob mit einiger Wahrscheinlichkeit die Existenz des Δ_{max} ohne neue Hypothesen erklärlich ist. Sonst müßte man die Wirkung eines neuen Phänomens voraussetzen. Ich glaube auf Grund der folgenden Überlegung behaupten zu können, daß die Erklärung ohne neue Hypothesen gelingen wird. Die Ionisation kann gemessen werden durch $J f_1 (g_\infty + \Delta_1)$; ebenso wird die Zahl der erzeugten positiven Ionen, welche nicht von negativen Ionenladungen kompensiert werden, durch $J f_1 (g_\infty + \Delta_1) \cdot f_2 (g_\infty + \Delta_1)$ gemessen. f_1 und f_2 wachsen mit Δ_1. Die Ionengeschwindigkeit ist proportional zu $g \mathfrak{B}$. Also wird bei konstantem $\mathfrak{B}$ die Raumladung proportional zu $\dfrac{J f_1 f_2}{g_\infty + \Delta_1}$ eine Größe, die annähernd proportional zu dem von der Ladung erzeugten $g + \Delta_1$ sein muß.

Also gilt

$$\frac{J \cdot f_1 \cdot f_2}{(g_\infty + \Delta_1)^2} = \text{const}. \tag{4h}$$

Nun ist es durchaus begreiflich, daß ein Anwachsen der Funktion $f_1 f_2$ eine Verminderung des J so lange kompensieren kann, bis Δ_1 im Nenner einen gewissen Wert Δ_{max} erreicht hat.

Wie soll sich die Entladung bei noch kleinerem J benehmen? Sie konnte sich bei $\Delta_1 < \Delta_{max}$ den Luxus der deutlichen Schichten, welche recht große Raumladungen brauchen, leisten. Darauf muß sie, wenn $J < J_0$, verzichten[2]). Schließlich wird J zu klein, um überhaupt gegenüber der zerstreuenden Wirkung des g die nötigen Raumladungen aufrechtzuerhalten. Dann wird die Entladung intermittent.

Bei kleinem $\dfrac{D}{\lambda}$, also kräftigen Randeffekten, können recht beträchtliche Ladungen im Randgebiet, wo positive Ionen hingetrieben werden, bleiben. Die auf

---

[1]) Die betreffenden Messungen geschahen an dem unteren etwas geschichteten Ende der Säule. Möglich ist, daß der Gradient in der Nähe der Anode größer war.

[2]) Diese Auffassung wird vom Diagramm (6 h) unterstützt.

die Ladungen zerstreuende Wirkung des g ist also vermindert. Deswegen wird bei kleinem $\dfrac{D}{\lambda}$ das $\Delta_{\max}$ größer. Allerdings wird es, wegen der größeren Anforderung des J bei einem größeren J_0 erreicht.

Es ist gelungen die Haupteigenschaften des $\Delta_{\max}$ und des J_0 zu erklären. Jetzt werden wir, uns auf ihre Existenz stützend, einige bequeme, neue Funktionen einführen.

Offenbar muß

$$\lim_{\frac{\lambda}{D}=0} \Delta_{\max}\left(\frac{\lambda}{D},\ \frac{\Lambda}{D}\right)$$

existieren. Ich nenne es $\Delta_{0\max}$.

Ich führe die Bezeichnung ein

$$g_0 = g_\infty + \Delta_{0\max}. \tag{4i}$$

Diese Größe g_0 ist zunächst für $\dfrac{\Lambda}{D} = 15$ definiert, dürfte aber innerhalb eines recht großen $\dfrac{\Lambda}{D}$-Gebietes fast konstant bleiben.

Es zeigt sich bequemer, von g_0 anstatt von g_∞ ausgehend gewisse Größen zu berechnen. Ich tue so und benutze dabei die Bezeichnungen:

$$\left.\begin{aligned}
\Delta_{\max}\left(\frac{\lambda}{D}\right) - \Delta_{0\max} &= H_1\left(\frac{\lambda}{D}\right); \\[2mm]
\Delta_{\max}\left(\frac{\lambda}{D}\right) - \Delta_1\left(J, \frac{\lambda}{D}\right) &= H_2\left(J, \frac{\lambda}{D}\right)
\end{aligned}\right\} \tag{4k}$$

Wir setzen:

$$g' = g_\infty + \Delta_1\left(J, \frac{\lambda}{D}\right) = g_0 + H_1\left(\frac{\lambda}{D}\right) - H_2\left(J, \frac{\lambda}{D}\right)\ldots \tag{4l}$$

Eine gute Annäherung an die Beobachtungen habe ich durch folgende präzisierte Werte erhalten:

Für H_2: $g_\infty = 1{,}35$,

$$\left.\begin{aligned}
H_1\left(\frac{\lambda}{D}\right) &= 0{,}075\left[\frac{1}{1-e^{-\alpha}} - 1\right], \\[2mm]
\text{wo } \alpha = \frac{B}{4} &= 0{,}0079\,\frac{D}{\lambda}; \\[2mm]
H_2\left(J, \frac{\lambda}{D}\right) &= 0{,}19\log_{10}\frac{J}{J_0}.
\end{aligned}\right\} \tag{4m}$$

Für N_2: $g_\infty = 1{,}49$

$$\left.\begin{aligned}
H_1\left(\frac{\lambda}{D}\right) &= 0{,}039\left[\frac{1}{1-e^{-\alpha}} - 1\right], \\[2mm]
\text{wo } \alpha = \frac{B}{2} &= 0{,}0074\,\frac{D}{\lambda}; \\[2mm]
H_2\left(J, \frac{\lambda}{D}\right) &= 0{,}24\log_{10}\frac{J}{J_0}.
\end{aligned}\right\} \tag{4n}$$

Bezüglich (4m) und (4n) ist zu bemerken, daß die angegebene Form des H_2 für $J > J_0$ bis zu großen J-Werten gilt, wo g' in die nächste Nähe seiner unteren Grenze $g_\infty + \Delta_1\left(\infty, \frac{\lambda}{D}\right)$ gelangt. Dieser Grenze muß sich g' asymptotisch nähern. Innerhalb des Beobachtungsgebietes der Diagramme (4a) und (4b) sind die obigen Formeln noch mit guter Annäherung zu brauchen.

Einige Werte des J_0 für N_2 lassen sich aus (4b) empirisch bestimmen. Ich habe mit folgender Definition des J_0 gerechnet

$$\text{für } N_2: \quad J_0 = \frac{1}{1 - e^{-3/4 \, B}} \, , \qquad\qquad \left.\right\}$$
$$\text{für } H_2: \quad 4\,\text{mal kleineres } J_0 \, . \qquad \tag{4o}$$

Dies ergibt für N_2:

$$B = 2{,}5 \quad 2 \quad 1{,}5 \quad 1{,}0 \quad 0{,}5 \quad 0{,}25 \quad 0{,}10 \quad 0{,}05$$
$$J_0 = 1{,}18 \quad 1{,}28 \quad 1{,}49 \quad 1{,}9 \quad 3{,}18 \quad 5{,}8 \quad 13{,}9 \quad 26{,}3$$

Die bezüglichen Punkte $\left[J_0 \, , \, g_0 + H_1\!\left(\dfrac{\lambda}{D}\right)\right]$ sind als Doppelkreise in das Diagramm (4b) eingetragen. Bemerkung: bei großem $\dfrac{\lambda}{D}$ gilt nach (4m) und (4n) annähernd:

$$\text{für } H_2: \quad H_1\!\left(\frac{\lambda}{D}\right) = 9{,}5 \frac{\lambda}{D} - 0{,}075 \, , \qquad \left.\right\}$$
$$\text{für } N_2: \quad H_1\!\left(\frac{\lambda}{D}\right) = 4{,}9 \frac{\lambda}{D} - 0{,}039 \, . \qquad \tag{4p}$$

Man bemerke, daß $H_1\!\left(\dfrac{\lambda}{D}\right)$ für N_2 fast genau halb so groß wie für H_2 ist, während g_0 für beide Gase beinahe denselben Wert hat.

Wenn wir berechnen:

$$g = g' \, , \tag{4q}$$

wo g' nach (41) bestimmt wird, so gelangen wir zu dem aus den Beobachtungen hervorgehenden g , wenn es sich um das Gas H_2 (vgl. 5a) handelt. Ich bezeichne als Resultat (4r). Die Formel (41) ist offenbar mit den Ähnlichkeitsgesetzen vereinbar. Infolge der Gültigkeit der Formel (4p) für H_2 unterliegt der Gradient in H_2 also den Ähnlichkeitsgesetzen.

Anders verhält es sich mit N_2, wie wir in dem folgenden Paragraphen sehen werden.

§ 5. Der Gradient der positiven Säule, II.

Das Diagramm (4b) zeigt deutliche Abweichungen von den Ähnlichkeitsgesetzen, indem die Kurven für ein bestimmtes B , aber verschiedene D , bei wachsendem J immer weiter auseinandergehen. Bei der mathematischen Darstellung des g kann diese Eigentümlichkeit durch ein subtraktives Glied $\varDelta_2\!\left(J, \dfrac{\lambda}{D}\right)$ des g repräsentiert werden. Es ist also für N_2:

$$g = g_0 + H_1\!\left(\frac{\lambda}{D}\right) - H_2\!\left(J, \frac{\lambda}{D}\right) - \varDelta_2\!\left(J, \frac{\lambda}{D}\right) . \tag{5a}$$

Eine gute Annäherung an die Beobachtungen gibt folgende für $J > J_0$ gültige Formel:

$$\varDelta_2\!\left(J, \frac{\lambda}{D}\right) = 0{,}56 \cdot F\!\left(\frac{\lambda}{D}\right) \cdot \log_{10} \frac{J}{J_0 \, a} \cdot \frac{g_{\text{med}}}{g_0 + H_1} \, , \qquad \left.\right.$$

wo annähernd gesetzt werden kann

$$\text{für } B < 1, \quad F\!\left(\frac{\lambda}{D}\right) = \sqrt[4]{B} \, , \qquad\qquad\qquad$$
$$\text{für } B > 1, \quad F\!\left(\frac{\lambda}{D}\right) = 1 \, , \qquad\qquad\qquad \tag{5b}$$

und wo

$$g_{\text{med}} = \frac{g' + g}{2} \qquad\qquad\qquad\qquad \left.\right\}$$

Wir werden jetzt die Möglichkeit (5b) zu erklären analysieren. Die betreffende Analyse zeigt sich für die Theorie der positiven Säule sehr anregend.

Mittels des Faktors a neben dem J_0 verstößt die Formel (5b) gegen die Ähnlichkeitsgesetze. Der Grund dieses Faktors muß eine Nichterfüllung der Voraussetzungen W, X oder Y sein.

Die Temperaturreduktion, welche für H_2 (vgl. 4a) offenbar ausreicht, muß auch für N_2 genügen und könnte übrigens (sogar wenn sie nicht vorgenommen wäre) nur kleinere Abweichungen übrig lassen. Ein Verstoß gegen die Voraussetzung W dürfte also hier keine wesentliche Rolle spielen.

Ein Verstoß gegen die Voraussetzung Y kann auch nicht (5b) erklären. Es ist möglich, daß das äußere Feld die Klebekraft der äußeren, stabilen Bohrschen Bahnen vermindert. Diese Wirkung könnte immerhin nicht die Abhängigkeit des $\varDelta_2$ von J erklären. Sie dürfte auch im vorliegenden Fall sehr klein sein.

Das Verhältnis zwischen den Ionenwirkungssphären (so weit reichend genommen, wie das Ionenfeld kräftiger als das äußere Feld bleibt) und dem Säulevolumen ist bei konstantem B proportional zu $a^{-\frac{1}{3}}$, wie man mit Hilfe von (1a) leicht berechnet. Demnach dürfte die zweite Stufe der Wiedervereinigung mit $\dfrac{1}{D}$ abnehmen. Die Wirkung auf g müßte aber klein sein, weil ja die erste Stufe, das Kleben (vgl. § 3), wesentlich für den Elektronenverlust verantwortlich ist. Eine Erklärung des Gliedes $\varDelta_2$ bekommt man so nicht.

Wir kommen zu dem Schluß, daß die Existenz des $\varDelta_2$ auf einem Verstoß gegen die Voraussetzung X beruhen muß. Das wirksame Phänomen dürfte die zweistufige Ionisation sein, deren Bedingungen und Verlauf durch die folgende Überschlagsrechnung etwas geklärt werden. Wir betrachten ein 1 cm langes Stück von dem Rohr II (s. Tabelle 2b). Dieses Stück enthält $N = 2{,}3 \cdot B \, 10^{17}$ Moleküle und wird sekundlich von etwa $6{,}2 \cdot 10^{15} \cdot J$ Ionen und Elektronen, d. h. wohl von mindestens $3{,}1 \cdot 10^{15} \cdot J$ Elektronen durchströmt. Jedes Elektron erfährt beim Durchschießen des Rohrstückes etwa 23 B-Stöße gegen Moleküle. Demnach können wir mit etwa $5 \, B \cdot J \cdot 10^{15}$ ionisierungsfähigen und etwa $10 \, B \cdot J \cdot 10^{15}$ erregungsfähigen Stößen pro Sekunde rechnen. Es sei nun τ die mittlere Lebensdauer einer Erregung. Pro Zeit τ und pro Molekül erhalten wir dann $\dfrac{\tau J}{46}$ ionisierungsfähige und $\dfrac{\tau J}{23}$ erregungsfähige Elektronenstöße. Laut des Gesetzes der kleinen Zahlen[1]) ergibt sich nun die Wahrscheinlichkeit W_i, daß ein gewisses Molekül während einer gewissen Zeit τ von einem ionisierungsfähigen Stoß getroffen wird, zu.

$$W_i = 1 - e^{-\frac{\tau J}{46}}, \qquad\qquad (5\,\mathrm{c})$$

und die Wahrscheinlichkeit W_z, daß das Molekül während derselben Zeit τ von zwei oder mehr erregungsfähigen Stößen getroffen wird, d. h. „zweistufig" ionisiert wird, zu

$$W_z = 1 - e^{-\frac{\tau J}{23}}\left[1 + \frac{\tau J}{23}\right]. \qquad\qquad (5\,\mathrm{d})$$

Für kleines $\dfrac{\tau J}{23}$ gilt

$$W_i = \frac{\tau J}{46}; \quad W_z = \left(\frac{\tau J}{23}\right)^2. \qquad\qquad (5\,\mathrm{e})$$

Es wird

wenn etwa

$$\left.\begin{aligned} W_i &= W_z, \\ \frac{\tau J}{46} &= 1{,}28. \end{aligned}\right\} \qquad\qquad (5\,\mathrm{f})$$

---

[1]) L. v. Bortkewitsch: Das Gesetz der kleinen Zahlen. Leipzig 1898.

Die durch Δ_2 repräsentierte Herabsetzung des g soll nun dadurch zustande kommen, daß die zweistufige Ionisation wesentliche Beiträge zur Ionisation liefert. Dies geschieht offenbar, sobald W_z mit W_i vergleichbar wird. Aus (5c) und (5d) folgern wir jetzt:

Satz (5g): Bei J von der Größenordnung 10 bis 100 muß τ von der Größenordnung einer Sekunde[1] sein, damit die zweistufige mit der direkten Ionisierung konkurrenzfähig wird. Für N_2 kennen wir derartig lange Erregungsdauer (metastabiler Zustand). Weil die Erregungen so lange anhalten, kann N_2 das bekannte Nachleuchten[2] zeigen. H_2 gibt kein merkliches Nachleuchten. Damit paßt zusammen, daß Δ_2 für H_2 fehlt, so daß g, wie schon hervorgehoben, von a unabhängig wird.

Wir sehen aus (5d) und (5e), daß bei gegebenem τ der Einfluß der zweistufigen Ionisation erst oberhalb einer gewissen unteren J - Grenze merklich werden kann. Wir bezeichnen diese J-Grenze, welche natürlich nicht streng definiert ist, mit J_1.

Wenn J weiter wächst, so erreichen wir den Zustand, wo $W_i = W_z$ und also beide Ionisationsarten gleich viel schaffen. Gehen wir zu noch größeren J-Werten, so darf g nicht unbegrenzt abnehmen, sondern sich einer gewissen unteren Grenze g_z nähern, welche zu dem Zustand gehört, wo die zwei- oder mehrstufige Ionisation fast die ganze Ionisierungsarbeit übernommen hat. Die Grenze g_z läßt sich aus meinen Beobachtungen noch nicht feststellen. Sie scheint zu sehr großen Stromstärken zu gehören. Sie kann natürlich bedeutend unterhalb g_∞ liegen.

Nun beruht die hier in Frage kommende Abweichung von der Ähnlichkeit hauptsächlich darauf, daß die Anzahl der ein Molekül sekundlich treffenden anregungsfähigen Stöße laut (1a) den Reduktionsfaktor a^2 besitzt. Die Abweichung wird etwas reduziert durch die folgende sehr plausible Hypothese:

Hypothese (5h): Es wird angenommen, daß die Molekülstöße den Rückfall der Erregung verzögern und also τ verlängern. Demnach ist $\tau = \tau\,(\mathfrak{B}) = \tau\,(aB)$ eine Funktion, die mit aB steigt.

Betrachten wir andere Röhren als II, so müssen wir a berücksichtigen. Wir tun das, indem wir in (5d) und (5e) uns die Zahl N mit $a^2 N$ (laut 1a) und τ mit $\tau\,(a\,B)$ ersetzt denken. Dann entsteht:

$$\left.\begin{aligned}
W_i &= 1 - e^{-x}; \\
W_z &= 1 - e^{-2x}(1 + 2x); \\
x &= \frac{J \cdot \tau\,(aB)}{a^2 \cdot 46}.
\end{aligned}\right\} \qquad (5\,\mathrm{i})$$

wo

Es scheint annähernd[3]

$$J_1 = J_0 \qquad (5\,\mathrm{k})$$

zu sein und J_0 ungefähr so wie $\dfrac{1}{\tau}$ von B abzuhängen.

---

[1] In § 3 wurde die Möglichkeit einer zweistufigen Ionisation erwähnt, wo ein angeregtes Molekül von einem anderen Ionisierungsenergie übernahm. Das Mitspielen eines derartigen Phänomens oder die Rechnung mit einem größeren Stromanteil der Elektronen würde die Größenordnung der hier berechneten Zeit wenig verändern.

[2] Siehe R. J. Strutt: Proc. Roy. Soc., London, A Bd. 85, S. 219, 377. 1911; Bd. 86, S. 56, 262; Bd. 87, S. 179, 192. 1911—12; A. König und E. Elöd: Phys. Zeitschr. Bd. 14, S. 165. 1913, welche zeigen, daß auch sehr reines N Nachleuchten gibt. E. Angerer: Phys. Zeitschr. Bd. 22. S. 97. 1921, welcher die Intensitätsabnahme mißt und Halbwertzeiten von einigen Sekunden findet.

[3] Diese Gleichheiten (5 k) sind a priori recht plausibel. Vorläufig scheint es mir aber doch verfrüht, näher darauf einzugehen.

176   Ragnar Holm.

Darum wird annähernd

$$x = \mathrm{const}\,\frac{J}{J_0\,a};$$

gültig für $\qquad\qquad J > J_0.$ (51)

$\varDelta_2$ muß offenbar eine Funktion desselben x sein. Empirisch habe ich gefunden, daß innerhalb des hier in Frage kommenden x-Gebietes $\varDelta_2$ annähernd wie $\log x$ von x abhängt. Siehe (5a).

Der letzte Faktor des $\varDelta_2$ läßt sich folgendermaßen erklären: Es ist schwieriger g noch weiter zu vermindern, je mehr es schon vermindert wurde, d. h. je kleiner schon $\dfrac{g_{\mathrm{med}}}{g_0 + H_1}$ ist. Darum ist $K = \dfrac{g_0 + H_1}{g_{\mathrm{med}}}$ ein gewisses Maß des Widerstandes gegen die Verminderung. Es ist plausibel, daß $\varDelta_2$ dasteht als der Quotient einer Funktion von x durch den genannten Widerstand, d. h. gerade wie es (5b) zeigt.

Wir können nun behaupten, daß in dem vorstehenden (5b) wesentlich erklärt wurde. Dabei ergab sich auch die Ursache, warum $\varDelta_2$ für H_2 gleich Null ist. Einige Andeutungen für weitere Ausführungen der Theorie wurden gegeben. Ich halte es allerdings für verfrüht, jetzt theoretisch wesentlich über das Angeführte hinauszugehen.

Zum Schluß sei in den Tabellen (5m) und (5n) gezeigt, wie die hier gegebenen Formeln mit den Beobachtungen übereinstimmen.

Tabelle (5 m). g in H_2.

B		g_0	$J = 3\,\mathrm{mA}$	$J = 10\,\mathrm{mA}$	$J = 50\,\mathrm{mA}$	$J = 200\,\mathrm{mA}$
2	obs.		1,28	1,09	1,03	0,97
	ber.	1,46	1,27	1,17	1,04	0,93
1,5	obs.		1,26	1,26	1,10	0,97
	ber.	1,51	1,34	1,24	1,10	0,99
1,0	obs.		1,44	1,32	1,16	1,09
	ber.	1,61	1,46	1,36	1,23	1,11
0,5	obs.		1,98	1,88	1,78	1,65
	ber.	1,91	1,82	1,72	1,59	1,47
0,25	obs.		2,77	2,74	2,74	2,64
	ber.	3,01	2,95	2,85	2,72	2,61
0,10	obs.		4,46	4,30	4,21	4,12
	ber.	4,27	4,27	4,18	4,05	3,97
0,05	obs.		6,3	6,2	5,8	
	ber.	7,25	7,25	7,22	7,08	

Tabelle (5 n). g in N_2.

B		g_0	$J = 10\,\mathrm{mA}$				$J = 50\,\mathrm{mA}$				$J = 150\,\mathrm{mA}$			
			g'	\multicolumn{3}{c}{g in}		g'	\multicolumn{3}{c}{g in}		g'	\multicolumn{3}{c}{g in}
				I	II	III		I	II	III		I	II	III
2,5	obs.			0,95				0,65				0,50		
	ber.	1,51	1,29	0,99			1,12	0,67			1,01	0,52		
2,0	obs.				0,90				0,60				0,455	
	ber.	1,51	1,30		0,90		1,13		0,62		1,02		0,45	
1,5	obs.			1,04	0,95	0,83		0,70	0,63			0,53	0,49	
	ber.	1,52	1,32	1,06	0,98	0,88	1,15	0,70	0,66		1,04	0,53	0,49	
1,0	obs.			1,14	1,03	0,92		0,81	0,71	0,59		0,65	0,59	0,48
	ber.	1,55	1,375	1,15	1,00	0,96	1,21	0,78	0,71	0,65	1,10	0,61	0,54	0,48
0,5	obs.			1,40	1,32	1,19		1,12	0,97	0,82		0,97	0,80	0,66
	ber.	1,62	1,50	1,39	1,30	1,20	1,33	1,00	0,94	0,86	1,22	0,80	0,75	0,68
0,25	obs.			1,72	1,67	1,48			1,41	1,18			1,21	1,00
	ber.	1,78	1,70	1,69	1,61	1,52	1,56		1,27	1,19	1,44		1,05	0,99
0,10	obs.			2,20	2,20	2,20		2,20	2,11	1,84		2,11	1,84	1,72
	ber.	2,23	2,23	2,23	2,23	2,20	2,10	2,05	1,95	1,87	1,98	1,76	1,72	1,65
0,05	obs.				2,9	2,9			2,73	2,60			2,65	2,47
	ber.	3,00	3,00		3,0	3,0	2,93		2,80	2,79	2,82		2,57	2,48

g wurde für H_2 als $g = g'$ aus (41) und für N_2 aus (5a) berechnet. Aus Ablesungen an den Diagrammen (4a) und (4b) wurden die Werte $g_{obs.}$ berechnet als $g = G\lambda_{2,8}$.

Die Übereinstimmung zwischen $g_{ber.}$ und $g_{obs.}$ ist meines Erachtens bis auf einige geklärte Ausnahmen auffallend gut.

Aus den Tabellen (5m) und (5n) läßt sich $\mathfrak{G}$ (der wirkliche Gradient) nach den auf Grund von (2d) berechneten Formeln (5o) berechnen.

$$\left.\begin{array}{c}\mathfrak{G}_{obs.}\\ \mathfrak{G}_{ber.}\end{array}\right\} = g_{\substack{obs.\\ber.}}^{} \cdot \frac{B\,\theta}{\lambda_1 \cdot a}, \tag{5o}$$

wo   für H_2: $\lambda_1 = 0{,}0825$

und   für N_2: $\lambda_1 = 0{,}044$

ist.

§ 6. Der Schichtabstand in der positiven Säule.

In die Diagramme (6a) und (6b) habe ich reduzierte Schichtlängen l eingetragen. Wie in (4a) und (4b) sind nur als Beispiele einige einzelne Beobachtungspunkte eingetragen, und zwar mit derselben Bezeichnung wie dort. Das sonstige Beobachtungsmaterial ist durch Kurven für $B = $ Const. wie in (4a) und (4b) dargestellt.

Nach dem Gesetz H darf in (6a) und (6b) kein Einfluß der Rohrweite auftreten. Dem ist auch so, was die Beobachtungen von 1922 anbelangt. Die Beobachtungen von 1908 geschahen nicht

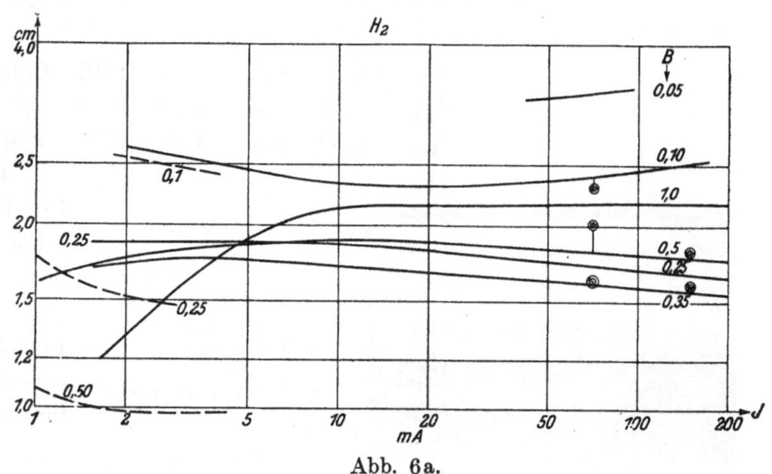

Abb. 6a.

immer in genügend reinem Gas und zeigten darum einige kleine Abweichungen von der Gesetzmäßigkeit, indem die Schichtart etwas variiert hat. Die ausgezogenen Kurven in (6a) und (6b) gehören zu Beobachtungen vom Jahr 1922, die gestrichelten Kurven gehören zu früheren Beobachtungen, und was (6a) betrifft, ausschließlich zu Beobachtungen an „engen blauen Schichten" (vgl. unten).

Einige Punkte, die ich als Doppelkreise eingetragen habe, stammen von Neubert und Wehner (l. c.). Sie passen alle vorzüglich in die Diagramme hinein, mit Ausnahme zweier Punkte von Wehner für ein Rohr, dessen $D = 8$ war, welche Punkte für $B = 0{,}5$

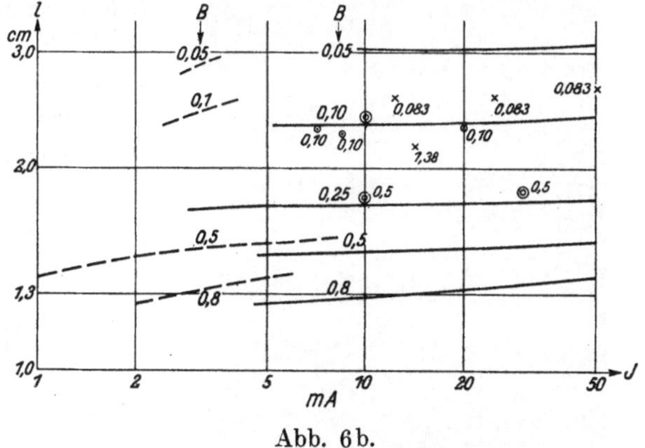

Abb. 6b.

gelten sollten, aber etwa auf meine Kurve $B = 0{,}25$ fallen (s. 6b). Ein dritter Punkt von demselben Wehnerschen Rohr für $B = 0{,}10$ paßt dagegen gut in mein Diagramm hinein.

Die Schichtabstände in N_2 bleiben innerhalb des Stromgebietes $J = 10 - 100$ im wesentlichen von J unabhängig. Auch in H_2 variieren sie für $J > 5$ wenig mit J. Eine kleine Steigerung des l in H_2 bei sehr kleinem Druck dürfte auf einem Bestreben,

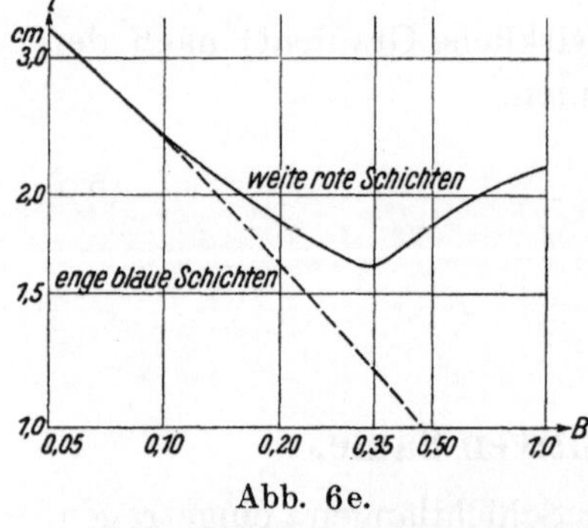

Abb. 6e.

das bei solchen Drucken sehr kleine $p = lG$ konstant zu halten, beruhen. Weil G bei steigendem J etwas abnimmt, muß l entsprechend zunehmen.

Die Abhängigkeit des Schichtabstandes von $\dfrac{D}{\lambda}$ ist für N_2 und für die „enge blaue Schichtung" in H_2 durch die Gleichung (6c), „Goldsteins Gesetz", gegeben:

$$l = C_1 \left(\frac{D}{\lambda}\right)^{-m} = C_2 \cdot B^{-m}. \qquad (6c)$$

Neubert und Wehner geben für größtes J an:

für H_2: $m = 0,52$, für N_2: $m = 0,32$.

Ich finde in Übereinstimmung hiermit für enge blaue Schichten in H_2 bei $0,05 < B < 0,5$: $m = 0,52$, und für N_2 m-Werte um 0,3 herum. So ist z. B. für N_2, bei $J = 20$, $m = 0,29$, wie aus der Tabelle (6d) hervorgeht:

$$\left.\begin{array}{lccccc}
B = & 0,8 & 0,5 & 0,25 & 0,10 & 0,05 \\
l_{\text{obs.}} = & 1,33 & 1,52 & 1,78 & 2,34 & 2,95 \\
l_{\text{ber.}} = & 1,30 & 1,49 & 1,83 & 2,37 & 2,90
\end{array}\right\} \qquad (6d)$$

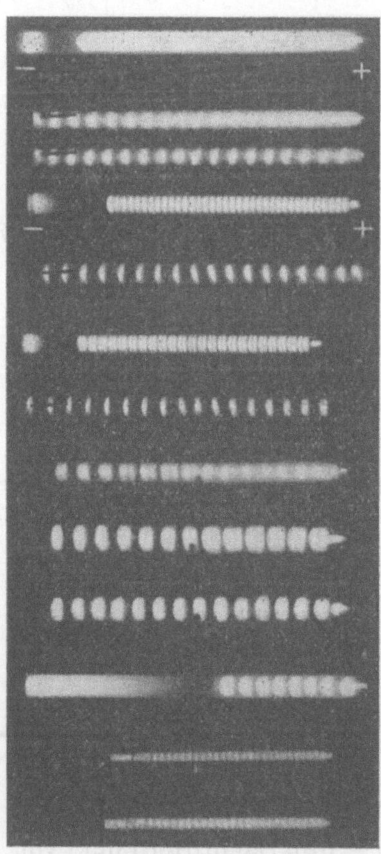

Abb. (6g). Schichttypentafel.

1. Ungeschichtete Säule.
2. Verschwommene Schichten.
3. Verschleierte Schichten.
4. Teller, enge blaue.
5. Teller, weite rote.
6. Schichtpaare, enge blaue.
7. Neigung zu Paarbildung.
8. Neigung zu Paarbildung.
9. Neigung zu Paarbildung.
10. Dicke Schichten in reinem H_2.
11. Dicke Schichten bei kleinem Druck.
12. Deutliche Schichten in N_2.
13. Etwas verschleierte Schichten in N_2.

Das Diagramm (6e) zeigt für H_2 die Abhängigkeit des l von B. Das einfache Gesetz der engen blauen Schichtung gibt in (6e) eine gerade Linie. Für $B > 0,10$ weicht die weite rote Schichtung von diesem einfachen Gesetz ab. Ihr Schichtabstand erreicht bei $B = 0,35$ ein Minimum und steigt nachher wieder. Es sei bemerkt, daß schon Neubert (l. c.) diese Eigentümlichkeit der weiten roten Schichtung gefunden hat. Dank der von mir ausgeführten Reduktion auf l und B statt $\mathfrak{l}$ und $\mathfrak{B}$ zeigt sich, daß die Ähnlichkeitsgesetze gültig bleiben. Mittels einer entsprechenden Temperaturreduktion (welche allerdings nicht ganz genau ausgeführt werden kann) kann man alle Neubert-Kurven zum ziemlichen Koinzidieren mit der Kurve (6e) bringen.

In dem von mir untersuchten, sehr reinen H_2 bekam ich

keine deutliche Schichten für $B > 1$. Es sieht aber sowohl nach meinen wie nach Neuberts Beobachtungen so aus, als ob die weite rote Schichtung für $J = \infty$ beim

wachsenden B einem 1 anstrebt, das etwa gleich dem 4 fachen Schichtabstand der engen blauen Schichtung bei demselben B und bei $J = \infty$ ist.

Wie gesagt, die Ähnlichkeitsgesetze behalten laut den Diagrammen (6a) und (6b) ihre Gültigkeit mit Bezug auf den Schichtabstand in reinem N_2 und H_2. Daß sie auch für nicht ganz reinen H_2, der enge blaue Schichten gibt, gelten, zeigt

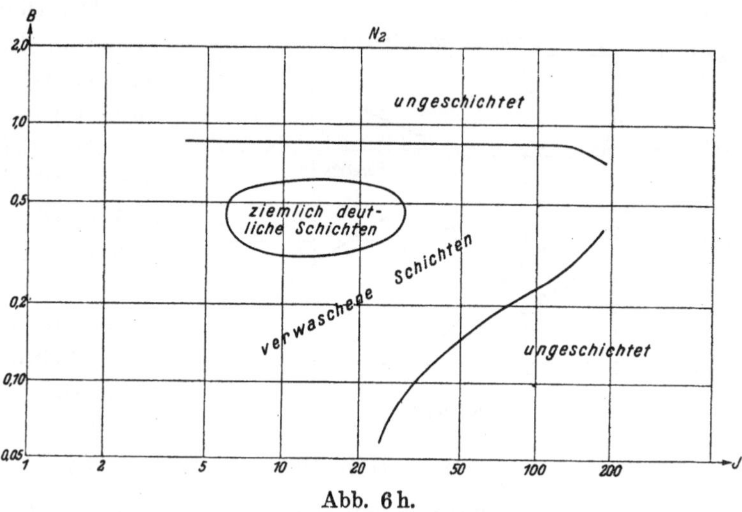

Abb. 6h.

das von Wehner[1]) stammende empirische Gesetz:

$$\log \frac{1}{D} = C - m \log \mathfrak{B} D ,$$

oder

$$\log l = C_1 - m \log B ,$$

(6f)

d. h. l ist eine Funktion von B und unabhängig von D.

Die Schichttypentafel (6g) zeigt photographische Aufnahmen der wichtigsten Schichttypen in H_2 und N_2. Nur die zwei letzten Aufnahmen gehören zu N_2, alle übrigen zu H_2. Einige gute Abbildungen von Schichten (mit Farbenangaben) habe ich früher veröffentlicht. Siehe RHG, S. 20.

Die Diagramme (6h), (6i) und (6j) zeigen, wie die verschiedenen Schichtarten sich in der JB-Ebene verteilen. Durch das schattierte Gebiet in (6i) haben sich die Grenzen je nach der Gasfüllung verschoben.

Die einzelnen Beobachtungspunkte zeigen

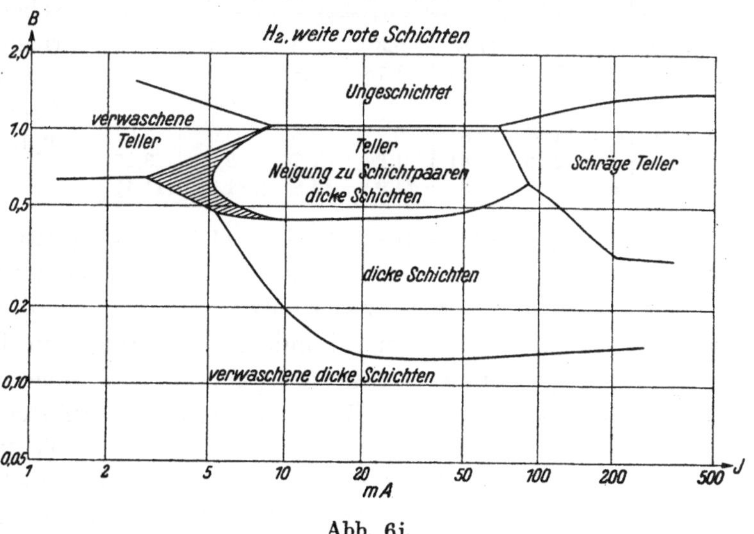

Abb. 6i.

keine systematische Abhängigkeit von D; nur in (6i)· haben die Grenzen für das Rohr I eine gewisse Tendenz, etwas höher als die betreffenden

---

[1]) Wehner: l. c. S. 66.

Grenzen für das Rohr III zu bleiben. Im wesentlichen bestätigt sich also auch für die Schichtform das Gesetz H.

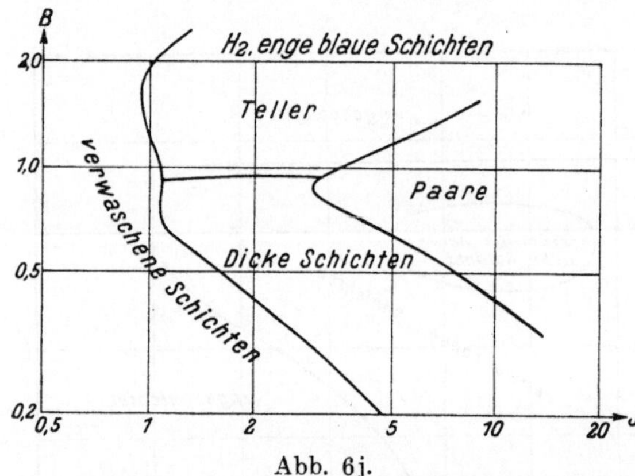

Abb. 6j.

Das Diagramm (6h) zeigt, daß deutliche Schichten im reinen N_2 nur innerhalb eines recht kleinen JB-Gebietes[1] auftraten.

Als besonderen Unterschied zwischen (6i) und (6j) sei hervorgehoben, daß in (6j) deutliche Teller bei $B > 1$ vorkommen.

Einige theroretische Schlußfolgerungen über die Schichten spare ich mir zum Schluß des nächsten Paragraphen auf.

§ 7. Schichtpotential. Schichttheorie.

Aus unseren bezüglichen früheren Messungen haben ich und später Neubert den Schluß gezogen, daß das Schichtpotential der engen blauen Schichten beim abnehmenden Druck einem Grenzwert zwischen 12 und 13 Volt zustrebt. Aus Neuberts Diagramm VII (l. c. S. 53) scheint die weite rote Schichtung einem ähnlichen Wert beim sinkenden Druck zuzustreben. Dasselbe Resultat gibt die folgende, auf Grund meiner Diagramme (4a) und (6a) berechnete Tabelle:

Tabelle (7a).

p in H_2 berechnet als $p = Gl$, wo G aus (4a) und l aus (6a) entnommen wird.

		$B = 1$	$B = 0,5$	$B = 0,35$	$B = 0,25$	$B = 0,10$	$B = 0,05$
$J = 15$	$G = 17$		11,5	9,6	8,0	5,4	
	$l = 19$		1,86	1,75	1,88	2,5	
	$p = 32,2$		21,4	15,8	15,0	13,5	
$J = 50$	$G = 14,4$		10,8	9,7	8,5	5,0	(3,5)
	$l = 2,16$		1,84	1,62	1,74	2,37	3,25
	$p = 31$		19,8	14,9	14,8	11,9	(11,4)

Das in Klammer gesetzte $G = 3,5$ für $B = 0,05$ ist wahrscheinlich etwas zu klein, denn die betreffende Kurve in (4a) scheint im Verhältnis zu den übrigen etwas zu niedrig zu laufen.

Eine wahrscheinliche untere Grenze $p_{\min}$ ist nach der Tabelle (7a)[2]

$$p_{\min} = 11{,}5 \text{ Volt} . \qquad (7b)$$

Nach P. S. Olmstead[2] ist 11,5 Volt gerade die Ionisationsspannung des H_2-Moleküls, bei der wahrscheinlich ein Elektron und H_2^+ entsteht. Denselben Wert 11,5 gibt Franz Mayer[3] an als die niedrigste Voltgeschwindigkeit, die zum Auslösen sekundärer Elektronen in H_2 ausreicht. Die Koinzidens des $p_{\min}$ mit der Ionisationsspannung des Moleküls war schon lange in der Theorie der Schichtung (z. B. von J. Stark) vermutet.

Die für N_2 gültige Tabelle (7c) läßt noch kein sicheres Minimum des p in N_2 erkennen. Nach P. E. Boucher (l. c.) erscheint ein dem oben für H_2 erwähnten ent-

Tabelle (7c). p in N_2.

$J = 20$	$B =$	0,8	0,5	0,25	0,10	0,05
	$G =$	17,5	13,2	8,9	5,0	3,25
	$l =$	1,33	1,52	1,78	2,34	3,0
	$p =$	23,3	20,0.	15,9	11,7	9,75

---

[1] Vgl. G. Gehlhoff: Verh. d. Dtsch. Phys. Ges. Bd. 14, S. 960. 1912.
[2] P. S. Olmstead: Phys. Rev. (2) Bd. 19, S. 593. 1922; vgl. P. B. Boucher: Phys. Rev. Bd. 19, S. 189. 1922.   [3] F. Mayer: Heidelberg. Sitzungsber., Mathem.-naturw. Kl., Abt. A, 1913.

sprechendes Minimum für N_2 bei 8,4 Volt. Das Ionisationspotential des N_2 liegt nach älteren Messungen zwischen 7,5[1]) und 11,8[2]) Volt. Ein $p_{\min} = 8,4$ Volt ist mit der Tabelle (7c) vereinbar.

Der Schilderung des experimentellen Befundes mögen jetzt einige theoretische Schlußfolgerungen folgen. Das Resultat, daß p zumindest gleich der Ionisationsspannung des Moleküls ist, bestätigt die übliche Vorstellung, daß Elektronen, welche in einer positiven Schicht erzeugt werden, in der nächsten ionisieren (über eine Ausnahme bei Schichtpaaren s. unten). Wenn $p = p_{\min}$ ist, muß, bei gegebenem g, auch $l =$ einem $l_{\min}$ sein, denn, wie schon früher betont, ist g fast unabhängig von l.

Nach dem obigen scheint p eine recht große Variationsfreiheit zu besitzen. Wir schließen daraus, daß bei großem p nicht p, sondern eine andere Variable für die Schichteinteilung, d. h. für l bestimmend ist. Die Erfüllung der Ähnlichkeitsgesetze bedeutet, daß l eine Funktion von $\dfrac{D}{\lambda}$ ist, deren Art aus (6e) hervorgeht.

Wenn $\dfrac{D}{\lambda}$ wächst, so dürfte ein Bestreben existieren, die Anzahl λ pro Schicht konstant (also p und $l\,B$ annähernd konstant) zu erhalten. Nun sind aber offenbar die Schichten schwerer zu formen (sie müssen genauer ausgerichtet werden), je größer $\dfrac{D}{\lambda}$ ist. Es dürfte darum auch ein Bestreben bestehen, l konstant zu erhalten. Im allgemeinen wird ein Mittelweg betreten, indem etwa $l\,B^{1/2}$ konstant bleibt (Goldsteins Gesetz).

Warum verläßt nun der Wasserstoff bei $B > 0,35$ das Goldsteinsche Gesetz? Ich bin jetzt nicht imstande, darauf zu antworten, möchte aber vermutungsweise behaupten, daß der Zuwachs des l mit dem Phänomen der Schichtpaarbildung zusammenhängt.

Unsere Diagramme zeigen, daß das BJ-Gebiet der Paarbildung gerade das Gebiet des mit B wachsenden l laut (6e) ist. Ich habe schon früher, z. B. in RHG und RHI, S. 248 die Ansicht geäußert, daß die Schichtpaare als aufgeteilte Einfachschichten zu betrachten seien. Viele Gründe sprechen dafür: Bei etwa $B = 1$, wo die Einzelschichten der Paare ungefähr das für die enge blaue Schichtung geltende l erhalten, bilden sich die schönsten Paare. Das p der Einzelschichten der Paare ist meistens wenig größer als $p_{\min}$. Es kann allerdings (bei der engen blauen Paarung) sogar vorkommen, das $p = \dfrac{p_{\min}}{2}$ ist. Wehner (l. c.) hat zwischen den Einzelschichten der Paare p-Werte bis herunter zu 5,69 Volt, d. h. fast genau $\dfrac{11,5}{2}$, beobachtet. In diesem Fall dürften Elektronen, die in einer Einzelschicht entstehen, erst in der zweitnächsten ionisieren.

Die Auffassung der Paarung als eine Aufteilung der normalen Schichten wird besonders einleuchtend durch folgende Beobachtungen gekräftigt. Es ist mir oft durch kleine Druck- oder Stromänderungen gelungen, zu bewirken, daß Einzelschichten sich in Paare ganz allmählich auflösten, und umgekehrt, daß Paare sich zu normalen weiten Schichten zusammenballten. Die Aufnahmen 7,8 und 9 in (6g) zeigen Schichtpaare beim Entwickeln. Eine gewisse Unsicherheit der Schichtform zeigte sich, besonders in der Entladung des Bildes 8, darin, daß die der Anode nächst-

---

[1]) J. Frank und G. Hertz: Verh. d. Dtsch. Phys. Ges. Bd. 15, S. 34. 1913.
[2]) F. Mayer: l. c.

liegenden Schichten schnell ihre Form und Lage änderten, so daß ihre Bilder ver-
schwommen wurden.

Nach meiner oben erwähnten Auffassung sind die weiten roten Schichten, welche
von Goldsteins Gesetz abweichen, als zusammengeballte Schichtpaare zu betrachten. Daher ihre Dicke und die abweichende Größe ihres l. Was nun das Zusammen-
ballen veranlaßt, ist, wie gesagt, noch rätselhaft.

Die Schichtpaarbildung muß auf einem Phänomen beruhen, das in H_2 kräftig,
in N_2 schwach ist, weil ja in N_2 keine Paare vorkommen. Ein derartiges, hier in Frage
kommendes Phänomen ist vermutlich die Ionisation seitens der positiven Ionen. Die
sehr leichten H_2-Ionen dürften besonders leicht Ionisierungsgeschwindigkeit erreichen.

Zu erwägen ist auch, inwiefern die verschiedenen Ionisationsspannungen (z. B.
in H_2 : 11,5 und 16,4 Volt) hier eine Rolle spielen können.

Die von Grotrian[1]) beschriebene Schichtung in Hg-Dampf dürfte anderer
Art sein als die Schichten der hier beschriebenen positiven Säule.

§ 8. Ähnlichkeitseigenschaften der negativen Entladungsteile.

In den negativen Entladungsteilen herrscht meistens eine beträchtliche Temperaturerhöhung, so daß die Ähnlichkeitseigenschaften erst nach Temperaturreduk-
tionen hervortreten. Aus dem folgenden geht hervor, daß die Ähnlichkeitsgesetze
tatsächlich auch den negativen Entladungsteil beherrschen.

Ich habe erwartet, daß Messungen der Länge des Hittorfschen Dunkelraumes
eine von einem Verstoß gegen die Voraussetzung 4 herrührende Abweichung von der
Ähnlichkeit zeigen werden. Eine von mir vor einigen Jahren aufgestellte hypothetische
Erklärung des Glimmsaumes fordert nämlich in ihrer ursprünglichen Form jene Abweichung. Nach der betreffenden Hypothese ist der Glimmsaum[2]) eine Äquigradien-
tenfläche, auf deren Kathodenseite das Feld kräftig genug ist, um das Kleben und die
darauf folgende Wiedervereinigung direkt durch Kraftkonkurrenz zu verhindern.

Variiert man D bei konstantem B, so ändert sich die Feldstärke prop. $\dfrac{1}{D}$. Bei
kleinerem D müßte demnach der Glimmsaum schwächere Felder aufsuchen, als
ihm nach der Ähnlichkeit zukommt, d. h. die reduzierte Dunkelraumlänge müßte
sich vergrößern. Von den vermutlich zuverlässigsten Messungen der Dunkelraumlänge, denjenigen Astons[3]), wird meine Erwartung nicht erfüllt, sondern eine volle
Bestätigung der Ähnlichkeitsgesetze gegeben. Demnach muß ich meine Glimm-
saumhypothese in ihrer ersten Form (vgl. § 10) aufgeben. Aston findet
für die Dunkelraumlänge d

$$d = \frac{M}{\mathfrak{B}} + \frac{N}{\sqrt{j}}, \tag{8a}$$

wo M und N Konstanten und j die Stromdichte bedeuten. $\mathfrak{B}$ ist der wirkliche Druck.
Verkürzt man (8a) durch das Dimensionsverhältnis a, so entsteht die zu (8a) ähnliche Gleichung

$$\frac{d}{a} = \frac{M}{a\,\mathfrak{B}} + \frac{N}{\sqrt{a^2\,j}}. \tag{8b}$$

---

[1]) W. Grotrian: Zeitschr. f. Phys. Bd. 5, S. 148. 1921.
[2]) Vgl. Graetz: Handbuch d. Elektr. und Magn. Bd. III, S. 899.
[3]) Vgl. Graetz: Handb. d. Elektr. und d. Magn. Bd. III, S. 849.

Nun sind $\dfrac{d}{a}$, $a\,\mathfrak{B}$, $a^2 j$ gerade die reduzierten Größen nach (1a), d. h. die Gleichung (8a) ist mit den Ähnlichkeitsgesetzen vereinbar.

Die einzige mir bekannte Untersuchung der Länge des negativen Glimmlichts, in der die Temperatur berücksichtigt wurde, habe ich in RHV veröffentlicht. Da wird das photographierte Glimmlicht zuerst auf eine gleichförmige Temperatur, 20°, reduziert, wobei die heißen Teile verkürzt und gleichzeitig deren Helligkeit vergrößert werden. Dann wird als „Glimmlichtlänge" definiert: Derjenige Abstand von der Kathode, wo die Lichtintensität des reduzierten Glimmlichtes auf $\frac{1}{20}$ seines Anfangswertes (mit einer gewissen kleinen Korrektion, s. RH V) gesunken ist. Diese Länge, in freien Elektronenweglängen gemessen, wird mit L_1 bezeichnet. Die Abb. 9 und 10 in RH V geben L_1 als Funktion vom Kathodenfall, vom Rohrdurchmesser und vom Druck. Wenn man in diesen Diagrammen die zum $D = 2{,}0$ gehörigen Drucke

mit $\dfrac{2}{3{,}8}$ multipliziert, so werden alle Drucke auf $D = 3{,}8$ reduziert. Nachher müßten, wenn die Ähnlichkeitsgesetze gelten, nach der Regel am Schluß des § 1 die Punkte der Diagramme keine Abhängigkeit von D zeigen. Die zum selben B gehörigen Punkte fallen allerdings recht zerstreut. Dies dürfte auf Unsicher-

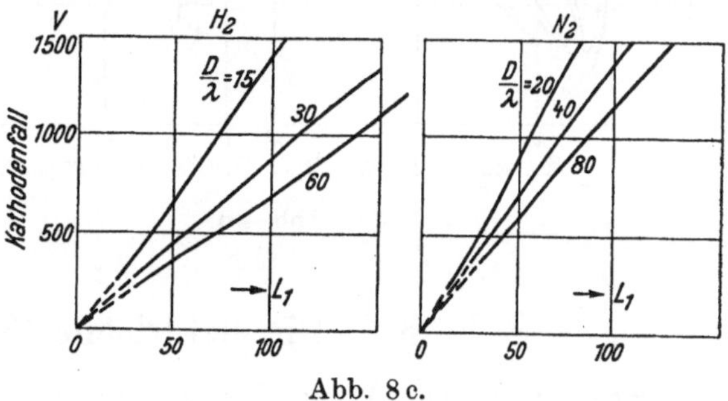

Abb. 8c.

heiten der schwierigen Intensitätsbestimmungen beruhen. Mit einiger Sicherheit kann man immerhin die im Diagramm (8c) gezogenen Kurven $\dfrac{D}{\lambda} = \mathrm{Const}$ bestimmen, wobei dieselben Kurven sowohl für $D = 2$ wie für $D = 3{,}8$ gelten. Demnach sind auch hier die Ähnlichkeitsgesetze, soweit die Genauigkeit der Messungen reicht, bestätigt.

Ich mache auf eine Schlußfolgerung aus der Neigungsverschiedenheit der Kurven für H_2 und N_2 in (8c) aufmerksam: Die pro λ berechnete Ablenkung eines Kathodenstrahles nach den Wänden ist in N_2 größér (etwa doppelt) als in H_2 [1]).

Beobachtungen über den Abstand des positiven Säulescheitels von der den Rohrquerschnitt ausfüllenden Kathode, welche ich in RH V, Abb. 12[2]) veröffentlicht habe, habe ich jetzt mit Bezug auf die Ähnlichkeitsgesetze verarbeitet. Den jeweiligen Scheitelabstand habe ich zuerst auf 20° reduziert, indem ich so viel abgezogen habe, wie der erwärmte Teil des Glimmlichts sich infolge der Temperatur verlängert hat. Abzuziehen ist $L - L_{20} = L - L_1\,\lambda$. Wegen Bezeichnungen s. oben und RH V, Tabelle I. Die auf $D = 2$ reduzierten Abstände wurden in das Diagramm (8d) eingetragen. Das Diagramm zeigt Kurven konstanten Druckes. Die auf $D = 2$ reduzierten Drucke B sind an den betreffenden Kurven vermerkt. Ausgezogene Kurven gehören zu $D = 2$, gestrichelte zu $D = 3{,}8$. Die beiden Kurvenscharen passen so gut zusammen, daß behauptet werden darf, daß auch hier die Gültigkeit der Ähnlichkeitsgesetze bestätigt wird.

---

[1]) Es handelt sich um ein anderes Phänomen, wenn von der mehrfachen Massenproportionalität der Kathodenstrahlabsorption in H_2 die Rede ist (vgl. Lenard: Quantitatives über Kathodenstrahlen, 1918, S. 162.)

[2]) Phys. Zeitschr. Bd. 17, S. 77. 1915.

Wegen der Bestätigung des Gesetzes F verweise ich auf RH VI. Dort wird aus den Ähnlichkeitsgesetzen der folgende Satz hergeleitet:

Satz (8e): Bei konstantem Kathodenfall ist die Stromdichte an der Oberfläche großer Scheibenkathoden (deren Durchmesser groß im Verhältnis zur Dunkelraumlänge ist) proportional zu dem Quadrat des Druckes.

Dieses Gesetz wurde für den Fall des normalen Kathodenfalls von Skinner[1] experimentell bestätigt. Bei größerem Kathodenfall tritt natürlich die Temperaturerhöhung im Gas störend auf[2]).

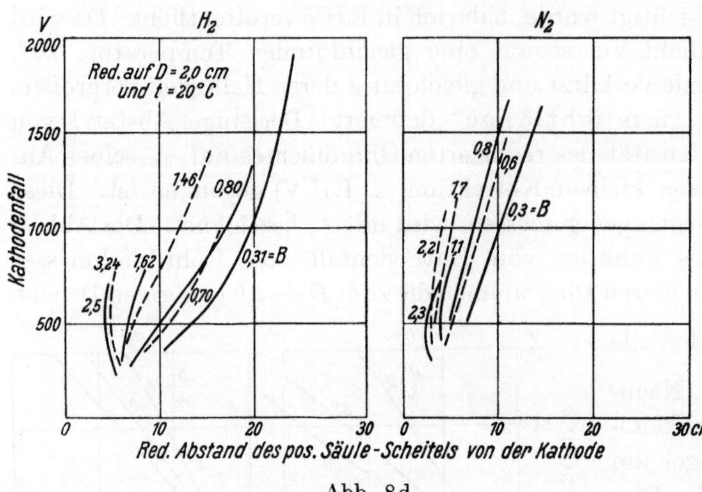

Abb. 8 d.

§ 9. Die elektrische Festigkeit der Luft.

Satz (9a): Die Ähnlichkeitsgesetze müssen für die verschiedenen Ausbildungsphasen der Entladung ebensogut wie für den stationären Zustand gelten. Demgemäß muß bei ähnlicher Vergrößerung des Apparates nebst λ das Funkenpotential[3]) konstant bleiben.

Als Korollarium zu (9a) ergibt sich der

Satz (9b): Das Funkenpotential zwischen parallelen Platten ist in einem bestimmten Gas eine Funktion nur von der Anzahl n der freien Elektronenweglängen zwischen den Platten.

Diese Gesetze werden von dem mir bekannten Beobachtungsmaterial über Funkenpotentiale bestätigt. Die bezüglichen Verfasser glauben sogar meistens weniger beschränkte Gesetze bestätigt zu haben, indem ihnen die obige strenge Formulierung der Ähnlichkeit unbekannt war.

F. Paschen stellte schon 1889 sein auf die späteren Versuche sehr anregendes Gesetz auf[4]): Das Funkenpotential zwischen Kugeln sei eine Funktion nur von der Anzahl Molekülweglängen längs des kürzesten Abstandes zwischen den Kugeln.

---

[1]) C. A. Skinner: Phys. Rev. Bd. 5, S. 483 und Bd. 6, S. 158. 1915.

[2]) Ich möchte auf einige andere Berechnungen in RH VI aufmerksam machen. Durch Berechnungen, deren Art an die Beweise der Ähnlichkeitsgesetze erinnert, zeige ich, daß gelten muß: Die Stromdichte an einer drahtförmigen Kathode, deren Durchmesser klein gegen die Dunkelraumdicke ist, ändert sich bei konstantem Kathodenfall angenähert proportional dem Druck. Der Beweis gewinnt an Strenge, wenn ich die dortige Annahme über den Kathodensprung durch den Ansatz der Nichtexistenz dieses Sprunges ersetzen darf. Das erwähnte Gesetz wird durch Beobachtungen von Stark und Hehl bestätigt. Ich gebe auch einen Ausdruck für die Stromdichte an der Drahtkathode. Daraus geht hervor, daß diese kleiner als die Stromdichte an einer Scheibenkathode ist, wenn die betr. Kathodenfälle gleich sind.

[3]) Das Funkenpotential wird in Thomson - Marx: Elektrizitätsdurchgang in Gasen, folgendermaßen definiert: Funkenpotential heißt das Maximum der Potentialdifferenz, die den Elektroden für eine unbeschränkt lange Zeit gerade noch erteilt werden kann, ohne Funken zu veranlassen.

[4]) F. Paschen: Wied. Ann. Bd. 37, S. 69, siehe besonders S. 92. 1889.

M. Toepler[1]) ergänzte Paschens Gesetz dahin, daß dies beim Variieren der Kugelgröße nur dann wahr wäre, wenn der Quotient $\dfrac{\text{Kugeldurchmesser}}{\text{Schlagweite}}$ konstant bliebe.

Das Gesetz (9b) ist mit großer Genauigkeit von Guye und seinen Schülern verifiziert worden[2]).

Wäre Toeplers Gesetz streng richtig, so müßte der Funke zwischen großen parallelen Platten bei einem gewissen, konstanten g_{med} zünden, während in Wirklichkeit g_{med} beim abnehmenden Plattenabstand wächst. Damit haben wir eine Frage angeschnitten, zu der ich an dieser Stelle einige Bemerkungen machen möchte.

Wir denken uns eine Gasmenge zwischen zwei parallelen Platten A' und K. Die Anode A habe V Volt höheres Potential als die Kathode K. Der Abstand zwischen A und K sei $n\lambda$. Es ist also $g_{med} = \dfrac{V}{n}$. Das Gas sei z. B. durch die normale durchdringende Strahlung äußerst schwach ionisiert. Wenn $V = V_0 = n g_\infty$ ist, so hebt die Ionisation gerade die Absorption auf, und der Sättigungsstrom kommt zustande. Infolge der Separation der Ionen und Elektronen entsteht die bekannte Vergrößerung von g an A und K (vgl. Abb. 9c und Thomson-Marx: Elektrizitätsdurchgang in Gasen 1906, § 34). Bei großem n und kleiner Ionisation durch die Strahlung bilden die betreffenden g-Vergrößerungen einen kleinen Teil vom ganzen V. Dann ist $g_{med} = \dfrac{V}{n}$ angenähert gleich g_∞. Erhöhen wir V, so wächst die Stoßionisation und auch das g_{max} vor K. Die Stromstärke nimmt zu. Die Charakteristik des Vorganges ist steigend.

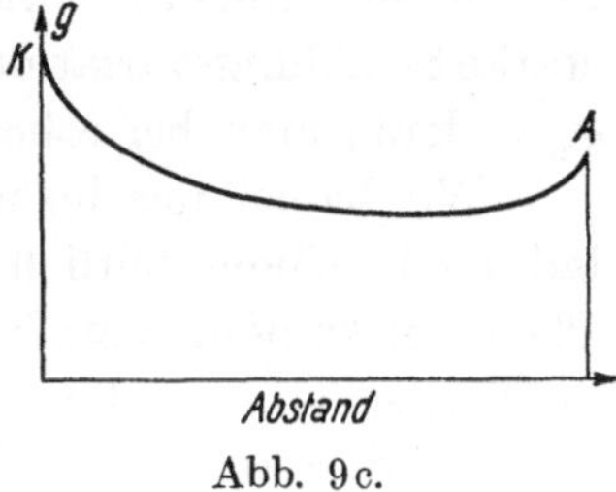

Abb. 9c.

Schließlich wird g in der Nähe des K groß genug, um solche Geschwindigkeiten den gegen K prallenden Ionen zu geben, daß diese aus K Elektronen befreien. Dann entsteht bald die Existenzmöglichkeit des Glimmstromes. Dieser ist dadurch charakterisiert, daß die aus K und dessen nächster Nähe befreiten Elektronen vor K ein sehr reiches Ionisationsgebiet (die Kanalstrahlenquelle) schaffen und daß die davon nach K wandernde Ionenwolke den starken Kathodenfall erzeugt. Man vergleiche meine Theorie der kathodischen Grenzionisation, so wie sie in Graetz: Handbuch der Elektr. und des Magnetismus Bd. 3, S. 889, dargestellt ist. Hinter der Kanalstrahlenquelle hat der Glimmstrom das schwachfeldige Gebiet des negativen Glimmlichtes, dann die positive Säule. Der Glimmstrom arbeitet also mit einer ganz anderen g-Verteilung als der in Abb. (9c) dargestellten. Der Umschlag von dem zu (9c) gehörigen Stromvorgang zum Glimmstrom ist gerade, was man die Funkenzündung nennt. Dank der effektiven Elektronenerzeugung an der Kathode fängt der Glimmstrom mit einer Stromstärke an, die von einer bedeutend höheren Größenordnung als die vorangehende Stromform ist.

Bei niedrigen Drucken und mäßigem n erlöschen innerhalb eines gewissen V-Gebietes gezündete Glimmströme bald nach dem Zünden, vermutlich infolge Doppel

---

[1]) M. Toepler: Ann. der Phys. Bd. 29, S. 153. 1909.

[2]) C. E. Gueye et C. Stancescu, Arch. sc. phys. et nat. Bd. 43. Febr. 1917; G. Hammershaimb et P. Mercier: Arch. sc. phys. et nat. Bd. 3, S. 356. 1921; C. E. Guye und C. E. Guye et P. Mercier: Arch. sc. phys. et nat. Bd. 4, S. 5 bzw. Bd. 4, S. 27. 1922; C. E. Guye et H. Weigle: C. r. séances soc. de phys. de Genève Bd. 39, S. 44. 1922; vgl. Carr: Proc. Roy. Soc. London Bd. 71, S. 374. 1903 und F. W. Peek: Proc. A. J. E. E. Bd. 33, S. 1877. 1914.

schichtbildungen. Mit Bezug auf dieses Phänomen verweise ich auf eine sehr interessante Arbeit von Ernst Reiche[1]). Den letzten großen Stromanstieg der aufsteigenden Charakteristik [der schon früher bekannt war[2])] erklärt Reiche als eine Summationswirkung rasch aufeinander folgender Glimmstromstöße.

Wir haben nun die Funkenzündung zwischen parallelen großen Plattenelektroden für den Fall eines großen n geschildert. Charakteristisch war, daß g_{med} wenig größer als g_∞ sein mußte. Bei kleinem n wird g_{med} dagegen, wie schon oben erwähnt, wesentlich größer als g_∞[3]). Die Differenz $g_{med} - g_\infty$ wächst mit $\dfrac{1}{n}$. Dies ist ein experimenteller Befund, der sich sehr einfach erklären läßt. Man beachte nämlich, daß bei gegebener primärer Ionisierungsdichte die totalen Raumladungen in der Entladungsbahn und also auch die Feldverstärkung vor den Elektroden mit n abnehmen. Um immerhin die Grenzionisation zu ermöglichen, muß die Stoßionisation durch eine g_{med}-Vergrößerung vermehrt werden.

Es müßte möglich sein, die für die Grenzfelder nötige Ionenmenge auch durch Verstärkung der primären Ionisierung herbeizuschaffen. Daraus folgt, daß das Funkenpotential bei kleinem n etwas von der primären Ionisierung abhängt. Weil aber nur sehr starke Strahlungsvariationen dasselbe bewirken wie schon eine kleine Vergrößerung des g_{med}, kann man bei rohen Messungen von der genannten Abhängigkeit absehen.

Wir haben uns bisher in diesem Paragraphen fast ausschließlich mit der Entladung in einem seitlich homogenen Feld, d. h. einer Entladung zwischen großen Plattenelektroden befaßt. Bei anderen Elektrodenformen fängt die Stoßionisation an Stellen an, wo die Äquipotentialflächen besonders dicht liegen, und verbreitet sich von dort aus[4]). Die Verhältnisse sind kompliziert, müssen aber theoretisch ebenso wie die behandelten den Ähnlichkeitsgesetzen gehorchen.

Eine für die Elektrotechnik sehr wichtige Entladungsform ist die sog. Korona. Ich habe im wesentlichen ihre Eigenschaften erklären und ihre Strom- und Energieverzehrung quantitativ berechnen können. Darüber werde ich später ausführlich berichten und möchte hier nur folgendes bemerken: Die Korona besteht darin, daß elektrische Ladungen wesentlich (nämlich in der nächsten Nähe des Leiters) mit Hilfe der Ionisation vom Leiter ab in der umgebenden Luft hin und zurück verschoben werden. Die Korona unterscheidet sich (besonders an dem positiven Leiter) von dem bekannten Glimmstrom in langen Röhren sehr dadurch, daß ihr Feld in weit höherem Grad von der Ladung des Leiters herrührt. Sie unterscheidet sich vom Entladungsfunken wesentlich dadurch, daß sie erst nach mehreren Stromwellen ihre stationäre Stärke erreicht. Sie ist also im Gegensatz zum Funken eine Art Dauerphänomen.

§ 10. Schlußbemerkungen.

(10a). Im § 3 habe ich gezeigt, daß schwerwiegende Gründe für die Auffassung sprechen, daß die Elektronen vor der eigentlichen Wiedervereinigung mit positiven

---

[1]) E. Reiche: Ann. d. Phys. Bd. 52, S. 109. 1917.

[2]) Siehe z. B. Graetz: Handb. der Elektr. und des Magn. Bd. III, S. 805.

[3]) Eine wertvolle Zusammenstellung vieler Messungen, auch eigener, über Funkenpotentiale zwischen Platten, wo das Anwachsen des g_{med} mit $\dfrac{1}{n}$ übersichtlich dargestellt wird, hat W. O. Schumann, Archiv f. Elektrotechnik Bd. 11, S. 1. 1922, gemacht.

[4]) Vgl. Graetz: Handb. der Elektr. und des Magn. Bd. III, S. 887, § 2; RH I. Mitte des § 1; und auch verschiedene Abhandlungen von M. Toepler.

Ionen an neutralen Molekülen „kleben“ und mit diesen negative Ionen bilden. Wie das Kleben zugeht, ist noch ungewiß. Nach der Bohrschen Theorie wäre wohl zu erwarten, daß ein klebendes Elektron in einer äußeren stabilen Bahn eines Moleküls gehalten wird. Es entsteht die Frage, was aus der ursprünglichen kinetischen Energie des Elektrons und aus der Bindungsenergie wird. Gegenwärtig habe ich keine bestimmten Anhaltspunkte für die Antwort der Frage. Ich begnüge mich damit, einige Phänomene aufzuzählen, die bei der Schaffung einer Klebungstheorie berücksichtigt werden müssen. Die beim Kleben gebremsten Elektronen dürften Geschwindigkeiten zwischen 0 und den Ionisationsspannungen des betreffenden Gases besitzen, d. h. meistens wohl Geschwindigkeiten von der Größenordnung 5 bis 10 Volt. Wenn die entsprechenden Energien ungeschmälert ausgestrahlt würden, so geschähe es wesentlich weit draußen im Ultraviolett. Eine dazu passende Strahlung zeigt sich nicht. Der Wasserstoff hat allerdings ein kontinuierliches Spektrum[1]) etwa zwischen 0,5 und 0,36 μ, einem Fall durch 2,5 bis 3,6 Volt entsprechend. Dieses Spektrum wird aber erst von Elektronen mit der Geschwindigkeit 11 bis 12 Volt erregt[2]). Es entsteht die Frage, ob erst so geschwinde Elektronen sich in die Moleküle festhauen können, oder ob zur Bildung der negativen Ionen auch langsame Elektronen beitragen, aber ohne Strahlungsemission. Wie gesagt, ich kann jetzt nur diese Fragen aufstellen.

(10 b). Im vorigen habe ich damit gerechnet, daß das Kleben, wenn g eine gewisse Grenze (etwa g_0) übersteigt, stark abnimmt. Wenn eine sehr schroffe derartige Abnahme theoretisch erklärlich wird, würde eventuell der scharfe Glimmsaum erklärt werden können als die Grenze zwischen Gebieten mit $g > g_0$ und $g < g_0$. Die Astonsche Gleichung (8a) ist mit einer solchen Erklärung vereinbar. Die Schärfe des Glimmsaums (z. B. bei einer Dunkelraumlänge von etwa 20 mm in O_2) kann nämlich vorläufig nicht erklärt werden.

(10 c). In den §§ 4 und 5 habe ich Messungen der Größe g bearbeitet und theoretisch qualitativ erklärt. Es kam mir zunächst darauf an, die Wirkung der verschiedenen Einflüsse deutlich zu separieren. Um die Darstellung zu vereinfachen und zu verdeutlichen, benutzte ich empirische Formeln. In Ermangelung einer brauchbaren mathematischen Theorie schien es mir erlaubt und zweckmäßig, diese Formeln so zu gestalten, daß die Einflüsse der verschiedenen Agensen als additive Glieder auftraten. Eine vollständige Theorie würde vielleicht lieber z. B. Faktoren gebraucht haben oder mehr komplizierte Beziehungen. Praktische Gründe bestimmten mich auch für das Verfahren, die Eigenschaften des g vorwiegend längs der Kurven $B = \mathrm{Const}$ zu untersuchen.

Eine vollständige Theorie muß wohl zuerst ein Hauptgerüst von einfachen Beziehungen zusammenbauen und nachher ausgleichende und frisierende Korrekturen dazu anbringen. Dieses Hauptgerüst muß in allen Richtungen zusammenhängen. Es darf nicht so überwiegend die Richtung $B = \mathrm{Const}$ vorziehen, wie es meine obigen Berechnungen tun. Viele, aber nicht genügende „Querverbindungen“ liefern allerdings meine Ähnlichkeitsgesetze. Ich halte es für wahrscheinlich, daß ziemlich einfache Querverbindungen in der Richtung $J = \mathrm{Const}$ existieren.

---

[1]) Abbildungen dieses Spektrums finden sich bei J. Stark: Ann. d. Phys. Bd. 52, S. 255. 1917, Tafel I, und bei R. Holm u. Thea Krüger: Phys. Zeitschr. Bd. 20, S. 1. 1919, Tafel I, besonders kräftig in den Aufnahmen 4 u. 5.

[2]) Vgl. R. Holm und T. Krüger: l. c., Tabelle II. Die dortige Angabe, — 13—14 Volt, — ist wahrscheinlich mit etwa —1,5 Volt (größtenteils wegen Doppelschichten) zu korrigieren.

Eine bekannte empirische Goldsteinsche Beziehung für diese Richtung ist

$$g = c\,B^m. \tag{10 d}$$

Neulich hat A. Partzsch[1]) eine andere gegeben, die mit meinen Bezeichnungen geschrieben werden kann

$$g = \frac{C}{C_1 + \log_{10} B}. \tag{10 e}$$

Die Leistungsfähigkeit dieser Formel als Darsteller meiner Beobachtungen geht aus der Tabelle (10f) hervor.

Wenn man von dem kleinsten Druck $B = 0{,}05$ absieht, ist die Formel recht gut brauchbar, allerdings kaum besser als die Goldsteinsche. Ich habe sie aber aus einem anderen Grunde hier angeführt. Partzsch macht nämlich einen möglicherweise in glücklicher Richtung anregenden Versuch, seine Formel in Beziehung zu einer Formel der Ionenstoßtheorie Townsends und zu Resultaten von Helligkeitsmessungen an der positiven Säule zu bringen. Leider ist der Versuch vorläufig als gescheitert zu bezeichnen, denn die Größe C in der Formel (10 e), welche nach der Townsendschen Formel für jedes Gas eine Konstante[2]) sein müßte, variiert recht kräftig, wie aus der Tabelle (10f) hervorgeht.

Tabelle (10f).

$g = \dfrac{C}{C_1 + \log B} =$	$\begin{array}{c} H_2 \\ \hline J = 3 \\ 2{,}3 \\ \hline \dfrac{2{,}3}{1{,}52 + \log B} \end{array}$				$\begin{array}{c} N_2 \\ \hline J = 10 \\ \dfrac{1{,}98}{1{,}9 + \log B} \end{array}$			
	$J = 3$ $\dfrac{2{,}3}{1{,}52+\log B}$		$J = 50$ $\dfrac{1{,}75}{1{,}40+\log B}$		$J = 10$ $\dfrac{1{,}98}{1{,}9+\log B}$		$J = 150$ $\dfrac{0{,}79}{1{,}45+\log B}$	
	$g_{obs.}$	$g_{ber.}$	$g_{obs.}$	$g_{ber.}$	$g_{obs.}$	$g_{ber.}$	$g_{obs.}$	$g_{ber.}$
$B = 2{,}00$	1,28	1,27	1,03	1,03	0,90	0,90	0,45	0,45
1,5	1,26	1,35	1,10	1,11	0,95	0,95	0,49	0,48
1,0	1,44	1,51	1,16	1,25	1,03	1,04	0,59	0,55
0,5	1,98	1,89	1,78	1,60	1,32	1,24	0,80	0,69
0,25	2,8	2,5	2,74	2,20	1,67	1,52	1,21	0,93
0,10	4,6	4,4	4,21	4,4	2,20	2,20	1,84	1,75
0,05	6,3	10,5	5,8	17,00	2,9	3,3	2,65	5,3

(10 g) Nachdem das Vorangehende schon zum Drucken abgegeben war, erschienen bzw. wurden mir bekannt drei interessante Arbeiten über den Anodenfall[3]). Ich gehe hier etwas auf diese Abhandlungen ein, weil sie meine Theorien berühren. In einer jener Abhandlungen[4]) wird meine Theorie des Anodenfalls zitiert, leider in einer früheren, unrichtigen Form. Meine jetzige Auffassung habe ich vor einigen Jahren Herrn Dr. Gehlhoff so mitgeteilt, wie sie in seinem Artikel über den Glimmstrom[5]) dargestellt ist. Sie deckt sich mit der (vielleicht unabhängigen) Theorie des Herrn Günther-Schulze. Aus den Beobachtungen der betreffenden Herren geht mit recht großer Sicherheit hervor, daß das Minimum des Anodenfalles bei kleiner Stromstärke, wo nur direkte Ionisation vorkommt, gleich der Ionisationsspannung ist. Bei großer Stromstärke, wo zwei- bzw. mehrstufige Ionisation ermöglicht ist, wird das Minimum demgemäß kleiner. Der Anodenfall nähert sich bei wachsendem Druck seinem Minimum, wohl hauptsächlich infolge der Verkürzung der negativen Raumladungszone und der darauf beruhenden Verminderung der negativen Gesamtladung dieser Zone (vgl. Günther-Schulze: loc. cit.).

---

[1]) A. Partzsch: Zeitschr. f. Physik Bd. 14, S. 191. 1923.
[2]) Nämlich $C = \mathrm{Const}\; NV \log e$, siehe die betr. Abhandlung von Partzsch.
[3]) A. Günther-Schulze: Zeitschr. f. Physik Bd. 13, S. 378; H. Schüler: Zeitschr. f. Physik Bd. 14, S. 32; A. Partzsch: Zeitschr. f. Physik Bd. 15, S. 287, alles 1923.
[4]) A. Partzsch: loc. cit.
[5]) L. Graetz: Handbuch der Elektrizität und des Magnetismus Bd. III, S. 898, § 13.

Für die außerordentlich liebenswürdige Bereitstellung der Mittel für meine hier geschilderten Versuche bin ich der Firma Siemens & Halske A. G., und ganz besonders dem Vorsteher des physikalisch-chemischen Laboratoriums, Herrn Prof. Dr. Gerdien, zu Dank verpflichtet. Desgleichen danke ich herzlich verschiedenen Beamten des genannten Laboratoriums, vor allen Dingen Herrn Dr. Lotz für sehr wertvolle Hilfe sowohl bei dem Aufbau wie bei den Beobachtungen.

Zusammenfassung.

Man kann das Wesentlichste der oben gewonnenen Resultate in den Sätzen (11a) bis (11i) zusammenfassen:

(11a). Zuerst werden mit Angabe der Gültigkeitsbedingungen die Ähnlichkeitsgesetze bewiesen. Deren Hauptinhalt kann folgendermaßen zusammengefaßt werden: In geometrisch ähnlichen Entladungsröhren 1, 2..., deren lineare Dimensionen durch die Multiplikation mit den Faktoren $\frac{1}{a_1}$, $\frac{1}{a_2}$... auf eine „Normalröhre" reduziert werden können, können unter gewissen Voraussetzungen (W, X, Y in § 1) die Glimmentladungserscheinungen auf die der Normalröhre reduziert werden, wenn lineare Schichtdimensionen mit $\frac{1}{a_\nu}$, Potentialdifferenzen zwischen homologen Punkten mit 1, Stromstärken mit 1, Drucke mit a_ν, Ladungsdichten mit a_ν^2 multipliziert werden.

(11b). An Hand eines hauptsächlich vom Verfasser gesammelten Beobachtungsmaterials wurde gezeigt, daß die Ähnlichkeitsgesetze für alle Teile der Glimmentladung sehr weitgehend gelten.

(11c). Nach der Reduktion der Beobachtungen laut (1b) und (2d) (vgl. 11a) traten verhältnismäßig einfache Gesetzmäßigkeiten zutage. Siehe z. B. die Gesetze für den Weglängegradienten g in § 4 und § 5 und für den Schichtabstand l in § 6.

(11d). Die letztgenannten Gesetzmäßigkeiten ließen sich fast restlos theoretisch erklären, obwohl noch im allgemeinen nicht quantitativ berechnen. Die Erklärungen basieren auf den bekannten Ionisierungsgesetzen und auf einfachen Voraussetzungen über das Gleichgewicht zwischen dem Abgang und der Erzeugung der Ionen und Elektronen und über die Erhaltung der zur Felderzeugung nötigen Raumladungen.

(11e). Es zeigt sich, daß die Wiedervereinigung bei der Feldstärke der positiven Säule meistens nicht direkt zwischen freien Elektronen und positiven Ionen stattfindet, sondern daß die Elektronen zuerst an Molekülen gebremst werden und mit solchen negative Ionen bilden.

(11f). Die Abhängigkeit der Wiedervereinigung vom Felde spielt im Gegensatz zu einer früher von mir geäußerten Vermutung[1] eine unwesentliche Rolle für den Gradienten der positiven Säule, jedenfalls für die Entladung in H_2 und N_2. Siehe § 8.

(11g). Für eine Abweichung von den Ähnlichkeitsgesetzen bei der Entladung in N_2 ist, wie mit recht großer Sicherheit bewiesen wird, die zweistufige Ionisation, d. h. die Ionisation nach vorangehender Anregung, verantwortlich. Siehe § 5.

(11h). Mit Hilfe der Ähnlichkeitsgesetze wurde Paschens Gesetz für das Funkenpotential berichtigt und vervollständigt. Siehe § 9.

(11i). Zu einigen neuen Untersuchungen wird Stellung genommen.

---

[1] Vgl. Graetz: Handbuch der Elektrizität und des Magnetismus Bd. III, S. 888, § 3.

Über Kettenleiter.

Von **Hans Riegger**.

Mit 6 Textabbildungen.

Mitteilung aus dem Forschungslaboratorium Siemensstadt.

Eingegangen am 14. April 1923.

In einem früheren Bande dieser Zeitschrift[1]) habe ich nach der Methode der Schwingungstheorie Formeln für Berechnung des n-fachen Kettenleiters angegeben. Es war darin nicht berücksichtigt die Ohmsche Koppelung und solche Ketten, bei denen an irgendeiner Stelle Kondensator und Spule parallel geschaltet sind. Im folgenden wird dieser Mangel nachgeholt. Solange man nur mit komplexen Größen rechnet, ist gegen früher kein großer Unterschied. Die Hauptaufgabe besteht somit darin, für den allgemeinen Fall beim Übergang zu reellen Werten für die numerische Berechnung passende Formeln zu finden.

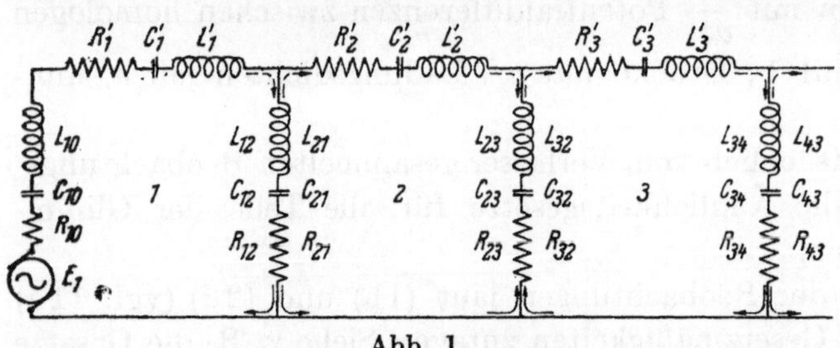

Abb. 1.

Es werden sodann weitere Beispiele zu verschiedenartigen Ketten diskutiert werden.

In der Bezeichnung ist gegen früher insofern eine Änderung eingetreten, als man in den folgenden Formeln wahlweise mit dem Frequenzverhältnis $\eta = \dfrac{\omega}{\omega_1}$ oder der prozentuellen Verstimmung x rechnen kann. Um dann die einfache Beziehung $\eta = 1 + x$ zu haben, ist jetzt gesetzt $x = \dfrac{\omega - \omega_1}{\omega_1}$, während wir früher $x = \dfrac{\omega_1 - \omega}{\omega}$ wählten.

I. Die Ausgangsgleichungen.

§ 1. Bezeichnen wir mit E die elektromotorische Kraft, mit J die Stromstärke, mit L Selbstinduktion, mit C Kapazitäten und mit R Ohmsche Widerstände, so erhalten wir für eine Kette von der Form der Abb. 1 folgende Gleichungen:

$$
\begin{aligned}
&1.\; L_1 \frac{dJ_1}{dt} + R_1 J_1 + \frac{1}{C_1}\int J_1\,dt + L_{12}\frac{dJ_2}{dt} + R_{12} J_2 + \frac{1}{C_{12}}\int J_2\,dt = E_1 \\[2mm]
&2.\; L_2 \frac{dJ_2}{dt} + R_2 J_2 + \frac{1}{C_2}\int J_2\,dt + L_{21}\frac{dJ_1}{dt} + R_{21} J_1 \\
&\qquad\qquad + \frac{1}{C_{21}}\int J_1\,dt + L_{23}\frac{dJ_3}{dt} + R_{23} J_3 + \frac{1}{C_{23}}\int J_3\,dt = 0 \\[2mm]
&3.\; L_3 \frac{dJ_3}{dt} + R_3 J_3 + \frac{1}{C_3}\int J_3\,dt + L_{32}\frac{dJ_2}{dt} + R_{32} J_2 \\
&\qquad\qquad + \frac{1}{C_{32}}\int J_2\,dt + L_{31}\frac{dJ_4}{dt} + R_{31} J_4 + \frac{1}{C_{34}}\int J_4\,dt = 0
\end{aligned}
\tag{1}
$$

usw.

---

[1]) Wiss. Veröff. aus Siemens-Konzern, Bd. I, Heft 3, S. 126—162.

Hierin ist:

$$L_1 = L_1' + L_{10} + L_{12} \qquad \frac{1}{C_1} = \frac{1}{C_1'} + \frac{1}{C_{10}} + \frac{1}{C_{12}} \qquad R_1 = R_1' + R_{10} + R_{12}$$
$$L_2 = L_2' + L_{21} + L_{23} \qquad \frac{1}{C_2} = \frac{1}{C_2'} + \frac{1}{C_{21}} + \frac{1}{C_{23}} \qquad R_2 = R_2' + R_{21} + R_{23} \qquad \text{usw.} \qquad (1\,\text{a})$$

Es ist:

$$L_{12} = L_{21}, \qquad C_{12} = C_{21}, \qquad R_{12} = R_{21} \quad \text{usw.}^1) \qquad\qquad (1\,\text{b})$$

Die Richtung der Ströme bei Phasengleichheit in den einzelnen Gliedern ist diejenige der Pfeile unten in Abb. 1. Die Ströme addieren sich dann in den Koppelungsgliedern.

Differenzieren wir das System 1 und dividieren wir die einzelnen Glieder mit L_1, L_2, L_3 usw., so erhalten wir folgende meist übliche Schreibweise:

$$\left|\begin{aligned} &\frac{d^2 J_1}{d t^2} + 2\,\delta_1 \frac{d J_1}{d t} + \omega_1^2 J_1 + \varkappa_{12} \frac{d^2 J_2}{d t^2} + \sigma_{21} \cdot 2\,\delta_1 \frac{d J_2}{d t} + \gamma_{12} \omega_1^2 J_2 = \frac{1}{L_1} \frac{d E}{d t}, \\[2mm] &\frac{d^2 J_2}{d t^2} + 2\,\delta_2 \frac{d J_2}{d t} + \omega_2^2 J_2 + \varkappa_{21} \frac{d^2 J_1}{d t^2} + \sigma_{21} \cdot 2\,\delta_2 \frac{d J_1}{d t} + \gamma_{21} \omega_2^2 J_1 \\[2mm] &\hspace{4cm} + \varkappa_{23} \frac{d^2 J_3}{d t^2} + \sigma_{23} \cdot 2\,\delta_2 \frac{d J_3}{d t} + \gamma_{23} \omega_2^2 J_3 = 0 \text{ usw.} \end{aligned}\right| \qquad (2)$$

Hierin ist:

$$2\,\delta_1 = \frac{R_1}{L_1} \quad \text{usw.}$$

δ_1 der Dämpfungsfaktor von Kreis 1, wenn er ungekoppelt ausschwingt;

$$\omega_1^2 = \frac{1}{L_1 C_1} \quad \text{usw.}$$

die Eigenfrequenz von Kreis 1 ungekoppelt.

Es ist:

$$\frac{2\,\delta_1}{\omega_1} = \frac{\mathfrak{d}_1}{\pi} \quad \text{usw.},$$

wo $\mathfrak{d}_1$ nahezu das logarithmische Dekrement darstellt. Also auch:

$$\frac{\mathfrak{d}_1}{\pi} = \frac{R_1}{\omega_1 L_1}.$$

Wir werden später immer schreiben:

$$D_1 = \frac{\mathfrak{d}_1}{\pi},$$

und nennen „D" einfach „Dämpfung".

$$\left.\begin{aligned} \varkappa_{12} &= \frac{L_{12}}{L_1}, \\[2mm] \varkappa_{21} &= \frac{L_{21}}{L_2}, \qquad \varkappa_{23} = \frac{L_{23}}{L_2}, \\[2mm] \varkappa_{32} &= \frac{L_{32}}{L_3}, \qquad \varkappa_{34} = \frac{L_{34}}{L_3} \quad \text{usw.} \end{aligned}\right\} \quad \text{magnetische Koppelungskoeffizienten,}$$

---

^{1}) Statt allgemeiner Indizes i, $i-1$ werden wir häufig nur die Indizes 1 und 2 verwenden und die Verallgemeinerung durch „usw." anzeigen.

$$\gamma_{12} = \frac{C_1}{C_{12}}, \qquad \left.\begin{array}{l}\\ \\ \\\end{array}\right\} \text{elektrische,}$$

$$\gamma_{21} = \frac{C_2}{C_{21}}, \qquad \gamma_{23} = \frac{C_2}{C_{23}} \quad \text{usw.}$$

$$\sigma_{12} = \frac{R_{12}}{R_1}, \qquad \left.\begin{array}{l}\\ \\ \\\end{array}\right\} \text{ohmsche Koppelungskoeffizienten.}$$

$$\sigma_{21} = \frac{R_{21}}{R_2}, \qquad \sigma_{23} = \frac{R_{23}}{R_2} \quad \text{usw.}$$

$$K_2 = \sqrt{\varkappa_{12} \cdot \varkappa_{21}} \quad \text{bzw.} \quad = \sqrt{\gamma_{12} \cdot \gamma_{21}} \quad \text{bzw.} \quad = \sqrt{\sigma_{12} \cdot \sigma_{21}} \quad \text{usw.}$$

K nennt man bei nur einer Koppelungsart gewöhnlich Koppelungsfaktor.

Wir werden auf diese Bezeichnung später zurückkommen, uns aber zunächst der Schreibweise von System 1 bedienen.

Die elektromotorische Kraft soll von der Form sein:

$$E_1 = \mathfrak{E}_1 \, e^{j\omega t} \quad \text{und} \quad \mathfrak{E}_1 = E_{10} \, e^{j\varphi_0}, \qquad \text{wo} \quad j = \sqrt{-1} \ \text{ist.} \tag{3}$$

Dann müssen alle Ströme diese Kreisfrequenz ω haben, und wir können den Ansatz machen:

$$\left.\begin{array}{ll} J_1 = \mathfrak{J}_1 \, e^{j\omega t} \quad \text{und} & \mathfrak{J}_1 = J_{10} \, e^{j\varphi_1} \\ J_2 = \mathfrak{J}_2 \, e^{j\omega t} \quad \text{und} & \mathfrak{J}_2 = J_{20} \, e^{j\varphi_2} \quad \text{usw.} \end{array}\right\} \tag{4}$$

und erhalten aus System 1:

$$\left|\begin{array}{l} \mathfrak{J}_1 \mathfrak{R}_1 + \mathfrak{J}_2 \mathfrak{R}_{12} \qquad\qquad = \mathfrak{E}_1 \\ \mathfrak{J}_1 \mathfrak{R}_{21} + \mathfrak{J}_2 \mathfrak{R}_2 + \mathfrak{J}_3 \mathfrak{R}_{23} = 0 \\ \mathfrak{J}_2 \mathfrak{R}_{32} + \mathfrak{J}_3 \mathfrak{R}_3 + \mathfrak{J}_4 \mathfrak{R}_{34} = 0 \\ \cdots\cdots\cdots\cdots\cdots\cdots\cdots \\ \mathfrak{J}_{n-1} \mathfrak{R}_{n,n-1} + \mathfrak{J}_n \mathfrak{R}_n \qquad = 0 \ . \end{array}\right| \tag{5}$$

Darin sind die $\mathfrak{R}$ komplexe Widerstände, und zwar ist:

$$\left.\begin{array}{ll} \mathfrak{R}_1 = R_1 + j\left(\omega L_1 - \dfrac{1}{\omega C_1}\right) & \mathfrak{R}_{12} = \mathfrak{R}_{21} = R_{12} + j\left(\omega L_{12} - \dfrac{1}{\omega C_{12}}\right) \\ \quad = R_1 + j\,S_1 & \qquad\quad = R_{12} + j\,S_{12} \\ \mathfrak{R}_2 = R_2 + j\left(\omega L_2 - \dfrac{1}{\omega C_2}\right) & \mathfrak{R}_{23} = \mathfrak{R}_{32} = R_{23} + j\left(\omega L_{23} - \dfrac{1}{\omega C_{23}}\right) \quad \text{usw.} \\ \quad = R_2 + j\,S_2 & \qquad\quad = R_{23} + j\,S_{23} \end{array}\right\} \tag{5a}$$

Wir können in $\mathfrak{R}_1$ usw. auch die Beiträge der einzelnen Teile des Kettengliedes trennen, indem wir schreiben:

$$\left.\begin{array}{l} \mathfrak{R}_1 = \mathfrak{R}_{10} + \mathfrak{R}_1' + \mathfrak{R}_{12} \\ \mathfrak{R}_2 = \mathfrak{R}_{21} + \mathfrak{R}_2' + \mathfrak{R}_{23} \quad \text{usw.} \end{array}\right\} \tag{5b}$$

wo wird:

$$\left.\begin{array}{l} \mathfrak{R}_{10} = R_{10} + j\left(\omega L_{10} - \dfrac{1}{\omega C_{10}}\right) \\ \\ \mathfrak{R}_1' = R_1' + j\left(\omega L_1' - \dfrac{1}{\omega C_1'}\right) \quad \text{usw.} \end{array}\right\} \tag{5c}$$

$\mathfrak{R}_{12}$ wie (5a).

Geltungsbereich der Gleichungen 5.

§ 2. System 5 gilt allgemeiner, als seiner Ableitung aus dem Schema der Abb. 1 entspricht. So fällt natürlich die rein induktive Koppelung darunter. Aber auch Leitungsglieder, bei denen Kapazitäten und Selbstinduktionen parallel, statt hintereinander, vorkommen, sind einbegriffen. Allerdings gilt dann nicht mehr die einfache Beziehung von (5c) zur Berechnung von $\Re_1$ usw. nach (5b), sondern wir müssen statt (5c) schreiben:

$$\Re = R'' + j\,S'', \tag{6}$$

wo die Indizes weggelassen sind, gültig für die Stelle, an der die Parallelschaltung stattfindet und R'' und S'' aus den Selbstinduktionen, Kapazitäten und Widerständen erst zu berechnen sind. Bei einfacher Parallelschaltung von Kapazität und Selbstinduktion, wenn der ohmsche Widerstand nur auf der Spulenseite sitzt und wir die neuen Werte immer mit zwei Strichen versehen, um Verwechslungen auszuschließen, erhalten wir zum Einsetzen in die Formel (5c):

$$\left.\begin{aligned} R'' &= \frac{R}{\omega^2\,C^2\left\{R^2+\left(\omega\,L-\dfrac{1}{\omega\,C}\right)^2\right\}} \\[2ex] S'' &= -\,\frac{R^2+\omega\,L\left(\omega\,L-\dfrac{1}{\omega\,C}\right)}{\omega\,C\left\{R^2+\left(\omega\,L-\dfrac{1}{\omega\,C}\right)^2\right\}} \end{aligned}\right\} \tag{6a}$$

Wird in einem Glied der Kette die Selbstinduktion zu Null oder die Kapazität unendlich, so daß es keine eigentliche Eigenfrequenz besitzt, dann eliminiert man es am besten aus dem Schema des Systems 5, indem man es zu den beiden benachbarten Gliedern schlägt. Dieser Fall kommt häufig am Anfang und Ende der Kette vor, wenn die elektromotorische Kraft bzw. der Detektor in einem aperiodischen Kreise liegt.

Statt der Gleichung (1) von System 5 haben wir dann zwei:

$$(0) \qquad \Im_0\,\Re_0 + \Im_1\,\Re_{01} = \mathfrak{E}_0\,,$$
$$(1) \qquad \Im_1\,\Re_{10} + \Im_1\,\Re_1 + \Im_2\,\Re_{12} = 0\,.$$

Setzt man aus (0) den Wert für $\Im_0$ in (1) ein, so erhält man:

$$(1)\qquad \Im_1\left(\Re_1 - \frac{\Re_{10}^2}{\Re_0}\right) + \Im_2\,\Re_{12} = -\,\frac{\Re_{10}}{\Re_0}\cdot\mathfrak{E}_0\,.$$

Wir würden also in der Kette dieselben Ströme bekommen, wenn die EMK von der Größe $\mathfrak{E}_1 = -\dfrac{\Re_{10}}{\Re_0}\cdot\mathfrak{E}_0$ im ersten Kreise sitzen würde, der aperiodische Kreis ganz wegfiele und der komplexe Widerstand $\Re_I$ des ersten Kreises wäre:

$$\Re_I = \Re_1 - \frac{\Re_{10}^2}{\Re_0}\,.$$

Sei z. B.:

$$\Re_0 \;= R_0 + j\,\omega\,L_0\,,$$
$$\Re_{10} = j\,\omega\,L_{10}$$

so wird:

$$\Re_I = R_1 + R_0\,\frac{\omega^2\,L_{10}^2}{R_0^2+\omega^2\,L_0^2} + j\left[\omega\left(L_1 - L_0\,\frac{\omega^2\,L_{10}^2}{R_0^2+\omega^2\,L_0^2}\right) - \frac{1}{\omega\,C_1}\right].$$

Der ohmsche Widerstand von Kreis 1 erscheint vergrößert, die Selbstinduktion etwas verkleinert.

Entsprechendes gilt, wenn der Detektor in einem aperiodischen Kreis sitzt, für das letzte System der Kette.

Verallgemeinerung von System 5.

§ 3. Wenn in jedem von n schwingenden Systemen eine EMK sitzt und jedes mit allen übrigen gekoppelt ist, haben wir den allgemeinsten Fall zwischen Schwingungsgebilden. Wir beschränken uns darauf, daß die elektromotorischen Kräfte alle dieselbe Frequenz haben und von der Form seien:

$$E_1 = \mathfrak{E}_1\, e^{j\,\omega t} \text{ und } \mathfrak{E}_1 = E_{10}\, e^{j\,\varphi_{10}},$$
$$E_2 = \mathfrak{E}_2\, e^{j\,\omega t} \text{ und } \mathfrak{E}_2 = E_{20}\, e^{j\,\varphi_{20}} \quad \text{usw.,}$$

dann erhalten wir zur Berechnung der Ströme in den einzelnen Kettengliedern statt (5) die allgemeine Form:

$$\left.\begin{array}{l}
\mathfrak{J}_1\mathfrak{R}_1 + \mathfrak{J}_2\mathfrak{R}_{12} + \mathfrak{J}_3\mathfrak{R}_{13} + \ldots + \mathfrak{J}_n\mathfrak{R}_{1n} = \mathfrak{E}_1 \\
\mathfrak{J}_1\mathfrak{R}_{21} + \mathfrak{J}_2\mathfrak{R}_2 + \mathfrak{J}_3\mathfrak{R}_{23} + \ldots + \mathfrak{J}_n\mathfrak{R}_{2n} = \mathfrak{E}_2 \\
\mathfrak{J}_1\mathfrak{R}_{31} + \mathfrak{J}_2\mathfrak{R}_{32} + \mathfrak{J}_3\mathfrak{R}_3 + \ldots + \mathfrak{J}_n\mathfrak{R}_{3n} = \mathfrak{E}_3 \\
\cdot\ \cdot\ \cdot\ \cdot\ \cdot\ \cdot\ \cdot\ \cdot\ \cdot\ \cdot\ \cdot\ \cdot\ \cdot\ \cdot\ \cdot\ \cdot \\
\mathfrak{J}_1\mathfrak{R}_{n1} + \mathfrak{J}_2\mathfrak{R}_{n2} + \mathfrak{J}_3\mathfrak{R}_{n3} + \ldots + \mathfrak{J}_n\mathfrak{R}_n = \mathfrak{E}_n\ .
\end{array}\right| \tag{7}$$

Lösung des simultanen Systems 7.

§ 4. Wir haben in (7) ein simultanes System von n linearen Gleichungen zur Bestimmung der n Unbekannten und erhalten demnach für irgendeine Stromstärke $\mathfrak{J}_l$ im l^{ten} Kreis den Ausdruck:

$$\mathfrak{J}_l = \frac{\mathfrak{Z}_l}{\mathfrak{R}_n}, \tag{8}$$

$\mathfrak{R}_n$ ist für alle $\mathfrak{J}$ gemeinschaftlich und besteht aus der Determinante der Koeffizienten der $\mathfrak{J}$, also:

$$\mathfrak{R}_n = \begin{vmatrix}
\mathfrak{R}_1 & \mathfrak{R}_{12} & \ldots & \mathfrak{R}_{1n} \\
\mathfrak{R}_{21} & \mathfrak{R}_2 & \ldots & \mathfrak{R}_{2n} \\
\cdot & \cdot & \cdot & \cdot \\
\mathfrak{R}_{n1} & \mathfrak{R}_{n2} & \ldots & \mathfrak{R}_n,
\end{vmatrix} \tag{9}$$

$\mathfrak{Z}_l$ erhalten wir aus $\mathfrak{R}_n$, wenn wir die Koeffizienten der Unbekannten $\mathfrak{J}_l$ in der Determinante (9) durch die elektromotorischen Kräfte ersetzen, also:

$$\mathfrak{Z}_l = \begin{vmatrix}
\mathfrak{R}_1 & \mathfrak{R}_{12} & \ldots & \mathfrak{E}_1 & \mathfrak{R}_{1,l+1} & \ldots & \mathfrak{R}_{1n} \\
\mathfrak{R}_{21} & \mathfrak{R}_2 & \ldots & \mathfrak{E}_2 & \mathfrak{R}_{2,l+1} & \ldots & \mathfrak{R}_{2n} \\
\cdot & \cdot & \cdot & \cdot & \cdot & \cdot & \cdot \\
\mathfrak{R}_{n1} & \mathfrak{R}_{n2} & \ldots & \mathfrak{E}_n & \mathfrak{R}_{n,l+1} & \ldots & \mathfrak{R}_n\ .
\end{vmatrix} \tag{10}$$

Wenn nur in einem einzigen Kreis, etwa im ersten, eine EMK sitzt, so reduziert sich die Determinante für $\mathfrak{Z}_l$ auf dieses $\mathfrak{E}_1$ multipliziert mit ihrer Unterdeterminante. Es wird also dann:

$$\mathfrak{Z}_l = (-1)^{l+1}\cdot\mathfrak{E}_1 \begin{vmatrix}
\mathfrak{R}_{21} & \mathfrak{R}_2 & \ldots & \mathfrak{R}_{2,l-1} & \mathfrak{R}_{2,l+1} & \ldots & \mathfrak{R}_{2n} \\
\mathfrak{R}_{31} & \mathfrak{R}_{32} & \ldots & \mathfrak{R}_{3,l-1} & \mathfrak{R}_{3,l+1} & \ldots & \mathfrak{R}_{3n} \\
\cdot & \cdot & \cdot & \cdot & \cdot & \cdot & \cdot \\
\mathfrak{R}_{l1} & \mathfrak{R}_{l2} & \ldots & \mathfrak{R}_{l,l-1} & \mathfrak{R}_{l,l+1} & \ldots & \mathfrak{R}_{ln} \\
\mathfrak{R}_{l+1,1} & \mathfrak{R}_{l+1,2} & \ldots & \mathfrak{R}_{l+2,l-1} & \mathfrak{R}_{l+1} & \ldots & \mathfrak{R}_{l+1,n} \\
\cdot & \cdot & \cdot & \cdot & \cdot & \cdot & \cdot \\
\mathfrak{R}_{n1} & \mathfrak{R}_{n2} & \ldots & \mathfrak{R}_{n,l-1} & \mathfrak{R}_{n,l+1} & \ldots & \mathfrak{R}_n
\end{vmatrix} \tag{11}$$

Anwendung auf eine Kette nach System 5.

§ 5. Eine Kette, die das simultane System 5 ergibt, ist dadurch ausgezeichnet, daß je ein Glied nur mit den beiden benachbarten gekoppelt ist und die EMK sich am Anfange der Kette befindet. Für sie werden daher eine große Zahl der Glieder der Determinanten (9) und (11) zu Null. Es wird aus (11):

$$\mathfrak{Z}_l = (-1)^{l+1}\,\mathfrak{E}_1\,\mathfrak{R}_{21}\,\mathfrak{R}_{32}\ldots\mathfrak{R}_{l,l-1}\begin{vmatrix} \mathfrak{R}_{l+1} & \mathfrak{R}_{l+1,l+2} & 0 & . & 0 & 0 & 0 \\ \mathfrak{R}_{l+2,l+1} & \mathfrak{R}_{l+2} & \mathfrak{R}_{l+2,l+3} & . & 0 & 0 & 0 \\ 0 & \mathfrak{R}_{l+3,l+2} & \mathfrak{R}_{l+3} & . & 0 & 0 & 0 \\ . & . & . & . & . & . & . \\ 0 & 0 & 0 & . & \mathfrak{R}_{n-2} & \mathfrak{R}_{n-2,n-1} & 0 \\ 0 & 0 & 0 & . & \mathfrak{R}_{n-1,n-2} & \mathfrak{R}_{n-1} & \mathfrak{R}_{n-1,n} \\ 0 & 0 & 0 & . & 0 & \mathfrak{R}_{n,n-1} & \mathfrak{R}_{n} \end{vmatrix} \tag{12}$$

und aus (9)

$$\mathfrak{R}_n = \begin{vmatrix} \mathfrak{R}_{1} & \mathfrak{R}_{12} & 0 & . & 0 & 0 & 0 \\ \mathfrak{R}_{21} & \mathfrak{R}_{2} & \mathfrak{R}_{23} & . & 0 & 0 & 0 \\ 0 & \mathfrak{R}_{32} & \mathfrak{R}_{3} & . & 0 & 0 & 0 \\ . & . & . & . & . & . & . \\ 0 & 0 & 0 & . & \mathfrak{R}_{n-2} & \mathfrak{R}_{n-2,n-1} & 0 \\ 0 & 0 & 0 & . & \mathfrak{R}_{n-1,n-2} & \mathfrak{R}_{n-1} & \mathfrak{R}_{n-1,n} \\ 0 & 0 & 0 & . & 0 & \mathfrak{R}_{n,n-1} & \mathfrak{R}_{n} \end{vmatrix} \tag{13}$$

Den Faktor $(-1)^{l+1}$ im Ausdruck für $\mathfrak{Z}_l$ werden wir in Zukunft weglassen. Dies bedeutet aber dann, daß wir in Zukunft als Phasengleichheit nicht mehr diejenige ansehen, bei welcher etwa die positiven Ströme die Richtung der Pfeile unten in Abb. 1 haben, sondern diejenigen der gestrichen gezeichneten Pfeile oben. Bei Phasengleichheit fließen dann die Ströme zweier benachbarter Kreise in den Koppelungsgliedern einander entgegen. Die bisherige Stromrichtung wurde gewählt, um in den Ausdrücken 5 usw. lauter positive Koeffizienten zu haben.

Auflösung der Determinanten (12) und (13).

§ 6. Bei der Auflösung der Determinanten (12) und (13), von denen übrigens (12) eine Unterdeterminante der anderen ist, können wir entweder sämtliche Glieder ausmultiplizieren oder eine Darstellung mit Hilfe von Rekursionsformeln wählen. Wir wollen letztere Form der Lösung benutzen, da bei numerischer Berechnung die Rekursionsformeln vorteilhafter sind und werden nur in speziellen Fällen die Rekursionsformeln ausmultipliziert angeben.

Die Rekursionsformeln werden wie früher auf zweifache Art dargestellt werden. Bei der ersten Art, die sich unmittelbar bei der Ausrechnung der Determinanten ergibt, muß zur Berechnung eines Gliedes auf zwei vorangehende zurückgegriffen werden, bei der zweiten Art ist nur das unmittelbar vorangehende Glied notwendig.

Wenn wir bei der Auflösung der Determinante (13) von unten rechts beginnen, erhalten wir:

$$\mathfrak{J}_l = \mathfrak{R}_{21} \cdot \mathfrak{R}_{32} \ldots \mathfrak{R}_{l,e-1} \cdot \frac{\mathfrak{R}'_{l+1}}{\mathfrak{R}'_1} \cdot \mathfrak{E}_1 \tag{15}$$

und

$$
\begin{aligned}
\mathfrak{R}'_{n+1} &= 1 \\
\mathfrak{R}'_n &= \mathfrak{R}_n \\
\mathfrak{R}'_{n-1} &= \mathfrak{R}_{n-1}\mathfrak{R}'_n - \mathfrak{R}^2_{n,n-1} \\
\mathfrak{R}'_{n-2} &= \mathfrak{R}_{n-2}\cdot\mathfrak{R}'_{n-1} - \mathfrak{R}^2_{n-1,n-2}\cdot\mathfrak{R}'_n \\
&\ \ \cdots\cdots\cdots\cdots\cdots \\
\mathfrak{R}'_1 &= \mathfrak{R}_1\mathfrak{R}'_2 - \mathfrak{R}^2_{21}\mathfrak{R}'_3 .
\end{aligned}
\tag{15a}
$$

Beginnen wir oben links, so ergibt sich:

$$
\mathfrak{I}_l = \mathfrak{R}_{21}\cdot\mathfrak{R}_{32}\ldots\mathfrak{R}_{l,l-1}\,\frac{\mathfrak{R}'_{l+1}}{\mathfrak{R}_n}\cdot\mathfrak{E}_1 ,
\tag{15b}
$$

wo

$$
\begin{aligned}
\mathfrak{R}_1 &= \mathfrak{R}_1 \\
\mathfrak{R}_2 &= \mathfrak{R}_2\mathfrak{R}_1 - \mathfrak{R}^2_{21} \\
\mathfrak{R}_3 &= \mathfrak{R}_3\mathfrak{R}_2 - \mathfrak{R}^2_{32}\mathfrak{R}_1 \\
&\ \ \cdots\cdots\cdots\cdots\cdots \\
\mathfrak{R}_n &= \mathfrak{R}_n\mathfrak{R}_{n-1} - \mathfrak{R}^2_{n,n-1}\cdot\mathfrak{R}_{n-2}
\end{aligned}
\tag{15c}
$$

müssen aber jetzt $\mathfrak{R}'_{l+1}$ getrennt nach (15a) berechnen.

Es ist stets $\mathfrak{R}'_1 = \mathfrak{R}_n$.

Die zweite Form der Darstellung ist folgende:

$$
\mathfrak{I}_l = \frac{\mathfrak{R}_{21}\cdot\mathfrak{R}_{32}\ldots\mathfrak{R}_{l,l-1}}{\mathfrak{G}'_1\mathfrak{G}'_2\ldots\mathfrak{G}'_l}\cdot\mathfrak{E}_1 ,
\tag{16}
$$

wo für die $\mathfrak{G}'$ gilt:

$$
\begin{aligned}
\mathfrak{G}'_n &= \mathfrak{R}_n \\
\mathfrak{G}'_{n-1} &= \mathfrak{R}_{n-1} - \frac{\mathfrak{R}^2_{n-1,n}}{\mathfrak{G}'_n} \\
\mathfrak{G}'_{n-2} &= \mathfrak{R}_{n-2} - \frac{\mathfrak{R}^2_{n-2,n-1}}{\mathfrak{G}'_{n-1}} \\
&\ \ \cdots\cdots\cdots\cdots\cdots \\
\mathfrak{G}'_1 &= \mathfrak{R}_1 - \frac{\mathfrak{R}^2_{12}}{\mathfrak{G}'_2} ,
\end{aligned}
\tag{16a}
$$

da sich bei der Multiplikation der einzelnen Glieder wieder (15a) ergibt:

$$
\begin{aligned}
\mathfrak{R}'_n &= \mathfrak{G}'_n \\
\mathfrak{R}'_{n-1} &= \mathfrak{G}'_n\cdot\mathfrak{G}'_{n-1} \\
\mathfrak{R}'_{n-2} &= \mathfrak{G}'_n\cdot\mathfrak{G}'_{n-1}\cdot\mathfrak{G}'_{n-2} \\
&\ \ \cdots\cdots\cdots\cdots\cdots \\
\mathfrak{R}'_1 &= \mathfrak{G}'_n\cdot\mathfrak{G}'_{n-1}\ldots\mathfrak{G}'_1
\end{aligned}
\tag{16b}
$$

oder entsprechend (15b)

$$
\mathfrak{I}_l = \frac{\mathfrak{R}_{21}\cdot\mathfrak{R}_{32}\ldots\mathfrak{R}_{l,l-1}\cdot\mathfrak{R}'_{l+1}}{\mathfrak{G}_1\cdot\mathfrak{G}_2\ldots\mathfrak{G}_n}\cdot\mathfrak{E}_1 ,
\tag{16c}
$$

wo:

$$
\begin{aligned}
\mathfrak{G}_1 &= \mathfrak{R}_1 \\
\mathfrak{G}_2 &= \mathfrak{R}_2 - \frac{\mathfrak{R}^2_{21}}{\mathfrak{G}_1} \\
\mathfrak{G}_3 &= \mathfrak{R}_3 - \frac{\mathfrak{R}^2_{32}}{\mathfrak{G}_2} \\
&\ \ \cdots\cdots\cdots\cdots\cdots \\
\mathfrak{G}_n &= \mathfrak{R}_n - \frac{\mathfrak{R}^2_{n,n-1}}{\mathfrak{G}_{n-1}}
\end{aligned}
\tag{16d}
$$

und wiederum gilt:

$$\left.\begin{aligned}
\mathfrak{R}_1 &= \mathfrak{G}_1 \\
\mathfrak{R}_2 &= \mathfrak{G}_1 \cdot \mathfrak{G}_2 \\
&\cdots\cdots\cdots \\
\mathfrak{R}_n &= \mathfrak{G}_1 \cdot \mathfrak{G}_2 \ldots \mathfrak{G}_n\,.
\end{aligned}\right\} \tag{16e}$$

Die allgemeine Darstellung des Resultats in Gestalt von Rekursionsformeln kann auch noch in verschiedener anderer Weise erfolgen. Doch bieten sich dabei keine besonderen Vorteile gegenüber den angegebenen zwei Formen.

Faßt man das ganze Problem von vornherein als reines Stromverzweigungsproblem auf, so kann man unmittelbar das Resultat in Form eines Kettenbruchs angeben, dessen Auflösung wieder auf unsere Formeln führt.

Die homogene Kette.

§ 7. Wenn sämtliche Glieder einer Kette gleichgebaut sind, wollen wir die Kette homogen nennen. Es ist dann:

$$\left.\begin{aligned}
\mathfrak{R}_1 &= \mathfrak{R}_2 = \mathfrak{R}_3 = \ldots = \mathfrak{R}_n = \mathfrak{R} \\
\mathfrak{R}_{12} &= \mathfrak{R}_{23} = \mathfrak{R}_{34} = \ldots = \mathfrak{R}_{n-1,n} = \mathfrak{R}_{12}
\end{aligned}\right\} \tag{17}$$

Dividieren wir alle Gleichungen des Systems 5 mit $\mathfrak{R}_{12}$, so ist nur noch ein einziger Koeffizient

$$a = \frac{\mathfrak{R}}{\mathfrak{R}_{12}} \tag{18}$$

zur Berechnung der Kette vorhanden.

Es wird dann statt (15):

$$\mathfrak{J}l = \frac{\mathfrak{R}_{n-l}}{\mathfrak{R}_n} \cdot \frac{\mathfrak{E}_1}{\mathfrak{R}_{12}}\,, \tag{19}$$

da $\mathfrak{R}'_{l+1} = \mathfrak{R}_{n-l}$ wird, und

$$\left.\begin{aligned}
\mathfrak{R}_0 &= 1 \\
\mathfrak{R}_1 &= a \\
\mathfrak{R}_2 &= a\,\mathfrak{R}_1 - \mathfrak{R}_0 \\
\mathfrak{R}_3 &= a\,\mathfrak{R}_2 - \mathfrak{R}_1 \\
&\cdots\cdots\cdots\cdots \\
\mathfrak{R}_n &= a\,\mathfrak{R}_{n-1} - \mathfrak{R}_{n-2}
\end{aligned}\right\} \tag{19a}$$

und statt (16) erhalten wir

$$\mathfrak{J}l = \frac{1}{\mathfrak{G}_{n-l+1}\,\mathfrak{G}_{n-l+2}\cdots\mathfrak{G}_n} \cdot \frac{\mathfrak{E}_1}{\mathfrak{R}_{12}}\,, \tag{20}$$

da wird

$$\left.\begin{aligned}
\mathfrak{G}_1 &= a & \mathfrak{G}'_n &= \mathfrak{G}_1 \\
\mathfrak{G}_2 &= a - \frac{1}{\mathfrak{G}_1} & \mathfrak{G}'_{n-1} &= \mathfrak{G}_2 \\
\mathfrak{G}_3 &= a - \frac{1}{\mathfrak{G}_2} & &\cdots\cdots \\
&\cdots\cdots\cdots \\
\mathfrak{G}_n &= a - \frac{1}{\mathfrak{G}_{n-1}} & \mathfrak{G}'_1 &= \mathfrak{G}_n
\end{aligned}\right\}. \tag{20a}$$

Die Größe a kann eine von der Frequenz unabhängige Zahl werden. Für eine solche Kette wird die Resonanzkurve unabhängig von der Gliederzahl.

Hat die Kette unendlich viele Glieder, so muß der Strom im ersten Glied schließlich unabhängig werden von den viel späteren Gliedern der Kette. Da nun für die homogene Kette gilt:

$$\mathfrak{G}_n = a - \frac{1}{\mathfrak{G}_{n-1}} = a - \cfrac{1}{a - \cfrac{1}{a}} \cdots$$

wird für die unendlich lange homogene Kette:

$$\mathfrak{G}_n = \mathfrak{G}_{n-1} = \mathfrak{G}_{n-2} \cdots = \mathfrak{G} \qquad \text{oder} \qquad \mathfrak{G} = a - \frac{1}{\mathfrak{G}}$$

und daher:

$$\mathfrak{G} = \tfrac{1}{2}\left(a + \sqrt{a^2 - 4}\right) \tag{21}$$

und statt (20):

$$\mathfrak{J}_l = \frac{1}{\mathfrak{G}^l} \cdot \frac{\mathfrak{E}_1}{\mathfrak{R}_{12}} . \tag{22}$$

Übergang zu reellen Werten.

§ 8. Die in den bisherigen Formeln vorkommenden Größen sind im allgemeinen komplexer Natur. Man kann sie daher schreiben:

$$\left.\begin{aligned}
\mathfrak{R}_1 &= R_1 + j\,S_1 = \sqrt{R_1^2 + S_1^2} \cdot e^{j\,\varepsilon_1} = W_1 \cdot e^{j\,\varepsilon_1} \ \text{usw.} \ \ \operatorname{tg}\varepsilon_1 = \frac{S_1}{R_1}\\[4pt]
\mathfrak{R}_{12} &= R_{12} + j\,S_{12} = \sqrt{R_{12}^2 + S_{12}^2} \cdot e^{j\,\varepsilon_{12}} = W_{12} \cdot e^{j\,\varepsilon_{12}} \ \text{usw.} \ \ \operatorname{tg}\varepsilon_{12} = \frac{S_{12}}{R_{12}}\\[4pt]
\mathfrak{N}_1' &= A_1' + j\,B_1' = \sqrt{A_1'^2 + B_1'^2} \cdot e^{j\,\psi_1'} = N_1' \cdot e^{j\,\psi_1'} \ \text{usw.} \ \ \operatorname{tg}\psi_1' = \frac{B_1'}{A_1'}\\[4pt]
\mathfrak{N} &= A_1 + j\,B = \sqrt{A_1^2 + B_1^2} \cdot e^{j\,\psi_1} = N_1 \cdot e^{j\,\psi_1} \ \text{usw.} \ \ \operatorname{tg}\psi_1 = \frac{B_1}{A_1}\\[4pt]
\mathfrak{G}_1' &= a_1' + j\,b_1' = \sqrt{a_1'^2 + b_1'^2} \cdot e^{j\,\xi_1'} = G_1' \cdot e^{\xi_1'} \ \ \ \text{usw.} \ \ \operatorname{tg}\xi_1' = \frac{b_1'}{a_1'}\\[4pt]
\mathfrak{G}_1 &= a_1 + j\,b_1 = \sqrt{a_1^2 + b_1^2} \cdot e^{j\,\xi_1} = G_1 \cdot e^{\xi_1} \ \ \ \text{usw.} \ \ \operatorname{tg}\xi_1 = \frac{b_1}{a_1}
\end{aligned}\right\} \tag{27}$$

Die Wurzeln sind alle positiv zu nehmen und die Winkel zwischen 0 und $+\pi$, wenn der mit j multiplizierte Teil positiv ist, aber zwischen 0 und $-\pi$, wenn er negativ ist.

Durch Einsetzen dieser Werte in die Formel (15) und die folgenden erhält man, wenn wir uns auf die Darstellung mit den ungestrichenen Größen beschränken: statt (15 b):

$$\left.\begin{aligned}
J_{l0} &= \frac{W_{21} \cdot W_{32} \ldots W_{l,l-1} \cdot N_{l+1}'}{N_n} \cdot E_{10}\,,\\[4pt]
\varphi_l &= \varphi_0 + \varepsilon_{21} + \varepsilon_{32} + \ldots + \varepsilon_{l,l-1} + \psi_{l+1}' - \psi_n\,,
\end{aligned}\right\} \tag{28}$$

$$\left.\begin{aligned}
N_n &= \sqrt{A_n^2 + B_n^2} \ \text{usw.}\\[4pt]
1)\ &\begin{cases} A_1 = R_1 \\ B_1 = S_1 \end{cases}\\[4pt]
2)\ &\begin{cases} A_2 = R_2 A_1 - S_2 B_1 + r_2^2\,, & \text{wo} \quad r_2^2 = S_{21}^2 - R_{21}^2 \ \text{usw.}\\ B_2 = S_2 A_1 + R_1 B_2 - s_2^2\,, & \text{wo} \quad s_2^2 = 2\,S_{21} \cdot R_{21} \ \text{usw.} \end{cases}\\[4pt]
4)\ &\begin{cases} A_3 = R_3 A_2 - S_3 B_2 + r_3^2 A_1 + s_3^2 B_1\\ B_3 = S_3 A_2 + R_2 B_2 - s_3^2 A_1 + r_3^2 B_1 \end{cases}\\[4pt]
&\ \cdots\cdots\cdots\cdots\cdots\cdots\cdots\cdots\\[2pt]
n)\ &\begin{cases} A_n = R_n A_{n-1} - S_n B_{n-1} + r_n^2 A_{n-2} + s_n^2 B_{n-2}\\ B_n = S_n A_{n-1} + R_n B_{n-1} - s_n^2 A_{n-2} + r_n^2 B_{n-2}\,. \end{cases}
\end{aligned}\right\} \tag{28a}$$

Bei der zweiten Form der Rekursionsformeln erhalten wir aus (16c):

$$J_{l0} = \frac{W_{21} \cdot W_{32} \dots W_{l,l-1} \cdot N'_{l+1}}{G_1 G_2 \dots G_n} \cdot E_{10} \,, \qquad \Bigg\} \quad (29)$$

$$\varphi_l = \varphi_0 + \varepsilon_{21} + \varepsilon_{32} + \dots + \varepsilon_{l,l-1} + \psi'_{l+1} - \xi_1 - \xi_2 - \dots - \xi_n$$

$$
\begin{aligned}
& \quad G_1 = \sqrt{a_1^2 + b_1^2} \quad \text{usw.}\\[2pt]
&1) \begin{cases} a_1 = R_1 \\ b_1 = S_1 \end{cases}\\[6pt]
&2) \begin{cases} a_2 = R_2 + \dfrac{r_2^2 a_1 - s_2^2 b_1}{a_1^2 + b_1^2} \\[10pt] b_2 = S_2 - \dfrac{s_2^2 a_1 + r_2^2 b_1}{a_1^2 + b_1^2} \end{cases}\\[6pt]
&\qquad \dotfill\\[4pt]
&n) \begin{cases} a_n = R_n + \dfrac{r_n^2 a_{n-1} - s_n^2 b_{n-1}}{a_{n-1}^2 + b_{n-1}^2} \\[10pt] b_n = S_n - \dfrac{s_n^2 a_{n-1} + r_n^2 b_{n-1}}{a_{n-1}^2 + b_{n-1}^2} \end{cases}
\end{aligned}
\qquad r \text{ und } s \text{ wie vorher.} \qquad (29\text{a})
$$

Die homogene Kette.

§ 9. Für die homogene Kette können wir entweder die in den vorangegangenen Formeln vorkommenden Größen R, S, r und s in allen Gliedern einander gleichmachen oder Formel (19) und (20) benutzen.

Wir bekommen aus (19):

$$J_{l0} = \frac{N_{n-l}}{N_n} \cdot \frac{E_{10}}{W_{12}} \qquad \Bigg\} \quad (30)$$

$$\varphi_l = \varphi_0 - \varepsilon_{12} + \psi_{n-l} - \psi_n$$

Setzen wir:

$$a = \frac{\mathfrak{R}}{\mathfrak{R}_{12}} = a_0 + j\, b_0 \,,$$

dann wird:

$$
\begin{aligned}
a_0 &= \frac{R_{12} R + S_{12} S}{R_{12}^2 + S_{12}^2} \\[10pt]
b_0 &= \frac{R_{12} S - S_{12} R}{R_{12}^2 + S_{12}^2}
\end{aligned}
\qquad \Bigg\} \qquad 30\text{a})
$$

$$
\begin{aligned}
& \quad N_0 = 1\\
& \quad N_1 = \sqrt{A_1^2 + B_1^2} \quad \text{usw.}\\[2pt]
&1) \begin{cases} A_1 = a_0 \\ B_1 = b_0 \end{cases}\\[4pt]
&2) \begin{cases} A_2 = a_0 A_1 - b_0 B_1 - 1 \\ B_2 = b_0 A_1 + a_0 B_1 \end{cases}\\[4pt]
&3) \begin{cases} A_3 = a_0 A_2 - b_0 B_2 - A_1 \\ B_3 = b_0 A_2 + a_0 B_2 - B_1 \end{cases}\\[4pt]
&\qquad \dotfill\\[4pt]
&n) \begin{cases} A_n = a_0 A_{n-1} - b_0 B_{n-1} - A_{n-2} \\ B_n = b_0 A_{n-1} + a_0 B_{n-1} - B_{n-2} \end{cases}
\end{aligned}
\qquad\qquad (30\text{b})
$$

Aus 20:

$$J_{l0} = \frac{1}{G_{n-l+1} \cdot G_{n-l+2} \ldots G_n} \cdot \frac{E_{10}}{W_{12}} \Bigg\}$$
$$\varphi_l = \varphi_0 - \varepsilon_{12} - \xi_{n-l+1} - \ldots - \xi_n \tag{31}$$

$$G_1 = \sqrt{a_1^2 + b_1^2} \quad \text{usw.}$$
$$a_1 = a_0$$
$$b_1 = b_0$$
$$a_2 = a_0 - \frac{a_1}{a_1^2 + b_1^2}$$
$$b_2 = b_0 + \frac{b_1}{a_1^2 + b_1^2} \tag{31 a}$$
$$\ldots\ldots\ldots\ldots\ldots$$
$$a_n = a_0 - \frac{a_{n-1}}{a_{n-1}^2 + b_{n-1}^2}$$
$$b_n = b_0 + \frac{b_{n-1}}{a_{n-1}^2 + b_{n-1}^2}$$

Für unendlich lange homogene Ketten liefert (22):

$$J_{l0} = \frac{1}{G^l} \cdot \frac{E_{10}}{W_{12}} \Bigg\}$$
$$\varphi_l = \varphi_0 - \varepsilon_{12} - l\,\xi \tag{32}$$

$$\mathfrak{G} = a_1 + j\,b_1, \qquad G = \sqrt{a_1^2 + b_1^2}, \qquad \operatorname{tg} \xi = \frac{b_1}{a_1}$$
$$a_1 = \tfrac{1}{2}(a_0 + x)$$
$$b_1 = \tfrac{1}{2}(b_0 + y) \qquad \text{und für } x \text{ und } y: \tag{32 a}$$
$$x = \sqrt{\tfrac{1}{2}(a_0^2 - b_0^2 - 4) - \tfrac{1}{2}\sqrt{(a_0^2 - b_0^2 - 4)^2 + 4\,a_0^2\,b_0^2}}$$
$$y = \sqrt{-\tfrac{1}{2}(a_0^2 - b_0^2 - 4) - \tfrac{1}{2}\sqrt{(a_0^2 - b_0^2 - 4)^2 + 4\,a_0^2\,b_0^2}}\,.$$

Andere Bezeichnungsweise.

§ 10. Für numerische Auswertung ist die bisherige Bezeichnungsweise, bei der die Koeffizienten die Dimensionen von Widerständen besitzen, weniger günstig. Wir wollen jetzt die dimensionslosen Koeffizienten der Gleichungen (2) einführen, also Kopplungskoeffizienten und Dämpfungen, außerdem als Variable nicht mehr ω verwenden, sondern η, das Verhältnis ω zur Eigenfrequenz oder die Verstimmung x. Zu den Bezeichnungen von (2a) kommen nun folgende neue hinzu:

$$\omega_{12}^2 = \frac{1}{L_{12} C_{12}} \quad \text{usw. die Eigenfrequenz eines Kopplungsgliedes,}$$

$$D_{12} = \frac{\mathfrak{d}_{12}}{\pi} = \frac{R_{12}}{\omega_{12} L_{12}} \quad \text{usw., } \mathfrak{d}_{12} \text{ nahezu sein Dekrement,}$$

$$\frac{\omega}{\omega_1} = \eta_1 \quad \text{usw. das Frequenzverhältnis eines Kreises,}$$

$$\frac{\omega}{\omega_{12}} = \eta_{12} \quad \text{usw. das Frequenzverhältnis eines Kopplungsgliedes,}$$

$$\frac{\omega - \omega_1}{\omega_1} = x_1 \quad \text{usw. die Verstimmung eines Kreises,}$$

$$\frac{\omega - \omega_{12}}{\omega_{12}} = x_{12} \quad \text{usw. die Verstimmung eines Kopplungsgliedes.}$$

$$\tag{33}$$

Ähnliches gilt für ω_1', η_1', x_1' und D_1' bei dem Leitungsglied.

Es ist demnach: $\eta_1 = 1 + x_1$ usw.

Die Frequenzverhältnisse lassen sich aus einem einzigen, z. B. η_1, ableiten. Es ist nämlich:

$$\eta_l = \frac{\omega_1}{\omega_l} \cdot \eta_1 . \tag{34}$$

Durch die Einführung von Eigenfrequenz und Dämpfung an Stelle von Selbstinduktion, Kapazität und Widerstand werden die Konstanten eines Kreises um eine vermindert. Durch Division bestimmter Funktionen von η bzw. der Kopplungskoeffizienten mit der Dämpfung werden wir erreichen, daß sich die zur Berechnung einer Kette notwendigen Größen in vielen Fällen nochmals um eine verkleinern, so daß z. B. für die homogene Kette nur eine einfach unendliche Kurvenschar bei gegebener Gliederzahl herauskommt. Außerdem wird dabei noch bezweckt, daß die Zahlenkoeffizienten für die numerische Auswertung bequeme Größen annehmen.

Wir dividieren vom simultanen System 5 die erste Gleichung mit dem willkürlichen O h m schen Widerstand R_{1a}, die zweite mit R_{2a} und führen außerdem noch ein:

$$\left.\begin{aligned}
U_1 &= \frac{S_1}{R_{1a}} , & U_{12} &= \frac{S_{12}}{R_{1a}} , & \sigma_1 &= \frac{R_1}{R_{1a}} , & \sigma_{12} &= \frac{R_{12}}{R_{1a}} \\[2mm]
U_2 &= \frac{S_2}{R_{2a}} , & U_{21} &= \frac{S_{12}}{R_{2a}} , & \sigma_2 &= \frac{R_2}{R_{2a}} , & \sigma_{21} &= \frac{R_{12}}{R_{2a}} \quad \text{usw.} \\[2mm]
m_2^2 &= \frac{r_2^2}{R_{1a} \cdot R_{2a}} = U_{12} \cdot U_{21} - \sigma_{12} \cdot \sigma_{21} \quad \text{usw.} \\[2mm]
q_2^2 &= \frac{s_2^2}{R_{1a} \cdot R_{2a}} = 2\,U_{12}\,\sigma_{21} = 2\,U_{21}\,\sigma_{12}
\end{aligned}\right\} \tag{35}$$

Nach Gleichung (5b) setzt sich S_1, R_1 usw. aus drei Bestandteilen zusammen, der eine gestrichene rührt vom Leitungsglied, die beiden anderen von der Ableitung, d. h. der Kopplung, her. Die Zerlegung ist in manchen Fällen notwendig, es wird dann:

$$\left.\begin{aligned}
U_1 &= U_{10} + U_1' + U_{12} = \frac{S_{10}}{R_{1a}} + \frac{S_1'}{R_{1a}} + \frac{S_{12}}{R_{1a}} \\[2mm]
U_2 &= U_{21} + U_2' + U_{23} = \frac{S_{12}}{R_{2a}} + \frac{S_2'}{R_{2a}} + \frac{S_{23}}{R_{2a}} \quad \text{usw.} \\[2mm]
\sigma_1 &= \sigma_{10} + \sigma_1' + \sigma_{12} = \frac{R_{10}}{R_{1a}} + \frac{R_1'}{R_{1a}} + \frac{R_{12}}{R_{1a}} \\[2mm]
\sigma_2 &= \sigma_{21} + \sigma_2' + \sigma_{23} = \frac{R_{12}}{R_{2a}} + \frac{R_2'}{R_{2a}} + \frac{R_{23}}{R_{2a}} \quad \text{usw.}
\end{aligned}\right\} \tag{36}$$

Die zunächst willkürlichen Widerstände R_{1a} usw. werden wir je nach der Kettenform so wählen, daß wir bequem rechnen können.

Einführung der neuen Bezeichnungen in die Gleichungen (28), (29) und (30).

§ 11. Wenn wir die neue Schreibweise von (35) und (36) in die Gleichungen 28), (29) und (30) einführen, gewinnen wir diejenigen Endformeln, nach denen wir sämtliche Ketten berechnen werden, wenn ihre Dämpfung nicht zu groß ist. Es soll dabei nur

der Strom im letzten Glied ausdrücklich angegeben werden. Wir brauchen in den
Formeln (28), (29) und (30) nur zu ersetzen:

$$E_{10} \quad \text{durch} \quad \frac{E_{10}}{\sqrt{R_{1a} \cdot R_{na}}} \left. \begin{array}{l} \\ \\ R_1 \quad ,, \quad \sigma_1 \\ S_1 \quad ,, \quad U_1 \\ r_2^2 \quad ,, \quad m_2^2 \\ s_2^2 \quad ,, \quad q_2^2 \end{array} \right\} \tag{37}$$

ferner wird:
$$W_{21} = \sqrt{m_2^2 + 2\,\sigma_{12} \cdot \sigma_{21}} \quad \text{usw.}$$

und erhalten aus (28):
$$J_{no} = \frac{W_{21} \cdot W_{32} \dots W_{n,\,n-1}}{\sqrt{A_n^2 + B_n^2}} \cdot \frac{E_{10}}{\sqrt{R_{1a} \cdot R_{na}}}. \tag{38}$$

$$\begin{aligned}
&1. \left\{ \begin{array}{l} A_1 = \sigma_1 \\ B_1 = U_1 \end{array} \right. \\[2mm]
&2. \left\{ \begin{array}{l} A_2 = A_1\,\sigma_2 - B_1\,U_2 + m_2^2 \\ B_2 = A_1\,U_2 + B_1\,\sigma_2 - q_2^2 \end{array} \right. \\[2mm]
&3. \left\{ \begin{array}{l} A_3 = A_2\,\sigma_3 - B_2\,U_3 + m_3^2\,A_1 + q_3^2\,B_1 \\ B_3 = A_2\,U_3 + B_2\,\sigma_3 - q_3\,A_1 + m_3^2\,B_1 \end{array} \right. \\[2mm]
&\; \cdots\cdots\cdots\cdots\cdots\cdots\cdots\cdots\cdots \\[2mm]
&n \left\{ \begin{array}{l} A_n = A_{n-1}\,\sigma_n - B_{n-1}\,U_n + m_n^2\,A_{n-2} + q_n^2\,B_{n-2} \\ B_n = A_{n-1}\,U_n + B_{n-1}\,\sigma_n - q_n^2\,A_{n-2} + m_n^2\,B_{n-2} \end{array} \right.
\end{aligned}$$

$$\left. \begin{aligned} & m_2^2 = U_{12} \cdot U_{21} - \sigma_{12}\,\sigma_{21} \\ & q_2^2 = 2\,U_{12}\,\sigma_{21} \quad \text{usw.} \\[2mm] & \sigma_1 = \frac{R_1}{R_{1a}} \quad \text{usw.} \\[2mm] & \sigma_{12} = \frac{R_{12}}{R_{1a}} \quad \text{usw.} \end{aligned} \right\} \tag{38a}$$

oder aus (29):
$$\left. \begin{aligned} J_{no} &= \frac{W_{21} \cdot W_{32} \dots W_{n,\,n-1}}{G_1 \cdot G_2 \dots G_n} \cdot \frac{E_{10}}{\sqrt{R_{1a} \cdot R_{na}}} \\ G_1 &= \sqrt{a_1^2 + b_1^2} \quad \text{usw.} \end{aligned} \right\} \tag{39}$$

$$\left. \begin{aligned}
&1. \left\{ \begin{array}{l} a_1 = \sigma_1 \\ b_1 = U_1 \end{array} \right. \\[2mm]
&2. \left\{ \begin{array}{l} a_2 = \sigma_2 + \dfrac{m_2^2\,a_1 - q_2^2 \cdot b_1}{a_1^2 + b_1^2} \\[4mm] b_2 = U_2 - \dfrac{q_2^2\,a_1 + m_2^2\,b_1}{a_1^2 + b_1^2} \end{array} \right. \\[4mm]
&\;\cdots\cdots\cdots\cdots\cdots\cdots\cdots\cdots \\[2mm]
&n \left\{ \begin{array}{l} a_n = \sigma_n + \dfrac{m_n^2\,a_{n-1} - q_n^2\,b_{n-1}}{a_{n-1}^2 + b_{n-1}^2} \\[4mm] b_n = U_n - \dfrac{q_n^2\,a_{n-1}^2 + m_n^2\,b_{n-1}}{{}_1a_{n-}^2 + b_{n-1}^2} \end{array} \right.
\end{aligned} \right\} \tag{39a}$$

Für die homogene Kette, falls wir sie nicht nach den vorhergehenden Formeln,
sondern nach (30) und (31) berechnen wollen, brauchen wir nur Zähler und Nenner
von a_0 und b_0 mit R^2 zu dividieren. W_{21} multiplizieren wir vor der Wurzel mit R
und dividieren unter der Wurzel mit R^2. (30) und (31) bleiben dann der Form nach
vollständig erhalten, nur daß darin gilt:

$$\left. \begin{aligned} W_{21} &= R\,\sqrt{U_{12}^2 + \sigma_{12}^2}, & U &= \frac{S}{R} \\[3mm] a_0 &= \frac{U\,U_{12} + \sigma_{12}}{U_{12}^2 + \sigma_{12}^2}, & U_{12} &= \frac{S_{12}}{R} \\[3mm] b_0 &= \frac{U\,\sigma_{12} - U_{12}}{U_{12}^2 + \sigma_{12}^2}, & \sigma_{12} &= \frac{R_{12}}{R} \end{aligned} \right\} \tag{40}$$

Wir wollen nun in den folgenden zwei Paragraphen die zwei Fälle behandeln:
1. Spule und Kondensator kommen nur in Serie in der Kette vor;
2. sie sind an einzelnen Stellen auch in Parallelschaltung vorhanden.

Kette nach Abb. 1.

§ 12. Wenn in einer Kette Kapazität und Spule nur in Serie vorkommen, wie bei einer Kette nach Abb. 1, dann brauchen wir die Zerlegung von U_1 und σ_1 usw. nach Formel (36) nicht vorzunehmen. Es ist dan S_1 und R_1 nach Formel (5a) und (1a) gegeben und es ist:

$$\left.\begin{aligned} U_1 &= \frac{S_1}{R_{1a}} = \frac{1}{R_{1a}}\left(\omega L_1 - \frac{1}{\omega C_1}\right) = \sigma_1\left(\omega L_1 - \frac{1}{\omega C_1}\right)\frac{1}{R_1} \quad \text{usw.} \\ \sigma_1 &= \frac{R_1}{R_{1a}}. \end{aligned}\right\} \tag{41}$$

Führen wir nun in U_1 statt R_1 die Dämpfung D_1 ein unter Benutzung von $R_1 = D_1\omega_1 L_1$, so wird:

$$\left.\begin{aligned} U_1 &= \sigma_1\left(\frac{\omega}{\omega_1} - \frac{\omega_1}{\omega}\right)\frac{1}{D_1} = \sigma_1\frac{X_1}{D_1} \\ X_1 &= \frac{\omega}{\omega_1} - \frac{\omega_1}{\omega} = \eta_1 - \frac{1}{\eta_1} = \frac{x_1(2+x_1)}{1+x_1} \quad \text{usw.} \end{aligned}\right\} \tag{41a}$$

In ähnlicher Weise wird für U_{12} und U_{21}:

$$\text{und} \quad \left.\begin{aligned} U_{12} &= \sigma_{12}\frac{X_{12}}{D_{12}}, &\text{wo}& &\sigma_{12} &= \frac{R_{12}}{R_{1a}}, \\ X_{12} &= \left(\frac{\omega}{\omega_{12}} - \frac{\omega_{12}}{\omega}\right) = \eta_{12} - \frac{1}{\eta_{12}} = \frac{x_{12}(2+x_{12})}{1+x_{12}} \\ U_{21} &= \sigma_{21}\frac{X_{12}}{D_{12}}, &\text{wo}& &\sigma_{21} &= \frac{R_{12}}{R_{2a}} \quad \text{usw.} \end{aligned}\right\} \tag{42}$$

Zur Berechnung von U_{12} und U_{21} können wir auch die elektrischen und magnetischen Kopplungskoeffizienten einführen nach (2a); es wird dann:

$$\left.\begin{aligned} U_{12} &= \sigma_1\cdot\sqrt{\gamma_{12}\cdot\varkappa_{12}}\cdot\frac{X_{12}}{D_1} = \sigma_1\frac{\eta_1\varkappa_{12} - \dfrac{\gamma_{12}}{\eta_1}}{D_1} = \sigma_1\frac{K_{12}}{D_1} \\ U_{21} &= \sigma_2\cdot\sqrt{\gamma_{21}\cdot\varkappa_{21}}\cdot\frac{X_{12}}{D_2} = \sigma_2\frac{\eta_2\varkappa_{21} - \dfrac{\gamma_{21}}{\eta_2}}{D_2} = \sigma_2\frac{K_{21}}{D_2} \quad \text{usw.} \end{aligned}\right\} \tag{42a}$$

Es gilt nun eine Wahl für R_{1a} usw. zu treffen. Sind alle Eigenfrequenzen der ungekoppelten Systeme verschieden, dann wollen wir $R_{1a} = R_1$, $R_{2a} = R_2$ usw. setzen. Es wird dann:

$$\sigma_1 = \sigma_2 = \ldots \sigma_n = 1.$$

Die σ_{12}, σ_{21} usw. entsprechen den Ohmschen Kopplungskoeffizienten. Wir können natürlich diese Wahl allgemein beibehalten.

In den meisten Fällen, die praktisch vorkommen, werden jedoch alle Glieder gleich gebaut, also die Eigenfrequenzen ω_1, ω_2 der ungekoppelten Systeme gleich groß gemacht, aber die Dämpfungen verschieden, da man das erste Glied durch Kopplung mit einem Sender, das letzte durch Kopplung mit einem Detektor stärker dämpft, als die Glieder in der Mitte der Kette. Hier wählt man günstiger alle R_{1a}, R_{2a} usw. gleich groß, etwa gleich R_1, noch besser gleich demjenigen R, das am häufigsten in der Kette vorkommt. Es werden dann alle U_1, U_2 usw. gleich groß und ein großer Teil der σ_1, σ_2 wird zu 1. Die σ_{12} usw. entsprechen aber dann nicht mehr alle den ohmschen Kopplungskoeffizienten.

Kette mit Spule und Kondensator in Parallelschaltung.

§ 13. Wenn an irgendeiner Stelle der Kette Spule und Kondensator parallel liegen, müssen wir in die Formel (36) auch Größen der Formel (6a) einsetzen. In (6a) sind für L und C keine Indizes angegeben, da wir dieselben erst nachträglich einsetzen wollen, je nach der Stelle, an der die Parallelschaltung vorkommt. Durch Einführung von D, η und U, die für diesen Teil der Kette gelten, bringen wir (6a) auf die Form:

$$\left.\begin{aligned} R'' &= \frac{R}{\eta^2 D^2 (1 + U^2)} \\ S'' &= -\frac{D + \eta U}{\omega C D (1 + U^2)} \end{aligned}\right\} \tag{43}$$

In S'' kann man D gegen $\eta \cdot U$ meistens vernachlässigen, da schon bei kleiner Verstimmung $\eta \cdot U$ groß wird gegen D, für $U = 0$ aber R'' groß ist gegen S''. Wir können also in den meisten Fällen setzen:

$$S'' = -\frac{\eta U}{\omega C D (1 + U^2)} \, . \tag{43a}$$

Da jetzt R_1, R_2 usw. nicht einfach die Summe der Ohmschen Widerstände eines Gliedes darstellen, wäre es nicht vorteilhaft, die willkürlichen Widerstände R_{1a}, R_{2a} usw. wie vorher mit R_1 usw. zu identifizieren. Wir setzen hier die R_a am besten gleich dem Ohmschen Widerstande in der Spulenseite der Parallelschaltung. Besteht z. B. die Kette aus zwei Gliedern und ist die Parallelschaltung nur in der Kopplung zwischen den zwei Gliedern vorhanden, dann setzen wir $R_{1a} = R_{12}$ und ebenso $R_{2a} = R_{12}$ und erhalten:

$$\left.\begin{aligned} \sigma_1 &= \sigma_{10} + \sigma_1' + \sigma_{12}'' = \frac{R_{10}}{R_{12}} + \frac{R_1'}{R_{12}} + \frac{R_{12}''}{R_{12}} \\[2mm] \sigma_2 &= \sigma_{21}'' + \sigma_2' + \sigma_{23} = \frac{R_{21}''}{R_{12}} + \frac{R_2'}{R_{12}} + \frac{R_{23}}{R_{12}} \\[2mm] \sigma_{12}'' &= \sigma_{21}'' = \frac{1}{\eta_{12}^2 D_{12}^2 (1 + U_{12}^2)} \\[2mm] U_1 &= U_{10} + U_1' + U_{12}'' , \\[1mm] U_2 &= U_{21}'' + U_2' + U_{23} , \\[1mm] U_{10} &= \sigma_{10} \cdot \frac{X_{10}}{D_{10}} , \qquad U_2' = \sigma_2' \, \frac{X_2'}{D_2'} \\[2mm] U_1' &= \sigma_1' \cdot \frac{X_1'}{D_1'} , \qquad U_{23} = \sigma_{23} \, \frac{X_{23}}{D_{23}} \\[2mm] U_{12}'' &= U_{21}'' = -\frac{U_{12}}{D_{12}^2 (1 + U_{12}^2)} \end{aligned}\right\} \tag{44}$$

Ist $R_{12} = 0$, dann setzen wir etwa $R_{1a} = R_1'$, $R_{2a} = R_2'$ usw.

Alle weiteren speziellen Fälle ergeben sich aus den allgemeinen Formeln (38) und (39), indem man die nötigen Größen gleich Null setzt. Sie sind zum Teil in der früheren Arbeit behandelt.

Die Eigenfrequenzen der Kette.

§ 14. Die Eigenfrequenzen der Kette sind im allgemeinen verschieden von den Eigenfrequenzen der ungekoppelten Glieder der Kette. Sie sind am leichtesten zu berechnen für verschwindende ohmsche Widerstände. Es ist nämlich dann immer möglich, Werte von ω zu finden, für welche der Nenner im Ausdruck für die Stromstärke zu Null wird. Die Zahl solcher Eigenfrequenzen entspricht immer der Anzahl der gekoppelten Systeme. Bei endlicher Dämpfung kommen die Eigenfrequenzen in der Resonanzkurve zum Ausdruck durch Maxima an den einzelnen Stellen. Diese Stellen können gegenüber den für die Dämpfung 0 berechneten etwas verschoben sein bzw. auch ganz wegfallen. Das Auftreten von Maxima ist von der Größe der Dämpfung abhängig. Bei jeder Kopplung treten sie auf, wenn nur die Dämpfung klein genug ist. Maßgebend für ihr Auftreten ist das Verhältnis von Kopplung zur Dämpfung. Es ist daher vollständig illusorisch, Angaben über das Aussehen von Resonanzkurven zu geben auf Grund von Formeln, in denen keine bestimmte Annahmen über die Größe der Dämpfung bei einer bestimmten Kopplung gemacht wird.

Zur Berechnung der Eigenfrequenzen bei verschwindenden ohmschen Widerständen benutzen wir Formel (28a) und finden als Bedingungsgleichungen, wenn der Index von N die Gliederzahl der Kette angibt, und vom Vorzeichen von N abgesehen wird:

$$\left.\begin{aligned}
N_1 &= S_1 = 0 \\
N_2 &= S_1 S_2 - S_{12}^2 = 0 \\
N_3 &= S_1 S_2 S_3 - (S_{12}^2 S_3 + S_{23}^2 S_1) = 0 \\
&\;\cdots\cdots\cdots\cdots\cdots\cdots\cdots\cdots \\
N_n &= S_n N_{n-1} - S_{n-1,n}^2 \cdot N_{n-2} = 0
\end{aligned}\right\} \qquad (45)$$

Wir können die Gleichungen (45) jetzt nachträglich wieder mit R_{1a} usw. dividieren und die U einführen, so daß wird:

$$\left.\begin{aligned}
N_1 &= U_1 = 0 \\
N_2 &= U_1 U_2 - U_{12} \cdot U_{21} = 0 \\
N_3 &= U_1 U_2 U_3 - (U_{12} U_{21} \cdot U_3 + U_{23} U_{32} U_1) = 0 \\
&\;\cdots\cdots\cdots\cdots\cdots\cdots\cdots\cdots\cdots \\
N_n &= U_n N_{n-1} - U_{n-1,n} \cdot U_{n,n-1} \cdot N_{n-2} = 0
\end{aligned}\right\} \qquad (46)$$

Für die homogene Kette werden alle U_1, U_2 usw. einander gleich, ebenso alle U_{12}, U_{21}, U_{32} usw. und wir erhalten:

$$\left.\begin{aligned}
N_1 &= U = 0 \\
N_2 &= U^2 - U_{12}^2 = 0 \\
N_3 &= U\,(U^2 - 2\,U_{12}^2) = 0 \\
N_4 &= U^2\,(U^2 - 3\,U_{12}^2) + U_{12}^4 = 0 \\
N_5 &= U\,[U^2\,(U^2 - 4\,U_{12}^2) + 3\,U_{12}^4] = 0
\end{aligned}\right\} \qquad (46\,\mathrm{a})$$

usw.

Die Formeln gelten allgemein auch für Ketten mit Nebenschlußkondensatoren. Kommt Spule und Kondensator nur in Serie vor, dann können wir in (46a) X und K einführen, indem wir an Stelle von U die Größe X und an Stelle von U_{12} die Größe K schreiben.

Praktische Anwendung der Formeln.

§ 15. Es sind schon in der früheren Arbeit auf Grund der dortigen Formeln eine
Reihe von Beispielen berechnet worden. Als wesentlichstes Resultat fanden wir, daß
auch innerhalb des sogenannten Loches die Durchlässigkeit nicht gleichmäßig ist.
Es zeigte sich ferner, daß auch Ketten mit 7 Gliedern bei engerer Koppelung in ihrem
Verhalten noch weit entfernt sind von solchen mit unendlich vielen Gliedern. Wir
fanden jedoch, daß bei geeignetem Bau der Kette schon wenige Glieder eine für die
Praxis hinreichend gleichmäßige Durchlässigkeit erzielen lassen. Im folgenden soll
zunächst die gemischte Koppelung, soweit es ohne Schwierigkeit möglich ist, direkt
diskutiert werden. Sodann wird ein Beispiel einer fünffachen Kette das allgemeine
Verhalten solcher Ketten illustrieren.

Es werden dann Ketten, in denen Spule und Kondensator parallel vorkommen
(in Zukunft einfach Drosselschaltung genannt), behandelt werden und am Schluß
ein Beispiel zur reinen Spulen- bzw. Kondensatorleitung gegeben.

Wir werden öfter gezwungen sein, auf die vereinfachte Diskussion der Leitungstheorie Bezug zu nehmen, weil man oft in der Literatur auf Grund derselben Angaben
über Durchlässigkeit findet, die vielfach zu irrigen Vorstellungen geführt haben.
Beide Theorien lassen sich für den sehr speziellen Fall, den die Leitungstheorie behandelt, aufeinander zurückführen, können also nichts Verschiedenes aussagen. Es
ist nur die Frage, wieweit eine vereinfachte Diskussion mit praktischen Fällen verglichen Zutreffendes angibt.

Kette nach Abb. 1.

§ 16. Wenn Leitungs- und Koppelungsglied gleiche Eigenfrequenz besitzen, ist
die direkte Diskussion am leichtesten. Wir wollen auch noch annehmen, daß die
Kette homogen sei, damit wir für alle Glieder Formel (40) anwenden können. In
derselben wird U und U_{12} nach (41) und (42) bestimmt, und da $X = X_{12}$ unter der
gemachten Voraussetzung ist, wird:

$$U = \sigma_1 \frac{X}{D} = \frac{X}{D}, \qquad \text{da} \qquad \sigma_1 = 1 \text{ ist.}$$

$$U_{12} = \sigma_{12} \frac{X_{12}}{D_{12}} = \sigma_{12} \frac{X}{D_{12}}, \qquad \text{wo} \qquad \sigma_{12} = \frac{R_{12}}{R_1}.$$

Es wird dann

$$\left.\begin{aligned}
a_0 &= \frac{L_1}{L_{12}} \frac{X^2 + D \cdot D_{12}}{X^2 + D_{12}^2}, \qquad \frac{L_1}{L_{12}} = 2 + \frac{L_1'}{L_{12}}, \\
b_0 &= \frac{L_1}{L_{12}} (D_{12} - D) \frac{X}{1 + X^2}.
\end{aligned}\right\} \qquad (47)$$

Wenn nun $D = D_{12}$ und somit auch $D_1' = D_{12}$, also wenn die Dämpfung des
Koppelungsgliedes gleich der Dämpfung des Leitungsgliedes ist, wird:

$$\left.\begin{aligned}
a_0 &= \frac{L_1}{L_{12}} = 2 + \frac{L_1'}{L_{12}}, \\
b_0 &= 0,
\end{aligned}\right\} \qquad (47\,\text{a})$$

und zwar für alle Werte von X, also unabhängig von ω.

Damit wird $\sqrt{A_n^2 + B_n^2}$ eine von ω unabhängige Konstante. Die Frequenzabhängigkeit für den Strom im letzten Glied steckt nur noch in dem Ausdruck für
W_{21}, während $\sqrt{A_n^2 + B_n^2}$ lediglich die Höhe des erreichten Stromes bedingt. W_{21} gibt

aber eine Resonanzkurve, wie ein einziger Schwingungskreis mit der Dämpfung D_{12}. Die Resonanzkurve ist unabhängig von der Gliederzahl, die Gliederzahl steckt lediglich in der Größe des Gesamtstromes.

Nach der Leitungstheorie müßte man einen unendlich schmalen Schlitz erwarten. Die tatsächliche Kurve ist aber unvorteilhaft breit, da bei nur einem Glied für größere Verstimmung der Strom sehr langsam fällt.

Lassen wir die Bedingung fallen, daß die Dämpfungen im Leitungs- und Koppelungsglied gleich sind, so zeigt (47), daß jetzt in der Umgebung von $X = 0$ für a_0 und b_0 eine kleine Frequenzabhängigkeit hereinkommt, aber sobald X^2 wesentlich größer ist als $D_1 \cdot D_2$, was bei normalen Dämpfungen schon bei einigen Prozent Verstimmung der Fall ist, gilt dasselbe wie vorher.

Sind die Eigenfrequenzen von Leitungs- und Koppelungsglied nur wenig gegeneinander verstimmt, was in vielen praktisch angewandten Ketten, bei denen man ein Loch von einigen Prozent Durchlässigkeit erzielen will, zutrifft, dann bleibt das Gesagte für größere Entfernung vom Loch bestehen. Innerhalb und in der näheren Umgebung desselben sind die Verhältnisse jedoch andere. Abb. 2 zeigt das Verhalten einer solchen Kette mit fünf Gliedern[1].

Bestimmen wir zunächst die Lage der Koppelungsfrequenzen nach Formel (46a). Diese Bestimmung muß immer das erste bei der Berechnung einer Resonanzkurve sein. Sie gibt uns schon viele Andeutungen über das Aussehen der letzteren.

In (46a) können wir X und K einführen, was uns dann eine Bedingungsgleichung zwischen X und K liefert, die identisch mit derjenigen von Formel (33) der früheren Arbeit ist. Demnach erhalten

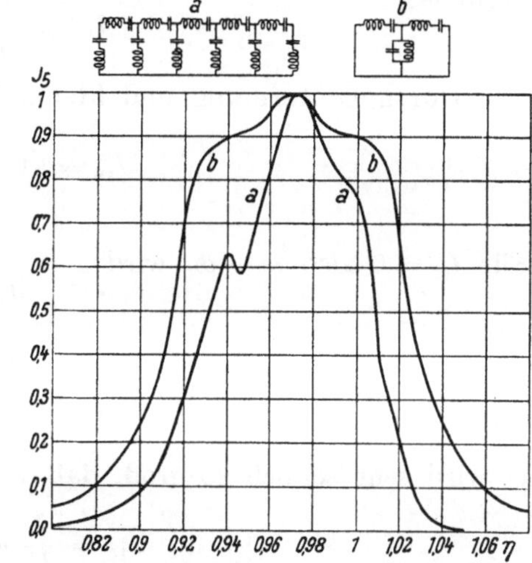

Abb. 2. a) Fünffache Kette mit gemischter Koppelung. b) Zweifache Koppelung. (Die Abszisse gilt nur für a.)

wir, nach Tabelle 34 der letzteren, Eigenfrequenzen der Kette an den Stellen $X = 0$, $X = \pm K$ und $X = \pm 1{,}73\,K$.

Da nun $X = \eta - \dfrac{1}{\eta}$ und $K = \eta \varkappa_{12} - \dfrac{\gamma_{12}}{\eta}$ ist und $\varkappa_{12} = 0{,}25$, $\gamma_{12} = 0{,}2934$ für diese Kette angenommen wurde, liegen die Koppelungsfrequenzen ($=$ Eigenfrequenzen der Kette) bei $\eta = 0{,}937$, $0{,}975$, 1, $1{,}0175$, $1{,}026$.

Die ersten drei sind in der Form der Kurve deutlich ausgeprägt, die vierte ist angedeutet, die fünfte kommt bei dem Maßstab der Kurve an dieser Stelle nicht mehr zur Geltung. Alle fünf würden bei kleinerer Dämpfung sich noch wesentlich deutlicher abheben. Die angenommene Dämpfung für 2a war $D^2 = \frac{1}{1000}$, also $\mathfrak{d} = 0{,}1$.

Ketten mit Drosselschaltung.

§ 17. Es sei in diesem Zusammenhang zunächst auf den bekannten Unterschied zwischen Parallel- und Serienschaltung kurz eingegangen. Wenn wir in beiden Fällen nur ein einziges Kettenglied haben, so erhalten wir bei Serienschaltung (Abb. 3a),

---

[1] Sie wurde von Herrn B a c k h a u s numerisch berechnet.

wo also Kondensator, Spule und Widerstand in Serie liegen, für den Strom J_{10} aus (38):

$$J_{10} = \frac{1}{\sqrt{1 + U^2}} \cdot \frac{E_{10}}{R}, \quad \text{wo} \quad U = \left(\eta - \frac{1}{\eta}\right)\frac{1}{D},$$

$$D = \frac{R}{\omega_0 L},$$

$$\omega_0^2 = \frac{1}{LC} \text{ ist.} \tag{48a}$$

In Drosselschaltung (Abb. 3 b), wenn der Widerstand nur auf der Spulenseite liegt, liefert (38):

$$J_{10} = \frac{1}{\sqrt{U''^2 + \sigma''^2}} \cdot \frac{E_{10}}{R},$$

$$\sigma'' = \frac{R''}{R} = \frac{1}{\eta D^2(1 + U^2)}.$$

darin ist

$$U'' = \frac{S''}{R} = -\frac{U}{D^2(1 + U^2)}, \quad U \text{ und } D \text{ wie oben.}$$

Durch Umformung und kleine Vernachlässigung erhalten wir:

$$J_{10} = \sqrt{1 + U^2} \cdot \frac{E_{10}}{\omega_0 L \cdot \dfrac{\omega_0 L}{R}}. \tag{48b}$$

Für $U = 0$ also $\omega = \omega_0$ wird:

$$J_{10} = \frac{E_{10}}{\omega_0 L D}, \tag{a}$$

$$J_{10} = \frac{E_{10}}{\dfrac{\omega_0 L}{D}}. \tag{b}$$

U wird sehr schnell so groß, daß $U^2 \gg 1$ ist, dann erhält man:

$$J_{10} = \frac{1}{U} \cdot \frac{E_{10}}{R} = \frac{E_{10}}{X \cdot \omega_0 L}, \tag{a}$$

$$J_{10} = U \frac{E_{10}}{\omega_0 L \cdot \dfrac{\omega_0 L}{R}} = X \frac{E_{10}}{\omega_0 L}. \tag{b}$$

Für sehr große Verstimmung geht dies über in

$$J_{10} = \frac{E_{10}}{\eta\, \omega_0 L}, \quad \text{wenn} \quad \eta > 1$$

$$J_{10} = \frac{E_{10}}{\dfrac{\omega_0 L}{\eta}}, \quad \text{wenn} \quad \eta < 1 \tag{a}$$

$$J_{10} = \frac{E_{10}}{\dfrac{\omega_0 L}{\eta}}, \quad \text{wenn} \quad \eta > 1$$

$$J_{10} = \frac{E_{10}}{\eta\, \omega_0 L}, \quad \text{wenn} \quad \eta < 1 \left(\text{solange } \frac{1}{\eta^4} \ll U^2\right). \tag{b}$$

In Abb. 3 sind als Ordinaten für a (Serienschaltung) die Werte $\dfrac{1}{\sqrt{1 + U^2}}$ aufgetragen, für b (Drosselschaltung), die reziproken Werte $\sqrt{1 + U^2}$.

Die Form der Kurve a gilt in beiden Fällen, wenn man als Ordinate bei Serienschaltung den Leitwert, bei Drosselschaltung den Widerstand ansieht. Die Kurve a

gilt also bei Serienschaltung für den Strom bei konstanter EMK, bei Drosselschaltung für die Spannung bei konstantem Strom. (a) wirkt als selektiver O h m scher Widerstand, (b) als selektive Drossel. Die beste Durchlässigkeit von (b) ist bei gleicher Dimensionierung von derselben Größenordnung wie die schlechteste von (a). Dieser letztere Unterschied wird dazu führen, daß man unter Umständen die Dimensionierung in beiden Fällen ganz verschieden wählen muß.

Die Drossel im Koppelungsglied.

§ 18. Wenn man in die Koppelung Kondensator und Spule parallel einschaltet, gewinnt man eine Koppelung, die sich mit der Frequenz sehr schnell ändert, und zwar umgekehrt wie bei einer Kette nach Abb. 1 bei Serienschaltung. Die Koppelung ändert sich jetzt in der Weise, daß sie für eine bestimmte Frequenz am größten ist, mit der Entfernung von dieser Frequenz aber kleiner wird, und zwar so schnell, wie der Strom in einem Schwinger bei Verstimmung abfällt. Diese Koppelung eignet sich daher zur Auswahl bestimmter Frequenzen. Da nun im allgemeinen schon wenig Prozent

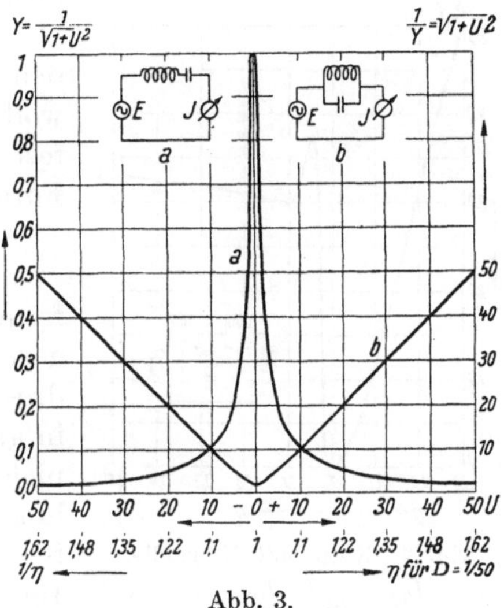

Abb. 3.

a) Kondensator und Spule in Serie
$$J_{10} = \frac{1}{\sqrt{1 + U^2}} \cdot \frac{E_{10}}{R}.$$

b) Kondensator und Spule parallel
$$J_{10} = \sqrt{1 + U^2}\, \frac{E_{10}}{R/D^2}.$$

Koppelung zur günstigsten Energieübertragung genügen, wird man die Dimensionierung zwischen Koppelungs- und Leitungsglied so wählen, daß L_{12} klein gegen L_1' und C_{12} groß gegen C_1' wird.

Als einfachstes Beispiel dieser Art ist Abb. 2b berechnet. Darin ist $L_1' = 250\,L_{12}$, $C_{12} = 250\,C_1'$. Die Größen, die Dämpfung einbegriffen, sind so gewählt, daß die Durchlässigkeit über einen größeren Bereich nahezu gleichmäßig wird. Die Kurve ist identisch mit solchen, wie wir sie schon in der früheren Arbeit für drei Systeme kennen lernten. Dies ist nicht zu verwundern, denn die Formeln gehen vollständig ineinander über. Wir könnten auch von vornherein die Kette als dreigliedrig auffassen, indem wir das Koppelungsglied als zweites Glied ansehen. Die Dimensionierung zum Zwecke einer gleichmäßigen Durchlässigkeit ist daher leicht den früheren Regeln zu entnehmen. Ebenso kann die Gesamtbreite der Kurve nach den dortigen Angaben variiert werden. Die Zusammenstellung beider Kurven in Abb. 2 illustriert, wie viel vorteilhafter schon eine dreigliedrige Kette bei richtigem Bau sein kann als eine fünfgliedrige.

Die Drossel im Leitungsglied.

§ 19. Liegt die Parallelschaltung im Leitungsglied, dann bildet sie für ihre Eigenfrequenz einen hohen Widerstand. Man wird sie also dann wählen, wenn man die Absicht hat, bestimmte Wellen zu unterdrücken, also zur eigentlichen Drosselkette. Die Drosselung wird noch besonders gesteigert, wenn man dem Koppelungsglied bei Serienschaltung eine Frequenz gibt, die der zu drosselnden Frequenz entspricht. Für die Ableitung bei dieser Frequenz kommt dann nur der rein O h m sche Widerstand in Betracht, sie ist also sehr groß. Man kann den O h m schen Widerstand in der Koppelung nahezu zu Null machen, wenn man für die dabei vorkommende magne-

tische Koppelung rein induktive Koppelung verwendet nach Art der Abb. 15 b der
früheren Mitteilung. Die so unterdrückte Welle verschwindet dann fast restlos,
allerdings nur innerhalb eines sehr schmalen Bereiches.

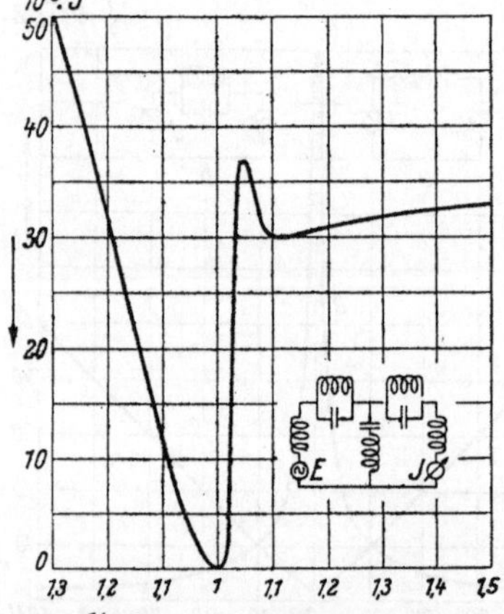

Abb. 4. Kette mit Nullstelle.

$$\frac{L_{10}}{L_1'} = 10; \quad \frac{L_{12}}{L_1'} = 1.$$

Als Beispiel sind zwei solche Ketten berechnet, von
denen jede zwei Glieder hat (Abb. 4 und 5). Zunächst
wollen wir für die beiden Ketten die Eigenfrequenzen
feststellen. Als Bedingung dafür finden wir nach
Formel (46):

$$U_{10} + U_1'' + U_{12} = \pm U_{12}. \qquad (48)$$

Dies ergibt für eine Kette nach Abb. 4 die Eigenfrequenzen bei $\eta = 0,\ 0,192,\ 1,05$ und 4. In der Kurve
gezeichnet ist nur die nähere Umgebung der ge-
drosselten Frequenz. Eine der Eigenfrequenzen liegt
in großer Nachbarschaft dieser Stelle und kommt noch
nicht recht zur Geltung, da an dieser Stelle die Koppelung zu gering ist. Sie hat nur zur Folge, daß auf dieser
Seite der Nullstelle der Strom sehr schnell ansteigt.
Im übrigen ist im ganzen gezeichneten Gebiet der
Strom sehr klein, während er in den drei äußeren

Maxima nur den eingeschalteten Ohmschen Widerständen entspricht. Im gezeichneten Gebiet, mit Ausnahme der Nullstelle, wäre die Kette jedoch auch brauch-

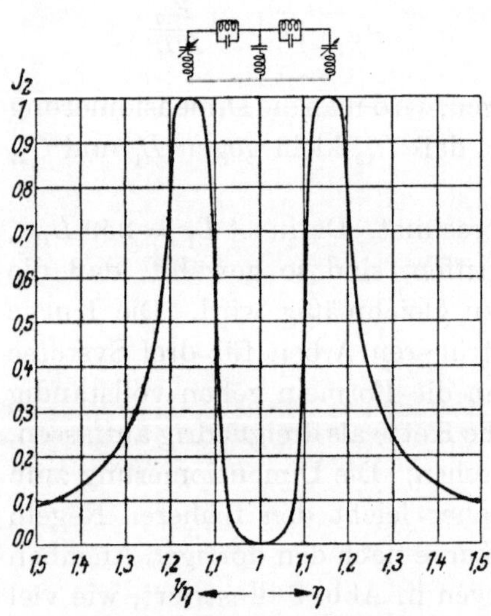

Abb. 5. Kette mit Nullstelle.

$$\frac{L_{10}}{L_1'} = 10; \quad \frac{L_{12}}{L_2'} = 5.$$

bar, um als Koppelungsglied zwischen zwei abgestimmten Systemen zu dienen. Dieses Zwischen-
glied braucht ja nur wenig Strom durchzulassen,
um genügend Energie zu übertragen.

Bei einer Kette nach Abb. 5 sind diese abgestimmten Systeme gleich mit dem Drosselglied
verbunden. Ihre Eigenfrequenz ist gleich der
Drosselfrequenz, die aus (48) berechneten Koppelungsfrequenzen liegen bei $\eta = 1,13$ und $1,17$.
Je zwei symmetrisch zu beiden Seiten der Drosselfrequenz gelegene Maxima verschmelzen, so daß
die Kurve an dieser Stelle breit wird. In einem
Bereich von ± 1 vH um die Drosselfrequenz herum
ist der Strom auch bei Berücksichtigung der
Ohmschen Koppelung ungefähr 10^4 mal kleiner
als an den Resonanzstellen. Verstimmt man C_{10}
und C_{23} nach derselben Seite, dann rückt das
eine Maximum von der Nullstelle weg bei gleichbleibender Höhe, dasjenige auf der anderen

Seite wird wesentlich kleiner, während die Drosselstelle natürlich ihre Lage bei-
behält.

Das Aussehen der Resonanzkurven von Ketten solcher Art ist außerordentlich
mannigfaltig und von vornherein schwer zu übersehen. Die rascheste Orientierung
über ihr Aussehen liefert die Bestimmung ihrer Eigenfrequenzen.

Durch richtige Dimensionierung läßt es sich erreichen, daß schon wenige Prozent
von der Drosselfrequenz entfernt der Strom auf das 10^4 fache und mehr steigt.

Spulen- und Kondensatorkette.

§ 20. Schon die Formeln der früheren Untersuchung ermöglichen die Berechnung von Spulen- und Kondensatorketten, wenn man die Ohmsche Koppelung vernachlässigt. Ein Beispiel ist jedoch dort nicht angegeben worden; dies soll hier nachgeholt werden. Abb. 6 für eine fünfgliedrige Kette gilt für Spule- und Kondensatorkette gleichzeitig; man braucht nur in beiden Fällen reziproke Abszissen zu nehmen. Die starke Selektivität an einzelnen Stellen hängt mit der engen Koppelung zusammen, zufolge deren die Koppelungswellen sehr weit voneinander entfernt sind und nicht miteinander verschmelzen. Sie liegen an den Stellen $\eta = 0{,}7,\ 0{,}76,\ 0,\ 1{,}89\ \infty$. Bei der Analyse einer Schwingungskurve mit einer solchen Kette muß man daher sehr vorsichtig sein. Ebenso wenn man zwei Wellengebiete voneinander trennen will und dabei keine Selektivität brauchen kann. Die Wellengebiete müssen mindestens 5 Oktaven voneinander entfernt liegen und die Eigenfrequenz eines Kettengliedes ohne Koppelung soll nicht ganz in der Mitte zwischen den Wellengebieten sein. Die Kette ist auch eine Kette zweiter Art nach Wagner.

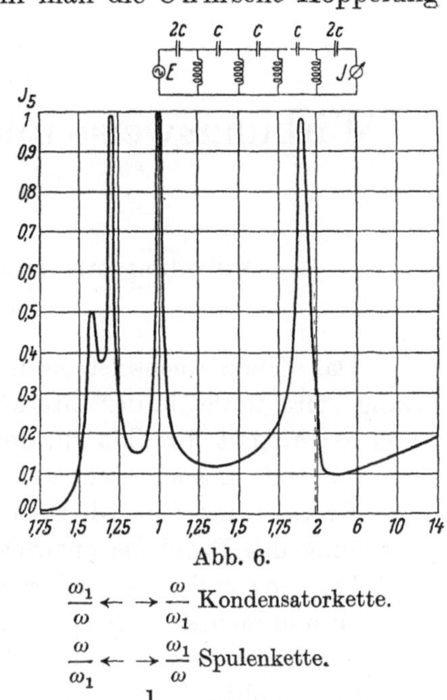

Abb. 6.

$$\frac{\omega_1}{\omega} \leftarrow \ \rightarrow \frac{\omega}{\omega_1}\ \text{Kondensatorkette.}$$

$$\frac{\omega}{\omega_1} \leftarrow \ \rightarrow \frac{\omega_1}{\omega}\ \text{Spulenkette.}$$

$$D^2 = \frac{1}{1000},\ \text{ also } \mathfrak{d} = 0{,}1 .$$

Zusammenfassung.

Nach der Methode der Schwingungstheorie werden Formeln abgeleitet zur Berechnung des allgemeinen Kettenleiters. Sie gelten für beliebige Koppelung und Abstimmung, auch wenn Spule und Kondensator in Parallelschaltung vorkommen.

Die Formeln gelten für den Strom und die Phase in irgend einem Kettenglied. Eingehend behandelt sind diejenigen für den Strom im letzten Glied der Kette.

Für Resonanz und homogene Kette ist auch die Energieaufnahme der ganzen Kette angegeben.

Die Formeln zur Berechnung der Resonanzkurve einer Kette sind Rekursionsformeln und zwar in zweierlei Form. Bei der ersten Form muß auf zwei unmittelbar vorangehende Glieder, bei der zweiten Form nur auf das letzte vorangehende Glied zurückgegriffen werden.

Es wird eine größere Anzahl von Resonanzkurven zu typischen Ketten berechnet.

Die schnellste Orientierung über das Aussehen einer Resonanzkurve gewinnt man durch Berechnung der Eigenfrequenzen einer Kette. Es werden dafür bequeme Formeln angegeben.

Die Resonanzkurven besitzen im Allgemeinen so viele Maxima wie Eigenfrequenzen. Die Ausbildung der Maxima hängt von dem Verhältnis der Koppelung zur Dämpfung ab und tritt bei um so kleinerer Koppelung auf, je kleiner die Dämpfung ist.

Es werden spezielle Kettenformen angegeben, für welche der Strom in einem bestimmten Bereich nahezu als konstant anzusehen ist.

Es werden Beispiele von Ketten berechnet, die eine bestimmte Frequenz unterdrücken.

Wirkungsweise und Anwendung des Thermophons.

Von **Ferdinand Trendelenburg**.

Mit 5 Textabbildungen.

Mitteilung aus dem Forschungslaboratorium Siemensstadt.

Eingegangen am 6. April 1923.

Das Tönen wechselstromdurchflossener Leiter ist eine oft beobachtete Erschei-nung. Man findet in der Literatur zahlreiche Bemühungen, das Problem theoretisch und experimentell zu klären, doch wurde in den älteren Arbeiten bis etwa 1917 eine tiefergehende Lösung nicht gefunden. In dem genannten Jahre erschien eine Arbeit von Arnold und Crandall in der Phys. Rev., in welcher eine mathematische Behandlung des Problems entwickelt ist.

Um eine endgültige Klarheit über die Vorgänge in einem Thermophon zu gewinnen und insbesondere eine experimentelle Prüfung der einzelnen Teile der Theorie Arnold und Crandalls beizubringen, habe ich eine experimentelle Untersuchung des Thermophoneffektes durchgeführt.

Vor Besprechung der Ergebnisse dieser Experimentalarbeit möchte ich die Theorie Arnold und Crandalls besprechen, da ich den dort ausgeführten Gedankengängen beim Ansetzen der Versuche folgte.

Unter einem Thermophon versteht man eine Anordnung, in welcher die in einem Leiter fließenden Wechselströme unter Zuhilfenahme der durch diese Ströme verursachten Temperaturschwankungen des Leiters in der umgebenden Luft Schallwellen auslösen.

Zwei Erscheinungen können diese Umsetzung elektrischer Energie in akustische Energie vermitteln.

Die erste Möglichkeit ist, die periodischen mechanischen Veränderungen, welche mit einer Temperaturschwankung verbunden sind (Wärmeausdehnung), zu benutzen und mit ihrer Hilfe mechanische Systeme (Membranen) zum Schwingen zu erregen. Eine solche Anordnung ist bereits von Preece (Proc. Royal Soc. 1880) angegeben worden, es gelang ihm auch, durch Verwendung eines derartigen Thermophones an Stelle eines gewöhnlichen elektromagnetischen Telephones die menschliche Sprache zu übertragen.

Diese Konstruktion bietet jedoch dem elektromagnetischen Telephon gegenüber keinerlei Vorteile, alle Nachteile: Eigenfrequenzen und dadurch bedingte Entstellung der Klangfarbe treten in unvermindertem Maße auf.

Wir wollen hier nur die zweite Möglichkeit der Umsetzung der Temperaturschwankungen in Schallwellen betrachten: durch die Temperaturschwankungen des Leiters werden auf thermodynamischer Grundlage Druckschwankungen im umgebenden Gas hervorgerufen, welche sich als Schallwellen bemerkbar machen.

Die Untersuchungen über die Wirkungsweise des Thermophones habe ich auf Anregung von Prof. Dr. M. Reich im Göttinger Institut für angewandte Elektrizitätslehre im Vorjahre als Dissertation ausgeführt. Die Methode zur Aufnahme der Resonanzkurven von Telephonmembranen habe ich im Forschungslaboratorium Siemensstadt entwickelt.

Dieser zweite Fall läßt sich zu der wissenschaftlich und technisch interessanten Frage erweitern:

Wie ist es möglich, auf genau definierten mechanischen, elektrischen und thermischen Daten ein Thermophon zu erbauen, dessen Schalleistung aus diesen Daten reproduzierbar ist, und das insbesondere infolge des Fehlens einer Eigenfrequenz die menschliche Stimme klangrein wiedergibt?

Die physikalischen Vorgänge, welche diesen zweiten Fall beherrschen, sind folgende:

In dem wechselstromdurchflossenen Leiter wird sich entsprechend dem Mittelwert der zugeführten elektrischen Wechselleistung eine Mitteltemperatur einstellen, welche höher ist als die Temperatur des umgebenden Mediums. Die Höhe dieser Mitteltemperatur ist dadurch definiert, daß bei ihr die durch den Strom sekundlich entwickelte Joulesche Wärme gleich ist der durch die Oberfläche in Form von Strahlung, Leitung und Konvektion sekundlich in die Umgebung abgeführten Wärmemenge.

Über diesen mittleren Temperaturzustand des Leiters lagern sich Temperaturschwankungen von der Periode der Wechselleistung über, indem bei größerer Momentanleistung die Momentantemperatur des Leiters höher ist als die Mitteltemperatur und umgekehrt.

Diese Temperaturschwankungen werden sich durch Wärmeleitung der unmittelbar an den Stromleiter angrenzenden Luftschicht mitteilen und als örtlich stark gedämpfte Temperaturwellen in die Umgebung eindringen. Hier rufen die so entstandenen Temperaturschwankungen des umgebenden Mediums auf Grund der Gasgesetze Druckschwankungen hervor, welche sich als Schallwellen ausbreiten.

Die oben ausgeführten physikalischen Vorgänge lassen sich in folgender Weise mathematisch erfassen:

Nehmen wir an, wir haben einen reinen Wechselstrom $i = i_0 \sin \omega t$ (die Verallgemeinerung dieses Spezialfalles auf den in der Praxis sehr wichtigen Fall eines Gleichstromes mit übergelagertem mehrwelligen Wechselstrom kann man, wie ich später zeigen werde, leicht bilden), so ist die momentane elektrische Leistung $W = R i^2 = R i_0^2 \sin^2 \omega t = \frac{1}{2} R i_0^2 (1 - \cos 2 \omega t)$ und die (auf die Zeiteinheit bezogene) zugeführte Wärmemenge ist dann $0{,}2388 \cdot W = 0{,}1194 \, R i_0^2 (1 - \cos 2 \omega t)$.

Der eine Teil dieser Wärme fließt in Form von Leitung und Konvektion — die Strahlung kann, wie eine Überschlagsrechnung leicht zeigt, bei einem Thermophon völlig vernachlässigt werden, da aus technischen Gründen Temperaturen über etwa $200°$ nicht mehr in Frage kommen — durch die Leiteroberfläche in die Umgebung ab, der andere Teil wird von der Wärmekapazität des Leiters (gleich spezifische Wärme pro Volumeinheit mal Volumen) aufgespeichert.

Diese Betrachtung führt zu folgendem Differentialansatz:

$$0{,}1194 \, R i_0^2 (1 - \cos 2 \omega t) = 2 \pi l r \beta (T - T_0) + \pi r^2 l T_c \frac{dT}{dt}. \tag{1}$$

Hierbei ist:

r der Radius des (drahtförmigen) Leiters,

l die Länge des Leiters,

T_c die spezifische Wärme pro Volumeinheit,

T die momentane Leitertemperatur,

T_0 die Temperatur der Umgebung,

β die Wärmeübergangszahl (Koeffizient der äußeren Wärmeleitung).

Die Wärmeübergangszahl β kann entsprechend dem Newtonschen Abkühlungsgesetz innerhalb des betrachteten Temperaturbereichs als konstant angenommen werden.

Die linke Seite der Gleichung zerfällt in den zeitlich konstanten Term $0{,}1194\,R\,i_0^2$ und in den periodischen Term $-\,0{,}1194\,R\,i_0^2\cos 2\,\omega\,t$.

Der konstante Term ist gleich der Wärme, die als gleichmäßiger Wärmestrom von dem höheren Temperaturniveau des Leiters in die kühlere Umgebung abfließt, also

$$0{,}1194\,R\,i_0^2 = 2\,\pi\,l\,r\,\beta\,(T_m - T_0)\,. \tag{2}$$

Durch Subtraktion der Gleichung (2) von Gleichung (1) ergibt sich die Differentialgleichung für die Temperaturschwankung $T - T_m$ des Stromleiters

$$0{,}1194\,R\,i_0^2\cos 2\,\omega\,t + 2\,\pi\,l\,r\,\beta\,(T - T_m) + \pi\,r^2\,l\,T_c\,\frac{d\,T}{d\,t} = 0\,. \tag{3}$$

Die Lösung der Differentialgleichung lautet, wenn wir uns auf den stationären Zustand nach dem schnellen Abklingen der Anfangserscheinungen beschränken:

$$T - T_m = \frac{0{,}0597\,R\cdot i_0^2}{\pi\,r\,l\,\sqrt{\beta^2 + r^2\,T_c^2\,\omega^2}}\cos\left(2\,\omega\,t - \operatorname{arc\,tg}\frac{\omega\cdot r\cdot T_c}{\beta}\right). \tag{4}$$

Der zweite Term unter der Wurzel $r^2\,\omega^2\,T_c^2$ wächst mit der Frequenz stark an, so daß wir oberhalb einer Frequenz von $100\ \mathrm{sec}^{-1}$ und unterhalb eines Drahtradius von $0{,}001\ \mathrm{cm}\ \beta^2$ ihm gegenüber vernachlässigen können. Gleichzeitig ergibt sich der Phasenwinkel dann zu $\pi/2$. Wir erhalten dann den einfachen Ausdruck:

$$T - T_m = \frac{0{,}1194\,R\cdot i_{\mathrm{eff}}^2}{\pi\,l\,r^2\,T_c\cdot\omega}\cos\left(2\,\omega\,t - \frac{\pi}{2}\right). \tag{5}$$

Haben wir es statt mit einem drahtförmigen Leiter mit einem Stromleiter aus Metallband oder Metallfolie zu tun, so erhalten wir in ganz analoger Weise den Ausdruck:

$$T - T_m = \frac{0{,}1194\,R\cdot i^2_{\mathrm{eff}}}{b\cdot d\cdot l\cdot T_c\cdot\omega}\cos\left(2\,\omega\,t - \frac{\pi}{2}\right). \tag{5a}$$

Hierbei ist:

l die Länge,
d die Dicke,
b die Breite des Streifens.

Wir hatten bereits erwähnt, daß man nun berechnet, wie diese Temperaturschwankungen durch Wärmeleitung in das umgebende Medium eindringen.

Die mathematische Behandlung dieses Problems ist eine bekannte Aufgabe der Wärmelehre, die periodischen täglichen und jährlichen Temperaturschwankungen in der Erdoberfläche wurden auf diese Weise berechnet.

Das Problem ist für einen Spezialfall leicht zu übersehen, haben wir nämlich eine unendlich ausgedehnte ebene Fläche $x = 0$, auf der die periodisch wechselnde Temperatur $u = u_0\sin\omega\,t$ herrscht, und lassen wir senkrecht zu dieser Ebene in der positiven x-Richtung durch Leitung Wärme abströmen, so erhalten wir die Differentialgleichung der Wärmeleitung

$$\frac{\lambda}{\varrho\cdot c_v}\,\varDelta\,u = \frac{\partial\,u}{\partial\,t}$$

in der Form

$$\frac{\lambda}{\varrho\cdot c_v}\,\frac{\partial^2 u}{\partial\,x^2} = \frac{\partial\,u}{\partial\,t}\,.$$

Hierbei ist:

λ = Koeffizient der inneren Wärmeleitung,

ϱ = Dichte,

c_v = spezifische Wärme bei konstantem Volumen.

Für die Randbedingung

$$\left| \begin{array}{l} x = 0 \\ u = u_0 \sin \omega t \end{array} \right|$$

ergibt sich als Lösung

$$u = u_0\, \varepsilon^{-\alpha x} \sin (\omega t - \alpha x) + u_{v_0}\,. \tag{6}$$

Hierbei ist:

$$\alpha = \sqrt{\frac{\varrho \cdot \omega \cdot c_v}{2\,\lambda}}$$

und u_{v_0} die Mitteltemperatur in dem den Leiter umschließenden Volumen V.

Aus dieser Funktion, welche den Wert für die Temperatur in jedem Zeitaugenblick t und in jeder Entfernung x von der Grenzebene angibt, können wir den räumlichen Mittelwert der Temperaturverteilung in einem gewissen, den Leiter umschließenden Raum V_0 für jeden Zeitmoment t bilden. Nehmen wir an, wir haben einen wechselstromdurchflossenen Streifen in der Mitte eines parallelipedischen Raumes

$$V_0 = 2\,l\,b\,\bar{x} \qquad \bar{x} = \frac{V_0}{2\,l\,b}\,,$$

so wird der Mittelwert der Temperatur in dem ganzen Raum

$$\bar{u} = \frac{1}{\bar{x}} \int\limits_0^{\bar{x}} u\, dx = \frac{u_0}{\bar{x}} \int\limits_0^{\bar{x}} \varepsilon^{-\alpha x} \sin (\omega t - \alpha x)\, dx\,.$$

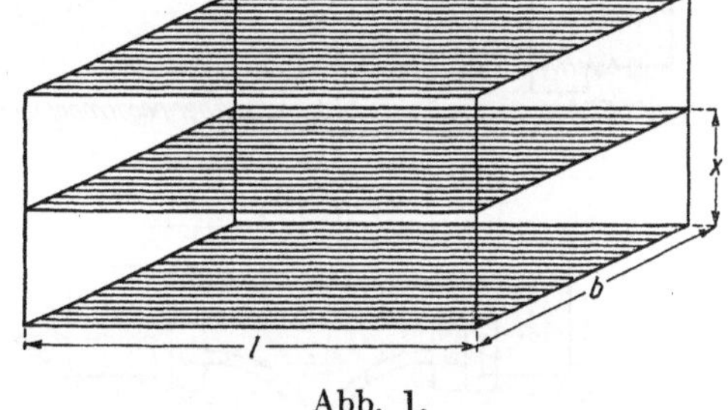

Abb. 1.

Dies Integral konvergiert mit wachsender oberer Grenze sehr rasch gegen den Grenzwert $\dfrac{1}{\bar{x}} \int\limits_0^{\infty} u\, dx$, welcher sich analytisch in der Form darstellen läßt

$$\bar{u} = -\frac{u_0\, l\, b}{V_0\, \alpha} (\cos \omega t - \sin \omega t)\,.$$

Die nähere Durchführung der Rechnung ergibt, daß für alle Schallräume, deren Begrenzungsflächen mehr als eine Wellenlänge von dem wechselstromdurchflossenen Metallstreifen entfernt sind, die Mitteltemperatur in jedem Zeitmoment t mit hinreichender Genauigkeit durch den Ausdruck dargestellt werden kann:

$$\bar{u} = \frac{u_0\, 2\, l\, b\, \sqrt{\dfrac{\lambda}{\varrho \cdot c_v}}\, \sqrt{\dfrac{u_{v_0}}{273}}}{V_0\, \sqrt{\omega}} \sin \left(\omega t - \frac{\pi}{4} \right)\,. \tag{7}$$

Die Wellenlänge der Temperaturwellen kann man nach Gleichung (6) berechnen zu

$$\varLambda = \frac{2\,\pi}{\alpha} = \frac{2\,\pi}{\sqrt{\dfrac{\varrho \cdot \omega \cdot c_v}{2\,\lambda}}}\,; \tag{7a}$$

sie übertrifft in keinem der für die Praxis in Frage kommenden Gase und Frequenzen 2 mm. Die Richtigkeit der Gleichung (7) ist also für alle in Frage kommenden Fälle gesichert.

Die Amplitude der periodischen Druckschwankungen in dem allseits von starren Wänden eingeschlossenen Raum V berechnet sich nach den Gasgesetzen zu

$$\varPi = \frac{P_0}{u_{v_0}}\,(\bar{u})\,;$$

$$P_0 = \text{mittlerer Druck in } V_0\,,$$
$$(\bar{u}) = \text{Amplitude von } \bar{u}$$

oder nach Einsetzen der Werte aus Gleichung (5a) und (7) zu

$$\varPi = \frac{0{,}1689\,R \cdot i_{\mathrm{eff}}^2\,P_0\,\sqrt{\dfrac{\lambda}{\varrho \cdot c_v}}}{d \cdot \omega^{\frac{3}{2}}\,T_c \cdot V_0\,\sqrt{u_{v_0} \cdot 273}}. \tag{8}$$

Aus diesem Ausdruck berechnet sich dann die Schallintensität durch die bekannte, von Lord Raleygh aufgestellte Beziehung

$$S = \frac{\varPi^2}{2 \cdot \varrho_0 \cdot c}\,, \tag{10}$$

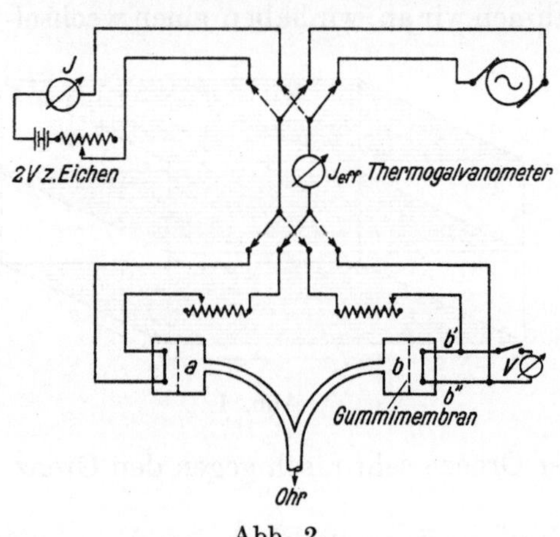

Abb. 2.

wobei c die Schallgeschwindigkeit ist.

Zur experimentellen Prüfung der Wirkungsweise des Thermophons bin ich in folgender Weise vorgegangen:

Ich konstruierte eine Anordnung (vgl. Skizze) von zwei Schallräumen a und b, welche es mir gestattete, mit dem Ohr — zeitlich unmittelbar hintereinander — den von dem in a eingeschlossenen Leiter und den von dem in b eingeschlossenen Leiter hervorgerufenen Ton wahrzunehmen. Schicke ich nun während aller Versuche durch den Leiter in a dieselbe Stromstärke, so habe ich damit stets dieselbe genau definierte Schallintensität, welche wir als Normalintensität bezeichnen wollen, zur Verfügung. Verwende ich nun nacheinander in b Materialien verschiedener Ausmaße und verschiedener thermischer Eigenschaft, so werde ich gemäß Gleichung (5), (8) und (9) stets andere elektrische Leistung benötigen, um die gleiche Schallintensität wie in a, die Normalintensität, hervorzurufen.

Als Leiter verwandte ich Haardrähte, da hiervon eine geeignete Auswahl verschiedener Materialien zur Verfügung stand.

Beschränke ich mich zunächst auf Luft als umgebendes Medium, so ist gemäß Gleichung (5) zu erwarten, daß für alle verwendeten Materialien und alle Drahtquerschnitte bei gleicher Drahtlänge der Ausdruck

$$\frac{\text{elektrische Leistung}}{\text{Querschnitt} \times \text{spez. Wärme/cm}^3}$$

konstant bleibt, wenn ich es durch subjektiven Vergleich mittels des Ohres erreiche, das sowohl in a wie in b stets die gleiche Schallintensität, die Normalintensität, herrscht.

Über die subjektive Empfindlichkeit des Ohres zum Abgleichen zweier Schallintensitäten hatte ich durch Vorversuch festgestellt, daß ich zwei Schallintensitäten,
welche mehr als 10 vH auseinander lagen, noch sicher als verschieden empfand.
Andere Beobachter, deren Ohr auf derartige Beobachtungen weniger geübt war,
konnten diese Empfindlichkeit zum Teil nicht erreichen, so daß sich ein absoluter,
allgemein gültiger Wert nicht angeben läßt. Die von Arnold und Crandall aufgestellte Behauptung, daß man noch Schallintensitäten von einem Prozent sicher
auseinanderhalten kann, fand ich nicht bestätigt. Wichtig ist es, bei all diesen Messungen sehr geringe Intensitäten zu verwenden, da bei größeren Intensitäten die
Fähigkeit des Ohres zum Abgleichen sehr viel schlechter ist. Die zu vergleichenden
Töne müssen unbedingt von gleicher Tonhöhe und gleicher Klangfarbe sein.

Ist diese letzte Bedingung nicht völlig erfüllt, so beobachtete ich, daß sich das
Ohr bei gleichzeitigem Auftreten mehrerer zu einem Klang verbundener Töne unwill-
kürlich den am stärksten auftretenden Ton herausgreift und auf die Intensität dieses
Tones die gleiche Frequenz des Vergleichsdrahtes abgleicht, und die anderen Töne
völlig unberücksichtigt läßt.

Über die von mir untersuchten Materialien gibt folgende Tabelle Auskunft:

Material	Durchmesser in mm	Spez. Wärme pro Masseneinh.	Spez. Gew.	Spez. Wärme pro cm³ (T_c)
Nickel	0,0208	0,1128	8,7599	0,988
Eisen	0,0196	0,1162	7,7	0,896
Platin	0,02	0,0332	21,33	0,710
Silber	0,0208	0,0528	10,346	0,547
Wolfram	0,015			
	0,02	0,0366	18,72	0,686
	0,03			
Konstantan . . .	0,0196	0,1018	8,8	0,895

Von jedem Material und jeder Drahtstärke wurden eine Anzahl Meßreihen bei
den verschiedensten Frequenzen bis zu 2000 sec⁻¹ aufgenommen, um so die durch
zufällige Fehler bedingten Streuungen zu eliminieren.

Als Spannungsquelle diente für diese Messungen ein Schwingungskreis mit
Senderöhre. Die Messung der Stromstärke erfolgte mit einem Dudellschen Thermo-
galvanometer, dessen wechselnde Empfindlichkeit durch eine sofort nach jeder Messung vorgenommene Nacheichung mit Gleichstrom eliminiert wurde. Bei dieser
Gleichstrommessung wurde auch eine Gleichspannungsmessung an den Punkten b_1
und b_2 vorgenommen, um so den der betreffenden Stromstärke zugeordneten Widerstand R und damit die Leistung $R \cdot i^2$ in absolutem Maß zu erhalten.

Die Ergebnisse dieser Messungen sind in der folgenden Tabelle zusammengestellt:

Material	Durchmesser in mm	Querschnitt relativ	Elektr. Leistung in 10^{-3} Watt	Elektr. Leistung / (Querschn. × T_c)	
Nickel	0,0208	1,000	13,22	1,338	
Eisen	0,0196	0,888	12,72	1,603	
Platin	0,02	0,908	9,45	1,490	
Silber	0,0208	1,000	7,12	1,302	im Mittel
Wolfram	0,015	0,502	5,44	1,570	1,430±12%
	0,02	0,908	8,64	1,419	
	0,03	2,09	18,61	1,383	
Konstantan . . .	0,0196	0,888	11,32	1,333	

Die Konstanz der Werte der letzten Spalte ist eine sehr befriedigende Bestätigung der Theorie der Entstehung der Temperaturschwankungen im Leiter.

In derselben Weise habe ich nun auch den Einfluß der thermischen Eigenschaften des umgebenden Gases auf die Schallintensität untersucht. Ich leitete in die Schallkapsel b nacheinander verschiedene Gase ein, um so das $\sqrt{\dfrac{\lambda}{\varrho c_v}}$ der Gleichung (8) zu verändern. Gleiche ich dann wieder auf dieselbe Schallintensität, die Normalintensität, ab, so müssen sich die in den verschiedenen Gasen benötigten elektrischen Leistungen umgekehrt verhalten wie die $\sqrt{\dfrac{\lambda}{\varrho \cdot c_v}}$ der betreffenden Gase.

Um ein Überschlagen des Gases in den Raum a, welcher stets mit Luft gefüllt blieb, zu vermeiden, wurden zwischen die Thermophondrähte und die Schallaustrittsöffnung Membranen aus feinstem Gummi gespannt.

Wieder wurden verschiedene Meßreihen sowohl für Metalldraht (Nickel, Durchmesser 0,0208) und Metallfolie (Aluminium 0,5 μ) bei den verschiedensten Frequenzen durchgemessen. Als Spannungsquelle diente die Frankesche Maschine. Über die gewonnenen Ergebnisse gibt die folgende Tabelle Auskunft:

Verhältnis der elektrischen Leistungen für gleiche Schallintensität:

Gase	von mir gemessen	theoretisch nach Arnold und Crandall
a) Aluminiumfolie 0,5 μ		
Luft gegen Wasserstoff	2,15	2,43
Kohlensäure gegen Luft	1,28	1,53
b) Nickeldraht 0,0208		
Luft gegen Wasserstoff	3,78	2,43
Kohlensäure gegen Luft	1,59	1,53

Man kann hier im allgemeinen sagen, daß meine Messungen nur qualitativ dasselbe Bild ergeben, wie es von der Theorie Arnold und Crandalls gefordert wird. Am größten ist der Unterschied bei der Verwendung eines drahtförmigen Leiters und bei Einführen von Wasserstoff.

Dies ist nicht verwunderlich. Wir hatten bei Berechnung des räumlichen Mittelwertes der Temperaturschwankungen (vgl. Gleichung 7) angenommen, daß wir es mit einer gegen die Wellenlänge der Temperaturwellen sehr großen ebenen Temperaturquelle zu tun haben. Denn nur durch diese Annahme konnten wir die Wärmeleitungsgleichung auf die einfache eindimensionale Form $\dfrac{\lambda}{\varrho \cdot c_v} \dfrac{\partial^2 u}{\partial x^2} = \dfrac{\partial u}{\partial t}$ bringen. Diese Bedingung ist aber bei Verwendung solch dünner Drähte, wie sie bei der Untersuchung vorlagen, bei weitem nicht erfüllt. Hier wird der Drahtradius von der Wellenlänge der Temperaturwellen um ein Mehrfaches übertroffen.

Während der Zusammenstellung der Versuchsergebnisse erschien in der Phys. Rev. 1922, S. 355 eine Ergänzung der Theorie Arnold und Crandalls von Wente, in welcher der thermodynamische Vorgang eingehender behandelt wird und in welcher die Berechnung der Ausbreitung der Temperaturwellen für Zylindersymmetrie (drahtförmiger Leiter) durchgeführt wird. Diese Arbeit von Wente deckt sich mit meinen Messungen vorzüglich, so will ich seine Rechnung kurz skizzieren:

Bei Arnold und Crandall fanden wir den Vorgang der Ausbreitung der Temperaturwellen in das gasförmige Medium hinein ebenso behandelt, wie dieses Problem für feste Körper, z. B. die jährlichen Temperaturschwankungen der Erde, seit langem gelöst ist.

Arnold und Crandall setzten ihren Differentialansatz also einfach an:

$$\frac{\lambda}{\varrho \cdot c_v}\, \Delta u = \frac{\partial u}{\partial t}\,.$$

Wente berücksichtigt den ersten Hauptsatz der Thermodynamik und kommt zu folgendem Ausdruck:

$$\varrho \cdot c_v \frac{Du}{Dt} = -A\,p \cdot \varrho\,\frac{DV}{Dt} - \lambda\,\Delta u\,,$$

wobei $V = \dfrac{1}{\varrho}$ das spezifische Volumen ist.

Diese Gleichung läßt sich bei Annahme eines idealen Gases

$$(c_p - c_v = A\,R\,, \qquad p = R \cdot \varrho \cdot u)\,,$$

umformen in

$$\varrho \cdot c_p \frac{Du}{Dt} - A\,\frac{D_p}{Dt} = -\lambda\,\Delta u\,. \tag{10}$$

Gibt man nun für die Temperatur des stromdurchflossenen Leiters die Funktion $T = T_m + T_1\,\varepsilon^{i\omega t}$, wobei T_m die Mitteltemperatur des Leiters ist, vor und setzt man die Zustandsfunktionen des umgebenden Schallraumes in den folgenden Ausdrücken an:

$$u = u_{v_0} + u_1\,\varepsilon^{i\omega t}\,,$$
$$p = p_{v_0} + p_1\,\varepsilon^{i\omega t}\,,$$
$$\varrho = \varrho_{v_0} + \varrho_1\,\varepsilon^{i\omega t}\,,$$

so erhält man die Differentialgleichung in der Form

$$\varrho_0 \cdot c_p \cdot i\,\omega\,u_1 - A\,i\,\omega\,p_1 - \lambda\,\Delta u = 0\,. \tag{11}$$

Die Durchrechnung der Differentialgleichung ergibt für die Amplitude der Druckschwankungen nach Auslassung der Glieder, welche für alle in Frage kommenden Schallräume und Frequenzen ohne Einfluß bleiben, also der Strahlungsglieder und der Glieder, welche den Wärmeaustritt durch die Oberfläche berücksichtigen, folgenden Ausdruck:

$$\Pi = \frac{c_1 \cdot R \cdot i_{\text{eff}}^2 \cdot p_{v_0}}{d\,T_c \cdot \omega \cdot \alpha \cdot V_0\,u_{v_0}\left\{1 - \dfrac{k-1}{k}\dfrac{T_m}{u_{v_0}}\right\}}\,. \tag{12}$$

Hierbei ist

$$\alpha = \alpha_0\left(\frac{T_m}{273}\right)^{\frac{3}{4}} \qquad \alpha_0 = \sqrt{\frac{\varrho_0 \cdot \omega \cdot c_p}{\lambda}}\,,$$

$$c_1 \text{ ein Zahlenfaktor}, \qquad k = \frac{c_p}{c_v}\,.$$

Die Durchrechnung der Gleichung für Zylindersymmetrie führt auf folgende Formel:

$$\Pi = \frac{c_2 \cdot R \cdot i_{\text{eff}}^2 \cdot p_{v_0}}{\left(u_{v_0} - \dfrac{k-1}{k}\,T_m\right)\alpha \cdot V_0 \cdot \omega \cdot r\,T_c\left\{\left(2\,\alpha \cdot r\left[\lg\dfrac{\alpha \cdot r}{\sqrt{2}} + 0{,}577\right]\right)^2 + \left(\dfrac{k}{k-1}\dfrac{2 \cdot A \cdot p_v}{\alpha \cdot r \cdot T_m \cdot T_c} - \dfrac{\alpha \cdot r}{2}\right)^2\right\}^{\frac{1}{2}}}\,. \tag{13}$$

Hierbei ist c_2 ein Zahlenfaktor, die übrigen Bezeichnungen wie oben.

Aus den Amplituden der Druckschwankungen folgt dann die Schallintensität wieder zu

$$S = \frac{\Pi^2}{2 \cdot \varrho_0 \cdot c}\,,$$

wobei c die Schallgeschwindigkeit ist.

Verhältnis der elektrischen Leistung für gleiche Schallintensität.

Gase	theoretisch nach Wente	von mir gemessen
a) Aluminiumfolie 0,5 μ		
Luft gegen Wasserstoff	2,35	2,15
Kohlensäure gegen Luft	1,36	1,28
b) Nickeldraht 0,0208 mm		
Luft gegen Wasserstoff	3,74	3,76
Kohlensäure gegen Luft	1,52	1,59

Die aus den Ausdrücken der Gleichungen (12) und (13) berechneten Werte decken sich mit meinen Messungen auch quantitativ sehr gut, worüber die nebenstehende Tabelle Auskunft gibt:

Die Ergebnisse liegen überall innerhalb der Fehlergrenzen, welche die Unsicherheit der Werte für die Wärmeleitfähigkeit der betreffenden Gase zuläßt.

Die experimentellen Untersuchungen bestätigten folgende Anschauung von der Wirkungsweise eines Thermophons: In dem wechselstromdurchflossenen Stromleiter entstehen entsprechend der Periode der Wechselleistung Temperaturschwankungen, welche als örtlich gedämpfte Temperaturwellen in das umgebende Medium eindringen. Hier rufen die Temperaturwellen auf thermodynamischer Grundlage Druckschwankungen hervor, welche sich als akustische Wellen ausbreiten.

Die Abhängigkeit der Schalleistung von den einzelnen mechanischen, thermischen und elektrischen Bestimmungsstücken läßt sich nach dem Vorgang von Arnold und Crandall und insbesondere nach der Verbesserung dieser Theorie von Wente berechnen.

Wie kann man nun auf diesen Grundlagen ein Thermophon, welches die menschliche Stimme möglichst klangrein und lautstark überträgt, erbauen?

Wir wollen zunächst die Frage der Klangreinheit besprechen. Maßgebend für die Klangreinheit sind allein die Amplituden der höheren Harmonischen des betreffenden Tones. Wollen wir also eine klangreine Umsetzung der Fernsprechströme in akustische Wellen erzielen, so müssen wir dafür Sorge tragen, daß die höheren Harmonischen des akustischen Tones in derselben relativen Amplitude zum Grundton auftreten, wie die höheren Harmonischen des Fernsprechstromes zur Amplitude der Grundfrequenz. Diese Bedingung ist beim elektromagnetischen Telephon nicht erfüllt, hier werden bei der Umsetzung der Sprechströme in akustische Wellen diejenigen Frequenzen, welche in der Nähe der Eigenfrequenzen der Telephonmembrane liegen, herausgegriffen und stark bevorzugt. Wie liegt die Frage beim Thermophon? Wir hatten oben gesehen, daß die Temperaturschwankungen bei Verwendung eines reinen einwelligen Wechselstromes in der doppelten Frequenz auftreten wie die ursprünglichen Wechselströme, sie folgen der Periode der Wechselleistung. Lagern wir jedoch noch einen Gleichstrom über, dessen Stärke die Scheitelwerte aller vorkommenden Wechselströme um ein Vielfaches übertrifft, so treten die Temperaturschwankungen in der ursprünglichen Frequenz auf.

Nennen wir unseren Strom i, so erhalten wir nun folgenden Ansatz:

$$i = i_0 + \sum_{k=1}^{n} i_k \sin k\,\omega\,t + \sum_{k=1}^{n} i'_k \cos k\,\omega\,t$$

$$i_0 \gg i_k,\ i'_k.$$

Die momentane Leistung im Stromleiter wird dann

$$R \cdot i^2 = R\left\{ i_0^2 + 2\,i_0 \sum_{k=1}^{n} i_k \sin k\,\omega\,t + 2\,i_0 \sum_{k=1}^{n} i'_k \cos k\,\omega\,t \right\},$$

und da

$$0{,}2388\, R \cdot i_0^2 = 2\,\pi\,l\,r\,\beta\,(T_m - T_0) \text{ (vgl. Gl. 2),}$$

so bleibt schließlich als Differentialansatz für die Temperaturschwankungen:

$$0{,}4776\,R\cdot i_0\left\{\sum_{k=1}^{n} i_k \sin k\,\omega\,t + \sum_{k=1}^{n} i'_k \cos k\,\omega\,t\right\} + 2\,\pi\,r\,l\,\beta\,(T - T_m) + \pi\,r^2\,l\,T_c\frac{dT}{dt} = 0\,. \quad (14)$$

Als erste Tatsache folgt aus diesem Ansatz durch Vergleich mit der oben ausgeführten Rechnung, Gleichung (3) bis (5), daß die Amplitude der Temperaturschwankungen proportional den Gleichstromstärken i_0 ist und daher auch die Schallintensität bei Vergrößerung der Gleichstromkomponente wächst. Fernerhin zeigt die formelle Analogie mit den entsprechenden Differentialgleichungen für den Stromverlauf in einem Wechselstromkreis mit Ohmschen Widerstand und Selbstinduktion sofort, daß hier die Wärmekapazität auf die Amplituden der höheren Harmonischen der Temperaturschwankungen dieselbe Drosselwirkung ausübt, wie in dem analogen elektrischen Prozeß die Selbstinduktion auf die höheren Harmonischen des mehrwelligen Wechselstromes. Bei dem Thermophon wird also die Amplitude jeder höheren Harmonischen beim Umsetzen der Sprechströme in Temperaturschwankungen proportional ihrer Ordnungszahl geschwächt und diese Abweichung von der Klangreinheit geht in alle weiteren Umformungsprozesse entsprechend als Fehler ein. Wir können somit von einer absolut klangreinen Sprachübertragung beim Thermophon nicht sprechen, die Frage muß subjektiv aufgefaßt werden. Und hier zeigt ein Vergleich der Klangfarbe eines gewöhnlichen elektromagnetischen Telephones und eines Thermophones sofort, daß das Ohr die wahllose Bevorzugung einzelner höherer Harmonischer durch das elektromagnetische Telephon als viel störender empfindet wie die gleichmäßige Beeinflussung der Klangfarbe durch das Thermophon. Die Klangübertragung wird im Gegenteil subjektiv als völlig klangrein empfunden.

Der Gedanke liegt nahe, die Drosselwirkung der Wärmekapazität dadurch zu verringern, daß man der Wärmeableitung durch die Oberfläche einen möglichst großen Wert gibt, aber selbst bei Verwendung dünnster Wollastondrähte oder dünnster Folien übertrifft im Bereich der Sprechfrequenzen der Term $T_c^2\,r^2\,\omega^2$ den Term β^2 der Gleichung (4), so daß wir eine absolut klangreine Sprachübertragung technisch nicht erreichen können.

Die Frage der Lautstärke kann man nach den bisherigen Ergebnissen ebenfalls beantworten. Die Schallintensität S hängt mit der Amplitude der Druckschwankungen durch die Beziehung zusammen:

$$S = \frac{\Pi^2}{2\,\varrho\cdot c}\,.$$

Die Lautstärke wird also von Effekten untergeordneter Wichtigkeit abgesehen nach Gleichung (12) bis (14) am größten, wenn wir den Ausdruck

$$\frac{R\cdot i_0\cdot i}{V_0\cdot K}\,,$$

wobei i_0 die Gleichstromkomponente, i die Wechselstromkomponente und K die Wärmekapazität ist, zu einem Maximum machen. Wir müssen also bei kleiner Wärmekapazität des Stromleiters große Leistung in einem möglichst kleinen Schallraum umsetzen. In der Bedingung „kleine Wärmekapazität bei großer Leistung" ist uns durch die Gefahr des Durchbrennens bei geringer Überbelastung eine Grenze gesetzt, während wir in der Einengung des Volumens des Schallraumes dadurch beschränkt sind, daß die örtlich gedämpften Temperaturwellen soviel Ausbreitungs-

möglichkeit in Gas hinein haben müssen, als ihre Amplitude noch irgendeinen nennenswerten Beitrag zu dem thermodynamischen Prozeß der Umformung in Schallwellen
liefert. Die Temperaturwellen sind stark gedämpft, wir wollen berechnen, auf den
wievielten Teil die Amplitude nach Durchlaufen einer Wellenlänge gesunken ist.
Nach Gleichung (7a) ergibt sich die Wellenlänge Λ zu $\dfrac{2\pi}{\alpha}$. Die Amplitude ist also
gemäß Gleichung (6) bereits auf den $\varepsilon^{-2\pi}$ ten Teil, also rund $^1/_{500}$ gesunken. Wir
können daher mit den Wänden des Schallraumes bis auf etwa eine Wellenlänge an
den Stromleiter herangehen, ohne eine Störung des Effektes herbeizuführen. Dies
ergibt für Luft und Sprachfrequenzen einen Mindestabstand Leiter gegen Schallraum von rund 0,75 mm.

Trotz dieser Möglichkeiten, die Schallintensität zu steigern, läßt sich absolut
gemessen nur eine kleine Schallintensität erzielen. Der Nutzeffekt des Thermophones
ist sehr klein. Weitaus der größte Teil der hineingeleiteten elektrischen Energie fließt
gemäß Gleichung (3) als gleichmäßiger Wärmestrom in die Umgebung ab und nur
ein sehr geringer Betrag wird in Schallenergie umgesetzt. Die Lautstärke ist nur ein
Bruchteil derjenigen eines guten modernen Telephones, während der Energieverbrauch
das Tausendfache und mehr beträgt.

Aus diesem Grunde kann sich der Einsatz eines Thermophons an Stelle des gewöhnlichen Telephones nur in den Gebieten der Fernmeldetechnik lohnen, wo auf
klangreine Übertragung großer Wert gelegt wird und wo die benötigte beträchtliche
elektrische Leistung zur Verfügung steht.

Die Forderung der klangreinen Sprachübertragung tritt besonders bei fremdsprachlichem Telephonverkehr in den Vordergrund. Die Verständigung in einer
fremden Sprache ist wegen der klangfalschen Übertragung des elektromagnetischen
Telephones selbst bei guter Vertrautheit mit der betreffenden fremden Sprache sehr
schwierig. Hier könnte der Einsatz eines Thermophones Vorteile bieten, überdies
sind die großen internationalen Fernleitungen und die Stationen für drahtlose Telephonie mit Verstärkeranlagen ausgerüstet, aus denen die zum Betrieb eines Thermophones benötigte Mehrleistung bezogen werden könnte.

Während also der Verwendung des Thermophones in der Technik erhebliche Einschränkungen auferlegt sind, bietet es als ein Hilfsinstrument zu akustischen Untersuchungen wesentliche Vorteile. Es ist auf Grund der besprochenen Eigenschaften
jederzeit möglich, mit einfachen Mitteln eine genau bestimmte Schallintensität herzustellen.

Als Beispiel einer derartigen Verwendung des Thermophones als akustisches
Meßinstrument möge hier eine Methode zur Aufnahme der Resonanzkurven von
Telephonmembranen folgen; es wurde eine Anordnung zusammengestellt, welche dem
Ohr zeitlich unmittelbar hintereinander den Ton des zu untersuchenden Telephones
und den eines Vergleichsthermophones zuführt. Die Schallintensität des Thermophones
wird subjektiv durch geeignete Wahl der Wechselstromstärke so abgeglichen, daß sie
mit derjenigen des Telephones übereinstimmt. Die Schallintensität des Thermophones (und damit die gleichstarke Schallintensität des Telephones) ist aus den elektrischen und thermischen Daten reproduzierbar und der Ausdruck für die Schallintensität läßt sich hier auf eine ganz einfache Form bringen, denn wir können von der
Bestimmung des absoluten Betrages der Schallintensität absehen und können
uns auf ihre relativen Werte in Abhängigkeit von der Frequenz beschränken.

Ein einfacher Ausdruck für diesen relativen Wert läßt sich in folgender Weise gewinnen:

Die Amplitude Π der Druckschwankungen der Schallwellen, welche ein allseits von starren Wänden umgebenes Thermophon ausstrahlt, ist nach Gleichung (13) und (14) durch folgenden Ausdruck darstellbar:

$$\Pi = \frac{k_1\,R \cdot i_0 \cdot i_{\mathrm{eff}}}{\alpha \cdot \omega} \cdot F. \tag{15}$$

Hierbei ist:

i_{eff} die Wechselstromstärke,

i_0 der übergelagerte Gleichstrom ($i_0 \gg i_{\mathrm{eff}}$, da sonst der Schall in der doppelten Frequenz des Wechselstromes auftritt),

R der Ohmsche Widerstand,

ω die Kreisfrequenz,

$\alpha = \dfrac{\sqrt{\varrho_0 \cdot \omega \cdot c_p}}{\lambda}$, wobei ϱ_0 die Dichte,

$\left.\begin{array}{l} c_p \text{ die spezifische Wärme,} \\ \lambda \text{ die Wärmeleitfähigkeit} \end{array}\right\}$ des umgebenden Gases ist,

$k_1, k_2 \ldots k_n$ sind Konstanten.

F ist eine Funktion, die von den verschiedensten Zustandsparametern (Volumen, Mitteltemperatur, mittlerer Druck und ähnliches) abhängt. Streng betrachtet ist sie auch von ω in geringem Maße abhängig. Aber diese Abhängigkeit ist in dem für uns in Frage kommenden Bereich von $\omega = 2500$ bis $\omega = 10\,000$ so schwach, daß wir sie vernachlässigen können. Die Zustandsparameter, von denen F abhängt, können durch geeignete Versuchsanordnung unverändert gehalten werden, und wir erhalten dann

$$\Pi = \frac{k_2 \cdot R \cdot i_0 \cdot i_{\mathrm{eff}}}{\alpha \cdot \omega} \quad \text{bzw.} \quad \Pi = \frac{k_3 \cdot R \cdot i_0 \cdot i_{\mathrm{eff}}}{\omega^{\frac{3}{2}}},$$

oder, da die Schallintensität

$$S = \frac{\Pi^2}{2\,\varrho_0 \cdot c},$$

$$S = \frac{k_4 \cdot R^2 \cdot i_0^2 \cdot i_{\mathrm{eff}}^2}{\omega^3}.$$

Hält man nun außerdem noch R und i_0 konstant, so ist die Schallintensität S des Thermophones und damit die des gleichlauten Telephones

$$S \sim \frac{i_{\mathrm{eff}}^2}{\omega^3}. \tag{15}$$

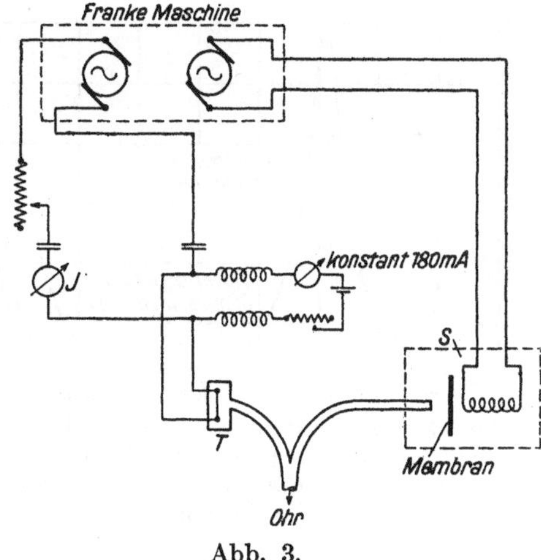

Abb. 3.

Die von mir benutzte Anordnung war folgendermaßen aufgebaut:

In einem Schallraum T aus Hartgummi von 10 mm Länge, 4 mm Breite und 2 mm Tiefe war ein Nickeldraht von 0,03 mm Durchmesser ausgespannt. Durch den Draht leitete ich dauernd 180 mA Gleichstrom und lagerte einen Wechselstrom über, dessen Stärke ich zwischen 1 und 50 mA verändern konnte.

Der Schall des Thermophones wurde durch ein kurzes dünnes Glasrohr in das Ohr eingeleitet, während von einem T-Stück aus ein Gummischlauch zu einer Düse führte, welche einige Zentimeter vor der Telephonmembran angebracht war. Zur Vermeidung stehender Wellen an den Laboratoriumswänden war Telephon und Düse in eine dichte Wollpackung „S" eingehüllt. In der Schlauchleitung zum Ohr bilden sich ebenfalls keine stehenden Wellen, wenn man nur die lichte Weite des Schlauches so eng wählt, daß der Schall auf dem Wege von der Düse bis zum Ohr stark gedämpft wird.

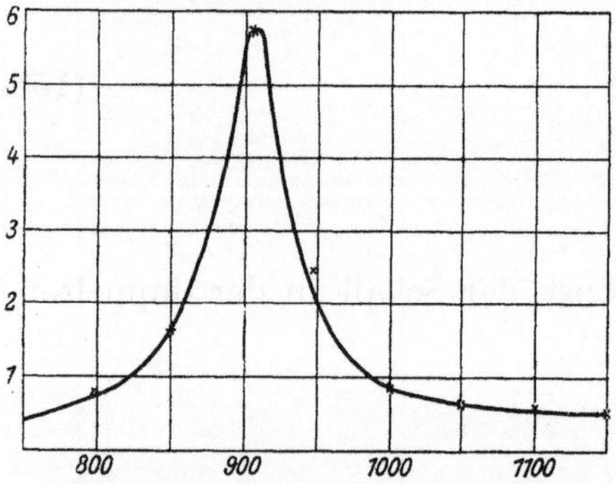

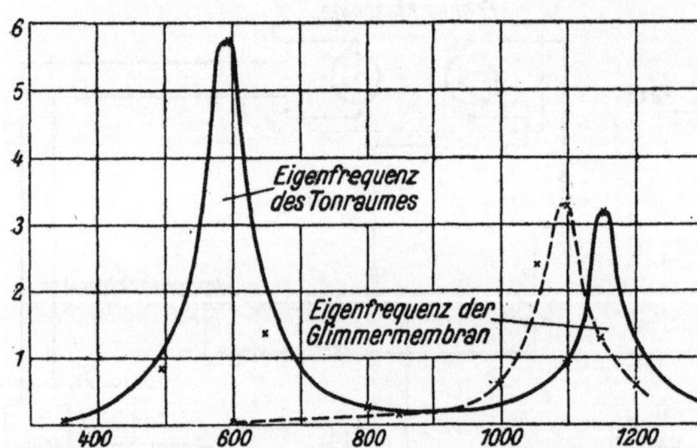

Abb. 4. „Resonanzkurve einer Telephonmembran (Schwerhörigentelephon)".

Ordinaten: $\dfrac{i^2}{\omega^3}$ in kl. Einheiten.

Abszissen: Frequenz sec^{-1}.

Das Telephon wurde an den einen Anker der Frankeschen Maschine gelegt, deren Felderregung stets konstant gehalten wurde, so daß der Wert $\dfrac{E}{\omega}$ ebenfalls konstant blieb. Der Wechselstrom zur Speisung des Thermophones wurde dem anderen Anker entnommen. Durch geeignete Abänderung des Wechselstromes im Thermophon wurde diese Vergleichsschallquelle stets auf den gleichen Betrag wie die Schallintensität des Telephones gebracht. Dann müssen die auf diese Weise bestimmten Werte $\dfrac{i^2_{eff}}{\omega^3}$ die Resonanzkurve ergeben.

Die Methode stellt an die subjektive Geeignetheit des Beobachters große Anforderungen, immerhin liefert sie, wie die beiden auf diese Weise gewonnenen Resonanzkurven (Skizze 4 und 5) zeigen, bei einiger Übung gute Resultate und arbeitet mit denkbar einfachen Mitteln.

Zum Vergleich habe ich noch für das Starkstromtelephon (Skizze 5) eine Resonanzkurve mit Hilfe einer optischen Methode (durch einen an der Membran befestigten Spiegel wird ein Lichtzeiger abgelenkt) aufgenommen. Die Dämpfung ist in diesem Falle größer, dies ist aber selbstverständlich, da in diesem Fall mit einer vielfach größeren Amplitude gearbeitet wurde und die Dämpfung durch Reibung an der Befestigung mit der Amplitude stark ansteigt. Die Verstimmung gegenüber der mit dem Thermophon aufgenommenen Kurve ist auf die Einwirkung der Masse des Spiegelchens zurückzuführen.

Abb. 5. „Resonanzkurve eines Starkstromtelephones." Ausgezogene Kurve mittels des Thermophones, gestrichelte mittels der Spiegelmethode aufgenommen.

Die Methode läßt sich in der Empfindlichkeit steigern, wenn man von der Vergleichsmethode abgeht und eine Nullmethode verwendet. Man läßt Thermophon und Telephon gleichzeitig tönen und sorgt nun durch Phasenänderung des einen Ankers der Frankeschen Maschine gegen den anderen und durch geeignete Wahl der Stromstärke dafür, daß der von dem Thermophon ankommende Wellenzug den von dem Telephon herrührenden Wellenzug durch Interferenz auslöscht. Diese Methode hat den Vorzug größerer Genauigkeit, weil das Ohr auf das Verschwinden eines Tones bedeutend besser reagiert als auf Abgleichung auf gleiche Lautstärke.

Zusammenfassung.

In der vorliegenden Arbeit wurden die Wirkungsweise des Thermophones und die darüber aufgestellten Theorien experimentell geklärt. Die bei Abschluß der Versuche veröffentlichte Theorie von Wente (Phys. Rev. 1922, S. 355) deckt sich mit dem experimentellen Befund.

Das Tönen wechselstromdurchflossener Stromleiter beruht auf Temperaturschwankungen, welche entsprechend der Periode der Wechselleistung in dem Leiter entstehen und als örtlich gedämpfte Temperaturwellen in das umgebende Medium eindringen. Hier werden auf thermodynamischer Grundlage Druckschwankungen erzeugt, welche sich als akustische Wellen ausbreiten.

Die Frage der Klangreinheit wird behandelt, Gesichtspunkte zur Erzielung einer möglichst großen Lautstärke aufgestellt.

Es wird eine Methode besprochen, mit deren Hilfe man unter Verwendung eines Thermophones als resonanzfreie Vergleichsschallquelle die Resonanzkurve von Telephonmembranen aufnehmen kann.

Ein Kathodenstrahlofen.

Von **Hans Gerdien** und **Hans Riegger**.

Mit 3 Textabbildungen.
Mitteilung aus dem Forschungslaboratorium Siemensstadt.
Eingegangen am 5. Mai 1923.

Für mancherlei Arbeiten physikalischer und chemischer Natur ist es erwünscht, lokal eine sehr hohe Energiedichte in der Zeiteinheit zu erzeugen, ohne daß störende Einwirkungen auf den Raum hoher Temperatur sich geltend machen können. Der gegebene Weg ist sonach das Erhitzen im Vakuum. Die Widerstandserhitzung führt nur unvollkommen zum Ziel, da sie eine weitgehende Anpassung der Stromquelle an die Leitfähigkeit und die Dimensionen des zu erhitzenden Präparates erfordert, die besonders dann lästig wird, wenn während des Erhitzens erhebliche Leitfähigkeitsänderungen eintreten. Sie versagt zudem bei nicht leitenden Materialien. Bei der Erhitzung durch den Vakuumlichtbogen läßt sich im allgemeinen nur schwer ein ziemlich erheblicher Gasdruck vermeiden, ebenso sind Verdampfungsprodukte der Elektroden nur schwer auszuschließen. Vorteilhafter in gewisser Hinsicht ist wegen des wesentlich niedrigeren Gasdruckes die von H. v. Wartenberg benutzte Methode des Erhitzens mittels Kathodenstrahlen von einer Glühkathode[1]). Doch bedingt die Methode immerhin ein gewisses Leitvermögen der zu erhitzenden Anode. Wesentlich vollkommener bezüglich des Ausschlusses der Verunreinigungen ist die von E. Tiede beschriebene Methode des Erhitzens durch Kathodenstrahlen, die in einem Glimmstrom bei selbständiger Strömung erzeugt werden[2]). Schon im Jahre 1909[3]) hat der eine von uns (H. G.) Versuche angestellt, welche zu ähnlichen Ausführungsformen eines Kathodenstrahlofens führten, wie sie später von Herrn Tiede beschrieben wurden. Es wurden damals auch Versuche gemacht, den Durchmesser der Kugelkathode zu vergrößern und das in den Vereinigungspunkt der Kathodenstrahlen zu bringende Präparat von außen auf magnetischem Wege so zu heben und zu senken, daß das Kathodenstrahlenbündel unabhängig von den Schwankungen des Gasdruckes im Gefäß auf das Präparat konzentriert blieb. Die Schwankungen des Gasdruckes,

---

[1]) Ber. d. Deutsch. Chem. Ges. Bd. 40, III, 3287. 1907.

[2]) Ber. d. Deutsch. Chem. Ges. Bd. 46, II, 2229. 1913. Die Schmelzung von Tantalmetall oder andern schwer schmelzbaren Metallen mittels Kathodenstrahlen ist der Firma Siemens & Halske schon im Jahre 1905 durch das DRP. Nr. 188 466 gschützt worden.

[3]) Als sauberste Arbeitsweise, die jedoch in der Anwendung recht umständlich ist, kann das Erhitzen mittels Lichtstrahlung im Vakuum genannt werden, wie es von A. Stock, Ber. d. Deutsch. Chem. Ges. Bd. 42, S. 2873. 1909, beschrieben wurde. Der eine von uns (H. G.) hat schon vor längerer Zeit in Gemeinschaft mit Herrn Dr. Kreusler ebenfalls in einem Kugelkolben, dessen Mittelpunkt in den Fokus eines großen Scheinwerferspiegels gebracht wurde, leitende und nichtleitende Materialien im hohen Vakuum dadurch erhitzt, daß in den Scheinwerferspiegel entweder mittels eines großen Planspiegels Sonnenstrahlung oder mittels eines anderen Scheinwerfers die Strahlung der in dem Fokus des 2. Spiegels befindlichen Lichtbogenlampe hineingeworfen wurde.

die sich besonders bei präparativen Arbeiten als lästig erweisen, wenn es gilt, aus fein-
pulvrigem Material gepreßte Pastillen oder dergl. zu entgasen, sind das Haupthinder-
nis für eine Anwendung derartiger Kathodenstrahlöfen in der Praxis. Der Vereinigungspunkt des Kathodenstrahlbündels ist ganz wesentlich in seiner Lage durch die
Ausbildung der negativen Glimmschicht vor der Kathode bedingt. Letztere und besonders ihre Randpartien sind stark vom Druck abhängig, so daß die Vereinigung der
Kathodenstrahlen je nach dem Gasdruck in mehr oder weniger großer Entfernung
vor der Kathode stattfindet. Hat man nun z. B. den Druck soweit erniedrigt, daß
nach Anlegen der Spannung die Energie der Kathodenstrahlen gerade auf das Präparat konzentriert wird, so wird die weitere Energiezufuhr schon durch geringe, bei
der Erhitzung freiwerdende Gasmengen stark herabgesetzt, da der Konvergenzpunkt
der Kathodenstrahlen sich sofort verlagert. Die Beobachtung der Tatsache, daß die
Verlagerung des Konvergenzpunktes ganz wesentlich durch die Randpartien des
negativen Glimmlichtes bedingt wird, veranlaßte den einen von uns (H. G.) eine
Anordnung zu erproben, bei der das Präparat durch eine die Halbkugel wesentlich
überschreitende leitende Kathodenoberfläche umschlossen ist, so daß die Wirkung
der Randpartien gegenüber den von der Kugelkalotte ausgehen-
den Kathodenstrahlen vernachlässigt werden kann. In der Tat
erwies es sich als ein großer Fortschritt, daß in einer solchen
Röhre innerhalb eines gewissen Druck-
bereiches unabhängig vom Druck die
Kathodenstrahlen exakt nach dem Mittelpunkt der Kugelkalotte laufen. Gelingt
es, das Präparat genügend genau zu zentrieren, so kann man in wesentlich kürzerer
Zeit entgasen und mit wesentlich kleinerem

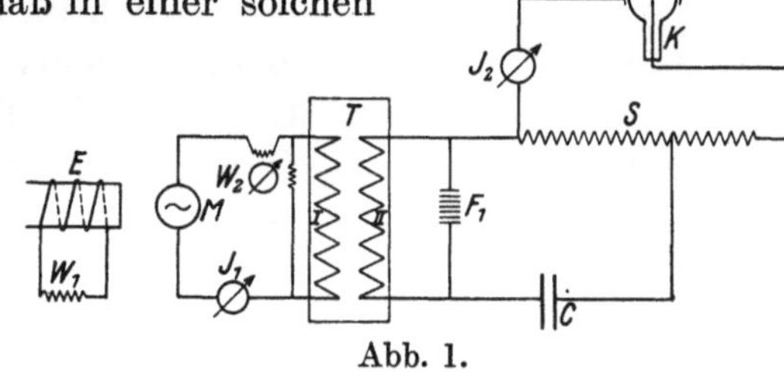

Abb. 1.

Energieaufwand die gewünschte hohe räumliche und zeitliche Energiedichte erzielen.
Dabei wirkt, wenn man einen auf der Innenseite einer Glaskugel niedergeschlagenen
Metallbelag als Kathode verwendet, die optische Konzentration eines erheblichen
Teils der vom Präparat gegen die Kugelkalotte gestrahlten Energie auf das Präparat
als energiesparend mit.

Es erwies sich im Laufe der Versuche bald als vorteilhaft, auch den auf der
Innenseite der Kugelröhren angebrachten kathodischen Metallbelag zu vermeiden,
da er für schnelles Arbeiten immerhin durch die Notwendigkeit, ihn genügend zu
entgasen, ein Hindernis bildet und auch insofern stört, als etwa bei der Erhitzung zu
gewinnende Sublimate durch ihn verunreinigt werden können. Es wurde deshalb
dazu übergegangen, lediglich Außenbelegungen, teils aus Metall, teils aus elektro-
lytisch leitenden Flüssigkeiten, zu verwenden. Dabei mußte naturgemäß eine Wechselspannung an die Röhren angelegt werden und die Frequenz zwecks Steigerung der
absoluten Größe der zugeführten Energie nach Möglichkeit gesteigert werden. Es
ergab sich so eine Anordnung, die in der Patentschrift der Siemens & Halske A.-G.
DRP. Nr. 353 218 Klasse 21 H Gruppe 7 vom 28. Oktober 1919 im Prinzip und in
einigen Einzelheiten beschrieben worden ist.

Die von uns zur Erzeugung der hochgespannten Hochfrequenzströme benutzte
Anordnung (H. R.) ist in der Abb. 1 dargestellt. Eine Wechselstrommaschine
von 500 Perioden pro Sekunde M, deren Erregung E durch einen Widerstand W_1
reguliert werden konnte, war durch einen Strommesser J_1 und ein Wattmeter W_2

an die Primärwicklung I eines Transformators T gelegt, dessen Sekundärwicklung II auf die Funkenstrecke F_1 arbeitete. Die Sekundärspannung des Transformators betrug etwa 20—25 kV. Die Funkenstrecke bestand aus 12 hintereinander geschalteten Funkenstrecken mit silberbelegten Kupferelektroden, deren Abstände je etwa 0,1—0,15 mm betrugen (Löschfunkenstrecke der Gesellschaft für drahtlose Telegraphie, Telefunken). An die Funkenstrecke war ein Schwingungskreis gelegt, der aus der Kapazität C und der Selbstinduktion S bestand. Die Kapazität K wurde von einigen großen Leydener Flaschen mit zusammen 30 000 cm Kapazität gebildet, die Selbstinduktion aus 7 Windungen einer Flachspule. Die Eigenfrequenz dieses Schwingungskreises entsprach einer Wellenlänge von 1600 m. Von der Selbstinduktion wurde in Autotransformatorschaltung die Spannung zum Betrieb der Kathodenstrahlröhren abgenommen. Vor der Röhre lag ein Strommesser J_2. Parallel zur Röhre eine Funkenstrecke F_2, welche so eingestellt wurde, daß ein Durchschlag der Kathodenstrahlröhre nach Möglichkeit ausgeschlossen wurde. Diese Schaltung wurde aus folgenden Gründen gewählt.

Da die Kapazität der Kathodenstrahlröhre je nach dem Druck im Innern der Röhre stark veränderlich ist — es kommen als leitende Belege einerseits die außen an der Glaswand der Röhre liegende Elektrode, andererseits der Glimmsaum des negativen Glimmlichtes im Innern der Röhre in Betracht, dessen Lage je nach dem Druck und der Dunkelraumlänge wechselt —, ist es nicht angängig, die Kathodenstrahlröhre in einem abgestimmten Schwingungskreis zu verwenden, da die Frequenz sich zu stark ändern würde, um eine ökonomische Übertragung der Energie etwa aus einem Stromkreis in einen Schwungradkreis oder dergl. zu ermöglichen. Bei der hier angegebenen Schaltung wurde die Funkenstrecke nicht als Löschfunkenstrecke benutzt, sondern sie war so einreguliert, daß während jeder Halbperiode der 500 Periodenmaschine eine möglichst hohe Zahl von Partialentladungen zustande kam. Durch jede dieser Entladungen wurde eine relativ schwach gedämpfte Schwingung des primären Schwingungskreises ausgelöst. Sobald die Spannung bei jeder dieser Schwingungen die Zündspannung der Kathodenstrahlröhre überstieg, setzte der Stromdurchgang durch die Röhre ein. Natürlich ging ein gewisser Bruchteil der gesamten aufgewendeten Energie bei dieser Anordnung in der Funkenstrecke verloren, doch war es immerhin möglich, schätzungsweise bis zu 50 vH der dem Schwingungskreis zugeführten Energie der Röhre zuzuleiten. Die absolute Größe der auf der Röhre liegenden Leistung schwankte bei unseren Versuchen zwischen 300 W und etwa 4 kW. Die Zündspannungen an der Kathodenstrahlröhre überstiegen selten 30 000 V, die mittleren Stromstärken in der Kathodenstrahlröhre stiegen bis zu 20 A.

Die erste der von uns benutzten Kathodenstrahlröhren bestand aus einem Kugelkolben mit einem Kugeldurchmesser von 300 mm, mit einem Halse von etwa 81 mm Durchmesser und 290 mm Länge. Die Kolben waren von der Firma Schott & Gen. aus Glas 1823 III hergestellt. Der Kolben wurde mit dem Halse nach unten — vgl. Abb. 2 —

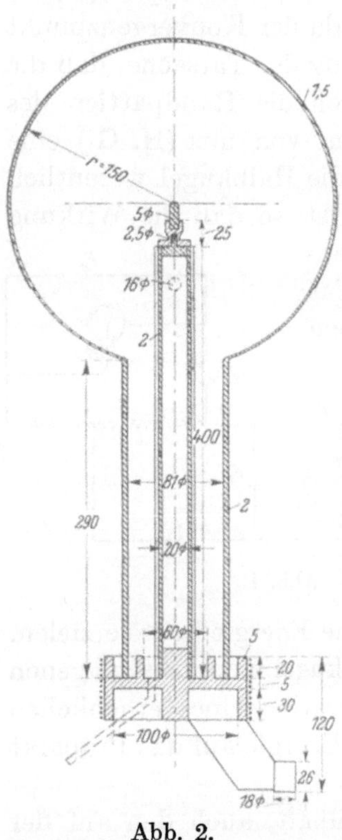

Abb. 2.

in einen gußeisernen Fuß eingekittet (mittels weißen Siegellackes), wobei der Kitt durch elektrische Heizung in der Rinne zum Schmelzen gebracht wurde. Der Fuß enthielt den Auslaß zur Vakuumpumpe und trug in der Mitte einen konischen Ansatz, auf den ein Messingrohr aufgesteckt werden konnte. Das Messingrohr ragte bis nahe an den Mittelpunkt der Kugel und war durch ein darüber geschobenes Quarzrohr isoliert. Am oberen Ende des Messingrohres war eine kleine Klemmvorrichtung befestigt, welche den Träger des Präparates in der Höhe einzustellen gestattete. Der Kugelkolben war zu etwa $^3/_4$ seiner Oberfläche auf der Außenfläche durch Versilberung leitend gemacht (später benutzten wir auch durch Aufspriten nach dem Schoop-Verfahren hergestellte Zink-Aluminiumüberzüge). Da die Durchschläge des Glaskolbens regelmäßig an dem unteren Rande der Metallbelegung auftraten, wurde das Glas in einigen Zentimetern Abstand von diesem mit festem Paraffin überzogen, um das Sprühen des Randes der Metallbelegung und die damit verbundene lokale Erwärmung des Glases, die dem Durchschlag vorangeht, zu verhüten. In dem Metallbelag waren an den Enden von zwei zueinander senkrechten horizontalen Durchmessern kleine Öffnungen freigehalten, durch welche man das Präparat im Innern des Kugelkolbens zentrieren konnte. War die Zentrierung einmal ausgeführt, so konnten für jeden Kolben zwei Anschläge justiert werden, an denen er bei wiederholtem Einkitten anliegen mußte, um die Zentrierung von neuem herzustellen.

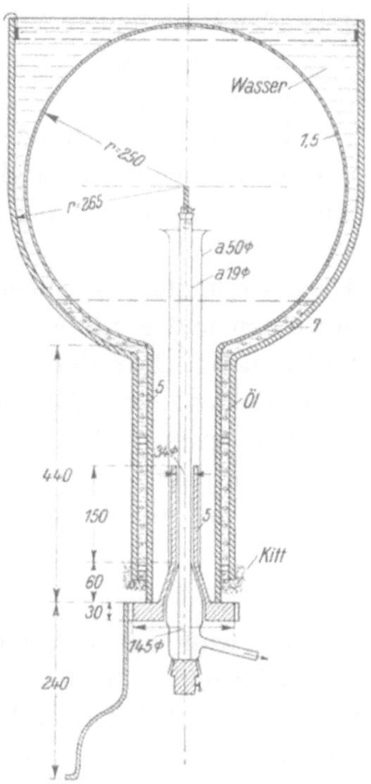

Später haben wir mit größeren Kugelkolben bis zu Durchmessern von 500 mm gearbeitet. Dabei benutzten wir nicht mehr metallische Belegungen, sondern verwendeten für die Außenbelegung angesäuertes Wasser. Die Gesamtanordnung zeigt Abb. 3. Der Kugelkolben war mit seinem Halse in ein kelchförmiges Glasgefäß eingesetzt, das mit ihm dicht verkittet war. In dem

Abb. 3.

Zwischenraum zwischen Kelch und Hals wurde bis zur gewünschten Höhe ein schweres Teeröl eingefüllt. Über dieses wurde das angesäuerte Wasser gegossen. In das Wasser tauchte eine ringförmige Zuleitung für den Hochfrequenzstrom. Die innere Zuleitung des anderen Poles wurde wiederum durch ein Messingrohr bewirkt, das mittels gefetteten Schliffes in einer Porzellandurchführung saß, die ihrerseits mit dem Rande des Halses des Kugelkolbens abgedichtet war. Das Messingrohr war, wie bei der in Abb. 2 dargestellten Anordnung, durch ein Quarzrohr nach außen isoliert und trug wiederum eine Justiervorrichtung für den Präparatträger. Den Auslaß zur Pumpe bildete das mit einigen seitlichen Öffnungen versehene Messingrohr. Der Ersatz eines Präparates durch ein neues war hier leichter zu erreichen, als bei der in Abb. 2 dargestellten Anordnung, da man nur den Schliff am unteren Ende des Messingrohres zu lösen und nach Aufstecken des neuen Präparates wieder einzusetzen brauchte.

Ist das Präparat zentriert und durch einige Glühungen entgast, so gelingt es leicht, bei entsprechender Steigerung der Energiezufuhr in wenigen Sekunden auf sehr hohe Temperaturen zu kommen. So gelang es, einen Wolframstift aus gepreßtem

Wolframpulver von 6 × 6 mm im Quadrat binnen 5 Sekunden auf etwa 2 cm Länge
zu schmelzen. Bei dem Betrieb der Röhren hat man auf unzulässige Erwärmung des
Glaskolbens zu achten. Sie bildet nicht so sehr wegen ungleichmäßiger thermischer
Ausdehnung eine Gefahr für den Kolben als wegen der Möglichkeit der Durchschläge,
weil die durch dielektrische Hysterese bei Hochfrequenzbeanspruchung im Innern
des Dielektrikums freiwerdende ziemlich erhebliche Energie sich dann leicht an einer
höher temperierten Stelle bis zum Durchschlag steigert. Die Schicht von angesäuertem
Wasser, welche den Kolben umgibt, bildet eine ausgezeichnete Kühlung. Die stärksten
lokalen Erwärmungen kommen in dem oberen Teile der Ölschicht vor, wo anscheinend
durch die dielektrischen Verluste in dem vom Rande der leitenden Belegung ausgehenden Streufelde erhebliche Energie verloren geht. Es ist deswegen zweckmäßig,
bei lang andauernden Versuchen eine Ölzirkulation und Kühlung des Öles außerhalb
des Hochspannungsapparates vorzusehen.

Die von uns behandelten Präparate wurden, soweit sie aus gepreßten Pulvern
von hinreichender Festigkeit bestanden, unmittelbar in einen kleinen metallenen
Halter eingeklemmt. Bei Pulvern, welche dieses Verfahren nicht zuließen, wurde ein
kleiner Kegel anf einer gepreßten Platte aus dem gleichen Material aufgeschüttet.
Etwa sublimierende Substanzen lassen sich leicht von der Innenwand des Kolbens
entfernen und gewinnen. Der geeignetste Gasdruck lag in Luft in der Gegend von
0,01 mm Hg. Für Präparate, bei denen Reaktionen mit dem Füllgas zu befürchten
sind, wendet man selbstverständlich ein nicht reagierendes Gas (Edelgas) für Füllung
des Kolbens an. Am bequemsten arbeitet man mit einer stark wirkenden Pumpe
(Molekularpumpe oder Diffusionspumpe von Gäde) und läßt zur Konstanterhaltung
des Druckes das Füllgas durch eine Kapillare dauernd einströmen.

Zusammenfassung.

Es wird ein Kathodenstrahlofen beschrieben, der aus einem kugelförmigen
Gefäß besteht, von dessen Wand die Kathodenstrahlen radial gegen ein im Mittelpunkt des Gefäßes befindliches zu erhitzendes Präparat laufen. Der Ofen kann mit
Außenelektrode unter Verwendung von hochgespanntem Hochfrequenzstrom be-
trieben werden.

––––––––––

Zur Heyn'schen Theorie der Verfestigung der Metalle durch verborgen elastische Spannungen.

Von **Georg Masing**.

Mit 4 Textabbildungen.

Mitteilung aus dem Forschungslaboratorium Siemensstadt.

Eingegangen am 10. April 1923.

In der Festschrift der Kaiser-Wilhelm-Gesellschaft (1921) hat E. Heyn eine Theorie der Verfestigung von Metallen infolge Kaltreckens veröffentlicht, in der er in scharfsinniger Weise die von ihm früher studierten inneren Spannungen zur Erklärung einiger Erscheinungen der Verfestigung heranzieht[1]). Seine Darstellung ist mit manchen Widersprüchen und Unklarheiten behaftet, wodurch eine falsche Beurteilung derselben und oft die Ablehnung des ganzen Heyn'schen Grundgedankens herbeigeführt wird. Die Aufgabe der vorliegenden Arbeit ist, nach einer Kritik der Arbeit von Heyn, seinem Grundgedanken eine neue Form zu verleihen und den Nachweis zu liefern, daß er sich dann ohne Widersprüche durchführen läßt.

Heyn stellt sich in erster Linie die Aufgabe, folgende zwei Verfestigungswirkungen der Kaltreckung zu erklären: die Erhöhung der Fließgrenze beim Zugversuch und ihre Erniedrigung bei einem dem Zugversuche folgenden Druckversuch.

In Abb. 1 ist das bekannte Zugdiagramm eines metallischen Körpers dargestellt[2]). Auf der Abszissenachse sind die Dehnungen, auf der Ordinatenachse die Spannungen (bezogen auf den ursprünglichen Querschnitt) aufgetragen. Sobald die Streckgrenze S überschritten ist, erhält der Stab bleibende Formänderungen. Wenn er nach einer Dehnung bis zum Punkte A wieder entlastet wird, so tritt nur eine geringere Kontraktion JC ein, und der unbelastete Stab behält die dauernde Dehnung OC. Wird er wieder auf Zug beansprucht, so treten die bleibenden Dehnungen nach Überschreitung etwa des Punktes S_2 auf, bei viel höheren Spannungen als vor der ersten Zugbelastung. Die Streckgrenze ist also

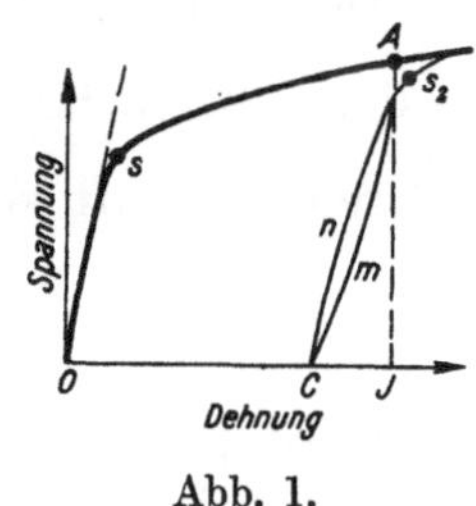

Abb. 1.

gestiegen. Hierbei entsteht die weiter unten zu behandelnde Schleife $A\,m\,C\,n\,S_2$.

Um die Wirkung der Kaltreckung beim Zugversuch (auf das Verhalten eines Stabes nach einem Zugversuch gegen Druck werden wir später kurz zurückkommen) zu erklären, nimmt Heyn an, „daß ein metallischer Stoff, der über seine ursprüngliche Fließgrenze hinaus beansprucht und dann entlastet worden ist, einen bestimmten Betrag von elastischer Dehnung ε_l und

---

[1]) Ansätze zu dieser Theorie finden sich bereits in Heyn und Bauer, Über Spannungen in kaltgereckten Metallen, Int. Z. f. Metallographie Bd. I, S. 16. 1911 und E. Heyn, Metall und Erz. 1918, S. 411, 436.

[2]) Nach E. Heyn, l. c.

demnach auch von Spannung σ_l zurückhält, dem nicht durch eine äußere Kraft $\dfrac{P}{f}\left(\dfrac{\text{Kraft}}{\text{Fläche}}\right)$, sondern durch ein einem Reibungswiderstand ähnlichen Hindernis W das Gleichgewicht gehalten wird". Diesen zurückbleibenden Betrag der elastischen Dehnung bzw. der Spannung bezeichnet Heyn als verborgen elastische Dehnung bzw. Spannung. Heyn schreibt weiter: „Wir können uns an der Hand folgenden Beispiels ein Bild von dieser verborgenen Spannung machen. Wir stellen einen Zylinder her aus Plastilin[1]) mit eingestreuten, feinen metallischen Schraubenfederchen. Wird dieser Verbundkörper durch Rollen in der Länge gestreckt, so werden die Federchen angespannt. Bei Entlastung des Probekörpers hat das Plastilin als bildsamer Körper kein Bestreben, sich zu verkürzen, wohl aber wollen sich die elastischen Federchen entspannen; sie streben Verkürzung ihrer Länge und der Länge der ganzen Masse an, in die sie eingebettet sind. Sie werden diesem Bestreben aber nur teilweise nachkommen können, zum anderen Teil werden sie durch den Widerstand der sie umgebenden bildsamen Masse an der völligen Entspannung verhindert werden. Die zurückbleibende Spannung würde dann die verborgene Spannung sein." — „Es liegt auf der Hand, daß das Gleichgewicht zwischen σ_l und dem Hindernis W von der Zeit beeinflußt wird." Von diesem Einfluß wird jedoch der Einfachheit halber abgesehen.

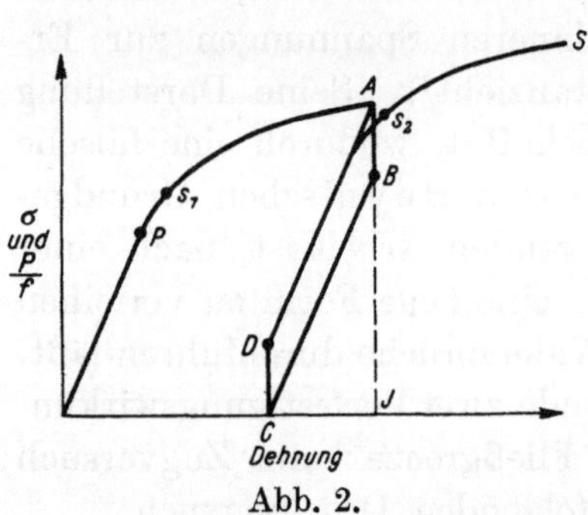

Abb. 2.

Heyn untersucht nun, wie sich ein derartiger, aus einem plastischen und einem elastischen Bestandteil bestehender Körper bei einem Zugversuch verhält. Er gibt dafür die Abb. 2.

Es wird angenommen, daß der Körper unter Überschreitung der Streckgrenze S_1 bis auf A gedehnt worden ist. Der Teil OS_1A des Diagramms wird als dem bei einem wirklichen Metallkörper beobachteten ähnlich angenommen und nicht weiter diskutiert.

Im Punkte A sind die elastischen Federchen α im Zustand einer Zugspannung σ_A, die der äußeren Kraft $\dfrac{P}{f}$ das Gleichgewicht hält, während die plastische Masse β der äußeren Zugkraft keinen Widerstand entgegenzusetzen vermag. Es ist also

$$\frac{P}{f} = \sigma_A.$$

Wird der äußere Zug verringert. so vermag die Feder sich zunächst nicht zu verkürzen, weil dem der Widerstand in der plastischen Masse B entgegenwirkt. Die Spannungslinie des Gesamtkörpers fällt also senkrecht längs AB ab. Da die Dehnung unverändert bleibt, so trifft das auch für die Spannung σ_A der elastischen Federn zu. „Erst wenn $\sigma_A - \dfrac{P}{f}$ infolge weiterer Abnahme von $\dfrac{P}{f}$ den Grenzbetrag $AB = \sigma_l$ erreicht hat," wobei also im Punkte B

$$\frac{P}{l} = \sigma_A - \sigma_l \text{ ist,}$$

ist, „vermag die Feder den Widerstand W der bildsamen Masse zu überwinden und

---

[1]) Ein plastischer Stoff.

sich und den Stab zu verkürzen." Die Spannung der Feder nimmt nun proportional der Verkürzung der Feder ab, und während die äußere Kraft $\frac{P}{f}$ die Linie BC durchläuft, folgt die Spannung der Feder σ_A der parallelen Linie AD. Ihre Neigung ist durch das elastische Verhalten der Feder gegeben und gleich der Neigung der Linie OP im ersten, elastischen Teil des Diagramms.

Im Punkte C ist die äußere Kraft Null, der Stab ist entspannt. In seinem Innern wird jedoch der Spannung $\sigma_A = CD$ der Feder durch eine gleichgroße, vom Widerstand W der plastischen Masse herrührende Kraft σ_l das Gleichgewicht gehalten, die eine Verkürzung der Federn verhindert.

Wird der Körper wieder auf Zug beansprucht, so dehnt er sich zunächst nicht, sondern der Widerstand W geht zurück. Wir erhalten wieder ein senkrechtes Stück CD. Bei D ist der Widerstand der plastischen Masse β gegen Druck gleich Null geworden. Bei weiterer Steigerung der äußeren Zugkraft dehnt sich die Feder elastisch, während die plastische Masse dem Zug keinen Widerstand entgegensetzt. Die äußere Kraft ist jetzt also der Spannung σ_A der Feder gleich, und es wird nunmehr die Strecke DA in der Richtung nach oben parallel zu OP laufen. Der Punkt D entspricht dem Punkte O und das ganze Diagramm ist bei Wiederbelastung e i n f a c h u m d i e S t r e c k e $CD = \sigma_l$ n a c h o b e n, z u h ö h e r e n S p a n n u n g e n v e r s c h o b e n, also auch die Streckgrenze, die jetzt etwa die neue Lage S_2 einnimmt. Die E r h ö h u n g d e r S t r e c k g r e n z e und ebenso die durch die Erfahrung gegebene hysteresisähnliche Schleife $ABCDF$ sind somit erklärt.

Diese Darstellung fordert in vielen Beziehungen den Widerspruch heraus. Zunächst versteht H e y n unter dem „reibungsartigen Widerstand" offenbar etwas grundsätzlich Verschiedenes von einer elastischen Spannung dieser Masse, also etwa eines Widerstandes, der der Deformation dieser Masse proportional wäre. Das ergibt sich, außer der Terminologie der vorliegenden Arbeit, besonders aus einigen Bemerkungen in einer älteren Arbeit[1]), in der die Annahme einer elastischen Inanspruchnahme des Füllmaterials ausdrücklich abgelehnt wird.   Hier scheint ein prinzipielles Mißverständnis zu bestehen. Der Widerstand eines Mediums, ganz gleichgültig, ob er auf wirklich reversible elastische Spannungen oder auf Reibung zurückzuführen ist, ist nur möglich, wenn im Inneren des Mediums molekulare Gegenkräfte bestehen, die nach Art der elastischen Kräfte mit den Verschiebungen zusammenhängen. Das gilt auch für eine zähe Flüssigkeit, wenn in dieser Reibungskräfte entstehen. Wenn außerdem der Einfluß der Zeit außer Betrachtung gelassen wird, wie das H e y n macht, so heißt das weiter nichts, als daß die im Medium auftretenden Widerstände wie elastische Kräfte zu behandeln sind. Tut man aber dieses, so ergeben sich sofort Schwierigkeiten.

Es erscheint zunächst unmöglich, daß längs der Strecken AB und CD die Druckbelastung der plastischen Zwischenmasse β sich ändert, ohne daß sie eine Längenänderung erleidet. Das würde auf die Annahme eines unendlich großen Elastizitätsmoduls für die Masse β hinauslaufen, was unmöglich ist. Man könnte allerdings diese Annahme von H e y n als einen vereinfachten schematischen Ansatz betrachten, der in Wirklichkeit abzuändern wäre. Es ergibt sich jedoch eine weitere Schwierigkeit. Wenn man auch die Masse β in gewissem Sinne als einen elastischen Körper betrachtet, so ergibt sich, daß seine Elastizitätsgrenze gegen Druck endlich und dem „Wider-

---

[1]) H e y n und B a u e r, a. a. O.

stand" AB (Abb. 2) gleich ist, gegen Zug dagegen bei Null liegt, da die Masse β gegen Zug ja keinen Widerstand ausübt. Diese Annahme ist gewiß recht unwahrscheinlich; gibt man sie auf, so verschieben sich jedoch alle Grundlagen der Heynschen Betrachtung. Auch läßt sich zeigen, daß diese Annahme bei der Konstruktion eines Druck-Kontraktionsdiagramms, das einem Zugdiagramm, Abb. 1 und 2, durchaus analog sein muß, zu Widersprüchen führt. Denn für das Druckdiagramm würden wir im Rahmen einer der Abb. 2 analogen Betrachtung eine Masse β' brauchen, die wohl einen Widerstand gegen Zug, aber keinen gegen Druck auszuüben vermag, und die — auf Grund des Zugversuches — einmal angenommene Masse β mit entgegengesetzten Eigenschaften würde beim Durckversuch unüberwindliche Schwierigkeiten bereiten.

Man weiß ferner schlechterdings nicht, wie man sich den Kurvenzug $OPSA$ im Rahmen des vereinfachten Bildes von Heyn denken soll. Er kann auf Grund der ganzen Betrachtung nur als ein elastisches Zugdiagramm der Feder α betrachtet werden, da diese ja überhaupt keine bleibenden Dehnungen erleidet und die Masse β in diesem Teildiagramm ohne jeden Einfluß ist. Das widerspricht jedoch der Linienführung DA, aus der sich ergibt, daß die elastische Dehnungskurve der Feder α im gesamten betrachteten Gebiet als geradlinig (Hookesches Gesetz) angenommen wird.

Zur Erklärung des Resultates von Bauschinger, daß bei einer Druckbelastung nach einer plastischen Zugbelastung die Streckgrenze tiefer liegt als bei dem jungfräulichen Material, macht Heyn noch weitere Annahmen (zweite Art von Federn α' mit sehr unwahrscheinlichen elastischen Eigenschaften), durch die seine Hypothese noch mehr belastet wird. Wir brauchen seine Darstellung dieses Falles deshalb nicht ausführlicher zu erörtern.

Das Ausführungsbild für die Hypothese ist demnach in der Darstellung von Heyn mit gezwungenen Annahmen beladen, seinem Grundgedanken jedoch läßt sich eine Fassung geben, in der ohne Schwierigkeiten und Widersprüche sowohl die Erhöhung der Streckgrenze beim Zugversuch wie auch ihre Erniedrigung beim nachträglichen Druckversuch erklärt werden. Wir nehmen folgendes an:

1. Ein quasiisotropes Metall besteht aus einer Reihe von Volumenelementen mit verschiedenen Streckgrenzen. Das bedeutet eine Verallgemeinerung der Annahme von Heyn, daß das Metall aus einem plastischen und einem elastischen Bestandteil aufgebaut ist. Ihre Berechtigung wird bereits durch die verschiedene Orientierung der Kristallite im Metall, der eine verschiedene Fähigkeit zur Gleitebenenbildung entspricht, erwiesen.

2. Zum Teil liegt die Streckgrenze dieser Elemente weit oberhalb der technisch festgestellten Streckgrenze des ganzen Metallkörpers.

Die Veränderung der elastischen Eigenschaften wird, ähnlich wie bei Heyn, darauf zurückgeführt, daß beim Recken ein Teil der Elemente bereits plastische Deformationen erleidet, ein anderer nur elastische, und hierdurch im Metall bleibende elastische Spannungen entstehen. Um dieses an einem Beispiel auszuführen, nehmen wir ferner etwa schematisch an, daß das Metall aus 10 Gruppen von Elementen mit dem Verhältnis der Streckgrenzen $1 : 2 : 3 : \ldots : 10$ besteht. Der Einfachheit halber wird angenommen, daß diese Elemente bei der plastischen Deformation oberhalb der Streckgrenze keine Verfestigung erfahren; bis zur Streck- (Elastizitäts-) Grenze gehorchen sie dem Hookeschen Gesetz. Das Zugdiagramm hat also für einen derartigen Elementarkörper, wie auch Heyn das annimmt, die einfache Gestalt der Abb. 3. Von O bis S erfolgt die Dehnung elastisch, dann plastisch. Die Annahme entspricht sicher nicht den tatsächlichen Verhältnissen, da wir alle Ursache haben anzunehmen, daß auch innerhalb der Elemente eine Verfestigung eintritt. Hierdurch wird unsere Betrachtung jedoch nicht prinzipiell beeinflußt.

Ferner nehmen wir an, daß der Elastizitätsmodul und also die Neigung der elastischen Strecke OS Abb. 3 für alle Elemente dieselben sind. Auch diese Annahme trifft in Wirklichkeit nicht zu und wird nur zur Vereinfachung gemacht.

In Abb. 4 sind die Dehnungsdiagramme der einzelnen Elementengruppen $OS_1\,\sigma_1$, $OS_2\,\sigma_2$ ... gemeinsam aufgetragen. Die elastischen Geraden OS_1, OS_2 ... überdecken sich. Wird ein Körper, der aus gleichen Mengen der 10 Elementengruppen besteht, auf Zug beansprucht, so beobachten wir folgendes. Zunächst, bis zum Punkte S_1 werden alle Elemente elastisch gedehnt. Jedes trägt die Spannung Op_1, also ist auch die am gesamten Körper angesetzte Spannung (Mittelwert aus den Spannungen der einzelnen Elemente) gleich Op_1. Die Dehnungskurve des ganzen Körpers liegt also, wie selbstverständlich ist, auf der gemeinsamen elastischen Linie OS der Elemente. Wird der Körper weiter bis zur Dehnung (Abszisse) Od_2 gedehnt, so steigt die Dehnungsspannung am Element 1 nicht mehr, es wird vielmehr nur längs der Geraden $S_1\,\sigma_1$ plastisch deformiert. Die Spannung der

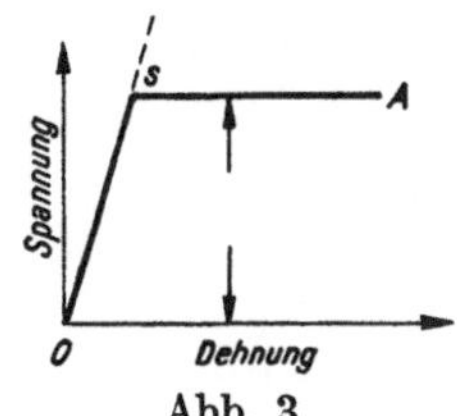

Abb. 3.

übrigen 9 Elementengruppen ist nunmehr je $Op_2 = 2\,Op_1$. Die Spannung, unter der der gesamte Körper jetzt steht, ist also nur noch

$$\frac{Op_1 + 2\cdot Op_1 \cdot 9}{10} = 1{,}9\,Op_1 = d_2 a_2.$$

Man sieht, daß in der Spannungsdehnungslinie des Körpers infolge der begonnenen plastischen Deformationen eine Abweichung von der Geraden OS_5 eingetreten ist.

Das Stück $S_1\,a_2$ ist geradlinig und hat nur eine andere Neigung als OS_1.

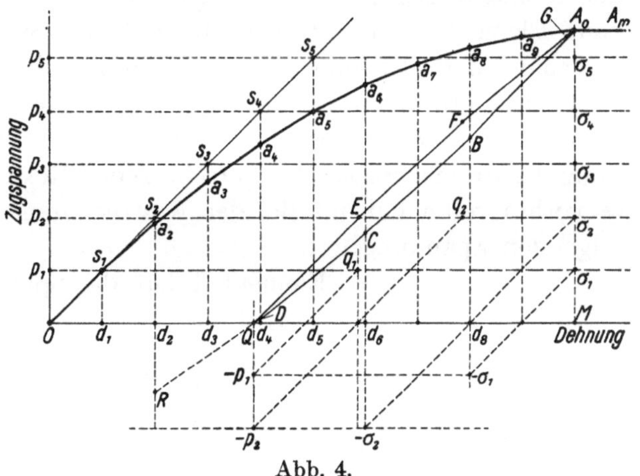

Abb. 4.

Wird dem Körper weiter die Dehnung Od_3 erteilt, so bleibt das Element 1 bei der Spannung Op_1, das Element 2 bei $Op_2 = 2\,Op$; die übrigen Elemente tragen die Spannung $Op_3 = 3 \cdot Op_1$. Der Mittelwert für den ganzen Körper ist jetzt

$$\frac{Op_1 + 2\cdot Op_1 + 3\cdot Op_1 \cdot 8}{10} = 2{,}7\,Op_1 = d_3 a_3.$$

Setzt man diese Rechnung fort, so findet man, daß die Abweichung der Dehnungskurve OS_1, a_2, $a_3 \ldots A_0$ des Gesamtkörpers von der elastischen Dehnungslinie der Elemente OS_{10} infolge zunehmender plastischer Deformationen immer mehr zunimmt. Es ist leicht einzusehen, daß die Unterschiede der Ordinaten der benachbarten Punkte a_2, a_3, a_4, $a_5 \ldots$ eine arithmetische Reihe mit der Differenz $-0{,}1 \cdot Op_1$ bilden. Bei der Dehnung OM ist die Elastizität auch des Elementes 10 erschöpft. Bei weiterer Zugbeanspruchung findet Fließen bei konstanter Spannung statt ($A_0\,A_m$).

Im Punkte A_0 haben die einzelnen Elemente folgende Spannungen:

$$
\begin{aligned}
1 \text{ hat die Spannung } Op_1 &= && M\sigma_1 \\
2 \quad,, \quad,, \quad,, \quad Op_2 &= M\sigma_2 = 2 && ,, \\
3 \quad,, \quad,, \quad,, \quad Op_3 &= M\sigma_3 = 3 && ,, \\
4 \quad,, \quad,, \quad,, \quad & && 4 \quad ,, \\
5 \quad,, \quad,, \quad,, \quad & && 5 \quad ,, \\
6 \quad,, \quad,, \quad,, \quad & && 6 \quad ,, \\
7 \quad,, \quad,, \quad,, \quad & && 7 \quad ,, \\
8 \quad,, \quad,, \quad,, \quad & && 8 \quad ,, \\
9 \quad,, \quad,, \quad,, \quad & && 9 \quad ,, \\
10 \quad,, \quad,, \quad,, \quad & && 10 \quad ,, \\
\hline
&&& \text{Summe} \quad 55 \ M\sigma_1 .
\end{aligned}
$$

Die an dem Gesamtkörper angelegte Zugspannung ist also $5{,}5 \cdot M\sigma_1$.

Wenn wir jetzt den Körper entlasten, geht die elastische Spannung aller Elemente gleichmäßig herunter, gleichzeitig nimmt die elastische Dehnung ab. Die einzelnen Elemente durchlaufen dabei die Spannungslinien $\sigma_1 - \sigma_1$, $\sigma_2 \, d_8$ usw., der Gesamtkörper die dazu parallele Strecke $A\,B$. Im Verlaufe dieser Entlastung werden die Spannungen an den Elementen geringer und wechseln zum Teil ihr Vorzeichen, d. h. sie werden durch Druckspannungen ersetzt. Nimmt man an, daß die Streckgrenze der Elemente gegen Druck dieselbe wie gegen Zug ist, so wird diese Streckgrenze beim Element 1 bei $-\sigma_1$ erreicht, wo seine Spannung $-M\sigma_1$ beträgt. Bis zur entsprechenden Restdehnung d_8 wird sich also der Gesamtkörper bei der Entspannung elastisch kontrahieren (Punkt B). Bei weiterer Entlastung behält das Element 1 die Spannung $-M\sigma_1$ und wird nur plastisch zurückdeformiert. Wir können die Spannung des Gesamtkörpers bei verschiedenen Restdehnungen ebenso berechnen, wie wir es vorhin getan haben. Bei der Restrechnung d_6 stehen die Elemente z. B. unter folgenden Spannungen:

$$
\begin{aligned}
\text{Element } 1 \text{ hat die Spannung} &\quad -1 \ M\sigma_1 \\
,, \quad 2 \quad,, \quad,, \quad,, &\quad -2 \quad ,, \\
,, \quad 3 \quad,, \quad,, \quad,, &\quad -1 \quad ,, \\
,, \quad 4 \quad,, \quad,, \quad,, &\quad \ \ 0 \quad ,, \\
,, \quad 5 \quad,, \quad,, \quad,, &\quad +1 \ M\sigma_1 \\
,, \quad 6 \quad,, \quad,, \quad,, &\quad +2 \quad ,, \\
,, \quad 7 \quad,, \quad,, \quad,, &\quad +3 \quad ,, \\
,, \quad 8 \quad,, \quad,, \quad,, &\quad +4 \quad ,, \\
,, \quad 9 \quad,, \quad,, \quad,, &\quad +5 \quad ,, \\
,, \quad 10 \quad,, \quad,, \quad,, &\quad +6 \quad ,, \\
\hline
&\quad +17 \ M\sigma_1 .
\end{aligned}
$$

Mittelwert (Zugspannung am Gesamtkörper) $+1{,}7 \ M\sigma_1$.

Der Zustand des Gesamtkörpers wird also durch den Punkt C dargestellt.

Man sieht leicht, daß die Linie $B\,C$ der Entlastung der Linie $S\,a_2$ der ursprünglichen Belastung parallel ist, da in beiden Fällen ja je ein Element plastisch deformiert wird, während die übrigen 9 nur elastische Veränderungen erfahren.

Bei der Restdehnung d_6 ist die Druckelastizität auch des Elementes 2 erschöpft. Bei weiterer Entlastung werden also beide Elemente 1 und 2 plastisch deformiert, und zwar bis zur Restdehnung d_4. Die Strecke CD ist $\parallel$ zu $a_2\,a_3$, und die Spannung bei d_4 berechnet sich zu $+ 0,1$. Zur weiteren Aufhebung der Restdehnung ist nach Überschreitung der Abszissenachse die Anwendung von Druckspannungen notwendig, d. h. wir müssen zum Druckversuch übergehen. Bis zur Restdehnung d_2 werden hierbei die Elemente 1, 2 und 3 plastisch deformiert, DE ist $\parallel$ zu $a_3\,a_4$, die Spannung bei E berechnet sich zu $- 1,3\,M\sigma_1$ und aus den Ordinaten von D und E die Restdehnung, die bei völliger Entlastung des Körpers übrig bleibt, zu

$$Od_1 \cdot \frac{27}{7} = OQ\,.$$

Das ist die bleibende Dehnung nach der Entlastung.

Während der Körper im jungfräulichen Zustand in O frei von inneren Spannungen war, sind die Elemente jetzt mit Spannungen behaftet, die wir aus den Ordinaten der Spannungslinien bei der Abszisse OQ ablesen können. Die Summe dieser Spannungen ist Null, weil sonst der Körper nicht entlastet sein könnte.

Wenn wir jetzt einen Wiederbelastungsversuch (auf Zug) ausführen, so soll erfahrungsgemäß die Streckgrenze des Körpers höher liegen als im jungfräulichen Zustand. Es läßt sich zeigen, daß die im Körper aufgespeicherten inneren Spannungen diese Erhöhung herbeiführen müssen. Bei der wiederholten Zugbelastung ändert sich der Körper zunächst nur elastisch. Bis zur Dehnung des Punktes E lassen sich die zugehörigen Spannungen der Elemente an der Ordinaten der Linien der elastischen Belastung $- p_1\,q_1$, $- p_2\,q_2$ usw. ablesen.

Bei Erreichung der Ordinate $+ 2\,M\sigma_1$ hat sich die Spannung aller Elemente um diesen Betrag erhöht, die Spannung des Elementes 1, die ursprünglich $- M\sigma_1$ war, ist jetzt $+ M\sigma_1$, und seine Streckgrenze somit erreicht. Bei weiterer Dehnung erleidet das Element 1 nur plastische Deformationen, und EF ist $\parallel S_1\,a_2 \parallel BC$ bis zum Punkte F bei der Ordinate $3,8\,M\sigma_1$, wo Element 2 die Grenzspannung $+ 2\,M\sigma_1$ erreicht. Bei weiterer Dehnung wird auch 2 nur plastisch deformiert, und FG ist $\parallel a_2\,a_3 \parallel CD$. Nach einer weiteren Richtungsänderung bei G, Ordinate $5,4\,M\sigma_1$, mündet die Linie bei A_0 in die ursprüngliche Dehnungskurve ein. Hierbei haben alle Elemente wieder ihre Streckgrenze erreicht, und die weitere Dehnung kann nur plastisch sein.

Während bei der ersten Zugbelastung die Streckgrenze bei S_1, bei der Spannung $Op = M\sigma_1$ gelegen hat, liegt sie bei der Wiederbelastung bei der doppelten Spannung $Op_2 = M\sigma_2$ bei E. Durch die vorangegangene Zugbelastung über die Streckgrenze hinaus wird diese also, wie auch die Erfahrung lehrt, erhöht. Wenn wir nach der Entlastung den Körper statt auf Zug auf Druck belasten würden, so würde die Spannungs-Dehnungslinie des Körpers, wie wir bereits gesehen haben, zunächst längs QR verlaufen. Die Kontraktionen sind hier nicht mehr elastisch, sondern auch bereits plastisch. Die Streckgrenze ist bereits überschritten; sie liegt also bei einer der plastischen Zugbeanspruchung folgenden Druckbelastung unter Null. Das ist, wie leicht einzusehen ist, an die Bedingung $2\,M\sigma_1 < MA_0$ geknüpft. Die Streckgrenze bei der Entlastung A_0BCDQ resp. bei der Druckbelastung QR liegt bei

$$MA_0 - 2\,M\sigma_1 = d_8\,B\,.$$

Sobald $MA_0 < 2\,M\sigma_1$ ist, liegt diese Grenze bei einer Druckspannung. Dann verläuft die Entlastung von A_0 aus bis unter die Spannung Null rein elastisch, längs einer zu S_1O parallelen Geraden. Man sieht jedoch, daß die Streckgrenze $- \sigma$

bei dem Druckversuch der absoluten Größe nach immer geringer als die jungfräu-
liche Streckgrenze $d_1 S_1$ sein muß:

$$- \sigma = M A_0 - 2 M \sigma_1 > - M \sigma_1 , \tag{1}$$

weil wir sonst hätten
$$M A_0 \leqq M \sigma_1 ,$$

ein mit den Voraussetzungen unvereinbares Resultat.

Aus der Gleichung (1) ergibt sich, daß bei einem dem Zugversuch folgenden
Druckversuch die Streckgrenze ganz allgemein dem jungfräulichen Zustand gegenüber erniedrigt wird. Unser Bild erklärt also auch diese Erscheinung. Die Schleife
$A_0 B C D Q E F G A_0$, die Heyn als Bestätigung seiner Auffassung betrachtet, hat nur
dann eine bleibende Bedeutung, wenn während der Entlastung bereits bei positiven
Spannungen plastische Formänderungen beginnen. Das scheint nach Bauschingers
Versuchen zuweilen der Fall zu sein. Trifft das nicht zu, so besteht zwischen A_0 und Q
keine Schleife[1]). Man darf das aber nicht als Widerlegung des allgemeinen Ansatzes
von Heyn betrachten, sondern nur der speziellen von Heyn durchgeführten Betrach-
tungsweise, obgleich Heyn selbst einen gewissen Wert auf die Schleife $A_0 B C D Q S F G A_0$
zu legen scheint.

Wir haben gezeigt, daß die Verfestigungserscheinungen, die Heyn mit Hilfe
seiner Theorie deuten will, sich auf Grund von natürlichen Annahmen erklären lassen,
wenn man sein spezielles Bild durch ein anderes ersetzt. Die vereinfachten Annahmen,
die wir als solche ausdrücklich bezeichnet haben, beeinflussen das Resultat nicht
prinzipiell, wie sich durch eine der oben durchgeführten analoge Betrachtung zeigen
läßt. Eine weitere quantitative Anpassung an die Erfahrung als die oben angegebene
darf man von einem vereinfachten Schema nicht erwarten. Es genügt die Feststellung,
daß ein Ansatz zugleich die beiden Verschiebungen der Streckgrenze ergibt.

In unserer Darstellung besteht zwischen den ,,verborgen elastischen Spannungen‘‘,
die die Verfestigung herbeiführen, und den elastischen inneren Spannungen, die
Heyn in kaltgereckten Metallen experimentell nachgewiesen hat, kein prinzipieller
Unterschied. Nach Heyn besteht dahingegen insofern ein Gegensatz zwischen beiden,
als in letzterem Falle Spannungen entgegengesetzten Vorzeichens im elastischen Material sich das Gleichgewicht halten, während im ersteren die Spannungen durch die
,,Reibung‘‘ des plastischen Mediums aufrechterhalten werden. Wir haben bereits
oben darauf hingewiesen, daß ein ,,Widerstand‘‘ des plastischen Zwischenstoffes
auch als ein elastischer zu behandeln ist, auch wenn die Elastizität in diesem Falle
nur die Bedeutung einer Relaxation hat.

Heyn knüpft an seine Auffassung weitgehende Konsequenzen. So kann ein
System von inneren Spannungen, die sich das Gleichgewicht halten, die Dichte eines
Körpers nicht beeinflussen (wenn die Gültigkeit des Hookeschen Gesetzes angenommen wird[2]). Erfahrungsgemäß wird jedoch die Dichte durch Kaltreckung herabgesetzt, was Heyn zur Annahme eines prinzipiellen Unterschiedes gegen gewöhnliche
innere Spannungen veranlaßt.

Die oben dargelegte Auffassung vermag allein noch lange nicht alle Folgeerschei-
nungen der Kaltreckung zu erklären. So bleiben die Änderung der Dichte (die viel-

---

[1]) Nach neueren, unter der Zeitung von Körber durchgeführten Versuchen (erscheinen demnächst
in den Mitteilungen des Kaiser-Wilhelm-Instituts für Eisenforschung) verschwindet diese Schleife,
wenn die Entlastung genügend langsam durchgeführt wird, und ist demnach nur auf elastische Nachwirkung zurückzuführen.

[2]) E. Heyn, l. c., siehe auch Masing, Wissenschaftliche Veröffentlichungen aus dem Siemens-Konzern.

leicht zum Teil durch räumliche anisotrope Verteilung von Elastizitätsmoduln erklärt werden könnte), der elektrischen Leitfähigkeit, die enorme Verfestigung des Einzelkristalles, die Polanyi mit seinen Mitarbeitern studiert hat[1]) und bei der die Grundlage für innere Spannungen im oben entwickelten Sinne zu fehlen scheint, usw. unerklärt. Der Umstand ferner, daß die inneren elastischen Spannungen bei vorsichtiger Erhitzung sich sehr schnell ausgleichen, die Verfestigung jedoch bestehen bleibt, läßt vermuten, daß es sich bei dieser in der Hauptsache um andere Momente als innere Spannungen handelt oder daß diese noch durch weitere Faktoren ergänzt werden müssen. Die besprochene Theorie kann deshalb sicherlich nicht als eine allgemeine Theorie der Kaltreckung und Verfestigung betrachtet werden. Ganz abgesehen von allem Weiteren ist jedoch festzustellen, daß das Auftreten der inneren Spannungen bei der Kaltreckung experimentell gefunden und damit sichergestellt ist. Diese inneren Spannungen haben den oben dargelegten Einfluß auf die Verfestigung der Metalle, und sie müssen deshalb bei jeder vollständigen Darstellung der Kaltreckung und ihrer Folgen berücksichtigt werden.

Die Idee, daß gewisse Elemente im Metall eine weit höhere Elastizitätsgrenze und Festigkeit haben, als es der technisch-makroskopischen Erfahrung entpsricht, hat sich in stark erweiterter Form als sehr fruchtbar erwiesen. Heute nimmt man von mancher Seite in den Metallen Spannungen an, die lokal die technische Festigkeit bis zum 100fachen Betrage übersteigen können[2]).

Zusammenfassung.

Nach Darlegung der Schwächen der Theorie der „verborgen elastischen Spannungen" in der Darstellung von Heyn wird in einer veränderten Darstellung gezeigt, daß der Grundgedanke von Heyn, die Verfestigungserscheinungen zum Teil durch innere Spannungen zu erklären, berechtigt und fruchtbar ist. Er läßt sich auf Grund von Annahmen, die auch durch andere Erfahrungen an Metallen nahegelegt werden, durchführen, und es lassen sich auf diese Weise die Erhöhung der elastischen Zuggrenze und die Erniedrigung der elastischen Druckgrenze nach einer überelastischen Zugbeanspruchung erklären und die Bedeutung der bei der Wiederbelastung auftretenden hysteresisartigen Schleife in Übereinstimmung mit der Erfahrung angeben. In diesem Sinne muß die Theorie der „verborgen elastischen Spannungen" Bestandteil einer jeden allgemeinen Theorie der Verfestigung sein.

---

[1]) Eine weitere Voraussetzung ist hierbei die Gleichheit des Elastizitätsmoduls bei Elementen, die sich das Gleichgewicht halten.

[2]) Polanyi.

Zur Konstitution des Messings.

(Vorläufige Mitteilung).

Von **Georg Masing**.

Mit 3 Textabbildungen.

Mitteilung aus dem Forschungslaboratorium Siemensstadt.

Eingegangen am 3. April 1923.

In Abb. 1 ist das heute angenommene Zustandsdiagramm des Messings nach Carpenter[1]) wiedergegeben. Während die Legierungen mit ca. 65 vH Cu und mehr bei der Erstarrung nur aus einer Kristallart, der festen Lösung von Zink im Raumgitter des Kupfers (α-Messing) bestehen, enthalten die zinkreicheren Messingsorten bei der Erstarrung außerdem noch die zweite β-Kristallart. Bis 800° umspannen die β-Kristalle ein Konzentrationsgebiet von etwa 62 vH bis 48 vH Cu; mit sinkender Temperatur wird dieses Konzentrationsgebiet geringer, um nach Carpenter bei ca. 470° in eine Spitze auszulaufen, bei welcher Temperatur β in die zwei Kristallarten α und die kupferärmere γ (40 vH bis 31 vH Cu) zerfällt.

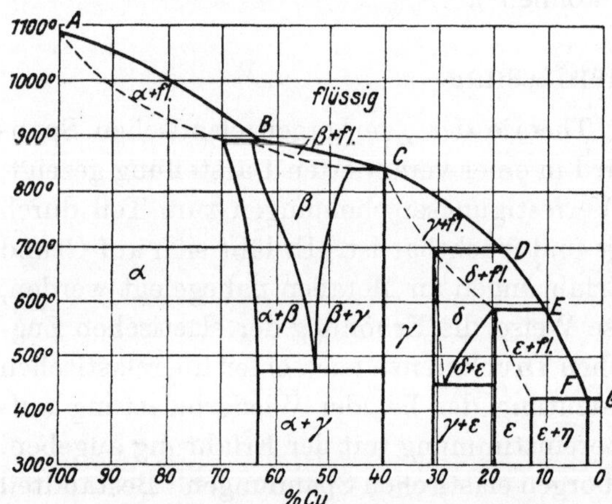

Zustandsdiagramm der Cu-Zn-Legierungen
nach Carpenter.

Vor Carpenter wurde angenommen, daß das Konzentrationsintervall der β-Kristalle zwar mit sinkender Temperatur enger wird, daß diese jedoch auch bei gewöhnlicher Temperatur noch etwa in dem Konzentrationsintervall 53,5 vH bis 51 vH Cu beständig sind. Diese Annahme deckt sich mit der landläufigen technischen Erfahrung, wonach die zinkreicheren Messinglegierungen β-Kristalle enthalten, an denen keine Spur eines Zerfalles wahrzunehmen ist. Carpenters Annahme des Zerfalles von β stützt sich auf folgende Tatsachen. Er stellte fest, daß die Legierungen, die β-Kristalle enthalten, bei 470° eine Wärmetönung zeigen, die er auf einen Zerfall der β-Kristalle in α und γ zurückführte. Er konnte zeigen, daß die Legierungen mit 54,2 vH und 50,35 vH Cu, die an der unmittelbaren Grenze der früher angenommenen Grenzkonzentrationen 53,5 vH und 51 vH Cu liegen und demgemäß nach der früheren Auffassung im Gleichgewichtszustand aus β-Kristallen mit geringen Einsprengungen von α- resp. γ-Kristallen bestehen müssen, nach sehr langem Tempern bei 450° aus je 2 Kristallarten bestehen, deren Flächenverhältnis sich von 1 : 1 anscheinend nicht

---

[1]) Int. Z. f. Metallographie Bd. II, S. 129. 1912.

allzu weit entfernt. Diese Beobachtung fand eine Erklärung, wenn man annahm, daß beide Legierungen im Gleichgewichtszustand aus einem Gemenge von α- und γ-Kristallen bestehen.

Der Annahme des Zerfalles der β-Phase bei 470° in α- und γ-Kristalle schien die Beobachtung des Verfassers zu widersprechen, daß in Preßlingen aus Zink- und Kupferspänen zwischen den beiden Metallen bei längerer Erhitzung auf 400° durch Diffusion breite Bänder einer neuen Kristallart entstehen, die nach ihrer Farbe und ihrem Verhalten den Ätzmitteln gegenüber als die β-Kristallart angesprochen wurden[1]. Um diesen Schluß unter saubereren Bedingungen zu prüfen, wurde ein Preßling aus einem Gemenge von α- und γ-Spänen (mit 70 vH resp. 40 vH Cu) während 20 Stunden auf 400° erhitzt. Die Struktur dieses Stückes ist in Abb. 2 nach einer Ätzung mit

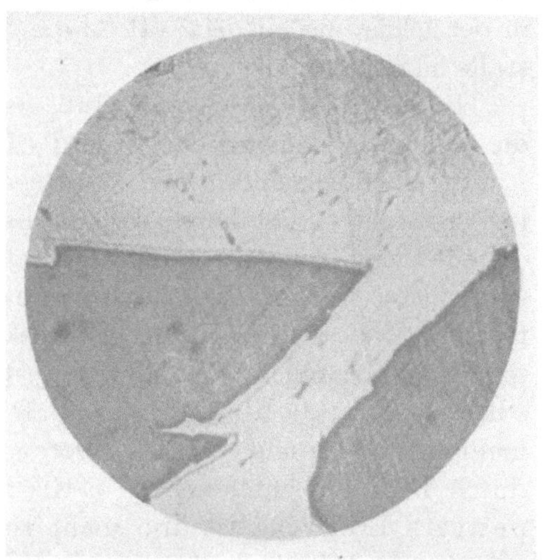

<table>
<tr><td>Abb. 2. Preßling aus α- und γ-Spänen, während 20^h auf 400° erhitzt.</td><td>Abb. 3. Preßling aus α- und γ-Spänen, während 118^h auf 200° erhitzt.</td></tr>
</table>

Eisenchlorid und Salzsäure wiedergegeben. Die hellen Gebiete bestehen aus α, die schwarzen aus γ. Zwischen beiden haben sich breite Bänder eines neuen Strukturelementes gebildet (auf der Abbildung grau), das sowohl seiner Farbe nach als auch nach dem Zustandsdiagramm nichts anderes als β oder ein Umwandlungsprodukt desselben sein kann[2]. Es konnte gezeigt werden, daß die Bildung dieses neuen Strukturbestandteiles durch Diffusion bereits bei 200°, wenn auch viel langsamer, stattfindet. In Abb. 3 ist das Strukturbild eines Preßlings aus α- und γ-Stücken nach einer Erhitzung während 118 Stunden auf 200° wiedergegeben. Zwischen α und γ ist deutlich ein neu entstandener feiner Saum von β zu sehen.

Diese Befunde sind mit der Annahme von Carpenter, daß β unterhalb 470° nicht beständig ist und daß unterhalb dieser Temperatur zwischen α und γ keine weitere Kristallart besteht, nicht vereinbar. Ein sichererer Nachweis der Existenzfähigkeit einer Kristallart als durch ihre direkte Bildung kann kaum gegeben werden. Carpenters Annahme kann also nicht richtig sein, und es entsteht die Frage, wodurch sein Fehlschluß herbeigeführt worden sein kann.

---

[1] Gg. Masing: Z. anorg. Ch. Bd. 62, S. 301. 1909.

[2] Im folgenden wird diese durch Diffusion entstehende Kristallart als β bezeichnet, obgleich ihre Beziehung zu der oberhalb 470° aus dem Zustandsdiagramm bekannten Phase noch nicht völlig geklärt ist.

Bei der Durchsicht der von Carpenter gegebenen Strukturbilder fällt auf, daß — soweit sich das, allerdings mit großer Unsicherheit, feststellen läßt — die Mengenverhältnisse der beiden oben erwähnten Strukturbestandteile doch nicht ganz seiner Auffassung entsprechen. In der Legierung mit 54,2 vH Cu scheint die Menge des unedleren[1]), als γ angesprochenen Bestandteiles nicht unerheblich größer zu sein als in der Legierung mit 50,35 vH Cu, während sie nach Carpenters Diagramm im ersteren Falle etwa 40 vH und im zweiten etwa 56 vH des Gesamten betragen sollte. Das legt die auf den ersten Blick kaum zulässige Vermutung nahe, daß Carpenter die Bestandteile seiner Strukturbilder nicht richtig identifiziert hat. Zwar sind die Kristallarten α und β in ihrer Farbe und Ätzbarkeit einander recht ähnlich, so daß es wohl denkbar erscheint, daß Carpenter in der Legierung mit 50,35 vH Cu die β-Kristalle für α-Kristalle gehalten hat. Kaum möglich erscheint es jedoch, daß er in der Legierung mit 54,2 vH Cu die β-Kristalle für die ganz anders gefärbten γ-Kristalle halten konnte.

In den aus dem Schmelzfluß erstarrten Legierungen mit etwa 50—40 vH Cu, die aus einem Gemenge von β- und γ-Kristallen bestehen, werden die ersteren bei der Ätzung mit Eisenchlorid und Salzsäure dunkler als die letzteren gefärbt. Carpenter hat beobachtet, daß dieses Verhalten sich nach einer Erhitzung von ca. 20 Tagen auf ca. 450° umzukehren anfängt und nunmehr die γ-Kristalle der dunklere Bestandteil sind. Diese Beobachtung hat Carpenter als eine Bestätigung seiner Annahme betrachtet, daß aus den in ultramikroskopisch feine Teilchen von α und γ zerfallenen unedlen β-Kristallen allmählich der γ-Bestandteil durch Angliederung an die zunächst edleren γ-Kristalle abwandert, so daß die ursprünglichen β-Kristalle sich an α immer mehr anreichern und edler als γ werden. In Abb. 2 sieht man jedoch, daß die bei 400° durch Diffusion entstehenden β-Kristalle auch edler als die γ-Kristalle sind. Carpenters Erklärung ist also nicht richtig. Zwischen dem gegenseitigen Verhalten von β und γ bei Ätzung in aus dem Schmelzfluß abgekühlten Stücken und in solchen, die bei 450° sehr lange getempert oder bei 400° durch Diffusion hergestellt wurden, besteht jedoch ein Gegensatz, der der Aufklärung bedarf.

Weitere Versuche zur Erforschung der β-Kristalle sind eingeleitet.

Zusammenfassung.

Es wird nachgewiesen, daß im Messing β-Kristalle unterhalb 470° durch Diffusion entstehen und deshalb, im Gegensatz zur heute herrschenden Anschauung, auch bei tieferen Temperaturen beständig sind.

---

[1]) Für den Nichtmetallographen sei hierzu bemerkt, daß „unedler" bedeutet: vom Ätzmittel leichter angreifbar, während das im folgenden vorkommende „edler" heißt: vom Ätzmittel schwerer angreifbar.

Eine vereinfachte graphische Darstellung der Ausbeute und Konzentration bei Ozonapparaten.

Von **Hans Becker**.

Mit 3 Textabbildungen.

Mitteilung aus dem Forschungslaboratorium Siemensstadt.

Eingegangen am 6. April 1923.

Vor einiger Zeit wurde in dieser Zeitschrift[1]) gezeigt, daß sich die Abhängigkeit der von einem Ozonapparat gelieferten Ozonkonzentration von der Belastung des Apparates beim Betrieb mit Sauerstoff in einfacher Weise durch folgende Gleichung darstellen läßt:

$$c = \frac{W_R t \cdot C}{W_R t + e_0 \cdot C} \, . \tag{1}$$

Hierin bedeutet c die Konzentration in Gramm Ozon pro Kubikmeter Sauerstoff, C die Grenzkonzentration, e_0 die reziproke Nullausbeute in Gramm pro Kilowatt-

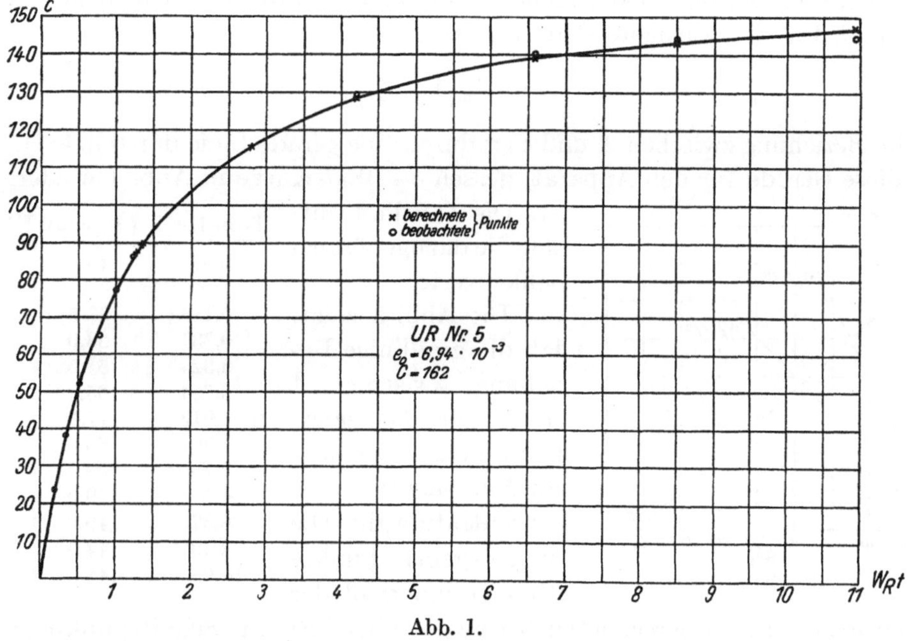

Abb. 1.

stunde und $W_R t$ die pro Kubikmeter Sauerstoff aufgewandte Arbeit in Kilowattstunden. Aus der durch diese Gleichung darstellbaren Kurve kann man die Konzentrationen für sämtliche Belastungen ablesen. Diese in Abb. 1[2]) wiedergegebene

[1]) Hans Becker: Über die Extrapolation und Berechnung der Konzentration und Ausbeute von Ozonapparaten. Siemenskonzern Bd. I, H. 1, S. 77 (1920).

[2]) Das Kurvenbild ist identisch mit der Fig. 11, S. 99 der in der vorigen Fußnote zitierten Arbeit.

Darstellung ergibt jedoch noch nicht ohne weiteres die vom Apparat gelieferte Ausbeute, die ebenfalls für die Technik zu wissen wichtig ist. Diese ist erst durch eine besondere Berechnung aus der Kurve zu entnehmen, wenn man berücksichtigt, daß für die Ausbeute die Beziehung gilt

$$A = \frac{c}{W_R t}, \tag{2}$$

wo A die Ausbeute in Gramm Ozon pro Kilowattstunde bedeutet. Die Ausbeute in Abhängigkeit von $W_R t$ läßt sich ebenfalls durch eine Kurve darstellen. Für die Ausbeutekurve, die fallenden Verlauf hat, gilt folgende bereits früher abgeleitete Gleichung:

$$A = \frac{C}{W_R t + e_0 C}. \tag{3}$$

Für eine einzige Apparattype hat man dann zwei Kurven, die in bequemer und übersichtlicher Weise alle wissenswerten Daten abzulesen gestatten. Stehen jedoch mehrere Apparattypen mit verschiedener Charakteristik zur Verfügung, so wird das Kurvenbild, wenn man sowohl die Ausbeute- wie die Konzentrationskurve aller Typen in einem einzigen Schaubild vereinigen will, etwas unübersichtlich.

Zu sehr einfachen und übersichtlich darstellbaren Verhältnissen gelangt man jedoch, wenn man die Gleichungen (1) und (2) vereinigt. Man erhält dann eine Gleichung für die Beziehung zwischen c und A von folgender Form:

$$A = \frac{1}{e_0}\left(1 - \frac{c}{C}\right). \tag{4}$$

Führt man statt der reziproken Nullausbeute e_0 die wirkliche Nullausbeute A_0 ein, so erhält man für die Ausbeute den Ausdruck:

$$A = A_0\left(1 - \frac{c}{C}\right), \tag{5}$$

d. h. die Beziehung zwischen A und c ist durch eine gerade Linie darstellbar[1]). Abb. 2 zeigt diese Gerade für den Apparat, dessen $c - W_R t$-Kurve in Abb. 1 wiedergegeben ist. Die Tabelle 1 enthält die dazugehörigen Zahlenwerte.

Die Abb. 2 zeigt, daß die gradlinige Beziehung zwischen A und c für das ganze Konzentrationsgebiet von Null bis zur Grenzkonzentration gilt. Die eingetragenen Punkte stimmen innerhalb der Versuchsfehler mit der berechneten Kurve gut überein[2]). Die Schnittpunkte A_0 und C

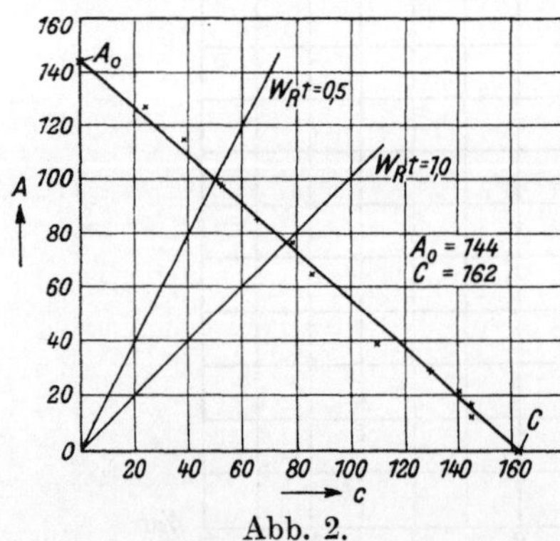

Abb. 2.

Tabelle 1 (Apparat UR Nr. 5).

$W_R t$	c beob.	A
0,185	23,5	127,3
0,331	38,0	114,8
0,524	51,5	98,3
0,784	65,0	82,9
1,013	77,3	76,3
1,304	85,5	65,6
2,78	109,0	39,2
4,4	129,0	29,3
6,57	140,0	21,3
8,49	144,0	16,96
10,93	144,5	13,22

---

[1]) Die Gleichung für die A—c-Kurve wurde schon von M. Moeller in seiner Monographie über Ozon aus den zwischen A, c und $W_R t$ geltenden Gleichungen entwickelt (vgl. M. Moeller: Das Ozon. Braunschweig 1921, S. 109). Moeller benutzt dort, in Anlehnung an die Warburgsche Bezeichnungsweise, für die technische Ausbeute (Gramm Ozon pro Kilowattstunde) die Bezeichnung $\mathfrak{B}$ bzw. $\mathfrak{B}_0$.

[2]) Die lineare Beziehung zwischen Energieausbeute und Konzentration wurde innerhalb beträchtlich engerer Konzentrationsgrenzen bereits von Warburg und Leithäuser festgestellt. Die elektrische Leistung wurde dabei im Sekundärkreis des Transformators gemessen; vgl. E. Warburg u. G. Leithäuser: Ann. d. Phys. (4), 28, 32 (1909).

der $A-c$-Kurve mit der Ordinaten- bzw. Abzissenachse sind die Nullausbeute bzw. die Grenzkonzentration.

Diese Kurve gibt zwar nun sowohl Konzentration als auch Ausbeute direkt an. Es kann jedoch aus der Kurve die Belastung nicht unmittelbar entnommen werden. Diese ist erst aus dem Ausdruck $A = \dfrac{c}{W_R t}$, der in $W_R t = \dfrac{c}{A}$ umgeformt werden kann, zu entnehmen. Nun ist aber $\dfrac{c}{A}$ die trigonometrische Tangente eines Winkels, der von der Ordinatenachse und von einem durch den Nullpunkt und den Punkt mit den Koordinaten A und c gehenden Vektor gebildet wird. Das heißt: der vom Nullpunkt durch den Punkt A/c gehende Vektor ist der geometrische Ort für alle Punkte, deren A- und c-Werte in einem bestimmten konstanten Verhältnis stehen.

In Abb. 2 sind die Vektoren für die Punkte $c = 50$, $A = 100$ und $c = 76$, $A = 76$ eingezeichnet. Sie entsprechen den Belastungen $W_R t = \dfrac{50}{100}$ bzw. $W_R t = \dfrac{76}{76}$ oder den Werten für $W_R t = 0{,}5$ bzw. $W_R t = 1$.

Zeichnet man nun in einem Koordinatensystem, auf dessen Abszissenachse die Konzentration und auf dessen Ordinatenachse die Ausbeute eingetragen ist, die $A-c$-Kurven verschiedener Apparattypen, so liegen die Punkte mit gleicher Belastung (also mit gleichen $W_R t$-Werten) auf Geraden, die durch den Nullpunkt gehen und die gegen die Ordinatenachse unter einem Winkel geneigt sind, dessen trigonometrische Tangente durch das Verhältnis $\dfrac{c}{A} = W_R t$ bestimmt ist.

In Abb. 3 sind die $A-c$-Kurven von 4 verschiedenen Apparaten aufgezeichnet. Die zu den Kurven angegebenen Apparatbezeichnungen entsprechen den Bezeichnungen in der bereits zitierten älteren Arbeit, wobei zu den einzelnen Kurven folgendes zu bemerken ist: Die A-Werte zu Kurve 1 (Apparat 36) sind aus den beobachteten c-Werten der älteren Arbeit[1]) berechnet und in Tabelle 2 mit den zugehörigen c- und $W_R t$-Werten zusammengestellt.

Die beobachteten Punkte sind für diese Kurve in die Abb. 3 eingetragen. Die Kurve 2 gibt die $A-c$-Kurve eines Siemensrohres der üblichen im Handel befindlichen Bauart. Die Kurve ist aus der $c - W_R t$-Kurve[2]) desselben Rohres ermittelt. In Kurve 3 ist die $A-c$-Kurve des Apparates UR Nr. 1[3]) gezeichnet. Diese Kurve ist nur zum Vergleich eingetragen; sie gilt

Tabelle 2 (Apparat 36).

$W_R t$	c beob.	A	$W_R t$	c beob.	A
1,635	145,5	88,99	4,08	214	52,5
1,69	150	88,9	4,26	216,5	50,8
1,73	152,5	88,9	7,33	227,5	31,0
1,85	160,3	86,65	8,58	240	28
1,98	165,4	83,3	8,71	235,6	27
1,99	165,6	83,1	1,69	142,75	84,6
2,000	166	82,8	1,58	141,4	89,3
2,12	172,9	81,5	5,61	233,8	41.7
2,276	168,9	74,2	1,76	142,3	82
2,48	178	71,8	1,79	145	80,8
2,51	179,5	71,6	1,84	147	79,9
2,53	181	71,5			

nur sehr angenähert, da für diesen Apparat die Beobachtungen aus verschiedenen Gründen der Konzentrationsgleichung $c = \dfrac{W_R t \cdot C}{W_R t + e_0 C}$ nicht ganz entsprechen[4]).

Kurve 4 endlich ist die bereits in Abb. 2 dargestellte Kurve.

---

[1]) Hans Becker: l. c. S. 98, Tab. 23.   [2]) l. c. Fig. 14, S. 101.

[3]) Die entsprechenden Werte für c, A und $W_R t$ sind der Tabelle 13 (S. 86) l. c. entnommen.

[4]) l. c. S. 92 u. 93.

Die Vektoren mit den Zahlen 0,1 bis 5 entsprechen den $W_R t$-Werten 0,1, 0,2 usw.
bis 5. Der Wert $W_R t = 0$ fällt mit der Ordinatenachse zusammen. In diesem Falle
ist $c = 0$ und $A = A_0$. Andererseits fällt der Wert $W_R t = \infty$ mit der Abszissenachse zusammen; hierfür ist $A = 0$ und $c = C$.

Aus der Abb. 3 lassen sich in einfacher Weise für die durch die $A-c$-Kurven
charakterisierten Apparate für irgendwelche Konzentrationen die zugehörigen Ausbeuten und Belastungen entnehmen. So gibt z. B. der Apparat 36 (Kurve 1) bei der
Konzentration von 156 g Ozon im Kubikmeter Sauerstoff eine Ausbeute von 86 g
pro Kilowattstunde. Dazu ist eine Belastung von 1,8 kWh pro Kubikmeter durch-
geleiteten Sauerstoff erforderlich. Der Apparat UR Nr. 5 (Kurve 4) gibt bei der
gleichen Belastung von 1,8 kWh nur eine Konzentration von 100 g bei einer Ausbeute
von 55 g pro Kilowattstunde. Das Schaubild läßt auch das Güteverhältnis der ein-

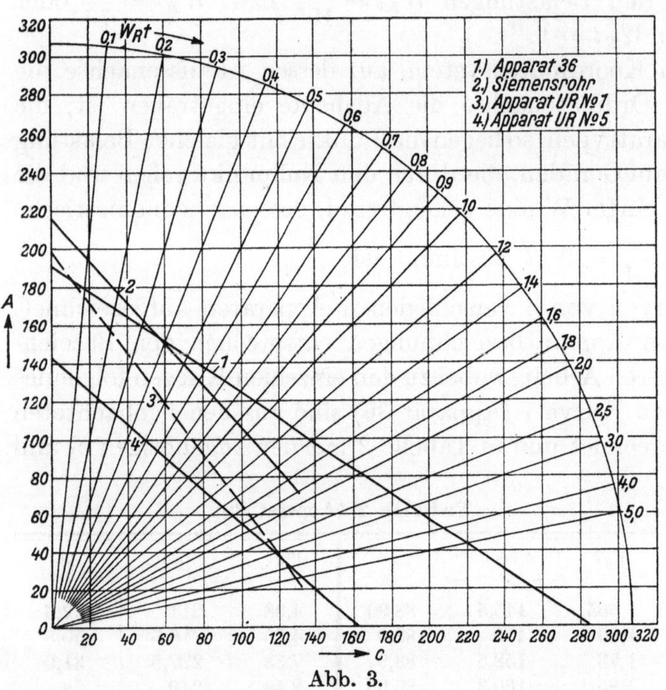

Abb. 3.

zelnen Apparate zueinander erkennen. So ist der Apparat 36 bei weitem der beste, da er bei bestimmter Belastung höhere Konzentration und Ausbeuten ergibt als die übrigen Apparate, deren Charakteristiken in der Abb. 3 wiedergegeben sind. Bei kleinen Konzentrationen verhalten sich dem Apparat 36 das untersuchte Siemensrohr sowie der Apparat UR Nr. 1 annähernd gleich bzw. sie sind ihm bei sehr kleinen Konzentrationen noch etwas überlegen. Insbesondere ist bei dem Siemensrohr (Kurve 2) die Ausbeute bei kleinen Konzentrationen größer als beim Apparat 36. Schon

bei mittleren Konzentrationen von 60—70 g wird der Apparat 36 jedoch den
beiden anderen erheblich überlegen. Sehr ungünstig arbeitet der Apparat UR Nr. 5
(Kurve 4). Zu beachten ist ferner, daß der bei kleinen Konzentrationen gut arbeitende
Apparat UR Nr. 1 bei hohen Konzentrationen von 120 g an noch schlechtere Ausbeuten liefert als der Apparat UR Nr. 5.

Zum Schluß sei erwähnt, daß sich eine ähnliche Konstruktion wie die eben beschriebene natürlich auch an der $c - W_R t$-Kurve, wie sie in Abb. 1 dargestellt ist,
ausführen läßt. Aus dieser Kurve ist nur Konzentration und Belastung direkt
ablesbar. Wenn man berücksichtigt, daß zwischen Ausbeute, Konzentration und

Belastung die Gleichung $A = \dfrac{c}{W_R t}$ gilt, so ergibt sich, daß ein vom Nullpunkt

durch den Punkt mit den Koordinaten c und $W_R t$ gezogener Vektor, der mit der
$W_R t$-Achse einen Winkel bildet, dessen trigonometrische Tangente durch das

Verhältnis $\dfrac{c}{W_R t}$ gegeben ist, der geometrische Ort für alle Punkte mit gleicher Ausbeute ist. Diese Konstruktion hat gegenüber der eben beschriebenen den Nachteil, daß die die Ausbeute darstellenden Vektoren auf dem für die Praxis nur in Frage kommenden aufsteigenden Teil der $c - W_R t$-Kurve sehr zusammengedrängt werden, wodurch die Darstellung sehr viel unübersichtlicher wird als im Falle der $A - c$-Kurven, bei welchen die Vektoren, durch welche die Belastung dargestellt wird, grade auf dem für die Technik in Frage kommenden Teil der Kurve weit auseinander liegen.

Zusammenfassung.

Es wird gezeigt, wie man die drei für die Charakteristik eines Ozonapparates wichtigen Größen, nämlich Konzentration, Ausbeute und Belastung in einem Diagramm durch eine einzige Kurve darstellen kann, an der die drei genannten Größen direkt abgelesen werden können.

Kolloidchemische Betrachtungen auf dem Gebiet des Schellacks und Kautschuks.

Von C. Harries.

Mitteilung aus dem Forschungslaboratorium Siemensstadt.

Eingegangen am 16. April 1923.

In der Elektroindustrie spielen Kautschuk und Schellack eine wichtige Rolle. Während der erste bereits nach den verschiedensten Seiten hin sehr eingehend untersucht worden ist, wurde der Schellack bisher recht stiefmütterlich behandelt. Seit längerer Zeit habe ich mich in Gemeinschaft mit W. Nagel dem Studium der Natur des Schellacks gewidmet. Und zwar sind die Untersuchungen nach zwei Seiten hin gerichtet gewesen: Erstens Abbau des eigentlichen Schellackharzes zur Aufklärung der Konstitution in struktureller Hinsicht. Über unsere Befunde, die zur Entdeckung der vollkommenen Hydrolyse des Schellackharzes und Auffindung der kristallisierten Schellolsäure führten, haben wir bereits an anderer Stelle[1]) ausführliche Mitteilungen veröffentlicht. Zweitens genaues Studium des Schellackharzes selbst nach der physikochemischen, insbesondere kolloidchemischen Seite hin. Man wußte in der Praxis, daß der Schellack beim Erhitzen eigentümliche Veränderungen erleidet, über die Art derselben herrschten nur vage Vorstellungen. Diese Zustandsänderungen erinnerten mich in gewisser Beziehung an diejenigen des Kautschuks, welche er beim Plastizieren und beim Vulkanisieren erleidet. Ich habe deshalb versucht, sie unter einheitlichen Gesichtspunkten zu behandeln.

Die Physikochemiker pflegen diese Zustandsänderungen häufig mit „Polymerisation" und „Depolymerisation" zu bezeichnen. Andererseits ist für sie Aggregation[2]) und Desaggregation vorgeschlagen worden. Der Ausdruck Polymerisation dürfte nicht am Platze sein, denn er ist seit langem in der organischen Chemie in Gebrauch und bedeutet hier einen ganz bestimmten Vorgang, bei dem zwei oder mehrere Moleküle eines Körpers von niedrigerem Molekulargewicht sich zu einem solchen mit höherem Molekulargewicht unter Bindungswechsel kondensieren, z. B. Isopren zu Kautschuk, während man Depolymerisation den umgekehrten Prozeß nennt. Man kommt also im Falle des Kautschuks von einem Körper von bestimmt definiertem Molgewicht und genau bekannter Struktur unter Bindungswechsel zu einem solchen unbekannter Molgröße, dessen strukturelle Konstitution noch nicht vollständig aufgeklärt ist. Bei der Depolymerisation, die meistens recht schwierig, z. B. durch Überhitzen, erfolgt, erhalten wir wieder, wenigstens teilweise, den einfachen Aufbaukörper des Polymerisats zurück.

---

[1]) C. Harries u. W. Nagel: Ber. d. Dtsch. Chem. Ges. Bd. 55, S. 3833. 1922; dieselben: Wissensch. Veröffentl. a. d. Siemens-Konzern Bd. I, H. 3, S. 378. 1921.

[2]) Wo. Ostwald: Grundriss 1911, S. 106. Zsigmondy: Kolloidchemie 1922; vgl. auch C. Harries: Ber. d. Dtsch. Chem. Ges. Bd. 56, S. 1047. 1923.

Die oben erwähnten Zustandsänderungen der kolloidalen Stoffe sind aber ganz anderer Natur. Sie fangen bei synthetischen Produkten erst an in Erscheinung zu treten, wenn der eigentliche Polymerisationsvorgang beendet ist. Hier verändert sich nur die Art der Dispersion. Die kolloid-dispersen Phasen der Harze und Kautschukarten haben unbekannte Molgröße. Ob sie monomolekular oder polymolekular sind, ist nicht bestimmbar, sie brauchen bei einer Dispersitätsänderung keine andere Molekulargröße anzunehmen, sie können es aber. Wenn man, um den Unterschied zwischen diesen Zustandsänderungen und der oben angeführten chemischen Polymerisation zu charakterisieren, die Bezeichnung Aggregation und Desaggregation wählt, so macht man allerdings damit eine Voraussetzung, nämlich daß eine oder mehrere disperse Phasen sich zu Systemen zusammenschließen, die eine gewisse Festigkeit vielleicht durch gegenseitige Adsorption infolge Oberflächenwirkung erlangen, ein Vorgang, der immerhin einige Ähnlichkeit mit der Polymerisation haben würde. Denn das Aggregat besitzt dann mehr Moleküle als die einfache disperse Phase. Indessen ist deren Zusammenhang lockerer Art, weil er häufig schon durch Behandlung mit gewissen Lösungsmitteln aufgehoben werden kann. Chemische Valenzkräfte können ihn daher kaum verursachen, wie oft angenommen wird. Man befindet sich hier an der Grenze der chemischen Valenzwirkung. Der Unterschied zwischen Polymerisat und Aggregat besteht darin, daß das Aggregat durch Peptisation sich zu einfacheren dispersen Phasen desaggregieren läßt, während das Polymerisat, wenn es kolloidchemische Eigenschaften besitzt, sich zwar auch peptisieren läßt, aber keine wahre Depolymerisierung dabei erleidet. Peptisation bedeutet danach Abbau der Aggregation zu einer einfacheren dispersen Phase[1]). Solche Dispersionsänderungen durch Aggregation mehrerer Phasen wurden zwar bisher allgemein angenommen, mir ist aber kein Fall bekannt, der einen Beweis dafür erbracht hat[2]).

Die von W. Nagel beobachtete Dispersitätsänderung des Schellackharzes enthält nach meiner Meinung einen solchen Beweis. Dieses Harz ändert seine Eigenschaften je nach dem Lösungsmittel, mit dem es behandelt wird, außerordentlich. Man kann mehrere Formen nach der Löslichkeit unterscheiden. Besonders treten drei Formen hervor, die durch ihr Verhalten gegen Alkohol und wäßrige Kalilauge charakterisiert sind. Alle drei werden von Kalilauge aufgenommen, von Alkohol aber nur zwei. Während jedoch die eine durch die Kalilauge bei 24 stündigem Stehen quantitativ hydrolysiert wird, bleiben die anderen dabei fast unverändert. Peptisiert man diese aber, so lassen sie sich nunmehr ebenso leicht mit Kalilauge hydrolysieren. Diese Peptisation wird durch hydroxylhaltige Lösungsmittel nur in ganz bestimmter Reihenfolge hervorgerufen.

Das durch Alkali nicht hydrolysierbare Harz ist in Alkohol ganz unlöslich, der Zersetzungspunkt liegt sehr hoch, über 240°, es wird aber von Eisessig oder Ameisensäure bei Zimmertemperatur gelöst. Fällt man es mit Wasser aus dieser Lösung aus, so ist das Produkt durch Kalilauge noch nicht hydrolysierbar, aber die Peptisierung ist so weit gegangen, daß es nunmehr in Alkohol aufgenommen wird. Der Schmelzpunkt liegt jetzt bei ca. 108°. Löst man in Alkohol und fällt mit Wasser, dann ist der ausgefällte Stoff in der Kälte durch Kalilauge vollständig hydrolysierbar. Der Schmelzpunkt ändert sich diesmal nicht wesentlich. Der Abfall der Zersetzungs-

---

[1]) Diese Auffassung steht nicht im Gegensatz zu der von Freundlich entwickelten. Capillarchemie 2. Aufl. S. 647 ff. 1922.

[2]) Vgl. Wo. Ostwald vernachl. Dimens. 5.—6. Aufl. S. 105 (1921).

punkte bzw. Schmelzpunkte zeigt nach meiner Meinung deutlich, daß hier im ersten Teil der Peptisation eine Aggregationsverschiebung stattfindet. Das in Alkohol lösliche Produkt dürfte eine niederere Molekularassoziation haben als das unlösliche.

Der Vorgang der Umwandlung der dispersen Phasen ist reversibel. Man kann die alkohollösliche Phase mit Äther, dem wenig Salzsäure zugesetzt ist, in die unlösliche, inreaktive, zurückverwandeln.

Ich könnte mir die Erklärung folgendermaßen denken: Die in Alkohol unlösliche Phase kommt durch Koagulation zustande, daher dürfen wir sie nach der älteren Vorstellung als grobe Dispersion betrachten. Bei dieser Koagulation adsorbieren sich mehrere disperse Phasen gegenseitig zu einem Aggregat, in welchem sie sich so ordnen, daß sie rein mechanisch einen ungenügenden Angriffspunkt für von außen kommende chemische Einwirkung darbieten. Durch Auflösung dieser Aggregation erhält man wieder die reaktiven Phasen zurück.

Ich habe auch noch eine andere, mehr physikalische Erklärung der oben geschilderten Vorgänge ins Auge gefaßt, die ich hier anfügen will. Zu dieser hatte mich der Umstand geführt, daß der Alkohol auf die Umwandlung des nicht hydrolysierbaren in das hydrolysierbare Harz einen entscheidenden Einfluß besitzt. Die Peptisation erfolgt durch einen Hydroxylträger. Dies spricht eigentlich für elektrische Entladung oder Umladung, wodurch Änderung des Dispersitätsgrades und dadurch Störung der gegenseitigen Adsorption verschiedener disperser Phasen erfolgen würde[1]).

Die Größe der Molekularaggregation einer dispersen Phase könnte auch von sekundärer Bedeutung sein, indem nämlich bei der Peptisation kein Abbau derselben, sondern nur Umladung einzutreten brauchte. Diese Überlegung dürfte beim Schellack für die Umwandlung der aus Ameisensäure wassergefällten in die aus Alkohol wassergefällte Phase in Frage kommen.

Aus dem Angeführten läßt sich für Theorie und Praxis mancherlei folgern: Erstens scheint mir daraus hervorzugehen, daß man bei kryoskopischen Molekularbestimmungen solcher hochmolekularer Produkte vorsichtig sein muß, da z. B. durch Eisessig Peptisation verursacht werden kann. Zweitens ergibt sich daraus, daß Harze, die bisher als unverseifbar angesehen wurden, nicht unverseifbar zu sein brauchen.

Von verschiedenen Seiten ist vor längerer Zeit[2]) vergeblich versucht worden, den Kautschuk in Lösung mit Platinmohr und Wasserstoff zu reduzieren.

Kürzlich hat nun Pummerer[3]) in einer vortrefflichen Arbeit gezeigt, daß man die Hydrierung in sehr verdünnter Lösung realisieren kann. Zu diesem Resultat haben ihn kolloidchemische Überlegungen geführt. Ich habe das von Pummerer

---

[1]) In ihrer Abhandlung über Peroxydase, Liebigs Ann. d. Chem. Bd. 430, S. 274. 1922, haben R. Willstätter und Pollinger die Beobachtung mitgeteilt, daß dieses Enzym durch Aluminiumhydroxyd in 70proz. alkoholischer Lösung gut, in wäßriger Lösung dagegen nur in geringem Maße adsorbiert wird. Ich möchte mir gestatten, auf die Ähnlichkeit mit den oben geschilderten Vorgängen hinzuweisen. Möglicherweise wird bei der Peroxydase durch den Alkohol eine Verschiebung des Dispersitätsgrades (infolge einer Ladungsänderung) hervorgerufen und dadurch die Absorptionsfähigkeit günstig beeinflußt.

[2]) Vgl. C. Harries: Kautschukarten S. 48.

[3]) R. Pummerer u. P. A. Burkard: Bd. 55, S. 3458. 1922. Der von Staudinger: Helvetica chim. acta Bd. 5, S. 785. 1922, eingeschlagene Weg, Reduktion des auf 250° erhitzten Kautschuks ohne Lösungsmittel bei 100 at Druck, ist etwas ganz anderes. Er führt zur Reduktion von pyrogenen Zersetzungsprodukten des Kautschuks. Ich halte deswegen die von Staudinger an seine Resultate geknüpften theoretischen Schlußfolgerungen für verfrüht.

beschriebene Produkt bereits früher aufgefunden und das Verfahren zu seiner Herstellung im April 1921 zum Patent angemeldet, bemerke aber ausdrücklich, daß ich mit dieser Mitteilung keinen wissenschaftlichen Prioritätsanspruch gegenüber Pummerer begründen will. Die Untersuchung habe ich in Gemeinschaft mit Fr. Evers angestellt. Wir benutzten zuerst, wie auch Pummerer, sorgfältig durch Extrahieren mit Azeton und durch Umlösen aus Benzol-Alkohol gereinigten Kautschuk, da ich die Ansicht hatte, daß die Verunreinigungen des Kautschuks den Katalysator unwirksam machen. Später kam ich auf die Idee, daß die Wasserstoffaufnahme des Kautschuks lediglich eine Folge seiner Dispersion oder Aggregation sei. Deshalb ließ ich den Rohkautschuk direkt stark auf der Walze plastizieren. Von solchem plastizierten Kautschuk kann nach Viskositätsmessungen[1]) angenommen werden, daß er nicht mehr die ursprünglich disperse Phase oder das Aggregat darstellt, sondern desaggregiert ist. Wahrscheinlich stört die mechanische Plastizierung die gegenseitige Adsorption zweier oder mehrerer disperser Phasen, die nach Wo. Ostwald im gewöhnlichen Naturkautschuk vorliegen, oder hebt sie auf. Die mechanische Plastizierung würde danach also einen ähnlichen Endeffekt wie die peptisierende Wirkung der organischen Säure und des Alkohols beim Schellackharz hervorbringen, nämlich Umwandlung der inreaktiven in die reaktive Phase, welche ich vorhin mit einem Abbau des Aggregats erklärt habe.

Diese Überlegung ist natürlich theoretisch nicht unanfechtbar, da man die durch den mechanischen Plastizierungsprozeß erfolgte Umwandlung auch als eine Änderung der Oberflächenspannung bzw. Ladung ansehen könnte, wie ich es vorhin auseinandergesetzt habe. Praktisch hat sie mich aber zu einem Erfolg geführt.

Stark plastizierter, nicht gereinigter Kautschuk läßt sich nämlich in einem Rührautoklaven bei gewöhnlicher Temperatur in Petrolätherlösung mit Platinmohr unter einigen Atmosphären Wasserstoffdruck bequem reduzieren. Man hat nicht einmal Sorge zu tragen, daß die Lösungen sehr verdünnt sind. Dadurch ist der Perhydrokautschuk zugänglicher geworden. Wegen seiner merkwürdigen Eigenschaften besitzt er Interesse. Die Elastizität des Kautschukpräparates, welche durch Plastizieren verloren wurde, wird teilweise wiederhergestellt[2]).

Bei dieser Reduktion des Kautschuks mit Platin und Wasserstoff unter Druck ist folgende kolloidchemisch interessante Beobachtung gemacht worden: Wenn die Hydrierung des Kautschukpräparats gelungen ist, entsteht eine beinahe schwarze kolloidale Verteilung des Platins in der Hydrokautschuklösung. Wurde es dagegen nicht verändert, was mitunter vorkommt, so liegt das Platin am Boden des Gefäßes, und die Kautschuklösung bleibt vollständig klar. Ich erkläre diesen Vorgang folgendermaßen: Der in molekularer Form eingepreßte Wasserstoff wird, wenn das Kautschukpräparat in die richtige reaktive disperse Phase gebracht wurde, ionisiert, gibt dann seine Ladung an das Platin ab und lagert sich selbst atomar an die Doppelbindungen des Kautschuks an. Durch die Ladung wird das Platin in eine kolloiddisperse Phase übergeführt, die sich mit der dispersen Phase des Hydrokautschuks zu einem Aggregat adsorbiert. Dieses Aggregat läßt sich sehr schwer peptisieren, z. B. nicht durch organische Säuren. Durch Lösungsmittel, z. B. Äther, wird das Platin nur ganz unvollkommen abgeschieden, es geht überall mit hinein. Auch Pummerer scheint die vollständige Abtrennung des Platins nicht gelungen zu sein. Man kann dieselbe

---

[1]) van Rossem: Koll. B. Bd. 10, S. 83. 1918.
[2]) Die Einzelheiten der Untersuchung will ich mit Rücksicht auf Pummerer noch nicht mitteilen.

aber leicht nach Fr. Evers bewirken, wenn man die kolloidale Platin-Hydrokaut-schuklösung zwischen zwei Nickelblechen als Elektroden mit hochgespanntem Gleich-strom behandelt, innerhalb kurzer Zeit scheidet sich das Platin, hauptsächlich am positiven Pol, ab und sinkt dann als schwerer Niederschlag zu Boden. Ich halte dies für einen Entladungsvorgang, wodurch die Dispersion des Platins verändert und die gegenseitige Adsorption der verschiedenen Phasen gestört wird. Bisher hat man solche Vorgänge anders interpretiert. Wenn ein Suspensoid — in diesem Falle das Platin — durch ein Emulsoid — hier der Perhydrokautschuk — in Lösung gehalten und vor dem Ausflocken bewahrt wurde, so erklärte man die Wirkung des letzteren als die-jenige eines Schutzkolloids. Man nahm einfach an, daß das Emulsoid seine größere Stabilität auf das Suspensoid übertrage. Ich gehe weiter und stelle mir vor, daß sich Aggregate zwischen Suspensoid und Emulsoid bilden, die dann erst wirklich die Stabilität solcher Systeme erklären können.

Auf die in meiner ersten Abhandlung gezogenen Schlußfolgerungen für die Vul-kanisation will ich hier noch nicht näher eingehen. Der mit Schwefel vulkanisierte Kautschuk stellt danach eine Aggregation einer kolloiddispersen Phase des Schwefels mit einer aggregierten dispersen Phase (dem Vulkanisat) des Kautschuks dar.

Zusammenfassung.

Es wird der Begriff Aggregation und Desaggregation erörtert. Die Aggregation entsteht durch gegenseitige Adsorption zweier oder mehrerer disperser Phasen. Die Aggregate lassen sich zu einfachen dispersen Phasen durch Peptisation desaggregieren. Die Polymerisate werden durch Peptisieren nicht depolymerisiert. Diese Erörterungen finden ihre Stütze in Beobachtungen, welche bei den Zustandsänderungen des Schellacks und des Kautschuks gemacht sind.

Über verschiedene Modifikationen des Schellackreinharzes.

Von C. **Harries** und **Werner Nagel**.
Mitteilung aus dem Forschungslaboratorium Siemensstadt.

Eingegangen am 16. April 1923.

Wie in allen Naturharzen findet sich auch im Schellack der eigentliche Harzkörper nicht in reiner Form vor; er ist vielmehr gemischt mit Wachsen sowie Fettsäuren, Farb- und Bitterstoffen und ähnlichen Substanzen. Die Abtrennung aller dieser für unsere Untersuchungen unwesentlichen Stoffe läßt sich durch Behandeln mit Äther bewerkstelligen, worin nur der Harzkörper im Gegensatz zu den Begleitstoffen unlöslich ist. Die Trennung ist zwar nicht quantitativ, jedoch praktisch ausreichend. Eine genaue Arbeitsvorschrift findet sich in unserer zusammenfassenden Arbeit über die Natur des Schellacks in den Ber. d. Deutsch. Chem. Ges. Jahrg. LV, S. 3833.

Der fein gepulverte Schellack wird durch Ausschütteln mit Äther auf der Schüttelmaschine unter häufigem Wechsel des Lösungsmittels und nach mehrmaligem Umfällen aus Alkohol von den Begleitstoffen befreit. Das „Reinharz" hinterbleibt dann als bräunlichweißes Pulver, das in Alkohol, Eisessig, starker Ameisensäure und Ätzalkalilaugen spielend löslich ist. Durch letztere wird es bei längerer Einwirkung hydrolysiert.

Es zeigte sich nun, daß, obwohl die Arbeitsbedingungen gewissenhaft eingehalten worden waren, manchmal ein Produkt erhalten wurde, das zwar im Aussehen und den meisten Eigenschaften vollkommen mit dem normalen Reinharz übereinstimmte, sich aber in zwei sehr charakteristischen Punkten von diesem unterschied. Es war völlig unlöslich selbst in siedendem Alkohol und ließ sich durch Kalilauge zwar leicht lösen, aber nur sehr unvollkommen hydrolysieren. Wir dachten zunächst, daß die Einwirkung des Sauerstoffs der Luft schuld an dieser Änderung der Eigenschaften sei, daß also in dem alkoholunlöslichen Reinharz möglicherweise ein oxydierter, jedenfalls chemisch anderer Körper vorliege als im normalen Produkt. Diese Ansicht aber mußte fallengelassen werden, als die fernere Untersuchung zeigte, daß trotz des abweichenden Verhaltens chemisch derselbe Körper, nur in anderer Modifikation, vorlag. Durch Lösen in Eisessig oder Ameisensäure und Ausfällen mit Wasser erhält man nämlich das Reinharz nunmehr in einer Form, die die gewöhnliche gute Löslichkeit selbst in kaltem Alkohol zeigt.

Das weitere Unterscheidungsmerkmal der beiden Reinharzmodifikationen ist, wie im vorhergehenden erwähnt, die Hydrolyse. Löst man normales Reinharz in fünffach normaler wäßriger Kalilauge und läßt 12 Stunden stehen, so tritt eine Spaltung des Moleküls ein. Die eine Komponente, die Aleuritinsäure, scheidet sich zu 22 vH in Form ihres Kaliumsalzes kristallinisch ab, die andere, die Schellackharzsäuren, bleibt in Lösung und kann nach Übersättigung mit Schwefelsäure durch Äther extrahiert werden.

Das alkoholunlösliche Reinharz war, wie schon erwähnt, nicht hydrolytisch spaltbar oder doch nur zu etwa 12 vH. Aber auch die durch Umfällen aus Eisessig oder Ameisensäurelösung nunmehr alkohollöslich gewordene Modifikation zeigte diese Spaltbarkeit nicht in höherem Grade; es konnten nur 3 vH abgeschiedene Aleuritinsäure isoliert werden. Löste man aber die alkohollöslich gewordene Modifikation in Alkohol auf und fällte sie mit Wasser, so erhielt man ein Produkt, das in allem dem normalen Reinharz entsprach, auch in der Spaltbarkeit durch Kalilauge. Nach 12stündigem Stehen hatte sich eine 22proz. Aleuritinsäure entsprechende Menge Kaliumsalz abgeschieden und die Untersuchung der ätherlöslichen Harzsäuren ergab völlig das alte Bild.

Die drei verschiedenen Modifikationen unterscheiden sich im Aussehen nur unwesentlich voneinander. Die Farbe des pulverförmigen Produkts wird bedingt durch den Verteilungsgrad und ist, wenn man aus nicht zu konzentrierten Lösungen ausfällt, bei der alkohollöslichen Modifikation, die ja im Arbeitsgang als erste erhalten wird, hellrehbraun. Durch Koagulation vermittels Salzsäure tritt eine Vertiefung des Farbtons zu Olivbraun ein, die, wenn man mit viel konzentrierter Salzsäure arbeitet, zu Schwarzbraun führen kann. Aus der Lösung in Ameisensäure fällt Wasser dann selbst aus dunklen Produkten das Harz wieder als rehbraunes Pulver. Charakteristisch sind die Unterschiede beim Erhitzen. Das alkohollösliche Produkt verfärbt sich bei etwa 102° und sintert stark unter langsamem Schmelzen; bei 108° ist es ganz verflüssigt. Die alkoholunlösliche Modifikation zeigt bei Erwärmen auf 240° noch keine Veränderung. Das aus der ameisensauren Lösung ausgefällte Pulver verhält sich schon wieder wie das alkohollösliche Produkt.

Die Elementaranalyse, deren Fehlergrenzen bei den vorliegenden amorphen Substanzen ja weiter zu stecken sind als bei kristallinen, zeigt ebenfalls der Theorie entsprechend, daß der Gehalt an Kohlenstoff und Wasserstoff bei den verschiedenen Substanzen derselbe ist.

Alkohollösliches Produkt, nach bereits veröffentlichten Angaben:

    I. 0,1724 g Substanz: 0,4183 g CO_2, 0,1383 g H_2O.

    II. 0,1842 g   ,,   0,4453 g CO_2, 0,1459 g H_2O.

    III. 0,2133 g   ,,   0,5205 g CO_2, 0,1739 g H_2O.

gef.	I.	II.	III.
C	66,17	65,95	66,57
H	8,97	8,86	9,12

Diesen seien die neu gefundenen Werte der verschiedenen Präparate gegenübergestellt:

    I. Alkoholunlösliches Produkt,

    II. aus Ameisensäure umgefällt,

    III. aus Alkohol umgefällt.

    I. 0,1917 g: 0,4576 g CO_2, 0,1544 g H_2O.

    II. 0,1833 g: 0,4377 g CO_2, 0,1432 g H_2O.

    III. 0,1686 g: 0,4126 g CO_2, 0,1321 g H_2O.

	I.	II.	III.
C	65,10	65,13	66,76
H	9,01	8,74	8,77

Diese Untersuchung war durchgeführt mit einem Material, das wir rein zufällig erhielten, ohne uns über die Entstehungsbedingungen Rechenschaft vorlegen zu können. Eine Reihe zu diesem Zweck angestellter Versuche zeigte endlich, daß es die Salzsäure ist, die diesen Modifikationswechsel bewirkt. Schüttelt man das normale Reinharz mit Äther, dem man etwas wäßrige Salzsäure zugesetzt hat, so wird es in die alkoholunlösliche Form übergeführt, und man kann die vorstehend geschilderte Reaktionsfolge ohne weiteres reproduzieren.

Für die Menge Salzsäure, die ausreicht, um ein gewisses Quantum Reinharz in die alkoholunlösliche Form überzuführen, lassen sich genaue Zahlen nicht angeben, da offenbar der Zerkleinerungsgrad und die Schütteldauer eine Rolle spielen, sicher aber gelingt es, 100 g Reinharz in 1 l Äther durch 2 cm³ konz. wäßrige Salzsäure in die alkoholunlösliche Modifikation überzuführen, wenn das Harz fein gepulvert ist und man wenigstens eine halbe Stunde schüttelt.

Da Salzsäure von vielen untersuchten Substanzen die einzige ist, die diesen Modifikationswechsel bewirkt, muß angenommen werden, daß sie auch die Ursache der zufälligen Entstehung des alkoholunlöslichen Produktes war, eine Annahme, die auf keine Schwierigkeiten stößt, da bekanntlich die Laboratoriumsluft immer etwas salzsäurehaltig ist und zu diesem Zeitpunkte sich vielleicht größere Mengen als gewöhnlich darin vorfanden.